AF328957

DE
LA CHARGE
DES
OVVERNEVRS
DES PLACES.

No 8 18

DE LA CHARGE DES GOVVERNEVRS DES PLACES.

Par Messire Anthoine de Ville Cheualier :

OV' SONT CONTENVS TOVS LES ORDRES qu'on doit tenir pour preparer les choses necessaires dans vne place, tant pour la conseruer, comme pour la deffendre, & pour s'empescher de toute sorte de surprises;

VN DISCOVRS FACILE POVR RECONNOISTRE TOVS les deffauts des places, & pour y sçauoir remedier;

VN ABREGE' DE LA FORTIFICATION, OV' IL EST traitté en quoy consiste sa perfection, & tout ce qu'vn Caualier & vn homme de Commandement en doit sçauoir, pour en discourir, & pour s'en seruir :

DE PLVS Y EST ADIOVSTE' VN TRAITT.E' des Parties de guerre.

A PARIS,

Chez Matthieu Guillemot, ruë Sainct Iacques, au coin de la ruë de la Parcheminerie.

M. DC. XXXIX.

AVEC PRIVILEGE DV ROY.

A MONSEIGNEVR
L'EMINENTISSIME
CARDINAL DVC
DE RICHELIEV.

ONSEIGNEVR,

*Maintenant que la renommée de voſtre Emi-
nence eſt eſtenduë partout l'Vniuers; que chacun
veut à l'ennuy luy rendre ſes deuoirs ; que tous ceux
qui ont quelque vertu, ou quelque ſcience, taſ-
chent de luy offrir leurs eſſais, & de payer comme vn tribut à celuy qui eſt au degré le plus haut
des vertus & des ſciences. Ie ſerois le plus mal-heu-
reux des hommes ſi ie ne m'efforçois de luy teſmoi-
gner vn tres-humble reſpect, & vne entiere re-*

ã iij

connoissance des obligations que ie luy ay, & de
presenter quelque chose à celuy à qui ie dois tout:
I'ose luy offrir ce peu, parce que ie sçay bien que
quand il seroit plus grand, il ne seroit iamais
egal à ce que vous meritez, ny à ce que ie vous
dois, ainsi qu'il n'y a aucune proportion du finy à
l'infiny, ce n'est tousiours que rendre à vostre
Eminence vne petite partie du tout qu'elle m'a
donné. Ie n'ay rien que ie ne tienne d'Elle, & ie
n'espere rien que d'Elle. Receuez donc, MON-
SEIGNEVR, ce qui vous appartient, & per-
mettez que i'expose au public ce Traitté du Gouuernement des places sous la protection de vostre
Nom illustre, puisque vous estes le plus parfait
exemple de tous ceux qui ont iamais gouuerné:
Toute l'Europe le voit, & le reste du Monde l'ad-
mire: & pour moy ie m'estime si heureux d'estre
honoré de l'employ que i'ay sous vn si grand Mi-
nistre d'Estat, que rien ne peut egaller mon bon-
heur, si vous souffrez que ie m'ose dire toute ma
vie,

MONSEIGNEVR,

Vostre tres-humble, tres-obeïssant,
& tres-fidelle seruiteur,

ANTHOINE DE VILLE.

EXTRAIT DV PRIVILEGE DV ROY.

PAR Lettres Patentes du Roy, données à Paris le treziesme iour de May mil six cens trente-neuf : il est permis à MATTHIEV GVILLEMOT Marchand Libraire, d'imprimer ou faire imprimer, vendre & debiter vn Liure intitulé, *Traitté de la Charge des Gouuerneurs des places*, &c. *Par Anthoine de Ville*, *Cheualier*, durant l'espace de sept ans ; à compter du iour qu'il sera acheué d'imprimer pour la premiere fois : Auec deffences à toutes personnes de le contrefaire pendant ledit temps, sous quelque pretexte que ce soit, à peine de mil liures d'amende, de confiscation de tous les exemplaires contrefaits, & de tous despens, dommages & interests, comme il est porté plus amplement par lesdites Lettres de Priuileges, à l'Extrait, & aux coppies desquelles deuëment collationnées, sa Maiesté veut que foy soit adioustée comme à l'Original.

Signé, Par le Roy en son Conseil.

GVILLEBERT.

Acheué d'imprimer pour la premiere fois le 25. May 1639.

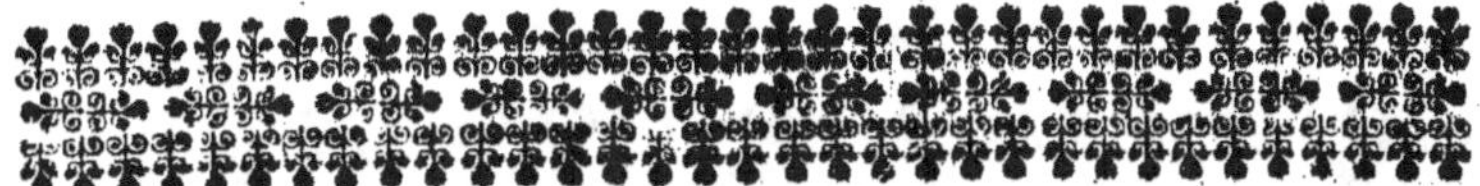

A
MONSIEVR
DE VILLE, &c.

Sur le sujet de son Liure.

D E Ville, quel honneur te promet cét Ouurage!
Vn Guerrier diligent, par ta plume guidé,
Bien souuent deformais te deura l'auantage
D'auoir sçeu prendre vn fort, ou de l'auoir gardé.
 Que le dur mestier de la guerre
Sera facilement exercé sur la terre:
Quel progrés fera Mars auec ses nourrissons!
Toutefois quel progrés? puisque tu fais entendre,
 Si l'on suit tes leçons,
Et qu'on peut prendre tout, & qu'on ne peut rien prendre.

DES MARETZ.

A MONSIEVR
MONSIEVR DE VILLE
CHEVALIER FRANÇOIS, &c.

ANAGRAMME.

Anthoine de Ville
Il a donté l'Enuie.

EPIGRAMME.

D'honneur tout reuestu,
Par sa loüable vie
Et sa rare vertu,
IL A DONTE' L'ENVIE.

Antonius è Villa
Nil notius Aula.

DISTICHON.

Seu vi forti animi, seu mentis acumine raro,
Seu Libris ad bellum aptis, NIL NOTIVS AVLÆ.

Antonius è Villa Gallus Eques,
Elatus Genio, nullus æqualis.

BILLON.

AV LECTEVR.

I'AY RO I S trop de presomption si ie croyois estre exempt
de la Censure à laquelle tous ceux qui exposent quelque
Oeuure en public sont necessairement subiects. Il semble
que les esprits des hommes soient faits pour se contrarier,
& qu'ils sont obligez de reprendre les Oeuures des autres
pour estre estimez plus sçauans que ceux qui les ont faites,
& bien souuent sans aucune raison, par mauuaise humeur, ou par vne enuie malicieuse. Il est impossible qu'on escriue au gré de tous, si ce n'est
qu'on mist ensemble toutes les opinions qu'on peut tenir sur vn mesme sujet, ce qui ne se deuant, & n'estant possible, il faut qu'on ait contraires,
tous ceux qui ne sont pas de celle qu'on escrit. Pour donner quelque satisfaction à ceux qui se payent de raison, i'ay voulu respondre à ce qu'on me
pourroit opposer : premierement, que ie laisse plusieurs choses qui seroient necessaires d'estre sceuës ; comme par exemple en quoy dépend
le Gouuerneur d'vne place ; du Gouuerneur de la Prouince, & quels
commandemens il doit receuoir de luy ; quel pouuoir il a sur le Lieutenant
de Roy qui est dans la place, & comme doit estre consideré le Lieutenant
de Roy de la Prouince, auec le Gouuerneur d'vne place ; quel pouuoir a le
Gouuerneur sur les Officiers de sa garnison, & iusques à quel point il peut
les chastier lors qu'ils faillent ; s'il les peut interdire ou non, & arrester ; &
comment ; si vn Corps a sa Iustice, qu'il soit dans vne place ; sçauoir quel
pouuoir a le Gouuerneur sur eux : Vn Officier de la Couronne, ou Prince,
ou Mareschal de Camp estant dans vne place sans Commission expresse
du Roy ; s'il y doit commander. Ayant Caualerie & Infanterie dans la place, à qui se doit donner la preference, & mille autres telles difficultez qui
se rencontrent tous les iours, desquelles ie n'ay point parlé ; parce que
cela s'obserue diuersement en chaque lieu selon la qualité de ceux qui
donnent & reçoiuent les commandemens, selon qu'ils se sçauent faire valoir, comme aussi selon qu'il plaist au Prince : & cela n'a iamais esté décis
iusques à cette heure, ou il a esté tout aussi tost changé : & quand i'en voudrois dire mes sentimens, ceux qui y seroient interessez les treuueroient
mauuais ; c'est pourquoy ie n'en ay voulu aucunement parler. On me dira
aussi qu'il est impossible d'obseruer tous les ordres que i'escris, i'en suis
d'accord, qu'en toutes les places on ne le peut pas, & on ne doit pas tout
faire ; comme ce qui se fait dans vne place de guerre frontiere, ne devra
pas estre obserué dans vne grande ville : au milieu de l'Estat il n'est pas aussi
necessaire de faire en temps de paix ce qu'on est obligé en temps de guerre,
mais il faut pourtant escrire tout, afin qu'on puisse prendre & laisser ce
qu'on treuuera à propos. Dans les instructions on doit mettre les ordres les
plus parfaits qu'on peut, parce qu'il est bien asseuré qu'on s'en relasche
tousiours, il vaut mieux sçauoir le tout que de n'en sçauoir qu'vne partie,
& auoir plus, que de manquer de ce qui est necessaire, il est plus aisé de laisser-

ser que de treuuer. Ie ſçay bien que pluſieurs n'approuueront pas quelques
vnes de mes opinions, mais ie prie ceux-là qu'auant que me blaſmer ils en
voyent l'experience, ou s'ils ne peuuent pas qu'ils s'en rapportent à ceux
qui les ont veuës; car ie leur aſſeure que ie ne dis rien que ie n'en ſois tres-
certain, & que ie n'en aye veû les effeſts. Ie fuis les nouueautez & les caprices aux choſes importantes, & qui doiuent auoir leur fondement ſur
les experiences : le raiſonnement ſe trompe fort où il y arriue diuerſité de
circonſtances & d'accidens qui ne peuuent eſtre préueus, & l'eſprit ne
peut deduire aucune concluſion aſſeurée qu'en ce qui eſt ſeulement ab-
ſtrait de la matiere : les demonſtrations Geometriques manquent lors
qu'on les applique aux corps materiels, & de ceux-là nous n'auons autre
ſcience, que celle que l'experience nous enſeigne, ſur laquelle nous fon-
dons les diſcours, & en cherchons les cauſes: Et aux choſes de la guerre
plus qu'en toutes les autres, c'eſt celle qui nous doit conduire, & l'eſprit
& le iugement doiuent faire connoiſtre le rapport de la ſemblance ou de
la diuerſité qu'ont les occaſions preſentes auec celles que nous auons veuës,
ayant égard aux ſujets, aux temps, aux lieux, à toutes les autres choſes
qui ſont cauſe de la difference des euenemens, & qui font que par diuers
moyens on peut venir à vne meſme fin; c'eſt pourquoy il ne faut s'eſtonner ſi ſur vne meſme choſe il y a pluſieurs opinions, & ſi on ne peut iamais
eſcrire au contentement de tous. Ie te prie (Amy Lecteur) ſi tu treuue quelque choſe contre ton ſens, ne blaſmer pas le tout: il ne faut pas meſpriſer
vn baſtiment pour y auoir vne pierre mal taillée : il n'y a rien de parfait, &
moy qui le fuis moins que tous les autres, ie ne preſume point d'eſtre
exempt de pluſieurs deffauts, leſquels ie te prie excuſer, puiſque ce que
i'en fay n'eſt qu'auec intention de te ſeruir : tu ne dois pas eſtre faſché que
ie te preſente ce qui t'eſt libre d'accepter, ou de refuſer.

DE
L'ELECTION
D'VN GOVVERNEVR,
ET DES QVALITEZ
QV'IL DOIT AVOIR.

CHAPITRE PREMIER.

E Gouuerneur dans vne place represente la personne du Roy ; de sa fidelité, de sa vigilance, & de son courage dépend la conseruation des habitans, du païs, & de la place : l'estime que c'est vne des plus importantes charges qui soit dans vn Estat ; & si on considere la consequence i'oserois la comparer, *Charge de Gouuerneur importante.*

voire quelquefois preferer à celle d'vn General, selon l'importance des places où ils commandent ; car il y en a aucunes d'où dépend vne Prouince, & quelquefois partie de l'Estat ; & la perte d'vne de ces places n'est pas moins dommageable que la perte d'vne armée : Apres vn combat on se peut r'allier & refaire l'armée, mesme asseurer le païs, se retirant dans les places voisines, mais difficilement reprend-t'on vne bonne place apres l'auoir perduë. *Selon les places où il commande.*

C'est pourquoy le Prince doit auoir grand égard en l'election des Gouuerneurs de telles places ; & afin de n'y estre pas trompé il faut qu'il les cognoisse, & qu'il soit asseuré de leur probité, & des bonnes qualitez qu'ils doiuent posseder. Dans les places fortes & frontieres on ne doit point mettre des personnes trop *Consideration que doit auoir le Prince en l'election des Gouuerneurs.*

puissantes & de trop grand credit; car par ainsi le Roy est obligé à leur complaire, & leur accorder ce qu'ils voudront, ou bien au moindre mescontentement qu'il leur donnera il sera en soupçon de quelque reuolte. Nous auons assez souuent veu & leu combien de fois les mal-contens se sont emparez des places fortes, pour se faire accorder leurs pretentions; ce qu'ils eussent encor plus facilement fait s'ils en eussent esté Gouuerneurs.

Ceux de basse condition, s'ils n'ont quelques vertus qui les rendent recommandables, ou que de longue-main on cognoisse leur fidelité, sont pires que les autres : Car estans gens de fortune, il est dangereux que si ceux du party contraire leur offrent plus qu'ils ne peuuent esperer de leur Maistre, qu'ils ne le reçoiuent, & rendent la place, ou plustost la vendent.

Ceux de mediocre condition sont plus propres, parce qu'ils ne sont pas sujets aux deffauts que nous auons dit: car ils ne sont pas assez puissans pour faire des partis, & se reuolter; & quand ils l'auroient fait ils ne pourroient pas les soustenir. De se rendre aussi à l'ennemy, difficilement y peuuent-ils estre portez, ayans diuerses considerations qui arresteroient cette mauuaise volonté s'ils y estoient persuadez; car ils ont leurs parens, leurs amis, leur famille, leurs biens & maisons, il faudroit qu'ils fussent priuez de iugement & d'esprit, pour aimer mieux perdre ce qu'ils ont d'acquis & de certain sur vne esperance douteuse, & abandonner tous les interests qui les touchent de si prés, & se soufmettre à la discretion d'vn ennemy, que de conseruer tout cela, & leur honneur, en seruant fidellement leur Prince.

J'estime qu'on doit considerer de quelle façon ils se sont conduits iusques alors, & comme ils ont vescu; car il n'est pas possible qu'on force si fort son naturel, & durant vn si long-temps, qu'on ne donne cognoissance de ses inclinations : vn homme qui a vescu toute sa vie en homme d'honneur rarement fera-t'il vne lascheté lors qu'il sera à ces charges. Et au contraire celuy qui aura souuent fait des mauuaises actions, & qui aura vn mauuais naturel, s'il trouue occasion il se relaschera de la contrainte qui luy aura fait dissimuler ses vices : on reuient tousiours à son naturel, & les dissimulations ne sont que pour peu de temps.

Ceux qui se sont tousiours monstrez fideles, & qui ont eu plusieurs emplois, où on a pû les connoistre, sont sans doute à preferer à tous autres. Nous en auons veu qui dans l'abord par leur adresse ont si bien sceu contrefaire leur humeur qu'ils se sont

faits estimer braues gens; & par l'effronterie à s'introduire, & la
hardiesse à debiter leurs menteries, ont obtenu des Gouuerne- *Fanfarons ne valent rien.*
mens de places importantes, où estans attaquez les ont mise-
rablement renduës; & pour en auoir pris punition de leur teste la
place n'en est pas reuenuë au Prince : c'est pourquoy il faut pe-
ser plustost les effets que les paroles, & ne croire iamais à des
gens qui se vantent & font mestier de fanfaronnerie.

Si on donne quelque Gouuernement à des personnes d'aa- *Gens vieux ne doiuent estre aux places fron-tieres.*
ge pour recompense des seruices qu'ils auroient rendus, il
n'est pas à propos de les mettre dans les places frontieres; car au
lieu de leur procurer vn repos on les remettroit dans le trauail:
dans ces lieux il y faut des hommes verds, qui puissent agir &
souffrir la fatigue, tant par les soins qu'ils doiuent auoir de la
conseruation de leur place & du païs, comme de la deffense, s'ils
sont attaquez. Qui veut bien s'acquitter de cette charge ne doit
pas dormir toutes les nuicts, il faut qu'il tienne les soldats & les
habitans en crainte; qu'il en ait soin continuel, & qu'il visite souuent les murailles : c'est pourquoy ceux qui seront vieux seront
plus propres à estre mis dans les places qui sont dans le corps de l'E-
stat, où les soins & les fatigues ne sont pas si necessaires.

Outre ces qualitez qui leur sont naturelles, ils en doiuent auoir *Autres quali-tez qu'ils doi-uent auoir.*
d'autres acquises, partie par l'estude, partie par l'exercice : Ils doi-
uent sçauoir ce qui est de leur charge; car il est fort absurde de
donner des Gouuernemens à des personnes qui ne sçauent ce
qu'il leur faudra gouuerner & commander, & qu'on leur donne pour les apprendre en les exerçant: cette mode est tres-peril-
leuse, car les fautes qui se commettent en cét exercice sont dé trop
grande consequence, & irreparables. Pour vouloir faire l'essay des
personnes par vne espreuue qui cousteroit si cher; il faut que
deuant qu'ils y pretendent ils ayent acquis toutes les intelligen-
ces necessaires. Et il ne suffit pas d'auoir oüy dire ou leu, il faut *Doiuent auoir vû plusieurs sie-ges.*
auoir veu, & particulierement s'estre trouué à diuers sieges, soit
à la deffence ou à l'attaque des places, dont i'aimerois mieux
l'attaque, parce qu'on voit l'vn & l'autre, ce qui ne se fait pas
si bien à la deffence. Vn qui ne s'est iamais rencontré à ces occasions se trouue fort estonné lors qu'il y est, tout l'embarasse,
& ne sçait quelle resolution prendre : tout ce que fait l'ennemy
luy donne crainte, parce que tout luy est impréueu. Voir vne
puissante armée qui l'enuironne de tous costez, tant de canons
qui tirent sans cesse, & les tranchées qui se font si promptement
(au moins les premieres) luy font penser que sa place est autre-

ment attaquée que les autres, & qu'il est impossible de tenir contre de si violens efforts; & croyent qu'ils ont fait leur deuoir, & qu'ils se peuuent rendre; lors qu'il faudroit qu'ils commençassent à bon escient à se deffendre: les exemples que nous auons veu m'en font ainsi parler. Au contraire, vn homme qui s'est trouué à plusieurs sieges, s'asseure qu'il verra bien tost perir la meilleure partie de cette armée; que ce tiraillement de canon ne luy peut faire aucun mal; que les premiers trauaux sont fort aisez à aduancer, ne s'estonne iamais de ce qui arriue, parce qu'il préuoit ce qui doit arriuer, ou si quelque chose se fait contre son opinion, l'experience & le iugement luy fournissent des moyens d'y remedier: Bref, il sçait punctuellement comme il faut que les ennemis marchent, les efforts qu'ils peuuent faire, & les resistances qu'il leur peut opposer, & sçait iusques à quel point il peut & doit tenir, & ne se rend que lors qu'il a fait tout ce qu'vn homme d'honneur peut faire.

Il seroit trop long à déduire les parties de la guerre que doit sçauoir le Gouuerneur; puis que i'ay fait ce traitté pour les enseigner, on les y pourra voir & apprendre, i'entens ceux qui en sçauent moins que i'en ay escrit.

Ie ne nomme pas le courage, parce qu'il me semble qu'il n'est pas necessaire de dire qu'il faut qu'vn homme qui pretend au Gouuernement soit courageux; non plus que de dire qu'vn qui veut estre soldat doit auoir vne espée, l'vn doit estre si inseparable de l'autre, que disant, il est Gouuerneur, on suppose en mesme temps qu'il doit estre courageux: Et par consequent il doit estre exempt des deux vices qui sont les extrémes de cette vertu. Ie diray bien que ceux qui reçoiuent les commandemens des autres, & ne font que les executer, ne sçauroient iamais auoir trop de courage, & l'excés en est tousiours bon: mais ceux qui ont tout le commandement, & qui sont seuls, ne doiuent point estre temeraires:

Et particulierement ceux qui deffendent vne place, s'ils vont à l'estourdy en leurs actions, s'ils font tous les iours des sorties sans prendre l'aduantage des temps & des lieux, s'ils y vont eux mesmes continuellement, bien tost ils feront tuer les meilleurs soldats, & eux mesmes y resteront, & la place se prendra; il faut qu'ils considerent qu'on les met là dedans pour la conseruer, & la deffendre autant qu'il se peut, & que s'ils en causent la perte soit par la vanité de faire voir qu'ils ne craignent rien, ou par trop de crainte, qu'en l'vn & en l'autre ils sont coupables, & le Prince y perd en tous deux la place. Vn Gouuerneur doit estre prudent,

dent, affuré, qui ne s'eftonne de rien, qui donne courage aux autres; que là où il eft neceffaire qu'il fe monftre hardy, & qu'il
fçache auec cela mefnager fa conferuation comme celle de la place, & la tenir autant qu'il fe pourra, & s'il y veut perir, que ce
foit au dernier effort, & à la derniere refiftance qu'on y pouuoit
faire.

Il y a quelques vices, defquels tout honnefte homme, mais *De quels vices il doit eftre exempt.* particulierement les Gouuerneurs doiuent eftre exempts; l'impieté eft le premier: car ceux-là n'auront point affiftance de Dieu, *L'impieté.* qui ne le reconnoiffent pas, & vne place eft en vain gardée des
hommes fi Dieu ne la garde. L'auarice eft infupportable, car fans *L'auarice.* doute vn qui fera tel, tyrannifera le païs, & les habitans; ne paye-
ra pas bien les foldats; fe fera haïr du peuple, & fera abandonné
ou mal obeï de tous. Outre cela il eft fort dangereux à eftre corrompu; car puifque fa plus forte paffion eft d'auoir du bien, il eft
ja difpofé à le receuoir lors qu'on luy prefentera, & facilement
fera induit à vendre la place pour s'enrichir puifque toutes fes
actions ne tendent qu'à cela.

L'yurognerie n'eft pas moins odieufe que l'autre, parce qu'vn *L'yurognerie.* homme lors qu'il eft yure il eft fans raifon; & fi dans ce temps-là
vn Gouuerneur eftoit attaqué, fa place feroit perduë; & lors qu'il
fe rencontre qu'il eft atteint de ce vice, & qu'il l'a en habitude,
& en fait exercice, il eft bien aife que tous les autres l'imitent, ce
qu'ils font fort facilement; car defia il y en a la plus part qui y ont
inclination, les autres par compagnie s'y accouftument, tellement que l'ennemy en peut eftre aduerty, & prendre fon temps
de quelque iour de refioüiffance, auquel il fçaura que le Gouuerneur, la garnifon, & la place mefme fera yure; s'il les attaque il les prendra fans refiftance. Plufieurs places ont efté prifes à
caufe de ce deffaut, & plufieurs armées entieres ont auffi efté def-
faites; c'eft pourquoy on ne doit point fier la garde d'vne place à vn homme qui ne fçait pas fe conferuer foy-mefme, & laiffe
bien fouuent perdre fa meilleure partie, qui eft l'efprit & la raifon.

Vn Gouuerneur doit auoir quelque connoiffance des loix Mi- *Doit fçauoir les loix Mi- litaires.* litaires, pour donner les ordres & les chaftimens aux foldats conuenables à leur faute, dequoy mon feu frere en a fait vn Traitté.
Il doit auffi fçauoir la Police ciuile, pour donner les eftabliffe- *Et la Police ciuile.* mens neceffaires, & pour les faire obferuer, comme auffi pour
decider les differens qui furuiennent entre les foldats, ou entre les
foldats & habitans; il eft vray qu'on treuue prefque toufiours le

premier faict, & n'y à qu'à reformer ce qu'on veut, & pour l'autre si on n'en est pas capable, on a des personnes intelligentes
aux loix, ausquels on les renuoye, parce que l'vn ny l'autre ne
concerne pas directement à la conseruation ou à la deffence de la
place.

Doit aimer sa place.

Il faut qu'vn Gouuerneur aime sa place, comme la chose qui
luy est plus chere au monde, & d'où dépend son honneur & sa
vie, parce qu'il doit se proposer en y entrant qu'apres la perte de
sa place il ne doit plus viure; c'est pourquoy il doit auoir autant
de soin de sa conseruation comme de soy-mesme, & doit tou-
jours penser comme il pourroit la rendre meilleure, mieux gardée & mieux munie; & en temps de paix. Il doit préuoir à tout
ce qui luy pourroit arriuer en temps de guerre, & se fournir lors

Se pourueir à bonne heure.

qu'il n'en a pas besoin, de ce qu'il croit qu'vn iour luy sera fort
necessaire; c'est vne mauuaise coustume d'attendre à fortifier &
munir les places iusques à la veille qu'on craint d'estre attaqué,
difficilement peut-on faire auec si grand haste ce qu'on a bien de
la peine de faire en plusieurs années; c'est pourquoy on y doit
pouruoir de bonne heure si on ne veut pas estre surpris; Car pour
moy ie ne treuue point d'excuse plus impertinente pour vn Gouuerneur, ou pour tout autre qui a vn grand commandement
en Chef, de dire qui eust pensé cela? il doit penser à tout ce qui
peut arriuer, ou il est incapable des charges de si haute consequence.

Opposition qu'on peut faire.

Pour déduire toutes les bonnes qualitez qu'vn Gouuerneur
doit auoir, ce seroit vn trop long discours, suffira de dire qu'il n'en
sçauroit trop auoir. On pourra demander, où trouuera-t'on des
gens si parfaits, & autant qu'il en faudroit pour mettre des Gouuerneurs dans toutes les places, si on vouloit que tous fussent si
accomplis; car on n'en sçauroit treuuer vn si grand nombre: outre qu'il est tres-difficile de sçauoir ceux qui veritablement sont
tels, ou qui le sont seulement en apparence. Ie diray que lors

On escrit les choses comme elles doiuent estre, & leur perfection.

qu'on escrit, on met les perfections des choses, & comme elles
deuroient estre, vn chacun en prend apres ce que bon luy semble; comme aussi des ordres pour la conseruation des places que
i'escriray cy-apres; sans doute on ne doit, ny on ne peut les obseruer tous par toutes les places; car vne chose conuient à vn lieu
qui ne sera pas propre à vn autre, on les escrit tous afin qu'on y
treuue ceux desquels on aura affaire aux lieux où on sera, & par
ainsi vn chacun treuue dequoy se contenter: De mesme des Gouuerneurs, lesquels nous disons deuoir posseder beaucoup de per-

fections, cela s'entend pour eftre parfaits, & pour gouuerner
toutes fortes de places; mais quand bien il leur en manquera
quelqu'vne, ils ne laifferont pas d'exercer dignement leurs charges: outre cela il y en a de plufieurs degrez, les vns plus importans
que les autres, auffi leur capacité doit eftre proportionnée à la
grandeur & à la confequence de leur employ.

En fin ie concluray auec cette propofition qu'il me femble
qu'il n'y a point de charge dans la guerre auec laquelle on puiffe
acquerir plus d'honneur & de reputation qu'en celle de Gouuerneur, lors qu'il eft attaqué & qu'il fe deffend dans vne bonne
place : Car aux combats on fçait que la fortune y a la plus grand
part, les deux partis font prefque toufiours efgaux, on n'y agit
pas par vne conduitte reglee: comme auffi celuy qui affiege a tou-
jours le commandement diuifé, parce qu'on fait diuerfes attaques qui fe conduifent efgallement par diuers Chefs principaux:
Et de plus on prefuppofe toufiours que celuy qui attaque vne
place vient auec affez de force pour l'emporter, & qu'en fin toute
place attaquée doit eftre prife; c'eft pourquoy fi celuy-là ne la
prend pas il merite plus de blafme qu'il n'acquiert d'honneur en
la prenant, parce que l'vn eft directement contre ce qu'on s'eft
propofé, & fuppofe manquement; l'autre eft comme vne chofe qu'on eftoit bien affeuré deuoir arriuer ainfi. Mais vn qui deffend vne place; premierement il eft feul, & tout ce qui fe fait luy
eft attribué, foit bien ou mal. La deffence dépend de la conduitte & de l'intelligence de celuy qui l'ordonne, & bien peu de la
fortune; s'il fe deffend fi bien qu'il contraigne l'ennemy à leuer le
fiege, ce fera comme vne merueille & contre l'opinion de tous:
mefme de fe deffendre plus qu'on ne croit pouuoir tenir, on at-
tribuë tout cela au courage & à l'intelligence de celuy qui commande dans la place. En fin i'eftime que celuy qui fait leuer vn
grand fiege acquiert plus d'honneur que celuy qui gagne vne bataille, parce que fouftenant fi long temps il deffait vne armée, conferue fes foldats, la place & l'Eftat du Prince.

*De la charge d'vn Gouuerneur, & ce qu'il doit
ſçauoir en general.*

Chapitre II.

I L y a deux ſortes de Gouuerneurs, ſçauoir ceux des Prouinces, & ceux des Places; Les Gouuerneurs des Prouinces ſont comme Vice-Rois, & leur pouuoir eſt fort grand, & s'eſtend non ſeulement ſur toutes les places du Gouuernement, mais encore ſur tout le païs: L'autre eſt des Gouuerneurs des Places, leſquels hors de la France ſont encore de deux ſortes; ſçauoir les Gouuerneurs des Villes, & ceux des Chaſteaux & Citadelles; parce qu'aux Païs eſtrangers on ne donne iamais à vn meſme le Gouuernement de la ville & de la Citadelle, mais touſiours à deux perſonnes differentes, leſquels on choiſit qu'ils ſoient de mauuaiſe intelligence enſemble, ou s'ils ne le ſont pas, on taſche à les y mettre, afin que l'vn eſpie les actions de l'autre; mais en France on n'a pas cette défiance, auſſi auons nous plus de fidelité à noſtre Maiſtre; c'eſt pourquoy on fait ordinairement que celuy qui eſt Gouuerneur de la ville l'eſt auſſi de la Citadelle. Nous ne parlerons pas de la charge des Gouuerneurs des Prouinces, mais ſeulement de celle des Gouuerneurs des Villes; quelle eſt leur fonction; ce qu'ils doiuent ſçauoir, & ce qu'ils doiuent faire.

La charge d'vn Gouuerneur d'vne place eſt proprement d'auoir le ſoin de la conſeruation & deffence de la place: ce ſont les deux points en quoy conſiſte ce qu'il doit ſçauoir, leſquels points ſont diuiſez en pluſieurs autres parties; ſçauoir en la Police ciuile, qui eſt de donner vn bon ordre pour la Police des habitans. En la Police Militaire, qui eſt le bon ordre de viure & ſe comporter ſagement; les ſoldats auec les Chefs, & entr'eux, & auec les habitans; par apres il y a les inſtructions ou exercices Militaires, qui conſiſtent à enſeigner ou à faire enſeigner aux ſoldats ce qu'ils doiuent faire, & ce qui leur eſt deffendu de faire, & ce tant dans la paix que venant occaſion de guerre ou de ſiege, & tout cecy eſt de la charge du Gouuerneur quant aux perſonnes qu'il commande. Apres cela il y a la place, laquelle il doit parfaitement connoiſtre, & les deffauts qu'elle a s'il y en a, comme auſſi

les

les remedes, pour les sçauoir reparer, & c'est la partie qui est enseignée dans les Fortifications, laquelle il doit sçauoir, non seulement pour raccommoder les deffauts presens, mais en cas de siege pour faire des noueaux trauaux, & pour s'opposer aux attaques, & à ceux que font les ennemis. Or ces ouurages sont ou exterieurs ou interieurs, & de chacun de ceux-cy nous en parlerons en particulier. Apres cela sont les armes, tant offensiues *Armes.* que deffensiues ; il doit sçauoir quelles & combien sont necessaires dans vne place; comme il faut les conseruer & maintenir. Les *Munitions de* munitions suiuent apres, qui sont celles de bouche, lesquelles sont *bouche.* de deux sortes, à manger & à boire, dans lesquelles sont comprises beaucoup de choses que nous deduirons apres. Les autres sont *Munitions de* les munitions de guerre dont les vnes se consomment, comme les *guerre.* poudres, mesches & plomb ; les autres durent, comme les outils & autres telles choses ; en fin il y a d'autres prouisions qui sont *Autres prouisions.* indifferentes, ou entre-deux, comme le bois, les planches, les estoffes pour les habits, les cuirs pour plusieurs vsages, les medicamens, & toute sorte d'instrumens, & plusieurs autres qui ne sont pas munitions de bouche, ny proprement de guerre, si ce n'est entant qu'elles sont necessaires pour maintenir la guerre.

Il ne suffit pas au Gouuerneur de sçauoir & donner ordre à toutes les choses cy-dessus escrites ; car bien qu'il les ait preparées toutes abondamment, elles ne seruiroient de rien si on ne sçait s'en seruir, c'est pourquoy il doit auoir la science de la guerre; mais *Quelles parties* parce que toutes les parties de la guerre s'estendent si loin, que *de la guerre* c'est comme vne chose infinie, il suffit qu'il sçache seulement cel- *doit principale-* le qui apprend à conseruer & deffendre vne place. La conseruation *ment sçauoir le* consiste aux bons ordres, & s'empescher d'estre surpris, & les sur- *Gouuerneur.* prises sont de diuerses sortes, comme nous dirons apres : Et en *En quoy consi-* la deffence qui consiste, à sçauoir tout ce qu'il faut faire pour s'op- *ste la conserua-* poser à la force de l'ennemy qui nous veut faire violence, nous *tion de la place.* parlerons de chaque chose en particulier; mais premierement nous auons voulu former ce projet de tout ce que nous auons à dire, *Projet de ce* afin de suiure quelque ordre dans nostre discours, & afin de *que nous auons* ne rien obmettre de ce qu'vn Gouuerneur d'vne place doit sça- *à dire.* uoir.

De ce que doit faire vn Gouuerneur entrant dans vne place.

CHAPITRE III.

Formalitez or-
dinaires sceuës
de tous.

IE ne parleray pas icy beaucoup des formalitez qu'vn Gouuerneur doit tenir entrant en vne place, & se mettant en possession du Gouuernement, parce qu'elles sont sceuës d'vn chacun; & ayant la Commission du Roy, il ne faut que la monstrer à celuy qui y est, ou s'il n'y a personne en Chef la monstrer aux Lieutenans, & autres qui commandent, en attendant que le Roy y ait pouruen; que si celuy qui est dans la place n'y veut obeïr, il doit vser de force, ou s'il n'en a pas assez il doit auoir recours au Roy. Estant dedans,

Doit prendre
possession.

il doit prendre possession, s'establissant dans les logemens à luy destinez, chassant les personnes qui ne sont pas au gré du Roy, ou ceux qui ne sont pas au sien, sur lesquelles il a du pouuoir, en establissant d'autres destinez par le Roy, ou par luy-mesme, & executant tout le reste qui est contenu dans ses Commissions.

Verra les sol-
dats, leur nom-
bre, armes &
exercice.

Apres, il fera assembler tous les soldats pour en sçauoir le nombre, & aussi les Officiers, & s'en fera donner le Rolle au Commissaire ou Controlleur, les faisant passer vn à vn deuant luy, afin de connoistre s'ils sont bons ou mauuais, & comme ils sont armez, & le lendemain ou tel autre iour apres qu'il luy plaira, il leur fera faire l'exercice, pour voir comme ils sont disciplinez.

Visitera les
Corps de garde.

S'informera
des ordres qu'ils
tiennent.

Il visitera tous les Corps de garde, s'informera du nombre des soldats qu'on met à chacun, des sentinelles qu'on a accoustumé poser, & des rondes qu'on a aussi accoustumé de faire : s'informera de l'ordre qu'on tient aux ouuertures & fermetures des portes, à l'entrée & sortie de garde, à mettre les gardes & sentinelles; de l'ordre qu'on tient aux alarmes, & comme ils pratiquent chacun des ordres que nous escrirons apres.

Visitera la pla-
ce.

En suitte il visitera tout le contour de la place par dedans & par dehors, obseruant exactement l'estat d'icelle, la force & la foiblesse tant exterieure qu'interieure, & cecy ne se peut faire à vne seule fois; mais il y faut retourner plusieurs, afin qu'il ait l'idée & la figure de la place dans son esprit, & qu'il en connoisse parfaitement les deffauts s'il y en a , ensemble les remedes pour les representer au Roy , & y faire donner ordre le plus prompte- *Doit donner promptement ordre aux def-faults.* ment qu'il pourra; parce qu'vn Gouuerneur ne doit iamais dormir en asseurance tant qu'il sçaura qu'il y a quelque deffaut dans sa place iusques à ce qu'il l'ait accommodé.

Il doit semblablement prendre garde combien de Canons il y a sur les murailles; en quel estat sont leurs affusts; s'ils sont en estat de seruir, & s'ils sont placez aux lieux où ils doiuent estre pour faire bonne deffence. *Sçauoir combien il y a de canons. S'ils sont en leur lieu.*

De là il ira aux magazins pour voir les munitions de guerre qu'il y a; s'il y en a quantité suffisante, si ce qui y est se treuue en bon estat, & en faire l'essay; si chaque chose est en son lieu pro-pre , tant pour se conseruer; que pour estre asseuré si ceux qui les ont en charge en ont le soin qu'ils doiuent; s'ils sont gens de bien, & intelligens , & soigneux pour la conseruation d'icelles; il regardera si les balles sont des calibres des canons & des mous-quets. *Visitera les magazins & munitions de guerre.*

Semblablement il visitera les greniers , caues , magazins des outils, & de toutes les choses qui sont necessaires dans la place; les mettra toutes par inuentaire, qu'il fera faire en sa presence , & en presence des Commissaires ou Controlleurs qui s'y treuue-ront; mesme les fera signer aux Capitaines & Chefs de la garni-son , afin qu'il puisse representer au Roy au vray l'estat de sa pla-ce lors qu'il y est entré, & demander les choses qui manquent; & non seulement il fera vn inuentaire des munitions de bouche, mais aussi de celles de guerre , & de l'estat auquel il les treu-ue; comme aussi des armes & canons , auec leurs contre-seins & estat, tant des pieces que des affusts, comme aussi du nom-bre des soldats & Officiers ; de leurs qualitez ; & pareillement l'estat auquel il treuue la place , afin qu'apres il ne soit obli-gé de respondre que de ce qu'il y treuue , & qu'il puisse de-mander ce qui luy manque ; autrement si mal arriuoit il n'y auroit point d'excuse & en seroit coulpable , & sa teste seule en seroit responsable. *Visitera les greniers & caues. Fera inuentai-re de tout.* *Et de l'estat de la place.*

Des Ordres que le Gouuerneur doit donner dans la place touchant la Police.

CHAPITRE IV.

La Police ci-uile.

BIEN que le Gouuerneur doiue auoir soin de la Police ciuile, qui est celle qui regarde les habitans ; si est-ce toutefois qu'elle n'est consideréé, sinon entant qu'elle concerne la conseruation de la place, & des soldats. Elle doit estre plus particulierement soignée aux places qu'on a conquises, qu'en celles qui sont naturellement subiectes au Roy ; parce qu'à celles-là il faut viure comme auec des personnes qu'il faut tousiours croire ennemies, & qu'il n'y a que la force qui les tienne en deuoir ; & aux autres comme auec des personnes nées pour la deffence de leur Patrie, & de leur ville, & pour le seruice de leur Roy naturel & legitime. C'est pourquoy à ceux-cy on ne donne point autre ordre nouueau ny autres coustumes, que celles qu'ils ont de longue-main ; s'il y a quelques abus ou desordres pour les logemens ou pour les viures, ou pour autre chose où le Bourgeois & le soldat s'interessent l'vn l'autre, il les reglera ; Establissant premierement de bons Reglemens sur tous les

Abus doiuent estre reformez.

abus qu'il connoistra, desquels immediatement il luy en sera fait rapport par les vns & par les autres ; car il est fort ordinaire qu'il y a tousiours quelque chose à demesler entre le soldat & le Bourgeois ; C'est pourquoy il escoutera l'vn & l'autre, afin de pouuoir establir tels ordres que l'vn & l'autre soient contens, sur lesquels ordres ie ne m'estendray pas ; car ils dépendent particulierement

Doit continuer les vieux ordres.

du iugement de celuy qui commande, s'accommodant aux personnes qu'il a affaire ; aux Coustumes des lieux ; aux Priuileges qui leur sont accordez de longue-main, & aux Statuts & Ordonnances qui sont formez là dessus par les Rois, Gouuerneurs des Prouinces, & autres Predecesseurs. Il fera le mesme pour la taxation des viures selon le temps, l'occasion, & la saison, & ce que le Bourgeois doit fournir aux soldats pour le logement, &

Reglement sur le logement & vtensiles des soldats.

les vtensiles ; comme il se doit comporter enuers le soldat, & le soldat enuers le Bourgeois, dequoy on ne peut parler precisement, parce que cela change selon les lieux, & les occasions ; Et pour ce qui est de l'ordinaire on le trouue par tout en escrit dans les Statuts &

Reglemens de Police ; mefme on confulte cela enfemble , faifant affembler les plus notables des Bourgeois , & les principaux Chefs de la garnifon , afin d'efcouter les griefs & les raifons des vns & des autres , & là deffus ordonner felon qu'il fera trouué à propos.

Les Reglemens eftans eftablis , il faut les faire obferuer exactement , autant au Bourgeois qu'au foldat , parce que fi le Bourgeois manque il donne fujet au foldat de faire quelque infolence , d'où vient le defordre : car le foldat eft prompt , & ne veut fouffrir qu'vn habitant luy manque à ce qu'il doit, & parce qu'il a la force en main , & qu'il eft infolent de fon naturel ; il eft facilement porté à faire quelque efclandre : le foldat auffi doit eftre chaftié feuerement lors qu'il fait quelque mefchanceté ; Car iamais il ne faut permettre au foldat qu'il faffe la moindre iniure à vn habitant , ou à quelque autre , qu'il n'en foit chaftié exemplairement , d'autant que s'ils fe voyent tant foit peu protegez , ou tolerez dans leur vice , ils prennent vne telle licence , qu'ils fe rendent du tout infupportables , & lors qu'ils l'ont pris en couftume il eft impoffible de le deftaciner ; c'eft pourquoy le Gouuerneur aura particulierement l'œil fur les fautes des foldats , les chaftiant tout à l'inftant ; & fi le deffaut ne vient ouuertement du cofté de l'habitant , il en doit toufiours donner la faute au foldat ; premierement parce qu'aux chofes ambiguës où il n'y a point de preuue , il eft plus à prefumer que le foldat a infolenté le Bourgeois , que non pas le Bourgeois le foldat ; outre que s'ils connoiffent qu'on porte tant foit peu leur caufe , ils feront apres mille outrages, & s'imagineront que tout leur eft permis; neantmoins il ne faut pas tellement eftre contre les foldats , qu'on ne prenne auffi leur party , lors que leur caufe eft iufte , car autrement on fe rendroit odieux, & ne pourroient iamais aimer vn Gouuerneur qui ne feroit obferuer les loix egallement aux vns & aux autres ; outre que le Bourgeois qui hait toufiours le foldat, à la fin le traitteroit fi mal , qu'il en arriueroit des grands defordres ; c'eft pourquoy il obferuera la Iuftice , mais portant toutefois vn peu plus exactement contre le foldat en prefence de tous; & s'il reconnoift qu'il y a de la faute du Bourgeois , il doit en particulier luy faire vne bonne reprimende, & le menacer de feuere chaftiment s'il y retourne. Qui voudra fçauoir les loix Militaires & les chaftimens, life le Liure de mon feu frere qui en a efcrit fur ce fujet.

Nous pourrions icy parler des ordres qu'on doit donner aux

habitans d'vne place conquise, ou que nous soupçonnons de
peu de fidelité ; mais parce qu'il nous en faudra parler au Traitté des surprises, trahisons, & reuoltes, nous n'en dirons rien en
ce Chapitre.

A quels exercices doit instruire le Gouuerneur les soldats de sa garnison.

CHAPITRE V.

Les exercices qui sont pour la campagne ne seruent pour les places.

VI voudroit comprendre tous les exercices Militaires
dans ce Traitté, il faudroit que de cela seul il en fist vn
grand volume ; mais parce que la pluspart de ceux ausquels on instruit les soldats pour la campagne, ne seruent de rien dedans les places, nous dirons en peu de mots ceux
qu'ils doiuent sçauoir.

Exercice general.

Le premier & vniuersel c'est d'obeïr exactement & promptement aux Chefs, & mettre en execution les ordres qui leur sont
vne fois donnez auec tout honneur & respect.

En quoy con-siste l'exercice du soldat.

L'exercice du soldat consiste au maniement des armes, & aux
mouuemens du corps ; les armes sont l'espée, le mousquet & la pique. Ie laisse l'halebarde, pertuisane, & telles autres, parce qu'elles sont particulieres & affectées seulement à quelques personnes.

Maniement de l'espée.

Pour ce qui est du maniement de l'espée, on ne l'enseigne
point, parce qu'il semble que chacun en sçait assez pour sçauoir
se deffendre & offencer l'ennemy ; car aux combats qui se font
en troupe d'vn corps contre vn autre, l'escrime n'y sert de rien,
celuy qui frappe le mieux & le plus fort à tort & à trauers est le

Maniement de la pique & de l'espée ensem-ble.

plus habile au maniement de l'espée. Il y a seulement le piquier
qui doit auoir quelque adresse pour se sçauoir seruir de son baston,
comme aussi en mesme temps de l'espée ; c'est pourquoy à ceux-
cy il leur en faudra apprendre le maniement, & les y faire exercer.

Maniement du mousquet.

Le mousquetaire doit sçauoir porter, charger, & tirer le mousquet. Les Sergens des Compagnies doiuent instruire les soldats nouueaux en particulier, afin que faisant l'exercice en corps
ils le sçachent parfaitement, & ne mettent pas le desordre parmy
les autres.

Le piquier doit sçauoir porter sa pique, & la manier; l'vn &
l'autre ont differentes façons selon les exercices qu'on veut qu'ils
fassent en corps, à quoy semblablement le soldat doit estre exercé en particulier par les Sergens; parce que la pique estant vne
arme longue, embarrasseroit par trop, & feroit vn grand desordre dans vn bataillon si on ne sçauoit la manier auec facilité, &
dexterité. Ie ne diray pas combien il y a de façons, & de la porter, & de la manier; parce que cela est trop connu, & qu'vn
Gouuerneur n'a affaire à s'amuser à des choses si basses, il suffit
qu'il connoisse s'ils font mal pour les en reprendre, & non qu'il
soit obligé à leur enseigner à vn chacun.

Maniement de la pique.

Les mouuemens du corps sont pour donner diuerses formes à
nostre bataillon, ou bien pour faire combattre les soldats, selon
qu'il attaque ou qu'il se deffend; ou bien pour changer l'ordre
de la marche, selon la qualité des païs, & pour toutes les autres
raisons par lesquelles on est contraint de changer la figure que les
soldats ont en leur ordonnance.

Mouuement du corps.

Les exercices de former les bataillons sont fort peu, & presque point necessaires dans vne place, où vous ne combattez qu'à
couuert, & tousiours dans vn mesme lieu, & d'vne mesme façon: & on ne peut donner autre difference de combat, qu'aux
sorties, & à la deffence des bresches & retranchemens, dequoy
nous parlerons en leur lieu.

Dresser les ba-taillons n'est pas necessaire dans les places.

Ie laisseray donc à parler des exercices & comme il faut dresser
toute sorte de bataillons, renuoyant pour cela le Lecteur à ceux
qui en ont escrit, & à vn Traitté que i'en ay fait que ie mettray
au iour à mon premier loisir. Et bien qu'il ne soit pas necessaire que les soldats d'vne place soient instruits à tous ces exercices:
toutefois parce que souuent on met là dedans des ieunes gens,
& de condition, pour apprendre leur mestier; il est fort à propos
de les exercer, outre qu'en apprenant vne si noble science, ils cui-
tent l'oysiueté & s'accoustument au trauail.

L'Autheur escriua vn iour vn Trai-té tout nou-ueau des ba-taillons.

De la preuoyance que doit vser le Gouuerneur pour connoistre ses soldats & les Chefs.

CHAPITRE VI.

Charge d'vn Gouuerneur importante.

LA Charge d'vn Gouuerneur est si chatoüilleuse & de si grande importance qu'il ne sçauroit iamais la faire auec trop d'exactitude, & puisque tout son but est de conseruer & deffendre sa place ; il faut qu'il preuoye tout ce qui pourroit contribuer à la luy faire perdre.

Comme il doit enroller les soldats.

Il n'enrollera iamais soldat qui vueille seruir dans sa garnison, que premierement il ne l'ait interrogé de quelle nation il est, de quelle Prouince, & de quel lieu, & luy en faire dire les particularitez ; comme aussi des lieux d'où il vient, s'il a seruy autre part, quelles personnes il connoist, pourquoy il vient seruir dans cette garnison, s'il pretend y estre long temps, & par diuers discours il connoistra si c'est vne personne qui vienne pour espier ou pour seruir. Et lors qu'il sera parmy ses camarades, il fera en sorte qu'on l'interroge, & qu'on voye ses deportemens, s'il fait quelque chose qui le puisse faire soupçonner.

Comme il faut connoistre les soldats nouueaux.

Au commencement que le Gouuerneur sera entré dans la place il taschera de sçauoir quels sont tous ceux de la garnison, tant soldats qu'Officiers, ce qui luy sera fort aisé s'il tesmoigne amitié à quelques vns de ceux qu'il iugera qui seront les plus curieux, & qui aiment à conter les nouuelles, & de ceux-là l'vn apres l'autre, & à part l'vn de l'autre, il s'informera de tous, comme ils sont affectionnez au seruice, comme ils font leur deuoir, & comme ils se comportoient auec les Gouuerneurs precedens ; tout cela sert extrémement de sçauoir connoistre les volontez & les inclinations d'vn chacun.

Comme il peut connoistre les soldats & Officiers.

Lors qu'on est dans vne place conquise, ou qu'on commande à vne garnison de laquelle on n'est pas bien asseuré, il faut vser d'vne preuoyanc bien plus grande, & tascher à descouurir comme ils sont zelez au seruice du Prince ; car lors qu'vne reuolte ou sedition est tramée, ou que l'ennemy est proche, il n'est plus temps d'y penser, & l'excuse ne vaut rien apres qu'on a perdu la place de dire que la plus part de la garnison l'a trahy ; qu'ils ne se sont pas voulu deffendre, & qu'ils se sont rendus à l'ennemy.

Le

Le Gouuerneur ne doit pas attendre cela pour le ſçauoir, mais dés qu’il eſt entré dans la place il doit deſcouurir les volontez d’vn chacun, à quoy il faut qu’il n’eſpargne rien, ſoit par preſens, ou argent, ou careſſes qu’il fera à quelques vns de ceux qu’il ſe défie, & par diuers diſcours : ou en leur faiſant bonne chere, & les faiſant boire il doit leur tirer les vers du nez, meſme eſpier, & faire eſpier tous leurs mouuemens & toutes leurs actions ; ouurir & lire les lettres qu’on leur eſcrit, & celles qu’ils eſcriuent aux autres, & les retourner cacheter, afin de leur faire rendre, & qu’ils ne s’apperçoiuent pas qu’on taſche à deſcouurir ce qu’ils font ; c’eſt pourquoy il ſera bon qu’il ſçache comme on peut ouurir les lettres & les recacheter, ce que nous pourrons enſeigner dans vn autre Traitté ; quelquefois parmy ceux-là il pourra faire le mal-content contre le Roy & ſes Miniſtres, & ſe plaindre qu’il n’a point de ſatisfaction ny recompenſe de ſes merites, & qu’il eſt las de ſeruir auec ſi peu de reconnoiſſance ; mais cecy doit eſtre fait bien ſobrement & à propos. Il prendra bien garde quelles paroles laſcheront ces gens, quelle contenance ils tiennent, & quels ſont leurs mouuemens ; car il eſt comme impoſſible que quelqu’vn n’en deſcouure quelque choſe, ou de parole ou de geſte. Il pourra encore faire ioüer ce perſonnage par quelque perſonne affidée, qui offrira de l’argent comme s’il vouloit tramer quelque entrepriſe, & les ſollicitera à quitter le ſeruice, afin de connoiſtre leur fidelité. Le Gouuerneur pourra quelquefois faire donner quelque fauſſe alarme, & c’eſt alors qu’il connoiſtra ceux qui viendront à la deffence, & comme ils ſe rangent à leur deuoir ; à cecy il doit trauailler comme à la choſe qui luy importe le plus, car l’ennemy qui eſt dans la place & auprés de nous, eſt bien plus à craindre que celuy qui eſt dehors ; & il eſt plus dangereux de ſe deffendre & conſeruer contre ceux qu’on ne ſçait pas eſtre nos ennemis, que contre ceux qui ſont declarez tels. Nous auons veu perdre pluſieurs places par cette faute, & les Gouuerneurs eſtre deshonnorez le reſte de leur vie, & d’autres chaſtiez de la teſte, ou de priſon perpetuelle ; c’eſt pourquoy en cecy ils doiuent employer l’habilité de leur eſprit pour n’eſtre pas attrapez comme les autres. En fin iamais on ne laiſſera plus grand nombre de ſoldats dans la garniſon de ceux qu’on n’eſt pas aſſeuré, que de ceux qu’on l’eſt, il faut pour le moins en auoir les deux tiers de ceux qu’on connoiſt bien.

Lors qu’on a deſcouuert la trame il faut y remedier, à quoy il y a pluſieurs moyens que nous deſduirons aprés amplement, parlant des ſurpriſes.

Eſpier ceux de qui on ſe défie.

Comme on peut deſcouurir les mauuaiſes volontez.

Ennemy dans la place plus dangereux que celuy qui eſt dehors.

D

Combien de soldats il faut dans vne place.

CHAPITRE VII.

ETTE question ne se peut determiner si absolument comme font aucuns, qui mettent vniuersellement qu'autant de pas Geometriques que la place a de contour, il faut autant de soldats : Autres mettent deux cens soldats à chaque bastion, ce qui ne me semble rien conclurre ; parce que où il n'y aura pas de bastions, ou que ce sera vne place irreguliere, combien en mettra-t'on : Outre cela il y a d'autres choses à considerer, sçauoir l'assiette du lieu, la commodité qu'il y a d'auoir du secours, le temps où on est, la force de l'ennemy, & les lieux où il est, & les forces qui sont dans l'Estat. Pour determiner ce point nous discourrons sur chacune de ces circonstances, en faisant la premiere distinction par le temps; sçauoir combien de soldats il faut aux places en temps de paix , & combien il en faut en temps de guerre.

Pour bien connoistre combien il faut de soldats pour la garde simple d'vne place, lors qu'on est en temps de paix; Il faut considerer combien de Corps de garde doiuent estre faits, & combien de sentinelles il faut poser; le nombre des Corps de gardes est à chaque porte vn; à la place d'armes, c'est la place qui est au milieu de la ville, ou deuant l'Hostel de ville, en faut vn autre, & on en met aussi vn deuant le logis du Gouuerneur, c'est le moins qu'on en peut mettre, pour sçauoir les soldats qu'il faut à chaque Corps de garde, il faut sçauoir combien on en doit sortir de sentinelles , rondes & Officiers, & le nombre des sentinelles se determine par le contour & figure de la place ; car il ne faut pas qu'il y ait plus d'interualle d'vne sentinelle à autre qu'on ne puisse voir, ou pour le moins oüir ce qui passe entre deux. Il sera bon qu'elles soient de cent en cent pas, ou de six vingts en six vingts pas (i'entens Geometriques.) Et s'il y a des bastions on en mettra pour le moins vne à chaque pointe de bastion, & vne à chaque courtine. Mais lors que les bastions sont grands , il en faudroit trois à chacun, sçauoir vne à la pointe, & vne à l'extremité de chaque face, & vne à la courtine, tellement que de là vous pouuez faire le conte des sentinelles qu'il faut à vn Corps de garde, & par consequent à toute

Combien de soldats aucuns veulent dans les places.

Diuerses circonstances à considerer.

Comme on peut sçauoir le nombre des soldats qu'il faut dans vne place.

Combien il faut de Corps de garde.

Combien il faut de sentinelles.

Declaration sur vn exemple.

voſtre place ; comme par exemple , il faut quatre Corps de garde à ma place , & de chaque Corps de garde il me faut prendre
cinq ſentinelles , parce qu'il faut changer ſix fois les ſentinelles , ſeront trente ſoldats qu'il faudra ; par apres il faut pour le moins
quatre rondes de chaque Corps de garde, il y a les Sergens, Caporaux, Lanſpaſſades & autres exempts de faction , tellement qu'il
faudra ſoixante hommes à chaque Corps de garde pour le moins, Combien il faut
de ſoldats, à
chaque Corps
de garde.
& par conſequent deux cens quarante hommes pour entrer en
garde tous les iours, qu'il faut tripler, afin qu'ils ayent deux iours
de francs, font ſept cens vingt hommes qu'il faudroit pour garder
ſimplement vne place où il faudroit quatre Corps de garde. En
temps de paix, & aux places où il y auroit peu de ſoupçon on en di-
minuëroit le nóbre, parce qu'on ne met qu'vne ſentinelle à la poin- On en peut
diminuer le
nombre.
te du baſtion, & cét autre à la courtine. Il faut auſſi en temps de guer-
re l'augmenter, non ſeulement pour faire les factions, mais auſſi
pour pouuoir reſiſter en cas d'attaque; alors on fait plus de Corps de On doit auſſi
l'augmenter.
garde ; car non ſeulement on en met aux portes , mais auſſi à tous
les baſtions, renforçant les ſoldats en chacun lieu. Ie donneray le
nombre qu'il faudroit ; par exemple, pour deffendre la ville d'A- Combien de
ſoldats il fau-
droit pour def-
fendre Amiens
ou Corbie.
miens, il y faudroit cinq mille ſoldats ; pour deffendre la Citadel-
le, deux mille ſoldats. Pour deffendre Corbie , faudroit trois mille
ſoldats; de là on peut inferer combien il en faudroit aux autres places , cela reuient à peu près à quatre ou cinq cens ſoldats pour chaque baſtion , ou s'il n'y a pas de baſtions, on fera ſon conte ſur
le contour de la place , & ſur le nombre des baſtions qu'il y faudroit ſi on le fortifioit.

   Le nombre s'augmente & ſe diminuë ſelon l'aſſiette ; car vne En quel lieu
on peut dimi-
nuer le nombre
des ſoldats.
place qui ſeroit partie dans la mer, ou partie ſeroit baſtie ſur vn pre-
cipice, ou bien ſur vn lac, ou ſur vn marais qu'il fuſt impoſſible de
paſſer, ou qui ſeroit bordée d'vn coſté d'vne grande riuiere; de façon que la ſituation & l'auantage de ces lieux la rendiſſent aſſeurée de toute attaque ; il ne faudroit mettre en tous ces lieux que
des ſentinelles ſimplement , & quelque Corps de garde , garny
d'autant de ſoldats qu'il faudroit pour faire les factions ; mais
neantmoins on doit eſtre aduerty qu'il ne faut iamais laiſſer aucun Aucun lieu ne
doit eſtre ſans
ſentinelles.
lieu ſans ſentinelles, fuſt-il le plus aſpre & le plus haut rocher qui ſe
pourroit voir; car l'eſprit des hommes treuue moyen de grimper
par tout, lors que perſonne ne l'empeſche; les exemples de ceux qui
ont eſté pris par ces lieux, nous en font foy; c'eſt pourquoy il faut
pour le moins les garnir contre la ſurpriſe.
   Dans vne place où l'aſſiette ſeroit telle qu'elle contraindroit à

D ij

Aux places ir-
regulieres qui
ont des grands
dehors.

faire des grands dehors, & qu'il faudroit garder plusieurs Corps aduancez, il faudroit plus de monde, & ce particulierement aux places irregulieres; Et à celles-cy il faut regarder les Corps de garde qu'il y faut placer, & conter pour chaque Corps de garde cent soldats, plus ou moins selon la grandeur du corps, lequel nombre il faut tousiours tripler comme nous auons remarqué cy-deuant.

Aux places re-
gulieres qui
ont des dehors.

Aux places regulieres, les dehors n'augmentent pas de beaucoup le nombre des soldats qu'il faut pour garder la place; parce que tandis qu'on deffend ce qui est plus aduancé, le dedans reste asseuré: comme à vne place qu'il y auroit six bastions, & qu'il y eust autant de tenailles, & dans les tenailles des demy-lunes; il est bien asseuré qu'on ne peut pas prendre les bastions qu'on n'ait pris les tenailles; car autrement ils se mettroient entre deux deffences, & seroient veus par reuers ou par derriere, ce qui ne se doit iamais faire à cause qu'on en receuroit trop de dommage; il ne se peut non plus qu'on prenne la demy-lune qui est dans la tenaille qu'on n'ait pris la tenaille, tellement que le mesme nom-

Deffendant ce
qui est aduancé,
ce qui est plus
arriere est plus
asseuré.

bre qui deffend ce qui est aduancé, deffend aussi ce qui est plus arriere en se retirant lors qu'on est forcé; il est vray qu'il en faut quelque peu dauantage pour mettre des sentinelles dans les Bastions; car quelque dehors qu'il y ait, & pour si bien qu'ils soient gardez, il ne faut iamais laisser le corps de la place sans sentinelles, & par consequent sans Corps de garde.

En quelles pla-
ces faut peu de
soldats.

Dans les places qui peuuent estre continuellement secourües comme les maritimes qui ne sont pas bouclées par mer, ou celles qui sont attaquées de telle façon que l'armée de l'ennemy est d'vn costé, la nostre de l'autre, il ne faut que ceux qui sont necessaires pour la deffence ordinaire de la place.

Des Armes qu'il faut dans vne place.

CHAPITRE VIII.

Les Canons
sont les plus
fortes armes.

LES principales & plus fortes armes qu'il faut dans vne place sont les Canons, & tout ce qui est de cette espece monté sur affusts à roüe, dans quoy sont compris les demy-Canons, quarts de Canons, couleurines, fauconneaux, pierriers, & tous les autres de ce genre. Apres

sont les mousquets , puis les piques , en suitte les allebardes , pertuisanes, &c. Ie ne nomme pas les espées ; car elles sont inseparab
bles des soldats ; ces armes sont offensiues ; les deffensiues, sont ⟶ *Armes def-*
les cuiraffes, pots ou mourions, ou selades, & les rondaches ; il est *fensiues.*
question de sçauoir combien il en faut de chaque sorte, afin de
pouuoir bien deffendre sa place.

Qui voudroit garnir vne place d'autant de Canons qu'il se ⟶ *A garnir tous*
pourroit ; il en faudroit à chaque flanc quatre ; aux places qui ont *les lieux d'vne*
flanc bas & flanc haut ; sçauoir deux au flanc bas , & deux au *place, combien*
flanc haut ; & lors qu'ils sont fort grands il en faudroit six , & *Canons.*
six pour chaque bastion pour les mettre aux lieux plus commodes : par ainsi vne place de six bastions ayant douze flancs, en
faudroit septante deux aux flancs, & trente-six pour les bastions, *Au Chasteau*
qui feront cent & huit. I'en ay encore plus veu que cela dans le *de Milan, il y*
Chasteau de Milan qui n'a que six bastions : neantmoins il y a *a quantité de*
cent soixante Canons dans les galeries , outre ceux qui sont aux *Canons.*
flancs, & aux faces des bastions , qui tous ensemble font bien *Vn si grand*
deux cens cinquante pieces. l'estime qu'vn si grand nombre est *nombre est su-*
superflu ; car aussi bien on ne sçauroit se seruir de toutes ces pieces, *perflu.*
si ce n'est qu'on les tienne comme dans vn Arcenal ou magazin,
pour en fournir à toute la Prouince ; ou en cas de besoin à vne
armée ; ou si c'est vne place maritime pour en fournir aux vais-
seaux qu'on arme. Ie laisseray de parler de toutes ces prouisions
extraordinaires , & diray seulement combien, & de quelle sorte
il en faut, pour bien se deffendre dans vne place.

Ie prendray pour exemple vne place qui auroit enuiron au- *Exemple d'vne*
tant de contour que Compiegne ; sçauoir qui auroit huit ou *place comme*
neuf bastions , ie voudrois y auoir huit ou dix grosses pieces de *Compiegne ,*
trente ou trente-six liures de bale , desquelles ie ne me seruirois *combien il y*
que pour rompre quelque puissant trauail de l'ennemy proche, & *faudroit de*
qui m'incommoderoit , ou pour faire contre batterie : De ces pie *Canons.*
ces il ne faut s'en seruir qu'au besoin, d'autant qu'elles consom- *Comme il faut*
ment quantité de munitions ; si leur affuft se rompt, il est difficile à *se seruir des*
refaire & remonter, & de grand despence, & ne doiuent estre em- *grosses pieces.*
ployées que contre des forts trauaux ; parce que les autres font autant d'effet contre ce qui est foible, sont plus maniables , moins su-
jettes à rompre, & consomment beaucoup moins de munitions.

Des coulevrines ie n'en voudrois que quelques trois ou quatre
qui me seruiroient pour tirer seulement lors qu'on verroit paroi- *Combien de*
stre fort loin quelque esquadron de Caualerie, pour les faire re- *coulevrines.*
tirer on les saluëroit de quelque coup : ces pieces font quasi inuti-

les aux places de terre ; parce qu'elles ne feruent que pour tirer fort loin , dont les tirs font fort incertains ; & ne rencontrent que par hazard.

Aux places maritimes , combien il faudroit de couleurines.

Aux places maritimes i'en voudrois dix ou douze, ou dauantage, felon les lieux que i'aurois pour les mettre , ie les logerois fur les caualiers & lieux eminens, pour tirer contre les vaiffeaux ; car il eft affeuré qu'on ne peut pas prendre les places maritimes qu'on ne les affiege par armée de terre & de mer : c'eft pourquoy ces pieces vont chercher fort loin les vaiffeaux, & les contraignent de fe tenir plus

A quoy elles feruent.

efloignez, & par ainfi il en faut plus grand nombre ; ou qu'ils fe tiennent plus efcartez l'vn de l'autre, & ainfi donnent plus facilement lieu au fecours de paffer entre deux ; les coups de ces pieces bien que tirez de loin percent les vaiffeaux, les rompent & coulent à fonds , ce qu'on ne fçauroit faire contre les trauaux de terre en tirant à vne fi longue diftance.

Combien il faut des autres pieces.

Où il faut les mettre.

Ie voudrois donc dans ma place des pieces de vingt ou vingtquatre liures de bale, pour le moins trente, & mieux quarante; parce que d'ordinaire l'ennemy fait trois attaques ; ceft pourquoy il faut garnir pour le moins trois flancs, à n'en mettre que quatre à chacun, font douze, & les autres pour mettre aux faces des baftions ou courtines, pour deffendre les dehors, & tirer contre les trauaux de l'ennemy, & quelqu'vne aux autres flancs, & aux caualiers s'il y

Pourquoy il n'en faut pas efgallement à tous les flancs.

en a : On me pourroit dire pourquoy ie ne garny pas efgallement tous les flancs; ie refponds, parce qu'il eft tres - affeuré que l'ennemy ne peut pas attaquer par tout, & qu'on peut facilement amener les Canons d'vn flanc à autre , dans moins de temps que l'ennemy ne peut faire fes tranchées; car dans vne nuit on peut faire ce changement : neantmoins qui en auroit par tous les flancs feroit hors de cette peine; mais cela n'eft pas neceffaire. En temps de paix ie voudrois diftribuer mes pieces par tout les flancs , & en mettre moins à chacun, afin de les pouuoir tirer à vne furprife.

Fauconneaux tres-vtiles.

I'eftime que les fauconneaux font tres-neceffaires , quand on en auroit trente ou quarante dans vne place cela ne feroit que bien, il en faudroit de fix , de huict, & de dix liures de bale, cela eft bon pour tirer contre la Caualerie & l'Infanterie, à toutes fortes d'attaques, ou lors qu'ils paroiffent en quelque lieu efloigné hors des trenchées : ceux-cy on peut les tirer bien fouuent, lors qu'on voit deux ou trois perfonnes enfemble ou quelqu'vn de marque, ce qu'on connoift par les habits, ou par la fuitte ; car vn de ces coups qui rencontrera , pourra apporter le falut à la place par la mort de quelque Chef principal, ou de quelque perfonne de conduitte, comme nous auons veu arriuer à plusieurs personnes de *Personnes de* hautc condition, & fraischement à vn General d'armée; ces pieces *condition tuées* ont cette commodité qu'elles font fort maniables & consomment *auec fauconneaux.* fort peu de munitions.

Les pieces courtes de mesme calibre sont aussi parfaitement *Pieces courtes* bonnes pour la deffence des dehors, parce que les distances *bonnes.* estant courtes ces pieces arriueront facilement aux pointes estans mises aux flancs ; pour moy i'en voudrois auoir de quinze & vingt liures de balles fort courtes, seulement qu'elles peuffent porter cent ou six vingt pas, qui est la plus longue mesure des lignes de deffence, des tenailles, demy-lunes, & autres dehors.

De toutes les armes propres à deffendre les dehors, ie n'en trou- *Pierriers ex-* ue point de meilleure que les pierriers qui se chargent à boëte, soit *cellens pour* de fer comme ceux des vaiffeaux, soit de fonte ; parce que cela *deffendre les* se peut porter par tout, se charge de ferraille qui fait vn gran- *dehors.* diffime esquarre dans vn attaque, parce qu'on le tire de prés, bles- se beaucoup de monde, & se recharge à l'instant en y mettant vne boëte toute preste; & ne s'échauffe pas, car la charge est dans la boëte; on peut le retirer quand on veut; de ceux-cy i'en voudrois auoir quinze ou vingt, & pour chaçun ie voudrois vne douzai- ne de boëtes, afin de les pouuoir tirer souuent durant vne atta- *A quoy bons.* que; & cecy est bon particulierement aux dehors, & contr'escar- pes, mesme pour deffendre vne bresche, & tirer sur l'ennemy lors qu'il donne l'affaut.

Les arquebuses ou mousquets à croc, sont fort neceffaires dans *Arquebuses ou* les places, parce qu'à vne attaque on y enuoye les premiers armez *mousquets à* à l'espreuue du mousquet, ou couuerts de rondaches, ce qui ne *croc.* resiste pas à ces mousquets à croc, de quatre onces de balles; & lors que ceux-cy sont mouchez, les autres ne vont pas si gaye- ment à l'affaut; c'est pourquoy il seroit bon qu'il y euft trois cens de ces flûtes pour faire dancer l'ennemy lors qu'il feroit quelque attaque.

Outre les mousquets que les soldats ont pour porter ordinai- *Mousquets* rement, il faut que les magazins en soient garnis de bon nombre *dans les ma-* d'autres. Et si par exemple dans vne place vous auez trois mille *gazins.* mousquetaires pour la deffence de voftre place, ie voudrois auoir six mille mousquets dans les magazins ; car ces prouisions ne nui- fent iamais, & s'il y en a trop, au besoin on en peut fournir à quel- *Mousquets des* que autre place qui feroit attaquée. I'aduertiray qu'il faut que les *garnisons plus* mousquets des garnisons soient plus forts & plus pesans que ceux *forts que les autres.*

qu'on porte à la campagne, pour deux ou trois raisons, parce qu'il ne faut pas que les soldats les portent fort loin, ny long temps; qu'il ne leur faut pas de fourchette pour les tirer, car ils les tirent appuyées sur les parapets; & parce que ceux qui attaquent sont, ou au moins le doiuent estre, tres-bien armez. A proportion des mousquets, il faut les appartenances qui sont les *Appartenances des mousquets à proportion.* bandoulieres & charges. On doit auoir des mousquets au double des piques pour le moins, parce que dans les places ils ne seruent à autre vsage que pour deffendre les bresches.

Piques des places doiuent estre plus fortes. Le mesme que nous disons des mousquets, doit estre entendu des piques, lesquelles doiuent estre plus renforcées que celles de la campagne; pour les mesmes raisons, on en doit auoir aussi prouision comme nous auons dit des mousquets; mais il en faut moins de la moitié, car la pique dans les places n'est pas de si frequent vsage comme le mousquet; car elle ne sert que lors qu'on vient aux mains : i'aduertiray qu'on en doit auoir quelques vnes *Piques auec crochet.* extraordinairement longues & fortes, auec vn crochet au dessous du fer, pour accrocher & ietter par terre ceux qui viennent armez de toutes pieces, pour attaquer ou pour reconnoistre.

Autres armes. Les alebardes, pertuisanes, armodasts, rondaches, coutelas, & telle autre sorte d'armes sont aussi tres-bonnes & necessaires; & *Rondaches.* particulierement les rondaches, pour se couurir, & repousser l'ennemy à vne attaque, & d'iceux en faire comme vn nouueau parapet, il faut qu'ils soient à l'espreuue du mousquet, autrement ils ne seruiroient de rien.

Armes à l'espreuue du mousquet. Outre les armes que chacun a pour s'armer au besoin, il en faut de publiques à l'espreuue du mousquet; (car d'autres ie ne treuue pas qu'elles seruent de rien dans les places,) qui seront dans les magazins, pour les bailler aux plus hardis soldats qui s'offriront à deffendre vn dehors, ou vne bresche; ou à d'autres personnes de seruice, lesquelles le Gouuerneur doit conseruer auec grand soin; car l'exemple de quelques vns de cette sorte, en fera hardis vn grand nombre, & lors qu'on a des personnes qui deffendent la teste, on en treuue assez qui les secondent; c'est pourquoy ceux-cy ne faut les exposer qu'au besoin, & alors on les doit faire armer, mesme les y contraindre s'ils ne le vouloient pas, puisque leur salut & leur conseruation est le salut & la conseruation de tous les autres. Il seroit donc bon d'auoir dans les maga- *Nombre de ces armes.* zins deux cens paires d'armes ou plus à l'espreuue du mousquet par le deuant, sçauoir le plastron, les tassettes & le pot, & autant

de

de rondaches pour le moins , auſſi à l'eſpreuue ; s'il y en auoit
dauantage il n'en ſeroit que mieux ; car des armes & des munitions iamais il ne faut ſe plaindre pour en auoir trop : On voit *On ne ſçauroit*
bien ſouuent des places qui ſe rendent pour faute de quelque *auoir trop d'ar-*
choſe ; mais vous en voyez fort peu qui apres vn ſiege ayent beau- *mes.*
coup de reſte de tout ce qu'ils auoient preparé.

    Quatre ou cinq cens mouſquets à roüet ou à fuſil ſeroient ex- *Mouſqvets à*
cellemment bons pour faire les ſorties lors qu'il pleut, & qu'il fait *roüet ou à fuſil*
mauuais temps ; car ce ſeroit vn notable auantage de pouuoir ſe *fort bons.*
ſeruir des armes qui ſeroient inutiles à l'ennemy.

    Ie voudrois auſſi que des ſix mille mouſquets qu'on auroit de *Mouſquets*
reſerue, il y en euſt mille fort courts, de deux pieds, ou deux pieds *courts.*
& demy , & de calibre de plus d'vn pouce ; ie voudrois me ſeruir de ceux-cy pour deffendre la breſche, les chargeant de quantité de bales de piſtolet ou d'arquebuſe ; les Italiens les appellent *Peſtoni*, leſquels ils font porter autant que les autres.

En quelle façon le Gouuerneur doit ſoigner à la conſeruation des armes.

CHAPITRE IX.

'ON prepare de longue main toutes ces armes pour *Le Gouuer-*
les auoir preſtes au beſoin ; c'eſt pourquoy le Gouuer- *neur doit con-*
neur doit faire en ſorte de les auoir touſiours en bon *ſeruer les ar-*
eſtat , tant pour s'en ſeruir en toute occaſion , com- *mes.*
me auſſi afin qu'elles ne ſe déperiſſent & gaſtent par la negligence.

    Il eſt aſſeuré que les Canons de fonte ne ſe pourriſſent ny ne *Conſeruer les*
ſe roüillent ; mais c'eſt pourquoy il ne faut pas auoir grand ſoin *affuſts.*
pour les conſeruer : cela eſt vray , mais il eſt auſſi certain que les
Canons ne tirent pas ſans affuſts ; c'eſt pourquoy la conſeruation de l'vn eſt auſſi neceſſaire que de l'autre : Pour les conſeruer il ne faut tenir que quelques pieces montées , & les autres les tenir démontées dans les magazins ; parce qu'ainſi il faut
moins de lieu pour les ranger : celles qui ſeront montées & qu'on
tiendra preſtes pour la deffence de la place , on les tiendra dans
les voûtes des flancs s'il y en a ; que s'il n'y a pas de ces voûtes, on *Couuertures*
fera des couuertures pour les affuſts , leſquelles ſont faites de *pour les affuſts.*

planches de ſapin bien poiſſées par dehors ; le deſſus eſt en dos
d'aſne & peut ſe démonter quand on veut, parce que toutes les
pieces tiennent auec des crochets ſeulement : on peut faire que
toute cette couuerture porte ſur l'eſſieu du Canon, afin de pouuoir tirer la piece auec la couuerture meſme, ou bien en terre;
Pour conſeruer les roües. mais il eſt mieux qu'elle ſoit portée ſur l'eſſieu ; il faut prendre
garde que les roües n'enfoncent pas en terre ; il faut qu'elles
ſoient ſur quelque piece de bois (pour les plate-formes ie ne voudrois pas les mettre en leurs lieux qu'en cas de beſoin) afin que
l'humidité ne les pourriſſe. En Italie on ne voit preſque point de
piece ſur les murailles qui ne ſoit couuerte d'vn ſemblable man-
teau.

Quand ie parle du Canon, i'entens auſſi de toutes les autres pieces qui ont leur affuſt monté ſur roües.

Mouſquets comment doi-uent eſtre gar-dez. Les mouſquets de reſerue ſeront tenus dans les magazins qui
ſoient bien ſecs ; s'il y a des feneſtres qu'elles ſoient bien vitrées,
& au deuant en temps d'Hyuer qu'il y ait des chaſſis de toile ;
on les peut auſſi tenir dans des quaiſſes bien empaquetez auec de
la paille, les viſiter tous les ſix mois ; & ceux qui ſe treuueront
Comment nettoiez. roüillez les faire nettoyer. Dans les lieux bien policez il y a certaines perſonnes à qui on donne entretien pour trauailler conti-
nuellement au nettoyement des armes.

Bandoulieres. Les bandoulieres ſeront attachées aux planchers qu'on ſe-
couëra de temps en temps, pour en faire tomber la pouſſie-
re.

Les autres ar-mes. Les autres armes ſeront tenuës & deſroüillées auec le meſme ſoin, tant celles qui ſont pour offencer, comme pour ſe
deffendre.

Piques com-ment conſer-uées. Les piques ſeront eſtenduës tout de long, & liées enſemble par fagots, afin qu'elles ne prennent vn mauuais ply ; on
ne les laiſſera pas par terre, parce que l'humidité les gaſteroit,
mais ſur des ratteliers; les fers ſeront déroüillez, & nettoyez comme des autres armes.

Des munitions de guerre qu'il faut dans vne place.

CHAPITRE X.

Es munitions de guerre sont particulierement la poudre, les bales, la mesche, & les feux d'artifice, & tous les ingrediens dequoy on compose ces choses. *Quelles sont les munitions de guerre.*

La poudre est la principale des munitions de guerre, de laquelle il y a la grosse grenée, ou celle qui sert pour le Canon, & la menuë grenée qui sert pour la mousqueterie. *Grosse grenée, & menuë grenée.*

Nous demeurerons tousiours sur la mesme supposition d'vne place d'enuiron de neuf bastions, comme nous auons cy-deuant dit.

Ie mets qu'on ait cinquante pieces en tout, & que de chaque piece on en tire dix coups par iour, cela fera cinq cens coups par iour : ie suppose qu'il faille dix liures de poudre à chaque coup l'vn portant l'autre, des petites & grandes pieces, cela feroit cinq milliers de poudre par iour, qui sont cinquante quintaux, pour en auoir pour trois mois, c'est à dire cent iours, il en faudroit cinq mille quintaux : Mais parce qu'on n'a iamais veu durant trois mois tirer tous les iours d'vne place cinq cens coups de Canon, il faut conter que la moitié seroit necessaire, & l'autre moitié pour la reserue, ou pour s'en seruir si le siege duroit dauantage. *La quantité de poudre à Canon qu'il faut dans vne place.*

Pour la mousqueterie i'estime qu'on en auroit suffisamment auec cent milliers, qui sont mille quintaux; car par ainsi on en pourroit auoir cinquante milliers pour la necessité, & autres cinquante de surplus pour la reserue; le conte s'en peut faire ainsi quand il n'y auroit que mille soldats de garde mousquetaires, chacun consommera demy liure de poudre par iour, qui font cinq cens, & en cent iours font cinquante milliers. *Poudre à mousquet combien il en faudroit.*

Dans cecy i'entens comprendre la poudre qui seroit necessaire pour faire les feux d'artifices, les mines, & pour charger les granades, bombes & mortiers.

Il faudroit auoir prouision de salpestre, du souffre, du charbon, de la poix, de la cire, des graisses, des huiles, & toutes les drogues qui sont necessaires pour faire les feux d'artifices, lesquelles nous ne déduirons point icy, parce qu'elles demandent vn Traitté particulier, que ie feray vn iour, s'il plaist à Dieu, pour m'acquitter de la promesse que i'ay faite dans mon Liure des Fortifications. *Drogues necessaires.*

E ij

Combien de bales à Canon il faudroit.

Il faut des bales de Canon à proportion, comme si on pose qu'on tire cinq cens coups par iour, il faudroit autant de bales, & pour tirer durant trois mois ou cent iours, il en faudroit cinquante mil : on doit entendre en cecy de toute sorte de calibres; mais il en faudroit beaucoup plus pour les petites pieces que pour les grandes ; comme par exemple pour les fauconneaux, il en faudroit dix fois autant que pour les Canons , & ainsi des autres à proportion.

Combien de bales de mousquets il faudroit.

De bales de mousquets, il en faudroit cinq cens quintaux, dont le quart seroit formé en bales , & le reste en saumons de plomb, pour en faire au besoin.

Combien de mesche il faut.

Pour de la mesche, ie fais estat que cinquante mille liures suffiroient pour tout le temps que nous auons dit.

Bombes necessaires dans la place.

Outre tout cela il faudroit quelques bombes, pour les ietter dans la galerie, ou dans quelque logement qui seroit fait contre la muraille, ou dans la bresche ; car de les tirer loin , cela ne seruiroit de rien, d'autant qu'il seroit comme vn miracle qu'elles rencontrassent quelqu'vn : il en faudroit cinq cens de celles-là.

Combien de grenades à main il faudroit.

Des grenades à main, i'en voudrois auoir trois ou quatre mille, faites de bronze, ou de fer fondu , toutes les autres sortes ne valent rien, comme celles qui sont faites de terre ; & d'autres qui sont faites de verre, qui font encore moins d'effect ; afin qu'elles prennent iustement lors qu'elles tombent; on les met dans vn pot

Pour ietter les grenades.

de terre aussi grand que la grenade y puisse entrer, à ce qu'il y a de vuide tout autour; entre le pot & la grenade on y met de bonne poudre , & la grenade estant bien amorcée & mise dedans, on couure le pot auec vne toile, puis on met des bouts de mesche autour du pot , lesquels on allume lors qu'on la veut ietter contre l'ennemy : tombant à terre le pot se casse, les mesches allument la poudre, & la poudre la grenade.

Feux d'artifices necessaires.

Dans les munitions de guerre, sont compris toute sorte de feux d'artifices, comme lances à feu, pots à feu, cercles, tourteaux, barils foudroyants, soliues roulantes, bales ardentes, bales chargées , & mille autres sortes, desquelles il en faut auoir quelques vnes de prestes , seulement pour s'en seruir à quelque occasion inopinée ; car pour en tenir grande quantité de faites, ie ne le conseillerois pas ; parce que ces compositions se gastent auec le temps, il vaut mieux auoir bonne prouision de materiaux pour les composer.

Affusts de reserue, & au-

Il faut des affusts de reserue pour chaque piece, & du bois pour en faire, au cas que ceux-là fussent rompus : ensemble il

est necessaire d'auoir des ferrures toutes prestes , & du fer pour *tres apparte-*
en forger des neufues , ou reparer les vieilles : il faut aussi tout *nances du Ca-*
le reste des appartenances du Canon , comme lanternes , char- *non.*
geoirs , escouuillons , cables , guindaux , martinets , leuiers , &
tout ce qui est necessaire pour remonter & charger, pointer & tirer les pieces ; sur tout il faut des frontaux de cuiure , qui sont des
gros madriers à l'espreuue du mousquet, entaillez en rond comme *Madriers.*
le Canon pour les mettre sur iceluy prés de la lumiere , auec vne
fente par où le Canonier vise pour pointer à couuert & hors de
danger des mousquetades. Il est aussi necessaire d'auoir d'autres
madriers pour fermer les embrasures apres que le Canon a tiré,
afin de conseruer les Canoniers.

Quantité de sacs, paniers, ou hottes sont necessaires pour re- *Sacs, paniers,*
faire les parapets rompus; les gabions sont aussi fort necessaires *hottes, gabions.*
pour cét effect , pour couurir les lieux descouuerts , pour met-
tre deuant les bresches, & autres lieux rompus ; les barriques sont
excellemment bonnes pour le mesme effect; les clayes seruent aussi
tres-bien.

Il faut force planches, tant pour se mettre à couuert lors que *Planches.*
les logemens sont rompus par les Bombes & par le Canon,
comme aussi pour plusieurs autres vsages que la necessité ap-
prendra.

Les fascines sont bonnes pour reparer les bresches, & refai- *Fascines.*
re les trauaux rompus , mesme pour en faire des nouueaux.

Le gros bois est tres-necessaire , sçauoir de gros arbres, poûtres, *Gros bois.*
soliues, planches fort espaisses, & toute autre sorte de bois , duquel on se sert à bastir ; car il est bon pour faire diuers ouurages
pour la deffence de la place, comme aussi pour faire nouueaux affusts de Canon , des machines, des couuertures, palissades & autres
inuentions , il se treuuera assez dequoy les employer durant la
longueur du siege.

Par apres il faut toute sorte d'outils, comme moules de bales, *Toute sorte*
pics, pelles, pioches, broüettes, ciuieres, hottes, paniers, seaux *d'outils.*
de cuir pour esteindre le feu, crochets , quantité de chausse-trapes
qui sont fers à quatre pointes pour semer sur les bresches des grosses planches qu'on seme de cloux sortans la pointe pour mettre sur
les bresches, des paux pour faire des palissades auec des crochets
au bout, des chaines pour descendre des feux d'artifices, des petards auec leurs madriers pour rompre les galeries, & de la vieille ferraille pour mettre dans les pierriers, comme vieilles chaines, morceaux de gros cloux, morceaux de fer, & tout ce qui estant mis dans

les pieces peut endommager l'ennemy, du fil d'archal pour faire des
bales ramées, des chaudieres pour faire les salpestres, pour fondre
des huiles à ietter sur l'ennemy auec des grosses cuilleres attachées
au bout des piques, & mille autres telles choses qu'on peut trouuer
escrites plus amplement dans mon Liure de la deffence des places.

Instrumens communs.

Outre tout cela il faut tous les outils dont se seruent les Charpentiers, Charons, Massons, Armuriers, pour faire & raccomoder les logemens, faire & raccomoder les affusts des pieces, raccomoder les murailles rompuës, refaire les armes, & en forger des
neufues.

Personnes ne-cessaires dans vne place.

Pour executer tout cela, il faut des personnes entenduës chacune en son mestier; sçauoir des habiles mineurs pour faire les contre-mines, & des mines s'il en est besoin, des faiseurs de feux d'artifices, plusieurs Canoniers, des gens qui sçachent faire les salpestres & les poudres, des Charons, des Charpentiers, des Massons,
des Armuriers, & toutes autres telles personnes qui peuuent seruir
aux choses de la guerre : Car tous les materiaux & tous les preparatifs sont des choses mottes s'il n'y a des personnes qui leur donnent la forme, & comme l'estre ; outre que tout se gaste & se perd
si on n'a soin de le conseruer & de le renouueler.

Materiaux necessaires.

Encore faut-il des materiaux, comme plomb, fer, acier, cuiure,
laiton ou bronze, rosette ou cuiure, de la pierre, de la chaux, des
briques, du sable, du bois à bastir, & tout ce qui sert à faire ou reparer les choses cy-dessus escrites.

Faut auoir soin de conseruer les preparatifs.

Tout ainsi que nous auons aduerty qu'il faut conseruer les armes, on ne doit pas auoir moins de soin des munitions, mettant
chaque chose en lieu qui luy soit propre : comme par exemple les
poudres doiuent estre mises en plusieurs magazins escartez des logemens, & le plus à couuert qu'il se pourra ; elles seront bien prés

Ordres comme doiuent estre gardez.

des remparts, ou à la courtine, ou à la gorge : Il faut qu'il n'y ait
aucune fenestre par où on puisse ietter du feu ; & celles qui sont faites pour donner iour quand on veut, doiuent estre ferrées par le dehors, ou mieux de fer simplement sans aucun bois ; comme aussi les
portes, lesquelles ie voudrois tousiours doubles ; le dedans du magazin doit estre tout reuestu de planches de sapin, & les barils de
poudre doiuent estre sur des chantiers, afin qu'ils ne puissent aucunement attirer l'humidité. En Italie on a coustume lors que quel-

Coustume d'I-talie pour con-seruer les pou-dres.

qu'vn veut entrer dans les magazins des poudres leur faire laisser
l'espée, & les esperons, & tout le fer qu'ils portent : veritablement
on ne sçauroit apporter assez de precaution pour euiter les accidens qu'on a veu autrefois arriuer.

On vifitera comme nous auons dit tous les six mois, ou *Vifiter les* pour le moins tous les ans les poudres, afin de voir s'il y en a de *munitions.* gaftées, les efprouuer, & s'il y en a, les faire refaire.

Les falpeftres feront auffi mis en des lieux fecs, mais ne doi- *Salpeftres où* uent pas eftre tant enfermez que les poudres; comme auffi tous *doiuent eftre* les autres materiaux qui ne peuuent prendre feu auec tant de fa- *mis.* cilité.

On fera aduerty de ne laiffer iamais entrer le feu aux lieux *Ne faut laiffer* où il y a de la poudre, pour quelque caufe que ce foit, ny à *entrer feu où* defcouuert, ny enfermé dans vne lanterne, cela doit eftre deffen- *eft la poudre.* du abfolument.

Tous les autres outils & preparatifs feront dans leurs magazins *Chaque chofe* ordinaires, chaque chofe en fon lieu, rangée auec ordre; car par *doit eftre en fon* ainfi il ne faut pas eftre en peine de les chercher au befoin, & n'y *lieu.* a rien de plus beau dans vne place que voir chaque chofe en fon lieu bien rangée & difpofée fans confufion.

Les bales des Canons feront mifes felon les calibres, cha- *Bales de Ca-* que calibre à part, & au deffus efcrit le poids de la bale, *non comme doi-* & ne faut iamais les confondre, car cela amene vn tres-grand *uent eftre rans* defordre, particulierement aux occafions qui fe prefentent inopi- *gées.* nément.

De mefme faut-il faire des bales de moufquet, bien que de *Bales de mouf-* ceux-cy on n'en a guere que d'vne forte; on n'en doit auoir au *quet auffi ran-* plus que de deux, fçauoir pour tirer ordinairement, & aux bref- *gées.* ches; & celles-cy doiuent eftre en leurs lieux auec le mefme ordre que le refte.

Ie remarque que la plufpart des Gouuerneurs, n'ont autre foin *Gouuerneurs* ny affection qu'à fortifier leurs places; mais il me femble que cela *doiuent auoir* feul n'eft pas affez, & qu'il faut auoir autant de foin de tout ce *foin de munir* que nous auons propofé comme de la place mefme, puis qu'elle *les places.* ne peut fubfifter fans cela: fans doute il n'y a rien qui rauiffe dauan- tage comme apres auoir vifité vne belle place; fait voir de bons foldats, bien armez, & bien difciplinez, & apres cela monftrer des magazins bien pleins, bien rangez, & bien difpofez, felon l'ordre que nous auons dit: il n'y a point de doute qu'on eftime vn Gou- uerneur pour vn habile homme & intelligent, qui fçait fi bien pre- uoir à tout ce qui luy eft neceffaire, & le fçait difpofer auec vn fi bel ordre.

Toutes ces preparations ne fe peuuent pas faire en peu de temps; *Gouuerneurs* mais il faut que le Gouuerneur raffemble peu à peu tout ce qui luy *doiuent prepa-* peut feruir, & le conferue foigneufement; car affeurément fi des *rer les chofes* *neceffaires.*

le commencement il a la visée à faire vne belle place & bien munie , auec le temps il en viendra à bout , & en cela il doit apporter tout son soin & son affection , pour de là en tirer honneur &
reputation : non pas faire comme aucuns qui ne s'estudient qu'à
treuuer des inuentions pour attraper l'argent du Roy , gospiller
sur les soldats , & tyranniser le païs pour amasser du bien : & la
derniere chose qu'ils pensent , c'est à leur place , à laquelle s'ils
font quelque reparation , c'est par forme seulement , & afin d'a-
uoir sujet de demander de l'argent , toute leur science n'estant autre chose que de sçauoir comme ils pourront faire valoir beaucoup leur Gouuernement : Aussi voyons nous que ces gens-là
lors que l'occasion vient , & qu'ils sont attaquez par l'ennemy, ne
sçauent de quel costé se tourner , se treuuent despourueus de tout,
sans sçauoir où donner de la teste, perdent leurs places , & leur
honneur, & quelquefois leur teste, ou viuent ignominieusement
le reste de leur vie.

Fautes d'au-
euns Gonuer-
neurs.

Des munitions de bouche qu'il faut dans vne place.

CHAPITRE XI.

LEs soldats encore que bien armez & disciplinez ne peuuent pas deffendre la place s'ils n'ont dequoy viure ; c'est
pourquoy les prouisions de bouche sont autant, voire plus necessaires que tout le reste.

Prouisions de
bouche neces-
saires.

En general les munitions de bouche consistent en ce qui
se mange, & en ce qui se boit ; de chaque chose il y en a de
diuerses sortes, mais les principales sont le pain & le vin.

En quoy consi-
stent ces muni-
tions.

Nous commencerons par le pain, & dirons quelle prouision il
en faut ; supposons que dans la place il y ait cinq mille bouches
à qui il faille donner du pain, & qu'on pretende d'en auoir pour
vn an ; il faut pour chaque homme quelque peu plus de deux
septiers de bled par an ; mais pour en auoir de reste, posons qu'il en
faille trois septiers, il en faudra quinze mille septiers pour cinq mille
personnes, mesure de Paris.

Quelle proui-
sion il faut de
pain.

Pour le vin , ie pose que chaque homme boiue vne pinte de
vin par iour, il en faut à chacun par an enuiron vn muid & vn
tiers ; c'est pourquoy à cinq mille personnes il en faudroit six mille
six cens soixante six muids, ou pour faire le conte plus iuste, sept
mille

Quelle proui-
sion il faut de
vin, ou de biere
ou de sitre.

mille muids ; ce qu'on dit du vin, s'entend aussi de la biere, du citre, & de toute autre boisson.

Le vinaigre est vne prouision qui sert, & pour la guerre, *Vinaigre ne-* & pour la bouche, d'autant qu'il est tres-necessaire pour rafrai- *cessaire.* chir les pieces ; il sert encore pour medicament contre plusieurs maladies.

Ce sont les deux principaux alimens ; apres cela il y a les chairs *Les chairs* qui sont fraisches ou salees ; les fraisches sont les bœufs, vaches, *fraisches &* moutons, porcs, poules, & autre menuë volaille. Pour les nourrir, *salées.* il faut auoir du foin, de la paille, de l'auoine, & autres grains qu'on a accoustumé de donner à manger à ces animaux : On peut mettre à saler les bœufs & pourceaux pour les garder plus long temps, & n'estre pas en peine de les nourrir ; les chairs fraisches seruent pour les malades & blessez, & les peaux pour esteindre les feux d'artifices : il faut encore des poissons salez, comme mo- luës, sardines, harencs, saumons, & toute autre sorte qu'on man- ge ordinairement. Pour apprester toutes les viandes, il faut du sel, du beurre, de l'huile, de la graisse, quantité de fromages : & sur tout il faut auoir de l'eau en abondance, des puits, ou de bon- *De l'eau.* nes cisternes qui ne puissent pas estre rompuës ; c'est à quoy par- ticulierement le Gouuerneur doit prendre garde : car pour les fontaines qui sont menées par acqueducs il ne faut pas s'y fier, par- ce qu'il faut s'asseurer que l'ennemy les rompra, ou peut-estre les empoisonnera. Tous les legumes secs sont vne fort bonne *Des legumes* prouision, parce qu'ils se conseruent long temps, & nourrissent *secs.* fort ; particulierement le ris & l'orge. Les herbages qui se conser- uent seiches sont bonnes, comme, aulx, & oignons, & les fruits aussi, comme raisins, figues, noix, noisettes, pruneaux, & tous les autres qu'on seiche au four : de toutes ces choses chacun en doit auoir en particulier, parce que dans les magazins pu- blics, c'est assez qu'il y ait du bled, ou du biscuit, & du vin ou de la biere, ou du citre ; s'il y a des legumes ce sera de sur- croist.

Maintenant il faut les moulins pour moudre le bled, qui se- *Moulins.* ront moulins à eau ou à vent, tous deux sont bons ; pourueu que l'ennemy ne puisse pas les rompre, ou auec des cheuaux, ou à bras ; il faut auoir les instrumens pour faire le pain, & des fours pour le cuire ; c'est pourquoy il est necessaire d'auoir du bois, & du charbon, ou de la tourbe pour brusler, pour cuire, & pour se *Bois, tourbe,* chauffer, tant pour les particuliers, comme aussi pour les Corps de *charbon.* garde.

F iij

Habits, estoffes, linge, souliers, & cuirs.

Parce que les habits s'vsent à la longue, il faut des estoffes pour en faire, & de la toile pour faire du linge ; & particuliere-ment des souliers faits, & des cuirs pour en faire ; car c'est ce qui se rompt le plustost, & qu'il en faut plus souuent, & sans quoy on est fort incommodé ; il faudroit aussi des chapeaux, afin que rien n'y manquast.

Medicamens.

Medecins & Apothiquaires.

Toute sorte de medicamens sont fort necessaires, tant pour les malades, comme pour les blessez ; & par consequent les Mede-cins & Apothiquaires pour les ordonner & faire.

Chandelle & huile.

La chandelle, & l'huile pour brusler dans les lampes, seruira non seulement pour les Corps de garde où il est necessaire ; mais aussi pour vn chacun en particulier.

Foin, auoine, & paille.

Quand vous auez de la Caualerie, comme il est ordinaire à toutes les places, il faut auoir dequoy nourrir les cheuaux ; sçau-oir, foin, auoine & paille ; la quantité est bien aisee à sçauoir, contant deux bottes de foin par iour, pour chaque cheual, vne botte de paille, & quatre picotins d'auoine, selon le nombre des cheuaux que vous aurez, & le temps que vous les voudrez entre-tenir, vous ferez vostre conte.

Prouision pour les bestes qu'on garde en vie.

Le mesme conte faut-il aussi faire pour nourrir les autres be-stes que vous conseruez en vie dans vostre place ; comme, bœufs, vaches, pourceaux, & telles autres que nous auons dit : pour tou-tes il faut faire prouision, & pour autant de temps qu'on veut les garder.

Doit auoir soin de sa conserua-tion, & des munitions de guerre.

Tout ainsi qu'aux munitions de guerre, nous auons dit le soin que le Gouuerneur doit auoir pour les conseruer ; nous aduerti-rons qu'il faut qu'il ait le mesme soin de celles de bouche ; c'est de tenir le bled dans les greniers où le Soleil n'entre pas trop, ny l'hu-midité aussi, & les faire remuër de temps en temps, & s'il con-noist qu'ils se veulent gaster, il doit les employer, ou bien les ven-dre ; mais auant que sortir ceux-là hors de la place, il en doit auoir d'autres pour y remettre, & ne doit iamais faire cela sans en don-ner aduis au Prince, ou aux Ministres ; il renouuellera aussi sou-uent les farines qui se gastent plustost que le bled, & particulie-rement l'Esté ; c'est pourquoy il aura le soin de les faire visiter, ou les visitera luy-mesme, afin de s'en pouuoir defaire auant qu'elles soient tout à fait gastées.

Soin des vins & bieres.

On en fera de mesme des boissons, lesquelles seront dans de bonnes caues, ainsi qu'on a accoustumé ; & en temps d'Esté on prendra garde si elles se gastent, afin de les changer de vase, & les empescher de s'acheuer de gaster, ou bien les vendre auant qu'el-les se soient tout à fait.

I'eſtime que la prouiſion des biſcuits ſeroit la meilleure qu'on ſçauroit auoir, pour la prouiſion de bouche ; parce qu'il ne faut ny moulins ny bois, & ſe conſeruent tres-long temps, ce qui eſt fort aduantageux, parce qu'il faut moudre les bleds ; & ſi on a des farines elles ſe gaſtent, meſme il faut des fours & du bois pour cuire le pain ; mais le biſcuit eſt tout preſt, ne faut ny ſel, ny eau, ny feu ; il y a ſeulement cette incommodité, c'eſt qu'au bout de deux ans, ou il faut manger ces biſcuits, ou les changer ; les ſoldats ny le peuple n'eſtans pas accouſtumez d'en manger, perſonne n'en voudroit, c'eſt pourquoy on ne ſçauroit qu'en faire : Et n'y a que dans les places maritimes où on puiſſe ſe ſeruir commodément de cette prouiſion, bien qu'elle ſoit extrémement bonne & vtile.

Prouiſion de biſcuit ſeroit bonne.

Pourquoy on ne peut ſe ſeruir de cette muniſtion dans les places.

<hr>

Comme le Gouuerneur doit connoiſtre les deffauts de ſa place.

CHAPITRE XII.

IL ſemble qu'on ne peut pas connoiſtre les defauts des places, qu'on ne ſçache comme elles doiuent eſtre fortifiées ; c'eſt pourquoy il faudroit auoir pluſtoſt eſcrit la fortification que de vouloir enſeigner comme il en faut connoiſtre les deffauts ; neantmoins parce que l'ordre naturel veut qu'on connoiſſe pluſtoſt le mal que d'y ordonner le remede : nous dirons dans ce Chapitre les deffauts des places, & comme on doit les remarquer.

Pour ſçauoir les defauts des places, faut ſçauoir la fortification.

L'ennemy auant que s'approcher de la place, il faut qu'il ſe campe ; c'eſt pourquoy il prend ce premier aduantage lors qu'il ſe peut treuuer, & ceux qui ſont dans la place doiuent auſſi taſcher à l'empeſcher ; c'eſt le premier defaut qu'il faut remarquer autour d'vne place, s'il y a des cauains, des valées, des chemins creux, des rauines, ou autres tels lieux où l'ennemy puiſſe aller & ſe mettre à couuert ; ce defaut eſt pourtant le moins conſiderable de tous, parce qu'eſtant fort eſloigné il ne peut pas beaucoup nuire, & ces logemens ne luy donnent autre aduantage que de faire moins de chemin & plus à couuert pour venir aux tranchées, on peut dire que c'eſt pluſtoſt vne commodité à l'ennemy qu'vn defaut à la place.

Premier defaut d'vne place. Cauains & lieux couuerts autour d'icelle.

Les chemins couuerts, ou cauains, ou valées qui vont iuſques

Lieux couuerts

prés des contr'efcarpes font bien plus nuifibles que tout cela; d'autant que l'ennemy s'en fert de tranchées, & il treuue tout fait ce qui luy faudroit faire auec beaucoup de difficulté, perte de gens & de temps, & c'eft vne des grandes foiblefes d'vne place, lors que l'ennemy peut s'approcher à couuert iufques à nos ouurages.

C'eft pourquoy lors qu'il y a auffi des maifons autour d'vne place, ou des murailles, des bois, des hayes, & toute autre chofe qui peut feruir pour couurir l'ennemy lors qu'il fait fes approches, c'eft vn defaut auffi grand que le precedent, & le Gouuerneur le doit remarquer pour y remedier.

Lors qu'il y a des Commandemens autour d'vne place, ce font autant de defauts, lefquels font eftimez d'autant plus grands qu'ils font plus irremediables: De ces Commandemens il y en a de diuer-

fes fortes: ceux qui font efloignez; fçauoir plus de mille ou huit cens pas Geometriques, quels hauts qu'ils foient ne font pas fort nuifibles: pour moy i'eftime que lors qu'il y a deux cens pas depuis le pied du Commandement iufques à voftre place, ils ne font point nuifibles; l'experience que i'en ay veû en plufieurs fieges où ie me fuis treuué de cette forte m'ont fait voir la verité, que ces Commandemens ne font qu'efpouuanter le Bourgeois; mais qu'ils ne font nuifibles à autre chofe qu'aux toicts des maifons: les Commande-

mens qui font plus proches, & qui vont fe perdant iufques dans les contr'efcarpes, font tres-nuifibles; parce que l'ennemy met aucunes batteries, & de la moufqueterie à l'endroit qu'il luy plaift pour defcouurir nos deffences; & de plus en met où il luy eft commode pour rompre: Apres à toutes les forties il a l'aduantage de l'eminence, lors que ces Commandemens enfilent (c'eft à dire,

voyent tout au long des faces) nos fortifications; ils font beaucoup plus nuifibles, parce qu'vn feul coup nettoye & offence tous ceux qui font dans ce qu'il enfile. Ceux auffi qui voyent par reuers, font

les plus mauuais de tous; mais fur tout ceux qui voyent en cette forte, ou embouchent vos flancs, ou tels autres lieux principaux qui en deffendent d'autres; parce que fi vous ne pouuez demeurer dans ces lieux qui en deffendent d'autres, ce qui fera deffendu de ces lieux fera perdu s'il eft attaqué. Il y a auffi des Commandemens où il y a

vne riuiere entr'eux & la place, ceux-cy peuuent incommoder, mais non pas prendre la place; d'autres font coupez à plomb au deffus des places, comme lors que quelque place eft baftie au pied d'vne haute montagne efcarpée, ceux-cy ne peuuent receuoir autre dommage du Commandement, que par les pierres: tout cecy font autant de deffauts pour la place à aucuns, defquels on peut remedier, aux autres non : De cela nous parlerons au Chapitre suiuant, où nous enseignerons à remedier à ces deffauts.

Apres auoir consideré tous les contours & la campagne autour de sa place, qui est proprement l'assiette naturelle; il prendra garde aux pieces artificielles qui sont faites pour la fortifier, dont les premieres sont les contr'escarpes qui sont les plus exterieures pieces qui sont autour d'vne place; il regardera s'il y en a; s'il n'y en a pas, il dira que c'est vn deffaut, & le premier de tous ceux qui sont du corps de la place, auquel on peut facilement remedier; il regardera aussi s'il y en a; si elles sont faites selon la forme & mesure que nous dirons cy-apres; car celles qui ne seront pas ainsi, seront deffaillantes; il faudra qu'il prenne particulierement garde si elles sont enfilées, ce qui est quasi ordinaire à toutes les contr'escarpes, encore que ce soit vn deffaut signalé: Et bien pis si elles sont veuës par reuers, les contr'escarpes qui ne se flanquent pas, sont notablement deffaillantes.

Contr'escarpes doiuent estre obseruées.

Deffauts des contr'escarpes.

En suitte il remarquera le fossé qui est apres la contr'escarpe, s'il est assez large, & assez profond; s'il est veû & flanqué de la place ou des dehors; car tout fossé qui n'est pas flanqué ne vaut rien.

Deffauts des fossez.

Tant plus on s'approche de la place, tant plus les deffauts qui s'y treuuent sont considerables; c'est pourquoy lors qu'il n'y a point des dehors à vne place; elle est en si mauuais estat qu'vn homme qui est sans armes contre des armez; parce que toutes les attaques que l'ennemy fera seront au corps, & n'y aura rien pour les parer & couurir; c'est pourquoy vne place tant bien fortifiée qu'elle soit, s'il n'y a des dehors elle n'est pas bonne. Par les dehors, i'entens tenailles, demy-lunes, ouurages, corones, & toutes autres ouurages qui se font au delà du fossé du corps de la ville: A ces dehors on doit considerer, s'ils sont assez hauts pour commander aux contr'escarpes qui sont au deuant, s'ils sont flanquez du corps de la place; car les dehors doiuent estre tousiours ainsi flanquez, hors les testes des tenailles qui se flanquent d'elles mesmes. Ils ne doiuent pas aussi estre si hauts qu'ils commandent à la place; car par ainsi ils luy nuiroient, & lors qu'ils seroient pris on ne pourroit pas se deffendre contre iceux: il faut qu'ils soient à l'espreuue du Canon, c'est à dire que les parapets ayent dix-huit pieds; on les fait ordinairement de terre, mais quand ils seroient reuestus de murailles, ils n'en seroient pas pires; faut voir s'ils sont esboulez, & s'il y a montée facile, ou s'ils sont reuestus; si les murailles sont rompuës; si les dehors qui couurent quelque porte doiuent estre fresez

Place qui n'a point de dehors est en mauuais estat.

Que doit-on entendre par les dehors.

Qu'est ce qui est requis aux dehors.

ou paliſſadez au bas, d'autant que par ces lieux-là l'ennemy peut faire ſurpriſe, & la freſe empeſche qu'on ne puiſſe monter & entrer dans la piece ; aux autres dehors la freſe n'eſt pas ſi neceſſaire.

Dehors ne doiuent eſtre trop auancez. Les dehors ne doiuent iamais eſtre tellement auancez, ou eſloignez de la place, que le mouſquet ne puiſſe porter iuſques au plus eſloigné ; parce qu'ils doiuent eſtre deffendus de la place, ainſi que nous auons dit ; ſi on eſt forcé à les faire à vne ſi grande diſtance, il faut qu'ils ſe flanquent d'eux-meſmes ; car rien ne doit eſtre ſans eſtre flanqué, ou de la place, ou du corps meſme. *Demy-lunes, comme quoy doiuent eſtre.* Les demy-lunes ne doiuent pas eſtre trop pointuës, pour le moins elles doiuent auoir ſeptante degrez, parce que l'eſtant dauantage elles n'ont point de place dans leurs corps pour mettre les ſoldats qui doiuent faire la deffence, auſſi ne doiuent-elles pas auoir leur angle trop obtus : il ſera bon qu'elles ne paſſent iamais l'angle droit ; parce que les ouurant dauantage, elles reçoiuent moins de deffence de la place, & demeurant les faces de meſme longueur, elles ſont plus *Tenailles, comme quoy doiuent eſtre faites.* contenantes eſtant en angle droit qu'en tout autre angle. Pour les tenailles elles ont touſiours les pointes des demy baſtions aiguës : nous dirons les meſures des vnes & des autres aux Chapitres ſuiuans, ſuffira de ſçauoir que lors que l'angle eſt trop obtus ou trop aigu, il y a du deffaut ; au deuant de chaque dehors il y doit auoir le foſſé ſec ou plein d'eau ſelon l'aſſiette du païs.

Contr'eſcarpe de la place, comme doit eſtre. Reſte à conſiderer ce qui eſt du cors de la place dont la premiere piece qu'on rencontre c'eſt la contr'eſcarpe, qui doit auoir ſon glacis, ſon parapet, ſa banquette, & le corridor, ſelon les meſures que nous dirons apres ; elle doit auoir les meſmes qualitez que nous auons dit à celles des dehors, il faut que le bord du foſſé, qui eſt proprement la contr'eſcarpe ſoit aſſez haut, & qu'il y ait pour le moins quinze pieds, depuis le fonds du foſſé iuſques au chemin couuert : lors que le foſſé eſt ſec, il faut auſſi qu'il ſoit telle-*Contr'eſcarpe du foſſé ſec, comme doit eſtre faite.* ment eſcarpé qu'on n'y puiſſe pas monter eſtant en bas ; & qu'il n'y ait aucun lieu d'iceluy qui ne ſoit veû en flanc du corps de la place, autrement c'eſt deffaut ; qu'on prenne auſſi particulierement garde que tous les angles qui regardent les milieux des courtines, ou bien les pointes des baſtions qu'il y ait des montées pour aller aux *Montées neceſſaires aux contr'eſcarpes.* chemins couuerts, tant pour la Caualerie que l'Infanterie ; c'eſt vn defaut qu'on treuue aſſez ſouuent en pluſieurs places, & qui eſt de grande conſequence ; car lors que vous voudrez faire quelque ſortie vous ne ſçaurez par où y aller, ou bien il vous faudra faire vn grand tour, en hazard d'eſtre deſcouuert, & ce qui eſt le pis à vne retraite ſi on eſtoit preſſé, il faudroit ſe precipiter dans le foſſé.

Les foffez qui font autour de la ville font grandement confide- *Aux foffez*
rables, aufquels on doit prendre garde ; s'ils font affez profonds, *d'vne place ce*
ou comblez, larges, ou eftroits ; s'ils font pleins d'eau, ou fecs ; *qu'il faut ob-* *feruer.*
fi l'ennemy peut ofter l'eau ; s'ils fe peuuent facilement paffer ; car *Défaut des*
c'eft le deffaut qui comprend tout, lors que le foffé fe peut facile- *foffez qui com-*
ment paffer, ce qui vient, ou pour n'eftre pas profond, ou qu'il *prend tous les* *autres.*
eft fort eftroit, ou s'il y a de l'eau, qu'il y en a peu ; & que fi le *Mauuais*
fonds eft ferme, ou bien qu'il n'eft ny veu ny flanqué de la place, *foffez.*
& c'eft le plus grand de tous les deffauts ; & particulierement lors
que les foffez vont ainfi en pointe, vis à vis du milieu des courtines, que la partie du foffé qui eft vis à vis de la face du baftion,
n'eft aucunement veuë de flanc : car par ainfi l'ennemy fe va loger à ladite face du baftion fans receuoir aucun dommage des
flancs ; c'eft pourquoy il faut prendre garde par tout, fi le foffé
eft veû non feulement de quelque partie de la place, mais principalement du flanc ; s'il y a des butes dans le foffé qui en couurent *Autres defauts*
vne partie c'eft vn deffaut ; comme auffi lors que le foffé va ainfi *des foffez.*
en panchant vers la pointe du baftion, qu'il n'eft pas veû du flanc
oppofé, il y faut remedier ; fi le pont de la porte eft fait en voûte de pierre ou auec gros piliers qui couurent la face du baftion
des tirs du flanc oppofé, tout cela eft fort mauuais. En fin il faut
que le foffé foit difficile à paffer, & qu'il foit flanqué du flanc du
baftion qui le regarde.

Le corps de la place eft apres le foffé, duquel le premier & plus *Defauts du*
remarquable deffaut eft, lors qu'il y a quelque lieu qui n'eft pas *corps de la pla-* *ce.*
flanqué ; car tout endroit qui eft ainfi ne vaut rien. Si ce qui flan-
que eft fi efloigné de ce qui eft flanqué que le moufquet n'y puiffe
pas porter, c'eft quafi de mefme comme s'il n'eftoit pas flanqué ; *Deffences ne*
c'eft pourquoy il ne vaut guere mieux que l'autre : Car toutes *foient trop* *longues.*
les deffences ne doiuent iamais eftre plus longues que le tir du
moufquet, lors que le lieu qui flanque eft fi foible, qu'il peut eftre
facilement rompu par l'ennemy, il ne vaut pas beaucoup ; c'eft
pourquoy il faut que tous les flancs foient à l'efpreuuë du Canon,
& qu'outre cela il y puiffe du Canon auec fon recul : les flancs ne
doiuent pas eftre trop petits, car c'eft la partie qui deffend la pla- *Flancs comme*
ce, tellement que s'ils font trop courts, ils font deffaillans. Il ne *doiuent eftre.*
faut pas qu'ils foient trop hauts ; parce qu'eftans ainfi ils tirent en
fichant en bas, & font fort peu de dommage à l'ennemy lors qu'il
paffe le foffé ; s'ils font bas, il faut qu'ils foient bien couuerts de
parapets, tellement que ceux qui feront dedans à la deffence &
au maniment de l'Artillerie foient à couuert & en affeurance.

Pour eſtre bien, il y doit auoir flancs bas & flancs hauts ; voire quand il y en auroit trois l'vn plus haut que l'autre, pourueu qu'ils ne s'incommodent pas, la place en ſera meilleure, ce qui ſe fait lors qu'ils ſont l'vn plus arriere que l'autre & tous deſcouuerts, comme par degrez ; les flancs qui ſont couuerts auec des voûtes ne valent rien, à cauſe que la fumée eſtouffe ceux qui ſeruent à l'Artillerie, & le Canon de l'ennemy donnant dans ces voûtes les fait tomber, & par ainſi ce flanc, & celuy qui eſt par deſſus eſt rendu inutile ; les flancs qui ſont couuerts d'vn orillon ou d'vne eſpaule quarrée, ſont meilleurs que ceux qui ſont tous deſcouuerts ; parce que l'ennemy ne les peut iamais bien rompre ; & par ainſi ne ſçauroit paſſer le foſſé auec la galerie, pour s'aller attacher au baſtion ; les flancs ne doiuent pas eſtre tellement couuerts de leur eſpaule qu'ils ne deſcouurent que la courtine, car ils ſont faits pour deffendre la face du baſtion oppoſé ; c'eſt pourquoy ne la voyant pas ils ſont comme inutiles : l'eſpaule quarrée eſt meilleure que la ronde, parce qu'elle couſte moins, fait meilleure deffence, à cauſe que les ſoldats s'y rangent, & tirent de là plus facilement, & toute cette face eſt plus oppoſée à l'ennemy. Tout flanc doit auoir lieu pour placer l'Artillerie, & la mouſqueterie ; c'eſt pourquoy on deſtine le tiers qui eſt le flanc couuert à l'Artillerie, & les autres deux tiers ſont pour la mouſqueterie ; les parapets des flancs ne doiuent point eſtre de pierre, ny d'aucune choſe qui faſſe eſclats, mais de bonne terre graſſe bien battuë ; parce que cette partie eſtant la plus oppoſée au Canon, ſi elle eſtoit couuerte de maſſonnerie, outre qu'elle ſeroit plus facilement rompuë, le débris tuëroit ceux qui ſont la principale deffence de la place. En fin les flancs ſont la partie la plus conſiderable de la fortification ; c'eſt pourquoy elle doit eſtre faite la plus parfaite qu'il eſt poſſible.

Tout le corps d'vn baſtion eſt compoſé des demy gorges, flancs, faces, & angle qui eſt fait par icelles ; nous auons dit du flanc, nous dirons des autres parties : les demy gorges doiuent eſtre raiſonnablement grandes, parce que trop petites, font auſſi trop petit le baſtion, & ne peuuent pas contenir flanc bas & flanc haut : trop grandes font les lignes de deffence trop longues, retranchent des deffences, & contraignent à faire les flancs plus petits. Il nous faudra parler plus particulierement de cecy dans le diſcours de la Fortification ; c'eſt pourquoy nous le laiſſerons iuſques à ſon lieu ; les faces des baſtions trop longues font, ou que les lignes de deffence ſont trop longues, ou que les baſtions n'ont point

aucune

Flancs couuerts auec des voûtes, mauuais.

Flancs qui ont vne eſpaule ſont les meilleurs.

Faut qu'il y ait place aux flacs pour mettre l'Artillerie.

Partie d'vn baſtion.

Demy gorges, comme doiuent eſtre.

Comme doiuent eſtre les faces des baſtions.

aucune deffence de la courtine, ou que les flancs font trop petits, & tous ceux-là font autant de deffauts ; c'eft pourquoy elles ne doiuent pas eftre trop longues, auffi trop courtes ne valent rien; parce que le baftion eft neceffairement trop petit & incapable d'aucune deffence ; & à la moindre mine qui ioüe, il n'y a plus moyen de s'y retrancher, ou lors que quelque bombe tombe dedans, il fracaffe tout ce qui s'y treuue, & peu de foldats s'y peuuent mettre pour faire la deffence ; les mediocres font les meilleures. Refte à dire de l'angle du baftion, les aigus ne font pas bons, & les obtus font encore pires ; les aigus rendent la place eftroite, ont vne grande pointe, où ne peut loger perfonne pour la deffence ; cette pointe peut eftre facilement rompuë, & les faces du baftion, bien que fort longues ne font point de contenance dans le corps, tellement qu'on tombe aux deffauts des petits baftions; les obtus font encore pires, mais les droits font les plus parfaits. Les Anciens eftoient d'opinion que les obtus eftoient meilleurs, mais cela eft faux, comme nous prouuerons en fon lieu; & cela eft merueilleux dans la Nature, que toutes les perfections confiftent dans la mediocrité, & toufiours les extremitez font vitieufes, comme nous pouuons mefme remarquer aux angles des baftions. Il faut donc eftimer vn baftion de mediocre grandeur, meilleur que ny les trop grands ny les trop petits : des courtines on en doit dire de mefme; car les trop longues ne valent rien, & les trop courtes font mauuaifes : nous demonftrerons tout cela en fon lieu.

De l'angle du baftion.

Baftions, angles droits font les plus parfaits.

La perfection eft toufiours dans la mediocrité, les extremitez font vitieufes.

Courtines comment doiuent eftre.

Qu'il y ait des portes fecrettes par lefquelles on puiffe fortir à couuert fans eftre veus de la campagne, tant pour aller en garde, & deffendre les dehors, comme auffi pour faire les forties.

Portes fecrettes neceffaires.

Les meilleures murailles, font celles qui font de matieres plus douces, comme pierre blanche, moilon ; mais celles-cy ont ce deffaut qu'elles gelent, & ne durent pas ; la brique eft la meilleure, les matieres qui efclattent font les plus mauuaifes ; la terre fans reueftement feroit meilleure que tout cela fi elle pouuoit fe tenir auec vn talu raifonnable ; mais parce qu'elle s'efboule, & fait enfin montée facile par tout, ou bien il faut reparer quelque chofe tous les ans ; elle n'eft pas bonne fans muraille : or toutes les murailles ont efté bafties pour tenir en affeurance les habitans ; c'eft pourquoy il faut que le contour d'icelles foit de muraille, afin d'empefcher que tant ceux de la ville, que ceux de dehors ne puiffent entrer, ny fortir : Et à cét effect lors qu'il n'y a que de la terre, on met vne frefe de bois, qui empefche qu'on

Murailles comme quoy doiuent eftre.

Pourquoy les villes doiuent eftre enfermées de murailles.

ne se puisse couler par ces grands talus , & lors qu'il n'y en a pas, c'est vn deffaut, où il faut qu'au bas de la berme il y ait vne haute palissade , qui fasse le mesme effect. Les murailles doiuent estre assez espaisses , pour soustenir la terre des rempars ; sçauoir au bas quinze ou vingt pieds; au haut quinze ou dix pieds, hautes par dessus le fonds du fossé, cinq toises, quelquefois plus selon l'assiette des lieux ; elles ne doiuent iamais estre trop basses , afin qu'elles ne soient faciles à estre escaladées, & lors qu'il s'en treuue de telles elles sont mauuaises; comme aussi tous les lieux bas, soit par quelque rupture ou autrement , sont defectueux : les perfections des murailles seront escrites en leur lieu, icy nous n'entendons parler que des deffauts.

Fresesou palissades, pourquoy necessaires.

Mesures des murailles.

Les parapets sont necessaires aux places pour combattre à couuert, lesquels doiuent estre de terre à l'espreuue du Canon ; c'est pourquoy aux places où il n'y en a pas tout autour, c'est vn manquement notable; lors aussi qu'ils sont faits de muraille, ils ne valent guere, parce que les esclats tuënt plus de monde, que ne fait pas la bale; ceux qui sont aussi trop minces ne valent pas dauantage; il faut, comme nous auons dit, qu'ils soient d'espaisseur suffisante pour resister au Canon, pour le moins de seize ou dixhuict pieds ; ils doiuent auoir leur banquete, afin qu'on puisse tirer par dessus, bien qu'en cecy il y ait diuerses opinions; car les vns les veulent hauts, les autres bas. Il faut qu'ils aillent en penchant, de façon que tirant par dessus on puisse descouurir iusques au pied du fossé: entre ce parapet & celuy des rondes il y doit auoir vn chemin pour pouuoir passer les rondes, & afin que la muraille estant battuë & rompuë, le parapet ne tombe dans le fossé.

Parapets, pourquoy faits , & comment doiuent estre.

Chemin des rondes , pourquoy fait.

Les rampars doiuent estre fort larges, de façon que par tout on puisse faire rouler & tirer le Canon, tellement qu'il faut que leur espaisseur soit de vingt-cinq à trente pieds ; il faut qu'on y puisse monter commodément par tout, & qu'ils soient de bonne terre ; ceux qui ne sont pas ainsi sont deffaillans, & encore bien plus lors qu'il n'y en a point pour tout ; car il n'y doit auoir aucune partie dans la place qui ne puisse resister à la batterie de l'ennemy.

Rampars, comme doiuent estre.

Il faut que les portes soient asseurées contre les surprises, & à cét effet elles doiuent estre couuertes de quelque dehors, comme demy-lune ou autre piece ; car lors qu'il n'y a qu'vne entrée seule, elles ne valent rien ; comme aussi lors qu'à chaque entrée il n'y a qu'vne fermeture ; comme vne porte seule, ou vn pont-leuis;

Portes doiuent estre asseurées contre les surprises.

que s'il y a deux ou plufieurs entrées, & qu'elles foient fort pro- *Portes comme doiuent eftre faites.*
ches l'vne de l'autre, c'eft deffaut; comme auffi il eft fort confide-
rable lors que les entrées font fur vne ligne droite, & qu'vn feul
coup les peut enfiler, s'il n'y a point des Corps de garde entre les
portes cela eft mal affeuré; comme auffi fi les Corps de garde font
mal couuerts: c'eft vn grand deffaut lors que tout ce qui ferme fe
peut embaraffer facilement, & qu'on n'a rien de refte pour faire
refiftance : de mefme lors qu'on peut aborder les portes fans paffer
ny foffé ny pont; les portes auffi qui ne font flanquées de la place
ne valent rien; les portes qui font dans les flancs font mal placées,
comme auffi lors qu'elles font aux faces des baftions ; car leur vray
lieu eft au milieu de la courtine; les ponts doiuent eftre de bois &
les piliers auffi, là où ils font en voûte, ou auec des piliers de pierre *Quelles portes font mauuaifes.*
ils ne valent rien, parce qu'ils empefchent les deffences des flancs.
En fin les portes qui peuuent eftre abordées & forcées facilement
font tres-mauuaifes.

On remarquera que tous les ouurages interieurs , & qui s'ap- *Portes doiuent eftre affeurées contre les furprifes.*
prochent plus du centre de la place foient plus hauts que les exte-
rieurs, & qui s'en efloignent; comme par exemple les premieres
contr'efcarpes font les ouurages plus bas; s'il y a vne tenaille apres
cela, elle doit eftre plus haute que cette contr'efcarpe, & fi dans la
tenaille il y a vne demy-lune, elle doit commander à la tenaille, &
le parapet de la place doit eftre plus haut que tout cela ; & fi plus
arriere il y a quelque Caualier, il doit voir par deffus tour ; & ainfi
toufiours par degrez que les dehors plus efloignez foient plus bas
que les corps qui font plus en dedans , afin que l'ennemy ayant pris
ces premiers trauaux foit commandé des autres, ou au contraire s'ils
eftoient plus hauts apres que l'ennemy les auroit pris, il s'en pre-
uaudroit auec auantage contre la place.

Entre le rampart & les maifons , il y doit auoir vne ruë large *Place d'armes entre le rampart & la ville.*
qu'on appelle place d'armes, afin que les foldats s'y puiffent rendre
en cas d'alarme, & c'eft vn deffaut que les maifons foient attachées
au rampart, pour plufieurs raifons que nous dirons apres.

Lors qu'il y a quelque lieu qui eft enfilé de quelque commande- *Lieux enfilez mauuais.*
ment, s'il n'eft couuert par des trauerfes il ne vaudra rien , c'eft à
quoy on doit remedier , fi on n'en veut receuoir vn fignalé dommage.

Aux places où quelque riuiere paffe par le milieu, il faut prendre *Embouchceures des riuieres, comment affeurées.*
garde que les entrées foient bien paliffadées, & qu'elles fe ferment
auec des bonnes chaifnes, ou autres inuentions; car ces lieux-là
s'ils ne font bien fermez, ils font fort fubjets aux fuprifes.

De mefme, les embouchcures des efgoufts doiuent eftre confi-
derées, fi elles font bien grillées, & fi on n'y peut pas faire paffer des
hommes par là, ou bien fi ce qui les ferme peut eftre facilement
rompu, ce font encore des lieux affez dangereux pour les furpri-
es.

Les places maritimes qui ont vn port doiuent eftre affeurées, ou
par les forts, & chaifnes qui ferment le paffage, ou qui defcouurent
& peuuent empefcher que rien n'y entre: ou bien il y doit auoir des
bonnes & hautes murailles de ce cofté-là, & quelques flancs, plate-formes & caualiers, garnis de bons Canons qui regardent fur le
port. Les portes auffi qui font fur le port, doiuent eftre extraordinairement bien affeurées par les herfes, orgues, paliffades, & autres inuentions; car l'ennemy peut venir fecrettement & promptement pour furprendre ces places: c'eft pourquoy, où il n'y aura pas
ces deffences, ce feront autant de deffauts qu'il faut tafcher à reparer.

De mefme, les places qui font dans les eftangs & marais ne doiuent pas s'affeurer tant en leur affiette, que mefme du cofté des marais il n'y ait des flancs: & il feroit bon qu'au pied des murailles il
y euft tout autour des paliffades fortes & hautes; car en temps
d'Hyuer lors que tout eft glacé, tels lieux qui n'ont aucun flanc
font faciles à prendre. Pour moy i'eftime qu'il n'y doit auoir aucun lieu dans vne place qui ne foit flanqué, fuft-il bordé d'vn tres-
haut precipice; car quand ce ne feroit que pour découurir, les flancs
y font roufiours neceffaires: il eft vray qu'aux lieux où il eft

impoffible que le Canon batte, il n'y faut que des fimples parapets
à l'efpreuue du moufquet; & il n'eft pas auffi neceffaire que les
flancs foient fi grands; car d'ordinaire en ces lieux on n'a pas la
commodité de s'auancer; c'eft pourquoy des redens feront vne fortification fuffifante aux lieux qui ne peuuent eftre pris que par furprife.

En fin pour bien connoiftre les deffauts d'vne place, il faut fçauoir en quoy confifte fa perfection, & tout ce qui manquera ou
fera contraire, fera deffaut: En general on doit fçauoir aucunes
maximes qui font vniuerfelles, & aufquelles tous confentent; &
tout ce qui fe rencontre contraire à ces maximes, eft abfolument
deffaut: Ces maximes font qu'il n'y ait aucun lieu autour de la place

qui ne foit flanqué; Que toutes les parties ou fortifications exterieures foient veuës, commandées & flanquées du corps de la place;
Que tant ce qui flanque, comme ce qui eft flanqué foit à l'efpreuue du Canon; Que tous les parapets & couuertures foient de ma-

tieres douces, & qui ne faſſent point d'eſclats; Qu'il n'y ait aucun ouurage en la place ou autour d'icelle auquel on puiſſe aborder ſans paſſer vn foſſé; Que tous les ouurages exterieurs ſoient commandez des interieurs par degrez en montant vers le dedans; Que les deſſences obliques lors qu'elles ſont ſeules ne ſoient point eſtimées pour vraye deſſence; Que là où il n'y a autres deſſences que de fort hautes, & qu'on ne peut tirer qu'en fichant en bas, ne ſont point bonnes; Que toute ſorte de deſſence n'excede iamais la portée du mouſquet, & particulierement celle qui eſt depuis le flanc iuſques à la pointe du baſtion qui eſt la principale, & d'où dépend la force d'vne place.

Du reſte on aura égard aux meſures qui ſont eſcrites dans la fortification, car ce qui s'en eſloignera le plus vaudra moins : on aura auſſi egard ſemblablement aux matieres, aſſiettes, & autres circonſtances que nous deduirons amplement dans le diſcours de la fortification. *Autres choſes auſquelles on doit auoir égard.*

I'aduertiray encore les Gouuerneurs, que pour apprendre à bien connoiſtre les deffauts des places, il faut qu'ils ſe treuuent à pluſieurs ſieges, & ainſi ils verront comme on prend ſes aduantages en attaquant; ils feront auſſi en ſorte que les perſonnes entenduës au meſtier, & qu'ils connoiſtront particulierement, qui paſſeront par leur place, veulent prendre la peine d'en faire le tour, & en dire leur aduis, les eſcoutant fort bien, & leurs raiſons; meſmes ils feront bien ſi eſtans au logis en leur particulier ils eſcriuoient; car au bout du temps ils pourroient confronter les opinions de tous, & iuger quelles ſeroient les plus raiſonnables; quelquefois il arriue qu'vne perſonne s'aduiſera d'vn deffaut lequel on n'aura pas reconnu en pluſieurs années : c'eſt pourquoy il eſt bon de prendre l'aduis de pluſieurs, car cela ne nuit aucunement; s'il y a quelque choſe de bon on le prend, les extrauagances on les laiſſe. Le Gouuerneur ſe doit auſſi promener ſouuent autour de ſa place, & par le contour de la campagne, conſiderant attentiuement comme il attaqueroit la place s'il eſtoit du party contraire, ou comme il attaqueroit vne ſemblable ſur l'ennemy; il doit auſſi touſiours s'imaginer que l'ennemy ſçait tous les deffauts de ſa place, auſſi bien que luy-meſme; car il les peut ſçauoir, & touſiours il faut tellement ſe fortifier qu'on mette l'ennemy au pis faire, & tenir pour aſſeuré qu'il attaquera touſiours le plus foible, & par ainſi on connoiſtra ſon deffaut, & on y remedira. *Aduis aux Gouuerneurs pour connoiſtre les deffauts de leurs places.*

Faut mettre l'ennemy au pis faire.

G iij

*Ce qu'vn Gouuerneur doit sçauoir des Fortifications, pour
remedier aux deffauts de sa place.*

Chapitre XIII.

BIEN que i'aye amplement escrit des fortifications, &
qu'il semble comme superflu de repliquer icy la mesme
chose, neantmoins parce que i'estime qu'il est tres-necessaire qu'vn Gouuerneur sçache les fortifications, au
moins pour sçauoir connoistre & remedier aux deffauts de sa place, i'en parleray icy succinctement, & tiendray vn milieu entre les
deux extrémitez, de ne les sçauoir pas du tout, ou d'aller rechercher
beaucoup de choses qui ne sont pas necessaires: le premier est insupportable, & l'autre est inutile. Il semble aux ignorans qu'ils se
font tort de sçauoir ce qui est de leur mestier, & qu'vn Gouuerneur ne doit sçauoir autre chose que se bien battre, comme si cette
charge ne demandoit ny science ny conduitte, mais simplement
vn courage brutal; à ce conte les plus determinez soldats seroient
les meilleurs Gouuerneurs. La qualité d'homme de cœur doit estre
generalement à tout homme qui porte espée; mais celle de sçauant
& experimenté ne conuient qu'aux personnes d'esprit qui ont con-
sommé leur vie à l'estude & à l'exercice des occasions où ils se sont
treuuez. La science prepare l'esprit pour se pouuoir preualoir des
choses qu'on voit & qu'on experimente; car ce n'est pas le tout que
de se treuuer en plusieurs sieges & en plusieurs combats, il faut
faire reflexion sur tout ce qui se passe; remarquer les deffauts & les
inconueniens qui en arriuent, & profiter des choses bien faites; se
souuenant des auantages qu'on en reçoit, & rapporter le tout aux
maximes de la science qu'on a appris, & raisonner comme l'vn se
rapporte à l'autre; de là on fait des consequences qui nous donnent des grandes lumieres pour nous gouuerner, non seulement en
semblables accidens, mais encore aussi à tous autres qui se presen-
tét, bien que differens de ceux qu'on a veus. Aussi il est à remarquer
que ceux qui vont à la guerre sans auoir aucune connoissance de
cette profession, n'y profitent pas beaucoup, parce qu'ils ne sçauent
la pluspart du temps, ny comment ny pourquoy se font les choses;
il y a des des soldats qui ont porté toute leur vie les armes, veû vne
infinité d'occasions, qui ne sçauent ce que c'est de la guerre; c'est
pourquoy ny l'estude seule, ny l'experience seule ne peuuent pas

rendre vn homme affez entendu à ce qui doit eftre fceu de la guer- *feule ne fuffi-*
re ; & particulierement en ce qui eft de l'attaque, & la deffen *fent pas, fans*
ce des places qui font les deux chofes qui doiuent eftre principa- *l'vn & l'autre.*
lement fceuës auiourd'huy des gens de condition, & de ceux qui *La fcience que*
afpirent aux plus hautes charges ; car pour les batailles nous *les gens de con-*
n'en donnons prefque plus, d'autant que les places fortifiées en *dition doiuent*
oftent le moyen, parce que ny l'vn ny l'autre party ne peut for- *fçauoir.*
cer fon ennemy à donner bataille s'il ne veut, ayant par tout
des lieux pour fe retirer, & fe couurir ; Et il eft tres-difficile que
les deux partis foient en telle egalité des forces & des confidera- *Pourquoy on*
tions que tous deux fe refoluent de propos prémedité de donner *donne peu de*
vne bataille, ce qui feroit fort rare, quand bien il fe rencontre- *batailles.*
roit : mais des attaques & deffences des places, on en voit tous
les iours ; & c'eft la fcience qui eft particulierement propre à vn
Gouuerneur, par confequent la fortification, qui luy eft autant
neceffaire, qu'à vn Medecin la connoiffance du corps humain:
C'eft pourquoy i'en parleray icy, laiffant à part toutes les pedan-
teries & les fubtilitez inutiles, que les Autheurs ont accouftumé
d'efcrire. Ie difcoureray feulement de ce qu'vn Caualier, & vn *Autheurs ef-*
homme de guerre doit fçauoir, en monftrant premierement en *criuent chofes*
quoy confifte la vraye fcience des fortifications, & que la plus *inutiles.*
part des chofes qui font efcrites, font refveries qui ne font
que perdre le temps, & troubler l'efprit de ceux qui s'y appliquent.

En quoy confifte la perfection de la Fortification.

CHAPITRE XIV.

IL n'y a perfonne qui ne fçache bien que la fortification *Pourquoy on*
a efté treuuée pour fe deffendre auec auantage, c'eft la fin *fortifie.*
vniuerfelle; mais la fin de la forme de la fortification, ou
la raifon pourquoy on donne telle forme à la fortifica- *Pourquoy on*
tion, c'eft afin que toutes les parties foient flanquées ; c'eft à dire *donne cette*
qu'il n'y ait aucun lieu dans la place qui ne foit veû par cofté ; *forme à la for-*
par eftre veû, on entend eftre deffendu ; & par eftre deffendu, *tification.*
on entend auec les armes defquelles on fe deffend de loin, lef- *Que c'eft eftre*
quelles font ou le Canon, ou le moufquet ; de là vient vn doute *flanqué &*
à quelle diftance on doit mettre la partie deffenduë de celle qui la *deffendu.*

La deffence du mousquet meil-leure. deffend, ou du mousquet, ou du Canon ; l'opinion la plus com-mune & la meilleure est auec le mousquet, comme i'ay assez dé-duit dans mon Liure, tellement qu'il reste pour asseuré que la fortification doit estre de telle forme, que toutes ses parties soient deffenduës à la longueur du tir du mousquet : On demande com-bien est ce tir, i'ay dit quele plus long est decent octante pas, c'est à dire cent cinquante toises, le tir mediocre cent cinquante pas, *Tirs du mous-quet.* c'est à dire de cent vingt-cinq toises ; des moindres ie n'en ay point parlé comme inutiles, qui sont de cent vingt pas, c'est à dire cent toises ; i'entens tout cecy des bons mousquets des garnisons qui doiuent estre tels que ceux qu'on portoit & tiroit auec les four-*On a changé les mousquets.* chettes, lesquels depuis quelques années on a changez, & fait moindres auec iuste raison pour les pouuoir porter, manier, & tirer en campagne plus commodément. On demandera donc quelle portée on doit prendre, pour ne manquer pas;ie diray la me-diocre, tellement donc qu'il sera posé pour constant, que toutes les faces de la place doiuent estre deffenduës à la distance de six *On peut forti-fier en diuerses façons.* vingt toises. Or parce que cecy se peut faire par diuerses façons, comme par angles rentrans, tenailles, demy bastions, & autres que nous monstrerons en l'irreguliere ; on sera encore en doute laquelle est la meilleure de toutes ces formes; le commun consen-tement asseure que c'est auec les bastions qui sont composez, de gorges,flancs, faces, & angles, & supposent entrel'vn & l'autre vn espace qui s'appelle courtine. Iusques-là quant à la forme, tout *Diuision des parties.* le monde est d'accord, mais on est en grand dispute pour les quan-titez de chaque partie, & comme l'vne doit estre proportionnée à l'autre ; & c'est de là que viennent les diuersitez des constru-ctions des fortifications, qui peuuent estre infinies, par les com-binations qui peuuent estre faites de toutes ces parties en aug-mentant ou diminuant chacune d'icelle, plus ou moins selon la fantaisie : Voila donc que par ce discours nous aurons appris que *La perfection de la forme de la fortification.* la perfection de la forme de la fortification consiste à faire que la place soit bien flanquée par des corps esloignez l'vn de l'autre à certaine distance, & que la partie la plus esloignée qui est def-fenduë, ne soit pas plus esloignée de celle qui deffend, que de six vingt toises, ou au plus de cent cinquante, & que la diuersité des constructions ou des formes de ces bastions, consiste en la diui-sion de cette extension de six vingt,ou cent cinquante toises,qu'on doit diuiser en courtines, gorges, flancs, & faces. Il faut donc chercher quelle est la meilleure diuision de toutes, afin d'auoir cette perfection que nous cherchons : Demeurans sur cette suppo-

tion

fition que la place qui eſt mieux flanquée eſt la meilleure , puiſque la fin de ſa forme eſt de flanquer & d'eſtre flanquée.

Les choſes qui n'ont aucun terme arreſté, ſur lequel on puiſ- *On ne peut diſ-*
ſe fonder ſon diſcours , ſont tres-difficiles à reſoudre, parce que *courir certaine-*
quelque ſuppoſition que vous puiſſiez prendre, on en pourra *ment ſur ce qui*
donner vne autre vn peu plus grande ou moindre, qu'on prou- *me arreſté.*
uera auec meſme raiſon eſtre auſſi bonne que l'autre ; ce qui ne
ſe fait pas là où il y a quelque mediocrité determinée , comme
l'angle droict pour la pointe du baſtion : pour moy i'ay conſideré *Quelle diuiſion*
diuerſes diuiſions des parties , & voyant que chacun pteſque la *i'ay priſe.*
mettoit differente , ie me ſuis arreſté à la mediocre , & à celle à
laquelle i'ay veu que plus de perſonnes s'accordoient, & qui m'a
ſemblé conuenir mieux aux vſages des parties de la fortification:
& pour ce faire i'ay pris la premiere ligne qui eſt donnée; ſçauoir
le coſté de la figure. Car il eſt certain que fortifier ſuppoſe vn ſujet , c'eſt à dire quelque choſe qu'on fortifie; ce qu'on fortifie
c'eſt quelque place: il faut donc ſuppoſer quelque place auant
que fortifier, la place ayant quelque figure , & noſtre diſcours
eſtant ſur les figures, il faut donc ſuppoſer quelque figure pour
la fortifier, & la methode de ceux qui ſuppoſent ou conuiennent *Conſtruction*
par la ligne ou diſtance qui eſt de la pointe d'vn baſtion à autre, *ridicule.*
eſt ridicule ; parce qu'on ſuppoſe ce qu'il a fallu chercher, & on
cherche ce qu'on doit ſuppoſer; ce qui eſt directement contraire
à l'ordre de la ratiocination. Ie m'explique , ie veux par exemple
fortifier vn Exagone, is ſuppoſe vne ligne qui ſoit la diſtance
de la pointe d'vn baſtion à autre, pour mettre cette ligne de la
iuſte meſure qu'elle doit eſtre , il faut ou qu'en retrocedant par
pluſieurs operations i'aye cherché & trouué la ligne de deffence, *Comme on*
ou le coſté de la figure, qui ſont les meſures, & augmenté ou di- *cherche ce qu'on*
minué ma ligne de la diſtance d'vne pointe de baſtion à autre, *doit ſuppoſer.*
iuſques à ce que i'auray treuué la ligne de deffence, ou le coſté de
la figure ſans ſuiure le tir du mouſquet; ou bien il faut que i'aye
premierement poſé ou le coſté de la figure, ou la ligne de deffence, & que de là i'aye inferé combien eſt la diſtance d'vn baſtion
à autre , & par ainſi ie donne vne conſtruction toute contraire à
la ſuite du raiſonnement, & fais ſuppoſer ce que i'ay cherché, &
cherche ce que i'ay ſuppoſé; ce qui eſt tout à fait abſurde. Pour
donner cela plus facilement à entendre pour conſtruire vn Exago- *Exemple.*
ne , ils diſent tirer vne ligne de 202. pas, la diſtance d'vne
pointe de baſtion à autre, & là deſſus ils conſtruiſent la fortification : Ie leur demande, pourquoy mettez vous cette ligne de

H

202. pas de longueur, ils diront afin que i'aye ma ligne de deffence de cent cinquante pas. Ie leur demanderay, comme sçauez vous qu'elle viendra de cent cinquante pas, il faut qu'ils disent ; parce qu'ils l'ont desia supputée : donc la cause de faire cette ligne telle, est la ligne de deffence : donc vous mettez & faites suiure la cause apres l'effect, & nous faites chercher ce que vous auiez supposé pour treuuer la distance d'vne pointe de bastion à l'autre, ce qui est contre tout ordre, & vn caprice seulement pour embroüiller l'esprit, & faire admirer dauantage cette science aux esprits foibles, qui ne raisonnent pas iusques aux fondemens des sciences, & qui croyent les choses de haute speculation lors qu'ils ne les entendent pas, parce qu'ils ne recherchent pas les principes, & ne distinguent pas si la difficulté vient de la confusion qu'on y donne, ou si c'est de la chose mesme. Ie diray donc que toutes telles sortes de constructions ne valent rien, & sont des amusemens qu'ils vont chercher par vn long circuit ce qu'on peut treuuer d'abord, qui est de faire vne place qui soit bien flanquée partout au tir du mousquet ; car c'est ce qu'on cherche.

Ce n'est que pour embroüiller l'esprit.

Ces constructions ne valent rien.

Aussi fascheuses sont les constructions qui se font, supposant le diametre de la figure ; car si on leur demande, pourquoy le faites vous de cette quantité, ils diront, afin que i'aye la ligne de deffence de telle longueur : il falloit donc mettre la ligne de deffence la premiere puis que d'elle dépend tout le reste.

Autres constructions fascheuses.

Plus impertinens sont encore ceux-là qui supposent la face du bastion, & la proportion qu'elle a au reste de la ligne de deffence; parce que celle-cy outre les absurditez cy-dessus alleguées qu'elle a, elle suppose que les mesures des parties de la fortification se doiuent conformer toutes, & dépendent de la face du bastion, laquelle est la moins principale, & doit estre la derniere en l'ordre de la construction ; mesme celle-cy est la partie la plus deffaillante, d'autant qu'elle pâtit tousiours, puis qu'elle est flanquée, & c'est celle qu'on attaque.

Autres impertinens.

Face du bastion est la partie moins considerable.

Il y en a plusieurs qui tirent vne ligne à plaisir, sur laquelle ils font l'angle du bastion, & puis apres suiuent le reste de la construction : mais celle-cy en apparence seulement est differente des autres; car encore qu'il fasse l'angle, c'est par la face du bastion qu'il commence ; & par ainsi il suppose l'inconneu, ou doit l'auoir treuué auparauant ; En fin ce n'est qu'embroüiller le vray ordre naturel, & par ce moyen faire paroistre difficile ce qui est de soy tresfacile.

Autre sorte de construction.

Ces manieres
Toutes les manieres cy-dessus escrites, ne peuuent estre que

tres-difficilement pratiquées aux traces qu'on fait ſur le terrain, & ne peuuent ſer-
puis qu'on apprend cét art pour s'en ſeruir, pourquoy ne l'eſ- nir à la prati-
crit-on de telle façon qu'on s'en puiſſe ſeruir; c'eſt pourquoy il que.
faut meſpriſer toutes ces conſtructions comme inutiles & confu-
ſes.

Il ſeroit ennuyeux & ſuperflu d'apporter pluſieurs autres ſortes
de conſtructions qu'on fait, & peut inuenter differentes l'vne de
l'autre, ou en la ſuitte de la compoſition, ou en l'alteration
de la quantité.

Ie diray ſeulement que les plus raiſonnables conſtructions, Quelles con-
ſont celles qui ſuppoſent premierement la ligne de deffence, & ſtructions ſont
ſur celle-là font leurs diuiſions des parties; parce que veritable- meilleures.
ment c'eſt de celle-là & de ſon extenſion que dépendent les quan-
titez des autres. Mais parce que nous auons vne autre ligne qui
luy eſt touſiours égalle ou approchante, & qui precede en l'ordre
naturel, nous la ſuppoſons premiere, afin d'auoir vne tres-gran-
de facilité en la conſtruction, tant ſur le papier, que ſur le terrain, Il eſt mieux de
& cette ligne eſt le coſté de la figure, qui eſt preſque touſiours ſuppoſer le coſté
égal à la ligne de deffence, au moins au Pentagone, & en l'Exa- de la figure.
gone, & aux autres qui ſuiuent, & ſi elle eſt differente, c'eſt de
fort peu, ou bien c'eſt à noſtre aduantage; c'eſt pourquoy nous
l'auons priſe pour fonder ſur icelle noſtre conſtruction: car comme nous auons dit, lors qu'on fortifie, on fortifie quelque choſe,
c'eſt pourquoy il faut connoiſtre ce qu'on doit fortifier, qui eſt la figure donnée.

Il me ſemble que i'ay aſſez perſuadé par raiſon, que la methode
de fortifier, la plus facile eſt celle qui ſuppoſe la figure: Or de la Sur le coſté de
figure c'eſt le coſté ſur lequel on fait la diuiſion des parties. Il faut la figure on
donc premierement poſer le coſté de la figure de la meſure qu'il doit faire la di-
doit eſtre: nous auons cy-deuant dit que c'eſt du tir du mouſquet, uiſion.
c'eſt à dire cent vingt, ou cent cinquante toiſes. Cette ligne ſe diuiſe en deux demy gorges, & vne courtine: la demy gorge, ie la
prens de la ſixieſme partie de toute la ligne, qui eſt vingt ou vingt-
cinq toiſes, tellement que la courtine ſera de quatre-vingt ou de
cent toiſes. Mais auant que paſſer outre, diſons plus particulierement comme il faut conſtruire ces figures, & la meſure de leurs
parties.

*De la construction de la Fortification, & de la ligne
de deffence.*

CHAPITRE XV.

Comme il faut construire vne figure regulie-re.

POVR construire vne figure reguliere sur le papier, il faut supposer de combien de costez vous la voulez, & faire vn cercle, lequel vous diuiserez en autant de parties, tirant des lignes d'vne diuision à autre comme en la premiere figure, vous aurez vostre figure à fortifier: aucuns l'appellent Polygone ou Polypleure, & moy pour euiter le meslange des langues, encore que i'entende la Françoise, la Grecque, la Latine, & plusieurs autres également, ie me sers des mots François qui sont en vsage lors que i'escris en François, dont le costé sera A B, lequel diuiserez en six parties, & vne de ces parties proche de l'angle comme C B,

Demy gorges.

sera la demy gorge, & B D, sera l'autre demy gorge; & ainsi sur tous les autres costez de la figure vous ferez toutes vos demy gorges, sur l'extremité de ces demy gorges, comme C D, vous esle-

Flancs.

uerez perpendiculairement les flancs CE, D F, aussi longs comme la demy gorge C B, poursuiuant ainsi à tous les autres par les extrémitez E F, des flancs CE, D F, vous tirerez la ligne E F, & par le centre H, & par l'angle de la figure, tirez à plaisir la ligne GH, qui coupera en deux parties égales en I, la ligne E F, vous prendrez la longueur d'vne des moitiez qui soit I F, & la porterez depuis I, en ces lignes qui s'entre-croisent iusques en G, sur la ligne que vous auez tirée depuis le centre, & du point G, par les

Reste de la construction.

extrémitez E F, tirez les lignes G E, G F, ce seront les faces du bastion, lequel aura sa pointe ou angle flanqué E G F, droit, & la ligne de deffence sera G K, le flanc droit sera C E, & D F, & le flanc oblique sera K L : la ligne qu'on appelle capitale sera B G,

Comme on peut sçauoir les mesures des parties.

la courtine K C. Pour sçauoir combien vaut chaque partie, vous le connoistrez par l'eschelle en supposant vne des parties de quelque longueur ainsi que nous dirons apres. Cette construction sert en l'Exagone, qui est la figure de six angles ou six bastions, & aux autres qui en ont plus pour celles qui ont moins, nous le dirons à cette heure. Pour faire le fossé, prenez la longueur de la demy

Fossé.

gorge C B, & portez cette distance deuant la face du bastion, en tirant la ligne V M , parallele à icelle , & autant esloignée du bastion comme la demy gorge, & ce sera la largeur du fossé. Vous en ferez de mesme aux autres faces iusques à ce qu'elles se rencontrent aux points V, vis à vis du milieu de la courtine , & au point M, vis à vis de la pointe du bastion, à la distance de quatre ou cinq toises, vous tirerez la ligne O, parallele à V M, qui representera le chemin couuert, auec la ligne V M. Si vous en voulez tirer vn autre parallele à celle-là , à la distance de 8. ou 10. toises, elle representera le glacis ou esplanade. Au dedans de la place, vous tirerez la ligne P, parallele au contour de vostre figure, & esloignée d'iceluy de 4. toises, qui representera le parapet du rampart, & le chemin des rondes tout ensemble : la ligne Q , sera tirée parallele au costé de la figure marquee A B, & esloignée d'iceluy costé; d'autant comme la demy gorge est longue , celle - cy representera le rampart, y compris le parapet.

Maintenant pour sçauoir les mesures de chaque partie , vous ferez vne eschelle qui se fait ainsi : tirez à part hors de vostre dessein vne ligne R S, qui soit aussi longue que la ligne de deffence K G, ou pour plus facilement tracer sur le terrain aussi longue que le costé de la figure A B, laquelle vous diuiserez en autant de parties qu'il y a de toises dans la portée du mousquet , sçauoir en 120. ou en 150. mettant les chiffres de dixaine en dixaine , cette eschelle vous seruira pour sçauoir les mesures de chaque partie: Comme par exemple, si vous voulez sçauoir combien est la face du bastion, ouurez le compas autant comme est E G, & portez-le sur l'eschelle, vous treuuerez qu'elle aura 48. toises. Pour sçauoir combien est le demy diamettre de la figure, ouurez le compas depuis B , iusques à H, vous treuuerez qu'il sera égal à toute l'eschelle, c'est à dire au costé de la figure, mais à vn Ottogene vous treuueriez qu'il y auroit toute l'eschelle, & que le compas passeroit de 46. toises, & ainsi ce diametre auroit 196. toises, & ainsi des autres; & cecy nous seruira autant que le plus iuste calcul que vous sçauriez faire au monde par les Sinus ou Logarismes, ou par l'Algebre; car au bout du conte, manquer d'vn pied ny de deux, ny d'vne toise dans vne longue mesure, & en vne grande Fortification, cela n'est pas considerable.

Afin de pouuoir se seruir de tout ce que i'ay dit, aussi bien sur la terre comme sur le papier; apres que vous auez fait vostre dessein le plus iuste qu'il est possible; car il y faut porter le plus d'exactitude qu'on peut, afin d'auoir les mesures iustes des parties, vous tracerez sur le terrain. Il y en a qui ne sçauroient rien faire s'ils

H iij

n'ont, ou bouſſoles, ou compas de proportion, ou tel autre embarras d'affuſtage, ce qui n'eſt aucunement neceſſaire; parce qu'a-
uec des cordeaux vous faites plus iuſte qu'auec tout cela : s'il vous
falloit tracer par exemple vn Exagone regulier , voyez la figure
deuxieſme, il ne faut pas faire vn cercle comme ſur le papier, car il
faudroit rencontrer vne belle plaine pour faire cela , qui fuſt bien
égale, où il n'y euſt ny maiſon, ny arbre, ny buiſſon, ny autre quelconque obſtacle , ce qui ſe rencontre fort difficilement. On aura
ſeulement l'angle du coſté de la figure, ce qui ſe fera deſſeignant
ſur le papier, ou ſur vne muraille, ou en autre lieu, vn Exagone, ou
telle autre figure dont vous aurez affaire, que vous ferez la plus
grande qu'il vous ſera poſſible : Apres vous diuiſerez chacun
des coſtez qui font l'angle en 10. ou 12. ou 20. parties, ou tant
qu'il vous plaira , comme en la premiere figure , diuiſez les coſtez A B, & A T, apres vous meſurerez combien de ces parties contient la ſubtenſe T B, comme en l'Exagone, ayant diuiſé chacun des
coſtez en 10. parties, vous treuuerez que la ſubtenſe ſera de 17. parties & vn peu plus. Vous aurez donc trois cordeaux, dont il y en
aura deux, qui feront chacun de 10. toiſes, & l'autre de 17.½ Quand
vous voudrez tracer , vous irez ſur le lieu, & regarderez l'endroit
où plus commodément doit eſtre l'angle de la figure, & ferez planter là vn piquet C, attachant à iceluy les deux bouts des cordeaux
de 10. toiſes , & ferez marcher deux hommes , l'vn d'vn coſté E,
l'autre de l'autre D, tenant chacun bout des cordeaux de 10. toiſes,
& chacun vn bout du cordeau de 17. toiſes D E: quand les cordeaux feront bien eſtendus, ils feront vn triangle C D E, lequel
vous ferez tourner comme vous voudrez que la figure ſoit poſée.
Quand vous la iugerez eſtre placée comme elle doit eſtre, vous ferez planter des piquets D E, aux bouts des cordeaux, que les deux
hommes tiennent, les faiſant bien tendre. Apres cela, depuis le piquet C, où vous eſtiez, que vous auez poſé pour l'angle de la figure, vous ferez meſurer 120. toiſes, cheminant droit depuis voſtre
piquet C, par celuy que l'vn des hommes a planté E, & quand on
ſera au bout des 120. toiſes , vous ferez mettre vn autre piquet F;
vous en ferez tout autant de l'autre coſté D, poſant le piquet G,
ainſi vous aurez vn angle G C F, & deux coſtez de la figure C G,
& C F: Apres cela vous irez à l'vn des piquets F, qui eſt au bout
des 120. toiſes, & celuy-cy vous ſeruira comme le premier C, qu'a-
uez planté; car vous vous tiendrez là , tenant les deux bouts des
deux cordeaux de 10. toiſes, & ferez marcher vos deux hommes
qui tiennent chacun vn des autres bouts I , & H, & chacun auſſi

*Exemple pour
tracer vn Exa-
gone.*

*Comme il faut
ſe ſeruir des
cordeaux.*

vn bout de celuy de 17. toifes H I, mais il faut que l'vn d'eux che-
mine tout le long de la ligne F C, que vous auez defia marqué
de 120. toifes, & l'autre là où il pourra iufqu'à ce que les trois cordeaux F H, F I, H I, foient bandez, vous ferez mettre vn piquet
au bout du cordeau de 10. toifes I, où il n'y a rien de marqué; car
de l'autre H, qui eft fur la trace ja faite, vous n'en auez affaire que
pour vous guider. Apres depuis le piquet F, où vous eftes, vous
ferez mefurer 120. toifes F K, cheminant en droiture par le piquet que vous auez fait planter I, & au bout faites mettre vn autre piquet K, qui fera vn autre angle de la figure, & continuez ainfi
iufqu'à ce que vous aurez fait toute la figure complette A B G C F K:
Que fi à la fin vous treuuez quelque toife de manque, ou de plus, Pour marquer
ne vous en eftonnez pas; car il eft impoffible de le faire iufte, mais les demy gorges
raccommodez voftre affaire le mieux que vous pourrez. Apres cela & flancs.
faites arracher tous les picquets que vous auez fait planter au bout
des cordeaux de 10. toifes, fçauoir D, E, H, I, &c. ne laiffant que
ceux qui font les angles G, C, F, K A B, faifant vn fillon de l'vn à
l'autre, qui fera les coftez de la figure. Apres pour faire les demy
gorges, prenez 20. toifes de chaque cofté de l'angle fur le cofté de
la figure, comme C M, C L, & mettez des piquets M L, aux bouts,
pour faire le flanc angle droit là deffus, mefurez de chaque cofté de
ce piquet 4. toifes L O, L V, & faites tenir à chaque bout de Pour faire vn
ces 4. toifes, vn bout d'vn cordeau de 10. toifes, & vous le tenant angle droit.
iuftement par le milieu, cheminez iufques à ce qu'il foit bandé des
deux coftez, & mettez vn piquet P, où il fait fa pointe. Apres
depuis le piquet on finit la demy gorge L, tirant en droiture par
le piquet P, que fortez de planter, mefurez 20. toifes pour le
flanc, L Q, mettant vn piquet au bout Q, il fera perpendiculaire
au cofté de la figure C F, faites-en autant pour l'autre M R. Apres
prenez le milieu depuis R Q, en droite ligne qui foit S, & depuis S, iufques à V, efleuez V G, perpendiculaire fur R Q, ainfi
qu'auez fait du flanc; de façon que V S, foit égale à S Q, V fera
la prife du baftion, & R V, Q V, les faces, & ainfi des autres baftions. Vous pouuez auffi faire l'angle droit auec vn triangle com-
pofé de trois cordeaux, dont l'vn foit 3. l'autre 4. & l'autre 5. car
ils font vn angle droit, mais celuy-cy reuient à l'autre; & par ainfi
auec vos cordeaux vous tracerez voftre figure plus iufte que vous
ne fçauriez faire auec quelconque autre inftrument, fi vous vous
en fçauez bien aider.

La conftruction du Pentagone fe fait diuifant le cercle en cinq, Pour la conftru-
& marquant la figure d'vne diuifion à autre, pour auoir les co- ction du Pen-
tagone.

ſtez AB, AC, que diuiſerez en ſix parties, dont chacune fera vne demy gorge A D, & A E, l'autre : Là deſſus eſleuez les flancs DF, EG, auſſi longs que la demy gorge : puis mettez la reigle au point K, où le flanc oppoſé rencontre la courtine , & à l'extremité du flanc F, tirez F H , ce ſera la face du baſtion, & ainſi de l'autre G H, & le meſme des autres baſtions de la figure troiſieſme.

Pour le quarré.   Le quarré ſe peut faire de meſme, bien qu'aucuns font en cette figure la demy gorge plus grande que le flanc, ce que ie ne deſapprouue pas , afin de n'auoir pas l'angle ſi pointu : Comme par exemple, on pourra faire la demy gorge de 20. toiſes ; & le flanc de 15. ou 16. le reſte ſe fera comme au Pentagone.

Pour le trian-   Pour le triangle , on diuiſe le coſté en huit parties ; on donne
gle.   deux de ces parties pour la demy gorge, & vne pour le flanc. On a auſſi d'autres methodes pour fortifier cette figure, leſquelles toutes ne valent rien ,à cauſe que cette figure eſt tres - imparfaite d'ellemeſme : c'eſt pourquoy on ne doit iamais s'en ſeruir ſi on n'y eſt tout à fait forcé.

Ces figures ſont   Ces trois dernieres figures on les tient comme imparfaites, d'au-
imparfaites.   tant qu'on ne peut pas faire leurs baſtions angles droits, mais pour-
Pentagone pour   tant on ſe ſert ordinairement de Pentagone pour les Citadelles ;
les Citadelles.   parce que cette figure luy donnant les meſures qu'on luy peut donner, eſt aſſez grande pour vne garniſon, capable de tenir en bride vne ville , qui eſt la fin la plus ordinaire pour laquelle on fait les Citadelles ; outre que les baſtions en ſont fort capables , & l'angle flanqué n'eſt pas trop aigu.

Ligne de def-   l'ay diſcouru fort au long dans mes Fortifications ſur la ligne de
fence doit eſtre   deffence, ſçauoir de quelle longueur elle doit eſtre , ou du tir du
du tir du mouſ-   Canon , ou du mouſquet. Ie conclus qu'abſolument elle doit eſtre
quet.   de la portée du mouſquet, laquelle portée i'ay miſe de 150. pas la plus ordinaire , & la plus grande 180. pas, qui reuiennent à 120. ou 150. toiſes. Quelques Critiques pour ſe faire accroire fort ſçauans , ont dit que ie mettois les deffences plus longues que le tir du
Impoſture im-   mouſquet ; parce que i'auois eſcrit qu'on les pouuoit faire iuſques
prudente d'au-   à 150. toiſes, & n'ont voulu parler aucunement des 120. que ie met-
cuns.   tois auſſi. Ie leur dis que les mouſquets portent plus de 150. toiſes auec la force qu'il eſt neceſſaire ; & particulierement ceux qu'on portoit & tiroit auec la fourchette, il y a quelques années (deſquels on s'eſt ſeruy encore long temps apres que i'ay eſcrit) ainſi
Mouſquets   que doiuent eſtre tous ceux des garniſons. Ces Meſſieurs s'en peu-
eſtoient autre-   uent eſclaircir à peu de deſpence, en tirant vn de ces mouſquets ; la
fois plus forts.   raiſon qu'ils portent contre cette longueur des lignes de deffence ;

c'eſt

c'eſt parce qu'en Hollande on ne les fait pas ſi longues; parce qu'ils s'imaginent que la Hollande eſt vn miracle pour la fortification, & *Erreur vul-* que hors de là tout le monde eſt ignorant en cette ſcience, & tout *gaire.* ce qui paſſera ſeulement d'vn cheueu de teſte les meſures d'Hollan- de, ne vaut rien. I'ay veu pourtant tirer les mouſquets en Hollande, & treuue qu'ils ſont comme les noſtres, & leur poudre comme la noſtre; c'eſt pourquoy il me ſemble qu'il n'eſt pas neceſſaire d'aller en Hollande pour ſçauoir la portée du mouſquet; & quand cela ſe- roit qu'en Hollande ils portaſſent moins, ſoit à cauſe de la froideur, ou de l'humidité du païs, ou de quelque autre accident , il faudroit dire qu'aux païs qui ſont froids, ou qui ſont humides, ou qui ſont tels comme la Hollande, il faut faire les deffences plus courtes, par- ce que les mouſquets y portent moins ; mais ie ne ſçay pas ce qui nous doit obliger de les faire de meſme en France, ſi les mouſquets portent dauantage. S'ils auoient bien conſideré, ils auroient remar- qué que la pluſpart de leurs grandes places ſont fortifiées auec des *Places d'Hol-* dehors, auſquels on ne fait pas les deffences fort longues, & que *lande ne ſont* toutes les autres quaſi ſont des forts où on n'obſerue pas les meſures *pas bonnes,* Royales, c'eſt à dire les plus hautes ny les mediocres; mais les plus *mais bien les* courtes. Et ie leur diray de plus, que tout ainſi que les dehors d'Hol- *dehors.* lande ſont plus parfaits que ceux d'Italie, qu'auſſi les corps d'Italie ſont plus parfaits que les corps d'Hollande, & qu'en Italie les pla- ces ſont eſtimées vniuerſellemét les meilleures de l'Europe: comme Luques, Ligourne, le fort Vrbain, Palmanoua, Caſal, & pluſieurs *Places qui ont* autres ont leur lignes de deffence de plus de 180. toiſes, dont la *les deffences* derniere a fait l'eſpreuue, ſi on ſe peut deffendre à cette diſtance. *longues.* Et puis, qui eſt celuy qui ait eſté à quelque ſiege, qui n'aye veu tuer vne infinité de monde, plus loin qu'à cette diſtance : ils diront, c'eſt *Reſponſe à ce* par hazard , les coups ne ſont pas iuſtes : ie leur demanderay ſi les *qu'ils diſent,* flancs ne ſont pas faits pour deffendre le foſſé, & le baſtion, & ſi *que les coups ne* l'ennemy à vne attaque vient homme à homme, ou en gros, à ſça- *ſont pas iuſtes.* uoir ſi on ne tire pas aſſez iuſte, pourueu qu'on donne dans ce gros, & ſi la diſtance de 30. toiſes de plus peut faire déuoyer le tir de la grandeur de toute l'attaque : ce ſont chimeres de penſer qu'il faille *A ce qu'ils di-* tirer à vne attaque auſſi iuſte comme on tire à vn canard. Ils diront *ſent, qu'ils* que les tirs porteront bien iuſques-là , mais non pas auec aſſez de *n'ont pas aſſez* force. Ie voudrois ſçauoir quelle force ils demandent , & ſi ce n'eſt *de force.* pas aſſez qu'ils puiſſent percer les armes des piquiers, & tuer ceux qui les portent: pour moy ie croy qu'on n'en veut pas dauantage, & qu'on ne pretend point de percer ceux qui ſont armez à l'eſpreu- ue du mouſquet, ou d'en enfiler ſept ou huit d'vne mouſquetade,

I

on se contentera d'en tuer vn à la fois. Que ces Messieurs s'arment
d'armes de piquier, & se fassent tirer à cette distance quelque mousquetade, si elle n'a pas assez de force pour les blesser & tuer, qu'ils
me reprennent apres, & ie leur aduoüeray d'auoir failly. Ie diray
pour conclusion que c'est vne folie de disputer de ce qui gist au fait,
& à vne experience si facile, & que les lignes de deffence doiuent
estre absolument du tir du mousquet, soit qu'il porte 150. ou 120.
ou 100. toises, ou moins encore s'ils veulent, & que sur la supposition du tir, on doit faire vne diuision des parties, obseruant la
mesme construction & les mesmes proportions que nous auons
dites & dirons apres.

　　I'ay voulu mettre ce discours pour faire voir que ceux qui ont
voulu reprendre dans mes Fortifications la mesure des lignes de
deffence n'ont aucun fondement, & que c'est pure enuie de contrarier, ie les ay voulu conuaincre par les exemples, par la raison, & par
l'experience. Ie m'asseure que si ceux-là s'estoient treuuez à quelque
siege, qu'ils accorderoient que les mousquets portent plus loin, &
qu'ils ne voudroient pas s'approcher des places à descouuert à cette
distance. Il faut qu'ils sçachent que la fortification ne consiste pas
en imagination seule, ou à vne simple Theorie ; mais qu'elle est entierement fondée sur l'experience, & qu'aux tirs de mousquet quelques toises plus ou moins font le mesme effet, & qu'on ne sçauroit
determiner sa portée ; mais qu'en gros il faut seulement que la force
du tir soit telle dans toute son estenduë qu'elle puisse tuer ceux qui
s'y approchent : & lors qu'on parle des places Royales, on entend
de celles ausquelles on veut faire tout ce qui se peut faire d'auantageux, côme des grands corps, plusieurs flancs, & la multiplicité des
feux qui deffendent : car à vne attaque sans doute ceux qui ont plus
de flancs de reserue sont ceux qui se peuuent mieux deffendre, & ces
places sont plus difficilement prises : on ne sçauroit s'opposer à cela
puisque l'experience nous le fait voir. Ie n'en sçache point qui ait
iamais reprouué pas vne de ces places que i'ay cy-dessus alleguées,
ny qui les ait estimées mauuaises, ny toutes telles autres qui sont faites sur ces mesures : ils auroient tort s'ils le faisoient puisque les
mesmes Capitaines qui ont pris plusieurs places où les deffences
estoient fort courtes, les mesmes n'ont pû prendre celles où les mesures estoient de telle sorte. Ie ne m'estendray point dauantage, car
il est impossible de satisfaire à ceux qui n'ont autre dessein que
de calomnier, & vouloir persuader ceux qui ne se payent point
de raison.

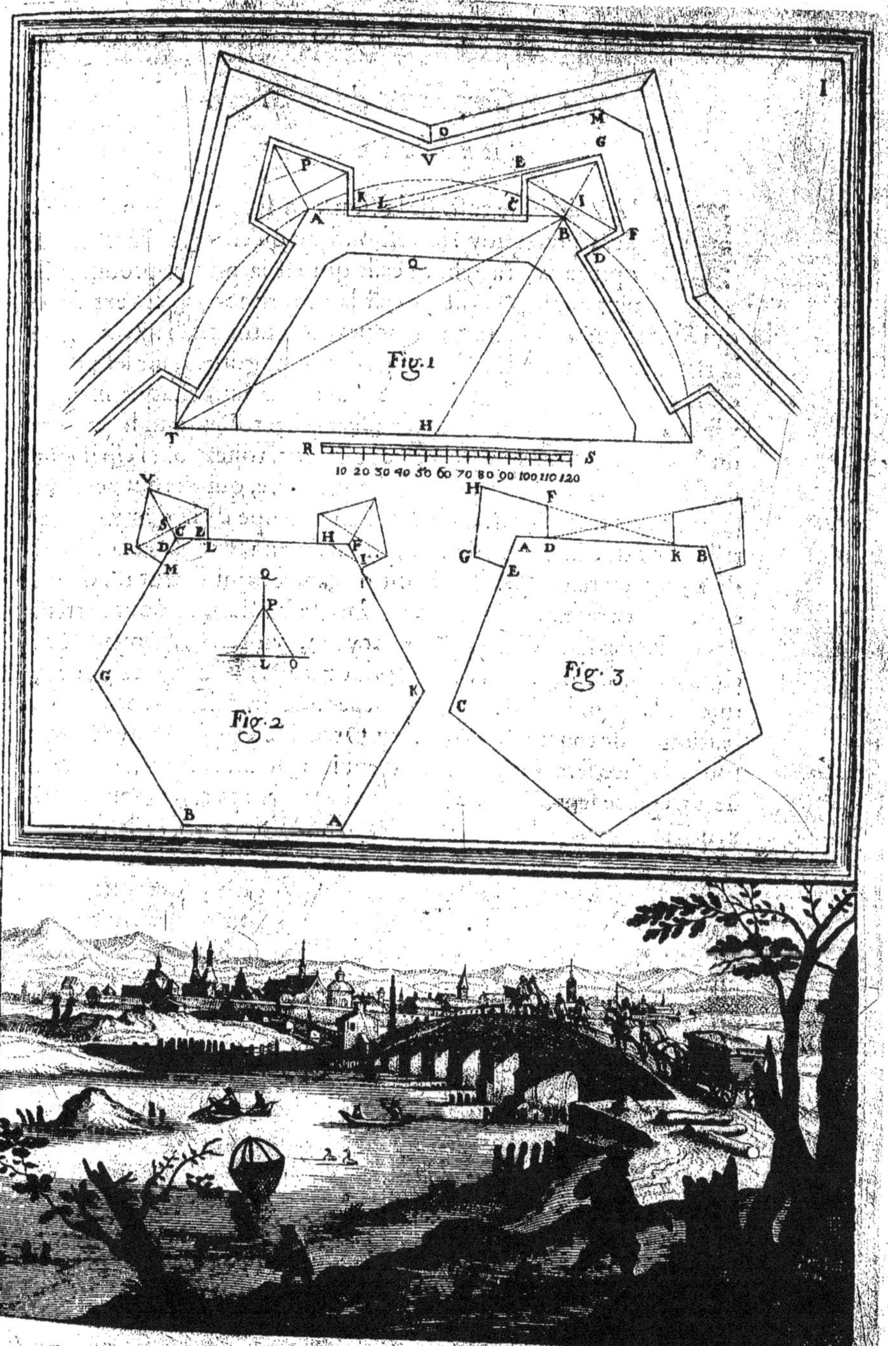
I
Fig.1
R 10 20 30 40 50 60 70 80 90 100 110 120 S
Fig.2
Fig.3

Des Gorges, & demy Gorges.

CHAPITRE XVI.

'A y diuifé le cofté de la figure en fix parties: on demandera pourquoy ? ie refpondray qu'entre la diuerfité des
opinions, i'ay choifi celle qui eft la plus approuuée, la
plus fuiuie, & celle qui eft la moyenne entre les extrémes
qui font tenuës de diuerfes perfonnes; & outre cela i'ay confideré
la raifon, qui eft fondée fur l'vfage des demy gorges, fur lefquelles
on fait les flancs qui font hauts & bas: Pour faire chaque flanc, il
y faut au moins 10. ou 12. toifes; fçauoir 3. toifes pour le parapet
du flanc bas, 4. toifes pour la place baffe, & 3. toifes pour l'efpaiffeur
du flanc haut, outre les talus de chaque piece, qui en tout peuuent
faire 10. ou 12. toifes que chaque flanc occupe de la demy gorge;
tellement que la faifant de 20. toifes, il y en reftera 8. & la faifant
de 25. il y en reftera 13. & autant de l'autre, qui feront 16. ou 26.
efpaces affez capables pour entrer dans le baftion, & pour le recul
des pieces des flancs hauts, & pour y faire vn retranchement (qui
eft la moindre de toutes les confiderations;) l'autre raifon eft,
que de la grandeur de la gorge dépend la grandeur de la face du
baftion, & de tout le corps d'iceluy. Or la demy gorge eftant de 20.
toifes, la face fera de 45. toifes ou enuiron, felon la figure; fi elle eft
de 25. la face fera d'enuiron 50. qui font vn corps affez grand pour
y mettre en bataille les foldats qui font neceffaires pour le deffendre:
car, comme nous auons dit, il ne faut pas plus de 500. foldats pour
deffendre chaque baftion; quand il en faudroit 600. ce font 200.
pour chaque garde. Or dans vn baftion tel, on en mettroit plus
de 2000. en bataille, outre les autres lieux qu'il y a autour de la
place où on les doit mettre; il fera auffi affez grand pour faire les
retranchemens. La face donc en eft affez grande, puifque le corps
qu'elle forme eft affez grand.

Pour connoiftre mieux la perfection de cette mefure, il faut confiderer les deux autres extrémitez de la petiteffe, & de la grandeur:
fi on fait les demy gorges fort petites comme de 12. ou 15. toifes,
vous ne pouuez pas faire flanc bas, & flanc haut, comme nous
auons dit, parce que ce qui reftera fera trop eftroit pour le paffage,
& pour le recul des canons : le corps du baftion fera trop petit,
pour difpofer nos foldats à la deffence, & pour faire quelque re-

Pourquoy i'ay mis la demy gorge vn fixief-me de tout le cofté.

Diuifion de la demy gorge.

De la demy gorge dépend la grandeur des faces des ba-ftions.

Autres confi-derations fur les mefures.

Petiteffe vi-tieufe.

tranchement ; car si on fait ioüer vne mine, il ne reste plus de place pour se retirer ny se deffendre, comme aussi lors que les bombes tomberont dedans ; tellement donc que la petitesse doit estre estimée vitieuse aux bastions.

Si on la fait trop grande, comme de 40. ou 50. toises, il s'ensuiura quelqu'vn de ces inconueniens, ou qu'il faut faire les flancs fort petits, ou les bastions trop aigus, ou esloigner dauantage vn bastion de l'autre ; & par ainsi faire les lignes de deffence trop longues sans gagner aucun aduantage, qui sont tous deffauts tres-notables : De faire les bastions aigus, nous demonstrerons apres en quoy ils deffaillent ; de racourcir les flancs, cela ne se doit, car puisque les lieux plus flanquez sont les meilleurs, & que la perfection de la forme de la fortification consiste à bien flanquer, c'est vne absurdité apparente d'amoindrir cette deffence, pour agrandir les faces des bastions, qui sont comme nous auons dit la partie qui pâtit tousiours, & qui est comme le deffaut de la fortification, & la partie qui est tousiours attaquée ; c'est pourquoy il vaudroit mieux diminuer tousiours cette partie (s'il se pouuoit) sans gaster les autres, que de l'augmenter. L'autre deffaut de faire les lignes de deffence trop longues, est plus considerable ; car puis qu'il a esté resolu que la ligne de deffence ne doit estre que du tir du mousquet, tous les corps qui auront les deffences plus longues, ne vaudront rien ; c'est pourquoy & l'excés en grandeur & le deffaut en petitesse sont vitieux.

Les raffineurs diront, s'il ne seroit pas mieux de diuiser tout le costé de la figure en 5. parties, & en prendre vne pour chaque demy gorge, ou bien diuiser tout le costé de la figure en 11. parties, & en prendre 2. pour la demy gorge, ou diuiser le mesme costé en 23. & en prendre 4. parties pour la demy gorge, ou pour dire plus clairement, faire la demy gorge de 21. toise, ou 22. ou 23. &c. Ie diray à ceux-là que lors qu'ils me monstreront que de 19. ou de 21. toises la demy gorge est meilleure que de 20. ou de 24. ou de 26. &c. meilleure que de 15. ie seray de leur costé ; car quand ie l'eusse mise de 19. ou de 21. ou de 24. ou de 26. ils m'eussent de mesme demandé pourquoy ie ne l'aurois mise de 20. ou 25. tellement que pour toute raison, ie ne diray sinon qu'il me semble qu'à cette mode elle est plus selon l'opinion commune, & conuient mieux à l'vsage ; car au bout du conte, il faut s'arrester à quelque terme, & n'en ayant point de précis ; sans doute le mediocre, & celuy qui sera plus conuenant à l'vsage pour lequel nous le faisons, sera le meilleur ; c'est pourquoy ce n'est qu'vne folie de cher-

L. iij

cher des subtilitez surquoy on ne peut rien determinément con‑
clure.

Des Flancs.

CHAPITRE XVII.

 L y a en general deux sortes de flancs, diuisez selon l'ef‑
fect : ie les appelle obliques & droits, d'autres les appel‑
lent premiers & seconds flancs; sçauoir celuy qui com‑
mence depuis l'endroit où la la ligne de deffence pro‑
longée rencontre la courtine iusques au flanc : aucuns l'appellent
premier, parce que veritablement par là commence la deffence;
d'autres l'appellent second, parce qu'il est moins principal; & moy
ie l'appelleray oblique, parce qu'il flanque obliquement; l'au‑
tre ie l'appelle flanc simplement, ou flanc droit; parce qu'il regarde,
& flanque droictement la face du bastion opposée, ou parce qu'il est
à angles droits sur la courtine : qu'on l'appelle comme on voudra,
pourueu qu'on s'entende.

Ie mets le flanc aussi grand que la demy gorge, c'est à dire 20.
ou 25. toises : la raison est la mesme que de la demy gorge, parce
que c'est la mesure qu'on luy donne ordinairement, & parce que
c'est la mediocre entre les plus grandes & plus petites qu'on a ac‑
coustumé de donner, & parce qu'elle conuient à l'vsage.

Afin qu'on ne s'abuse pas, i'aduertiray que tout mon discours
& mes mesures sont des bonnes & grandes places, & non des
forts, ausquels on les fait de beaucoup moindres, pour diuerses
considerations.

Cette mesure conuient fort bien à l'vsage; car ayant separé le
flanc en trois parties, & en donnant vne pour le flanc couuert, ou
pour celuy qui sert pour l'Artillerie, ainsi qu'on a accoustumé, il
y a place pour deux pieces, lors qu'il est de 20. ou pour trois, lors
qu'il est de 25. car à l'vn il y a 6. toises deux tiers, & à l'autre 8. toi‑
ses vn tiers, qui se distribuent; ainsi on laisse demy toise à costé de la
premiere embraseure, 8. pieds d'ouuerture qu'on donne à chaque
embraseure, & demy toise du costé de la courtine : les trois toises
qui restent sont pour le merlon, ou pour le parapet, qui est en‑
tre deux canonieres. A ceux de 8. toises vn tiers, on pourra laisser
les 3. pieds de chaque costé comme aux autres : quatre toises vn

tiers feront pour les deux merlons , ou parapets : les autres trois
toiſes ſont pour les trois embraſeures ; par apres les deux tiers qui
reſtent de 16. toiſes ⅓ ſont pour la mouſqueterie & pour couurir
le flanc couuert.

Faire le flanc trop petit , il ne vaut rien , parce que c'eſt directe- *Flancs trop pe-*
ment contre la maxime de la fortification , que la meilleure eſt *tits ne ſont bons.*
celle qui eſt mieux flanquée ; tellement donc que celle-cy ſera la
plus mauuaiſe. On dira que ſi on fait le flanc droit petit , qu'on
fait auſſi l'oblique plus grand ; mais c'eſt vne queſtion à décider *Sçauoir quels*
fort problematique , ſçauoir s'il eſt mieux de diminuer les flancs *flancs ſont meil-*
droits , pour auoir les obliques fort grands , ou faire les droits *leurs, les droits*
ou obliques.
les plus grands qu'il ſe peut , & n'en auoir point d'obliques.
Ie diray là-deſſus que l'vſage commun eſt de garder les deux *Opinion de*
flancs aux places de pluſieurs baſtions , dont i'ay apporté les rai- *l'Autheur.*
ſons fort au long dans mes Fortifications ; mais pourtant ie voudrois touſiours auoir premierement vn flanc droit aſſez grand , *Raiſons de cet-*
comme nous auons dit , raiſonnant touſiours ſur les fondemens *te opinion.*
premierement poſez , & aduoüez de tous : c'eſt que la meilleure
forme de la fortification eſt celle qui eſt auec des baſtions. Or
pourquoy fait-on les baſtions , c'eſt afin d'auoir le flanc droit , &
non pas pour auoir la face , qui eſt inutile à la deffence , comme
nous auons dit. Donc les flancs droits ſont la plus importante
partie de la fortification , puiſque pour les auoir on donne cette
forme à la fortification. On dira que l'extenſion du flanc oblique
recompenſe la force du flanc droit ; i'explique , ſoit le flanc droit *Explication.*
BD , 25. toiſes : & que A D , ſoit 20. toiſes , on perd AB , qui ſera
cinq toiſes de flanc droit , mais on gagnera A C , flanc oblique ,
qui aura 10. toiſes , tellement qu'encore qu'on die que le flanc oblique n'eſt pas ſi bon que le droit : cela s'entend lors que tous deux
ſont égaux ; mais que C A , eſtant en extenſion double de
A B , ou plus , il luy pourra eſtre égal en force contre les au- *Pourquoy on*
tres commoditez qu'on en peut tirer ; Et moy ie diray là deſſus *fait le flanc*
oblique.
qu'on fait le flanc C A , pour d'autres raiſons qui nous y forcent,
& non pas pour eſtre meilleur ; car ſans doute iamais vn flanc oblique ne peut égaler en bonté vn flanc droit , d'autant que l'oblique C A , eſt touſiours imparfait , & A B , parfait , il n'y aura donc
iamais de comparaiſon ny d'égalité entre l'vn & l'autre ; & pour
monſtrer que cela eſt fondé ſur les communes maximes , au lieu
des baſtions D E H , & F I , ſoit fortifiée cette face en angle rentrant , comme F G E , encore que G , fuſt angle droit , il n'y a
point de doute que toute la face F G , flanque toute la face G E ,

Raiſons pour monſtrer que les ſlancs droits ſont meilleurs que les obli-ques.

leſquelles faces pourront eſtre faites de toute l'extenſion de la ligne de deffence; ſçauoir de 120. toiſes, ou de 150. toiſes, qui ſeront ſix fois auſſi grandes que le flanc droit qu'on a accouſtumé d'y faire; & neantmoins on eſtimera plus forte vne place qui aura les flancs de la ſixieſme partie de la ligne de deffence faite en baſtions, que celle qui ſera fortifiée en angles rentrans, encore que les faces qui flanquent ſoient ſix fois plus longues: Donc les flancs droits bien qu'en moindre extenſion, ſont meilleurs que les obliques, bien que de plus grande extenſion; c'eſt pourquoy on n'eſtime pas que les faces des baſtions s'entre-flanquent, à

Forces des ba-ſtions ne ſont eſtimées s'en-tre-flanquer.

cauſe qu'elles ſe voyent obliquement l'vne l'autre; & puiſque le flanc oblique CA, voit encore plus obliquement la face FI, que ne fait pas la face DE, il s'enſuiura que CA, doit encore eſtre moins eſtimé flanc que DE, & par conſequent il ſeroit plus à propos de faire tout le flanc BD, que de faire DA, pour auoir CA: Mais parce qu'il y a pluſieurs autres grandes incommoditez qui s'en enſuiuent faiſant le flanc ſi grand, que i'ay deduites dans la fortification; ie reuiendray à ce que i'ay dit cy-deſſus, qu'il faut auoir vn flanc droit aſſez grand, tel que ie luy poſe, & laiſſer ce qui reſte pour le flanc oblique: chacun tiendra telle opinion qu'il luy plaira, pour moy ie me contenteray d'auoir porté les raiſons pour l'vn & pour l'autre, laiſſant au Lecteur le iugement du party qu'il eſtimera le meilleur. I'adiouſteray toutefois encore ce mot, que ie defere beaucoup à l'experience, & au commun conſentement, lequel met les deux flancs; & veritablement aux Arts & aux choſes qui conſiſtent en la pratique, que l'experience

L'experience emporte par deſſus la Theo-rique.

emporte par deſſus la raiſon; il ſemble que la raiſon en cela ſoit poſterieure à l'experience: car on donne les raiſons des effects des choſes apres qu'on les a trouuées & eſprouuées, ce qu'on ne ſçauroit faire auparauant: comme par exemple, on donne la raiſon pourquoy les canons courts, ny les trop longs, ne portent pas ſi loing comme ceux qui ſont d'vne mediocre longueur proportionnée à leur groſſeur, laquelle on n'a iamais ſceu qu'apres en auoir fait l'experience, & ainſi la fortification s'eſt formée & perfectionnée peu à peu, remediant aux deffauts qu'on y a treuuez, & apres auoir experimenté l'effect des remedes, on en a donné la raiſon.

Flanc partie principale de la fortification.

    Parce que le flanc eſt la principale partie de la fortification, ie m'eſtendray dauantage ſur ce diſcours, & monſtreray comme par neceſſité il faut faire les flancs obliques, & les deffauts qu'il y a de faire les flancs entierement droits.

Erard

Erard estimé pour auoir le premier escrit en France de la For- *Construction* tification, met vne construction où il fait tousiours le flanc droit, *d'Erard.* & n'en met point d'oblique ; mais il y a ce deffaut, qu'aux figures où il y a plusieurs costez, les demy gorges & faces des bastions viennent exorbitamment longues, & les courtines fort courtes, & les flancs ne s'accroissent pas à proportion des gorges, & tout cecy sont autant de deffauts ; parce que d'accroistre la face du ba- stion par excés, c'est accroistre la partie la plus foible, & qui est tousiours attaquée : diminuer la courtine, c'est diminuer la *Deffauts de* partie la plus forte, & celle qui n'est iamais attaquée : augmen- *cette constru-* ter la demy gorge, au lieu d'augmenter le flanc, c'est augmen- *ction.* ter inutilement vne partie, pour en laisser vne autre en estat d'où dépend la bonté de la fortification ; c'est pourquoy cette constru- ction n'est pas bonne.

Ie mettray icy vne construction qui augmente tousiours les *Autre constru-* flancs, & les demy gorges quasi également, & n'a que le flanc *ction de l'Au-* droit, mais aussi grand qu'il se peut faire, afin que là dessus ie *theur.* puisse monstrer les deffauts qui ensuiuent lors qu'on ne met point de flanc oblique.

Ie suppose tousiours que l'angle du bastion soit droit, parce *Suppose l'an-* que i'estime celuy-là le plus parfait, & c'est vn terme précis sur *gle du bastion* lequel on peut fondre vn raisonnement asseuré ; & non sur les au- *droit.* tres qui n'ont rien d'aresté.

Ie commence par la ligne de deffence, laquelle soit A B, de la *Explication.* portée du mousquet, sur A B, soit fait l'angle BAC, demy droit, tirant A C, à plaisir : soit tirée A D, aussi longue qu'on voudra, faisant l'angle CAD, qui soit la moitié de l'angle du costé de la fi- gure qu'on fortifie, comme icy : par exemple d'vn Dodecogone, par le point B, soit tiré BE, parallele à AD, soit aprés faite EF, égale à la ligne A B, & soit faite E G, égalle à BF : & sur la ligne FE, au point G, soit esleuée perpendiculairement G H, iusques à ce qu'elle rencontre AB, & pour acheuer sur la ligne EF, au point F, soit fait l'angle C FE, égal à CEF, & prolonger CF, iusques à ce qu'elle rencontre D A, prolongée en D, & de D, en G, soit me- née D G, & sur la pointe B, esleuer le flanc B I, iusques à ce qu'il rencontre D G, & ainsi suiure le reste de la figure. En cette constru- ction vous aurez le costé de la figure E F, & la ligne de deffence *Deffauts de la* GD, égalles, & vous commencerez la construction par la ligne *construction.* de deffence, & aurez le flanc droit autant qu'il se peut ; mais les deffauts de cette construction sont tres-grands : premierement les demy gorges EG , & par consequent les faces AH, deuiennent trop grandes, deffaut notable, comme nous auons remarqué au Chapitre precedent; l'autre est, que le fossé en deuient extraordinairemét large, tout le long de la courtine, & proche du flanc à l'endroit K , il auroit prés de 60. toises, despence grande en la vuidange des terres : outre que la mettant dans la place, comme il est necessaire, le rempart en deuiendroit si large, qu'il diminuëroit notablement la place. Le dernier qui est le plus important, c'est que la place est plus plate quasi de la cinquiesme partie plus qu'en nostre construction, où nous faisons le flanc & la gorge à nostre mesure, comme KL, & n'auoir que le flanc droit , vous diminuez dauantage vostre place , & faites vostre ligne de deffence trop longue de toute la partie LG, tellement qu'il est plus à propos de faire le flanc droit d'vne iuste longueur, & le reste le laisser en flanc oblique, que de faire tout le flanc droit ; & c'est ce que l'experience vous a fait premierement connoistre, dont nous auons voulu rendre icy la raison , afin que chacun connoisse clairement les causes & les raisons pourquoy on donne cette forme à la fortification, & pourquoy on fait telle la diuision des parties.

Quelle est la mediocrité qu'il faut prendre pour auoir vn flanc oblique, & vn droit. Reste maintenant à dire en quoy consiste cette mediocrité qu'il faut prendre pour auoir vn flanc oblique, & vn droit : ie dis qu'il est à propos de le faire égal à la demy gorge, ou à la sixiesme partie de la figure : ma raison est fondée sur le commun consentement, l'experience ordinaire, & sur l'vsage de cette partie ; parce que i'estime vn flanc bien garny lors qu'il y peut tenir trois canons, & qu'il y reste deux fois autant pour la mousqueterie, ce qui peut estre fait aux flancs de vingt toises , & mieux à ceux de vingt-cinq, c'est pourquoy i'estime cette mesure fort bonne,

Gens qui se plaisent à censurer. Ceux qui se plaisent à censurer treuueront à redire à ces mesures ; mais ie croy que si i'auois porté les leurs propres, ils y contrediroient de mesme; car comme nous auons dit , les choses qui en soy ne sont pas determinées, ne peuuent pas estre precisément resoluës, & vn peu plus, ou vn peu moins grandes peuuent estre estimées également bonnes. Il faut se regler au party le plus raisonnable, & qui s'approche plus des maximes ou principes, sur lesquels on se fonde, & qui est plus commode pour les vsages ausquels la chose est destinée : ie m'arresteray donc en cette mesure de faire le flanc de la sixiesme partie du costé, iusques à tant qu'auec de plus fortes raisons , on me monstrera qu'il faut le faire plus grand ou plus petit.

Flanc de la sixiesme partie du costé de la figure.

Le flanc droit, ie le diuiseray selon sa situation, en flancs *Autre diuision des flancs.*
bas & flancs hauts, & selon les accidens exterieurs, en flanc cou-
uert, & découuert : il faut que nous parlions encore de toutes
ces sortes de flancs.

Anciennement on faisoit deux ou trois flancs l'vn sur l'autre, *Flancs anti-* voûtez & faits à estages ; l'experience vous a fait voir que ces *ques.*
flancs-là ne valent rien, à cause de plusieurs incommoditez qui les
suiuent, que nous auons alleguées autre part, c'est pourquoy nous
n'en parlerons pas icy.

On a pourtant reconnu que la multiplicité des flancs estoit *Comme on peut* la force d'vne place ; & ce qu'on ne peut auoir qu'en faisant les *faire plusieurs flancs.*
flancs fort longs, & sans beaucoup d'incommoditez, on l'ac-
quiert en faisant plusieurs flancs, les vns plus hauts que les autres, & tous descouuerts ; de façon que les premiers ou plus bas,
soient plus auancez en dehors, & les autres plus retirez vers la
demy gorge ; par ce moyen à chaque flanc, on en peut auoir
trois : sçauoir le plus bas qui sera en forme de fausse braye marqué A, vn autre qu'on appelle flanc bas B, & celuy qui est plus
arriere sera le flanc haut C, lesquels sont representez dans le porfil,
& dans la figure suiuante.

Toutes les couuertures ou parapets de ces flancs doiuent estre *Couuertures* faits de bonne terre bien battuë, sans qu'il y ait ny pierre ny cail- *des flancs doi-* *uent estre de* loux d'entre-meslez, ny autre chose qui puisse faire esclats ; car *terre à l'espreu-* tout ce qui sert de couuerture au soldat, doit estre de bonne ter- *ue du canon.*
re. Outre ces flancs on en peut auoir deux autres, sçauoir le flanc
oblique qui est la partie de la Courtine qui descouure la face du
bastion opposé, & vn caualier qu'on peut esleuer plus arriere, qui
seruira de cinquiesme flanc. Ie croy qu'vne palce qui auroit à tous
les bastions autant de flancs seroit parfaitement bonne ; car com-
ment seroit-il possible que l'ennemy rompist tous ces flancs, ou *Places qui ont* qu'il passast le fossé, n'estans pas rompus : il faut qu'on ad- *plusieurs flancs,* *tres bonnes.* uouë qu'vne place qui auroit tous ces flancs, sera meilleure
que toute autre qui en aura moins puis qu'on accorde pour maxi-
me generale, que les places les plus flanquées sont les meilleures.

Ie ne dis rien des coffres, car ce sont flancs qu'on fait seulement lors qu'on est attaqué ; ce n'est pas vne partie de la fortification, mais seulement vne deffence extraordinaire, laquelle
sert toutefois extrémement : nous la descrirons dans le discours de
la deffence, & celle-cy pourra estre appellée vn sixiesme flanc.

Flancs bas, bons.

Les flancs bas font tres-bons, parce que difficilement ils peuuent eftre rompus. Les flancs hauts contraignent l'ennemy à faire les tranchées, batteries, & toutes les autres couuertures plus hautes. En fin tous les flancs feruent à la place, & nuifent à l'ennemy ; c'eft pourquoy tant plus il y en a, c'eft tant mieux, pourueu que l'vn n'empefche pas l'autre, & c'eft la perfection de la fortification, que d'eftre bien flanquée.

Flancs hauts, auffi.

Tous les flancs feruent.

Nous acheuerons de parler des flancs, apres auoir confideré quels font meilleurs, les flancs couuerts qui font ceux qui ont deux tiers de toute la longueur qui auance pour couurir le tiers qui refte, ou les defcouuerts, qui font tout le flanc droit, eftendu en vne ligne droite.

Flancs couuerts, quels font.

I'eftime les flancs couuerts fans comparaifon meilleurs que les autres ; car fans doute ils font plus difficiles à rompre que les defcouuerts : Or puis qu'on demeure d'accord que les flancs font les plus importantes pieces d'vne place, il s'enfuiura qu'on les doit faire plus forts qu'il fe peut, & puis qu'ils ne font deftinez que pour defcouurir & flanquer le foffé, & la face du baftion oppofée ; il eft fuperflu qu'ils defcouurent dauantage pour eftre auffi plus couuerts. De dire que la moufqueterie ne fe peut pas ranger deffus l'efpaule ; il eft vray, lors qu'elle eft faite en orillon rond, mais dans l'efpaule quarrée les moufquetaires s'y rangent, & tirent auffi commodément que du flanc droit. Pour moy, i'ay veu par experience que toutes les fois qu'on a rencontré des flancs couuerts, on a efté fort en peine de les rompre, & tres-incommodé au paffage du foffé, & quelquefois on en eft demeuré là fans pouuoir auancer. Or tout le plus grand effort qu'on fait aux places, c'eft à deffendre les contr'efcarpes, & le paffage du foffé, à quoy particulierement feruent les flancs, ; c'eft pourquoy on les doit couurir & referuer pour cét effect, ayant plufieurs autres lieux pour deffendre les approches plus efloignées. Dans la fuitte du difcours nous dirons plufieurs autres commoditez des flancs couuerts.

Flancs couuerts meilleurs que les autres.

Pourquoy.

Aduantage des flancs couuerts.

A chaque flanc couuert il y aura vne porte par laquelle on pourra fortir au fonds du foffé fans eftre veus de l'ennemy : cette porte fert non feulement pour aller en garde aux dehors, & faire les forties ; mais auffi pour aller aux flancs bas, & coffre qu'on fait dans le foffé en cas d'attaque, fans lefquelles portes on ne fçauroit y aller, ny par confequent faire cette deffence.

Il y a certains controlleurs qui difent que les flancs couuerts ne valent rien, & la raifon qu'ils apportent, eft parce
qu'en Hollande on les fait defcouuerts, & comme les Pyta-
goriens ; c'eft qu'il leur femble que c'eft affez dire, pourueu
qu'ils difent, on fait ainfi en Hollande. De ceux-là i'en ay veû
plufieurs qui n'y auoient iamais efté, & qui n'ont veû les places,
& le païs d'Hollande que dans les cartes, & leurs fortifications
dans les Liures de Marolois, & d'autres qui n'ont iamais efté à la
guerre non plus qu'eux; & parce qu'ils fe font imaginez, ou qu'ils
ont oüy dire que la perfection de l'art Militaire eft en Hollande,
il leur femble que c'eft affez d'alleguer ce païs pour toute raifon,
& qu'apres cela il n'y a rien à repliquer, & que tous ceux qui
ont efcrit en ce païs, font gens parfaits, qui ne peuuent faillir en leurs propofitions, & que tout le refte du monde n'entend rien à la guerre s'il n'a appris la leçon en Hollande. I'ay
veû la Hollande, & ne diray pas qu'il n'y ait vn bon ordre,
& que les exercices Militaires n'y foient fort bien obferuez;
mais cela n'exclud pas pourtant les autres Nations qu'elles ne le
fçachent auffi bien : & fi la conduitte n'y eft pas fi exacte, ce n'eft
pas faute d'intelligence, mais il y a d'autres caufes qui amenent la
confufion. Il eft fort aifé à vn Prince qui eft comme Souuerain,
& enfemble General, de donner les ordres qu'il veut luy-mefme, les faifant executer en perfonne : & tel pourra bien gouuerner vne Prouince, qui ne regira pas vn Royaume : tel fe fera
obeïr dans vn païs d'où on ne peut fortir fans fa licence, qui ne
pourra pas commander dans vn grand Eftat ouuert, & tiendra
en bride & en crainte vne Nation moderée d'efprit & d'inclination, & ne pourra pas eftre Maiftre d'vne autre qui fera belliqueu-
fe, ardente, & d'vn efprit de feu. Et cependant, tel fera abfolu
fur des Bourgeois & des Bourguemeftres, qui ne feroit aucunement obeï des Princes, & d'autres de qualité releuée. Et cependant ce fera vn mefme qui fçaura également les ordres,
& neantmoins n'agira pas de mefme forte à caufe de la diuerfité des couftumes des Païs, des affiertes, & des fubjets.
Ie reuiens à ma fortification, & dis qu'il faut confiderer
toutes les circonftances des chofes, lors qu'on les veut prendre pour exemple, & les rapporter à d'autres; comme en cecy
il faut confiderer pourquoy les Hollandois ne couurent pas
les flancs, c'eft parce qu'ils ne peuuent pas, à caufe qu'ils les
font de terre ; mais fi les Hollandois eftoient en France ou en

Italie, & qu'ils reueſtiſſent leurs places, ils les feroient couuerts, ou ils feroient mal. Et ſi ces Meſſieurs prenoient bien garde, ils iugeroient que les Hollandois encore qu'ils ne le diſent pas, ayant connu le deffaut du corps de leurs places, ont cherché le remede, qui eſt l'inuention des dehors. Ie confirme mon opinion par l'experience, lors que l'aſſaillant a pris la contr'eſcarpe des places de ce Païs, on tient la place comme perduë, parce que toute la force eſt au dehors, & non au corps de la place, ce qui n'eſt pas ainſi aux autres Païs où les corps des places ſont

Experience. mieux faits, comme en Italie. I'allegueray touſiours l'experience; le Marquis de Spinola a pris pluſieurs places en Hollande; apres auoir gagné la contr'eſcarpe il n'a point eu de peine à prendre le reſte. Mais le meſme Marquis de Spinola ne pût iamais prendre Caſal; bien qu'il n'y euſt aucun dehors, à cauſe que le corps de la place eſtoit ſi bon, & les flancs ſi bien couuerts, que iamais il ne pût les rompre, & de là on luy rompit par pluſieurs fois la galerie, qui l'empeſcha de paſſer le foſſé. Ie n'allegueray point nos exemples propres des places que nous auons attaquées à ces dernieres guerres, deſquelles dans peu de iours nous auons pris les dehors, mais apres nous n'auons pû prendre les places.

De là ie conclus que le vray exemple des corps des fortifications doit eſtre pris ſur les places d'Italie, & pour les dehors d'Hollande; & mettant ces deux enſemble, ie croy qu'on auroit vne place auſſi parfaite qu'on la peut faire iuſques à preſent.

De la pointe ou angle flanqué du baſtion, & des faces d'iceluy.

CHAPITRE XVIII.

Baſtion, angle droit en quelles figures.

DANS ma conſtruction ie mets touſiours le baſtion angle droit aux places où il ſe peut ſçauoir en l'Exagone, & au deſſus, & à toutes les irregulieres qui ont les angles des coſtez égaux à ceux de ces figures; la raiſon ie l'ay déduite fort au long, & i'adiouſteray encore que l'aigu & l'obtus eſtans les deux extrémitez & les vices, ie me ſuis tenu dans le milieu, comme dans la perfection, ainſi que i'ay fait dans les autres parties; &

Hors l'angle droit on ne ſçait quel autre prendre.

veritablement ie ſerois fort empeſché de ſçauoir de quelle quantité ie deurois poſer l'angle, ſi ie voulois déuoyer du droit, & encore que i'eſtime qu'il eſt plus auantageux de prendre l'aigu, ie ne ſçaurois où m'arreſter; car il me ſemble auſſi raiſonnable de prendre 89. degrez comme 88. & 88. comme 87. & ainſi des autres, c'eſt pourquoy i'ay mieux aimé prendre le droit comme le plus parfait; parce qu'aux arts ou ſciences qu'on eſcrit, il faut pren-

On doit prendre l'idée parfaite.

dre l'idée la plus parfaite: car l'execution en decline touſiours aſſez, & s'il y auoit quelque deffaut dans les regles, il y en auroit encore dauantage dans la pratique.

Pour ne redire pas les raiſons que i'ay déduites autre part ſur

Paradoxe dans les eſprits d'aucuns.

ce ſujet, ie m'arreſteray à preuuer en peu de mots vn Paradoxe, au moins dans l'eſprit de ceux qui s'obſtinent aux vulgaires, & vieilles maximes, ſans en vouloir chercher la raiſon. Ie dis qu'aux places où on peut faire vn baſtion angle obtus, ou angle droit, qu'on a beaucoup plus d'auantage de le faire droit; & de plus, que ſi on veut déuoyer du droit, qu'il vaut mieux le faire aigu que obtus.

Comparaiſon du baſtion droit à l'obtus.

Ie demande des baſtions qui auront toutes les autres parties, hors l'angle, égales & ſemblables, quel ſera meilleur, celuy qui ſera plus contenant, ou celuy qui le ſera moins; ie croy qu'il n'y aura perſonne qui ne diſe que c'eſt le plus contenant. Il n'y a auſſi aucun doute que des meſmes baſtions, celuy qui reſiſte plus aux bateries de l'ennemy, eſt meilleur que celuy qui reſiſte moins: comme auſſi que celuy où l'ennemy ſe peut loger plus difficilement, eſt plus auantageux que celuy-là où il ſe loge plus facilement. Les

maximes

maximes de la fortification, enseignant aussi que le bastion qui
est plus flanqué, est plus parfait que celuy qui l'est moins. Or
si ie monstre que toutes ces perfections sont dans le bastion
angle droit, & que les imperfections contraires sont dans l'ob-
tus, la conclusion en sera manifeste que le bastion angle droit est *Explication.*
meilleur que l'obtus, soit le bastion angle obtus A B C, & le
droit A D C, qui ayent tous deux mesmes gorges, & mesmes
flancs.

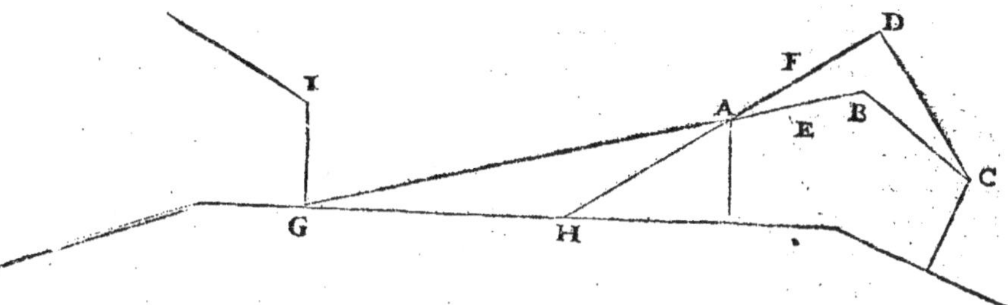

Il est euident que le bastion angle droit A D C, sera au dehors de
l'obtus, & le contiendra, & par consequent sera plus grand : il
s'ensuit aussi qu'ayant plus de corps, & estant plus aduancé de
toute la partie A B C D, qu'il doit resister dauantage ; car dans le
temps qu'il rompt cette partie, il auroit rompu la moitié du bastion obtus ; mais au droit lors qu'il a rompu cela, il n'a fait que
commencer à faire ce qu'il auroit fait d'abord à l'obtus ; par apres
pour si peu que l'ennemy rompe de la face A B, comme E, il s'y
peut loger à couuert, sans estre veû du flanc G, qui ne fait que
raser : mais au droit il faut qu'il entre aussi auant que toute la
partie F E, pour n'estre pas veû du flanc G, & tant plus il attaque
vers la pointe, tant plus il faut qu'il s'auance dans le bastion
pour y estre à couuert. En fin on voit clairement que le bastion
obtus n'est flanqué que du flanc G I ; mais le droit est flanqué ou- *Perfections de*
tre cela de toute la partie G H, laquelle si on veut on peut redui- *l'angle droit en*
re en flanc droit : Donc le bastion angle droit est plus conte- *deffauts de*
nant, resiste plus, l'ennemy s'y loge plus difficilement, & est plus *l'obtus.*
flanqué que l'angle obtus : donc il est meilleur.

On a tenu vn erreur iusques à cette heure que le bastion doit *Erreur vieille.*
estre attaqué par la pointe, ce qu'on a du depuis experimenté des-
auantageux ; c'est pourquoy ils faisoient les bastions obtus, parce
qu'ils s'imaginoient que cette pointe mousse resistoit dauantage à *Bastions obtus*
la batterie ; mais cela est encore plus faux, parce qu'il faut que *resistent moins*
les canons tirent directement contre la pointe ou contre la face. *que les droits.*

Or il est bien euident que le canon tirant contre la pointe, aura
bien plus de prise contre ces bastions obtus, d'autant qu'ils s'approchent plus de la ligne droite, que contre les droits, ou aigus,
où tous les coups bricoleront & ressauteront asseurément sans entrer. Que s'ils tirent directement contre les faces, autant de prise au-
ront-ils en l'angle droit, qu'en l'obtus ; mais il y aura cette difference que l'obtus resistera moins, parce qu'il a moins de corps,
ainsi que nous auons monstré. Donc la raison qui persuadoit de
faire l'angle obtus ne vaut rien ; il faut remarquer que les plus fortes batteries sont celles qui se font directement, & en angles droits,
contre la face, & que tout le corps du bastion angle droit resiste à
icelles, ce qui ne se fait pas, ny en l'aigu, ny en l'obtus.

La deuiation vers l'aigu est meilleure que vers l'obtus. Ie monstre aussi que la deuiation vers l'aigu est meilleure que
vers l'obtus, le faisant aigu on augmente la contenance, la def-
fence, la difficulté de s'y loger, & la resistance, horsmis à la
pointe : & en l'obtus on diminuë tous ces aduantages, d'autant
qu'on croit plus l'angle : & puis qu'on ne doit point attaquer la
pointe d'vn bastion, le deffaut de cette pointe n'est pas considera-
rable, pourueu qu'on ne se iette pas aux dernieres extrémitez, de
vouloir faire vn bastion de 40. ou 50. degrez : car ainsi on gaste
Extrémitez ne sont bonnes. tous ces aduantages par les deffauts qui naissent de faire le bastion
trop esloigné du milieu, & de la perfection. Ie diray donc que
depuis 70. degrez en montant, les bastions seront tolerables, &
lors qu'ils s'approcheront de l'angle droit ils seront fort bons.

Quelqu'vn pourroit dire que de mon discours il s'en ensuiuroit
que les bastions d'vn quarré seroient meilleurs que d'vn Decagone qui auroit l'angle flanqué obtus : ie respons que la consequence ne vaut rien, parce que ma proposition suppose les places qui
peuuent auoir l'angle droit & l'obtus : Or au quarré on ne le peut
faire obtus, donc ma proposition ne s'applique pas au quarré.
Outre cela, i'entens & m'explique, que dans vne mesme figure,
comme par exemple au Decagone, où on peut faire l'angle flanqué droit & obtus, ie dis qu'il vaut mieux faire le droit, à cause
qu'on acquiert plusieurs perfections ; mais de là on ne peut pas inferer que le bastion du quarré soit meilleur, parce que necessairement on le fait ainsi sans acquerir aucune des perfections que nous
auons remarquées ; & cette place ne pouuant pas auoir l'angle
obtus & droit, n'entre pas dans ma proposition, puisque ie parle
seulement de celles qui sont capables de l'vn & de l'autre.

Faces de com- bien sont. Des faces ie n'en parle point, parce qu'elles s'ensuiuent necessairement, ayant posé les demy gorges, flancs & pointe du ba-

stion, on les fait de 45. 50. & iusques à 60. toises. Parlant des demy gorges nous auons dit les aduantages & deffauts de leur grandeur & petitesse, nous ne le repliquerons pas icy.

De tout ce que nous auons discouru dans les Chapitres precedens, le Lecteur pourra inferer qu'il se peut faire infinies sortes de constructions des fortifications, bien que composées tousiours des bastions, & connoistra la vanité, ou plustost l'impertinence de ceux qui semblent auoir treuué quelque inuention, lors qu'ils portent vne nouuelle construction de fortification, & de luy mesme en pourra trouuer tout autant qu'il voudra; car dans la figure de la fortification qui est faite auec bastions, il y a ces parties, sçauoir, le costé de la figure, son diametre, la ligne de deffence, la courtine, la demy gorge, le flanc, la face du bastion, l'angle du bastion, la capitale; qu'il regarde combien de combinations se peuuent faire de neuf choses, en changeant seulement l'ordre, & laissant chaque chose en son estat, il treuuera qu'il s'en peut faire 362880. tellement qu'il pourra faire tout autant de constructions, en changeant seulement l'ordre; c'est à dire qu'il peut supposer pour premiere vne de ces neuf choses, & varier les autres en l'ordre, & puis prendre l'autre qu'il luy plaira, & varier de mesme les autres : Ie serois autant blasmable que les autres, si ie voulois enseigner ces fantaisies qui ne seruent de rien, lesquelles se peuuent encore diuersifier iusques à l'infiny, en changeant la quantité de quelqu'vne de ces parties, ou de toutes. Ceux qui entendent ce qui est des combinations, comprendront bien iusques où cela va; & si dans la diuision des parties vous y meslez les irrationnels, ce sera encore vne autre semence pour produire vn chaos sans fin; car vous sçauez bien qu'Euclide apres auoir porté treize sortes d'irrationnelles, il dit que de la Mediale il s'en peut fournir d'infinies toutes differentes. I'auois vne fois pensé de mettre quelque douzaine de constructions de fortifications dans mon Liure; mais i'ay apres consideré que c'estoit vne mocquerie qui ne seruoit à rien, & qu'il valoit bien mieux n'en mettre qu'vne seule, celle qui me sembleroit la plus raisonnable, & monstrer par les raisons & experiences en quoy consiste la perfection de la forme de la fortification, rapportant le tout aux maximes generales, desquelles tout le monde demeure d'accord; & par ce moyen desabuser plusieurs, qui s'imaginent que cette science consiste à sçauoir precisément le nombre des degrez & des minuttes des angles, & les mesures des parties iusques aux pieds & aux pouces. I'aduertis ceux qui ne le sçauent pas, que tout cela n'est que pedanterie, qui ne sert de rien,

les à vn hom-
me de Com-
mandement.

que pour faire perdre le temps ; & qu'il n'est aucunement neceffaire à vn homme de Commandement de sçauoir ces petites er-
goteries de calculs, de demonstrations, & de recherches trop exactes qui ne se mettent iamais en pratique ; suffit à vn Chef de sçauoir de la fortification ce que nous en auons dit, d'auoir le iugement & le raisonnement bon, connoistre l'aduantage des assiettes, considerer bien les occasions, mesurer le temps qu'il a, mes-
nager bien l'argent qu'il doit dépendre, & proportionner le tout
aux forces qu'il tient dans sa place, ou qu'il peut esperer ; toutes
ces choses ne s'apprennent point dans vn cabinet, il faut voir &
pratiquer. Il se treuue peu d'Autheurs qui escriuent, & ayent fait;

L'Autheur
s'attache aux
choses vtiles.

c'est pourquoy ils s'appliquent plus aux résveries, & aux choses
d'estude, qu'à celles qui seruent, & qui sont de la vraye solidité,
& de l'essence de la chose : c'est à quoy ie m'attache dans mes escrits le plus que ie puis, de n'y mettre rien qui ne serue, & se puisse executer.

***

Des autres parties interieures de la place.

CHAPITRE XIX.

Excuse de
L'Autheur
aux Lecteurs.

IE crains de ne m'estendre trop dans ce discours, & qu'au
lieu de donner vn abregé & vne courte instruction, ie
n'en face vn Traitté long & importun, i'en demande
pardon au Lecteur, & le supplie permettre à mon esprit
d'acheuer le cours qu'il commence, ne pouuant rompre ses con-
ceptions sans desplaisir & confusion : toutefois ie les restrains &
déduits auec les plus courts termes qu'il m'est possible, & ie suis
d'autant plus excusable que ie le fais pour seruir ceux qui daigne-
ront prendre en gré ma bonne volonté, & la peine que ie prens
pour instruire ceux qui ne sçauent pas.

De quoy on
doit faire la
fortification.

Nous auons parlé iusques icy de la figure, il faut dire maintenant dequoy on doit faire cette figure, ou de terre, ou de muraille ; la terre seroit meilleure que la muraille, si elle pouuoit tenir auec aussi peu de talu que la muraille : on pourroit la hausser
tant qu'on voudroit ; mais parce qu'on ne peut la faire fort haute
sans qu'elle s'esbranle, & qu'il la faut continuellement reparer, il
vaut mieux la faire de muraille. Or des matieres des murailles, les
meilleures sont celles qui se rompent auec moins d'esclats, & qui

font moins de ruine : telle est la brique ; c'est pourquoy les mu- *Quelles mu-*
railles de brique font estimées les meilleures ; leur espaisseur se *railles meilleu-*
proportionne à la qualité du terrain; d'ordinaire on les fait espais- *res.*
ses de vingt pieds par bas , leur donnant vn pied de talu sur six
de hauteur, ou vn pied sur huit, ou sur dix de hauteur; ce talu se *Leur grosseur.*
donne , parce que la muraille soustient ainsi auec plus de force la
terre qui est derriere: l'autre raison est , parce que la muraille sou- *Pourquoy le*
stient plus d'effort au bas qu'au haut; c'est pourquoy il seroit su- *talu.*
perflu de la faire aussi espaisse au haut où elle souffre peu, comme
au bas où elle est grandement poussée par la terre qui est derriere:
pour la faire plus forte on y adiouste des contre-forts , qui entrent *Contre-forts.*
dans la terre , lesquels sont tres-bons pour asseurer dauantage les
contre-mines ou allées; les puits qu'on faisoit autrefois dans son *Contre-mines,*
espaisseur n'y seruent de rien ; au contraire sont extremément nui- *& puits inutiles.*
sibles , comme nous auons veu par experience, & comme nous
auons desia aduerty dans nostre Liure, sur ce sujet.

Apres la muraille, suiuent les remparts, qui font faits de la ter- *Remparts.*
re qu'on sort du fossé ; on les fait si hauts qu'ils commandent à
tous les ouurages qui sont dehors: les plus hauts sont de 20. à 25. *Leur espais-*
pieds; leur espaisseur se proportionne à la largeur du fossé ; car *seur.*
apres que vous auez l'espaisseur qu'il faut pour le parapet & sa
banquette, si vous y en mettez , & qu'il reste assez pour le recul
du canon , tout ce qui est de plus est superflu , & ne sert que pour
employer la terre qu'on sort du fossé, & des fondemens des murailles, laquelle on ne sçauroit où mettre autre part ; c'est pour- *Pourquoy on*
quoy on fait les remparts aussi espais d'ordinaire comme les fos- *fait les rem-*
sez sont larges; parce que le contour exterieur estant plus grand *parts aussi lar-*
que l'interieur, ce que l'vn excede l'autre, sert pour remplir les *ges que les fos-*
bastions : outre qu'au long du flanc le fossé a double largeur, c'est *sez.*
pourquoy on a assez de terre pour les faire de cette mesure. Mais
il faut aussi prendre garde que la nature des lieux nous gouuerne
beaucoup en cecy ; car dans les marais où on peut creuser peu , & *A quels lieux*
aux assiettes esleuées où les fossez d'eux mesmes sont assez pro- *on ne peut faire*
fonds , & sur les rochers; comme aussi aux lieux maritimes , on ne *le rempart si*
peut pas creuser beaucoup les fossez, & on a par consequent peu *espais.*
de terre si on ne la cherche fort loing : suffira d'auoir vn rempart
espais par haut de huit ou dix toises , donnant le talu par dedans
le talu naturel aux terres ; c'est à dire autant de talu que de hauteur ; car par ainsi on a trois toises pour le parapet ; vne pour la
banquete , & quatre qu'il en reste pour le canon & son recul , &
c'est vne iuste mesure suffisante pour tous les vsages, lors qu'on

L iij

n'a pas trop de terre qu'il faille neceſſairement employer dans la place.

Sur les remparts ſe font les parapets qui doiuent eſtre touſiours abſolument de terre, & non de muraille, ny d'aucune choſe qui puiſſe faire eſclats; leur eſpaiſſeur doit eſtre de 18. à 20. pieds, quand ils ſeroient de 25. dans les grandes places qui ont grande deffence de la courtine, ils n'en ſeroient que meilleurs. J'ay fait autre part la diſtinction des places Royalles, que i'ay appellées : celles qui ont les plus grandes meſures qu'on peut donner aux places, & des ordinaires qui ſont moindres, & dans chacune on fait la diuiſion des parties proportionnées au tout; & bien qu'en toutes les places les parapets doiuent eſtre à l'eſpreuue du canon, comme aux ordinaires de 20. pieds; aux Royalles on les peut aug-

menter, afin qu'ils reſiſtent plus long temps, d'autant qu'on a plus de place, les gorges ſont plus grandes, les flancs obliques plus longs, leſquelles commoditez ne ſont pas aux petites places, & à celles qui ont peu de baſtions; c'eſt pourquoy à celles-là on reſtraint les meſures, & on les remet au point neceſſaire qu'elles doiuent eſtre, & aux autres on y adiouſte de plus pour eſtre plus aduantageuſes; c'eſt pourquoy elles ſont meilleures. La hauteur des parapets du coſté des remparts, ſelon aucuns, eſt de huict ou

neuf pieds, afin de couurir la Caualerie & infanterie qui marche ſur les remparts; mais nous auons monſtré que cette hauteur eſt inutile, d'autant qu'on n'a affaire que la Caualerie ſe promene là deſſus, ſoit pour la faction, ou pour la deffence : La plus ordinaire mode eſt de leur donner ſix pieds de hauteur, ayans vne banquete large de cinq ou ſix pieds, haute d'vn pied & demy, ou deux : ie les ay mis de quatre pieds & demy, ou de cinq pieds ſans banquete, i'eſtime que l'vne & l'autre façon ſont également bonnes, ſelon les lieux & les aſſiettes, chacun choiſira celle qu'il croira la plus raiſonnable.

Au deuant de ce parapet on laiſſe vn chemin qui ſert pour les rondes, & afin que la muraille eſtant rompuë, le parapet ne tombe tout auſſi toſt; ſa largeur eſt de ſix ou iuſques à dix pieds; le

chemin eſt couuert, ou bordé d'vn autre petit parapet, haut de quatre pieds, eſpais d'vn pied & demy ou deux, de brique, qui ſert ſeulement pour empeſcher que les rondes ne puiſſent tomber dans le foſſé : en temps de ſiege on l'abbat, ou laiſſe abbattre à l'ennemy, comme vne choſe inutile à la deffence.

Les caualiers ſont mottes de terre eſleuées ſur les remparts, plus hautes que les parapets : leur forme eſt quarrée, long, ou ouale de douze pieds ou quinze toiſes de long, huit de large, ſituées vers l'extremité de la courtine, iuſques où ſont les demy gorges, afin qu'elles puiſſent flanquer la face du baſtion oppoſée. Ces pieces ſeruent pour tirer loing, pour incommoder & voir l'ennemy dans ſes tranchées, & batteries, pour l'obliger à faire ſes trauaux plus hauts ; & lors qu'il entre dans quelque piece, le deſcouurir, & l'incommoder par leur hauteur. Ie ne les reproue pas, au contraire les eſtime fort, lors qu'il ſont ſituez en tels lieux, pouruu qu'outre iceux il y ait des flancs, & les autres parties de la fortification que nous auons cy-deſſus eſcrites. Les Caualiers ſont tres-neceſſaires aux places maritimes pour tirer fort loing ; & parce que leurs coups à quelle diſtance qu'ils tirent, rompent touiours les vaiſſeaux, pouruu qu'ils les attrappent, ce qu'ils ne font pas aux ouurages de terre. *A quoy ſeruent les Caualiers. Où neceſſaires.*

Les arbres ſur les remparts ſont pour la bien-ſeance, beauté de la ville, commodité du peuple, & pour auoir du bois en temps de ſiege, tant pour ſe chauffer, que pour cuire le pain, & les viandes ; comme auſſi pour faire des affuſts de canons, & pour les machines, & autres vſages qu'on a affaire. *Arbres ſur les remparts.*

La place d'armes qu'on laiſſe depuis le rempart iuſques aux maiſons, ſert pour aſſembler & mettre les ſoldats en bataille aux alarmes, & pour les tenir preſts à la deffence, & cét entre-deux empeſche que des maiſons on n'ait communication ſur les ramparts, & cecy ſert pour l'aſſeurance des rondes, des gardes, & de toute la place. *Place d'armes.*

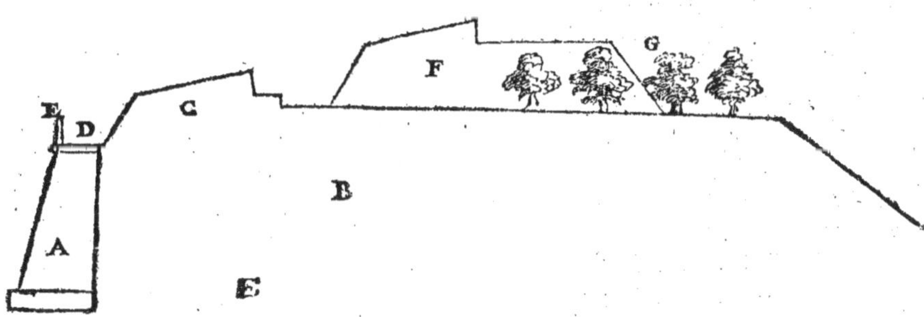

Tout ce que deſſus eſt repreſenté au porfil, où la lettre A, monſtre la muraille, B, le rempart, C, les parapets du rempart, D, le chemin des rondes, E, le parapet des rondes, F, les caualiers, G, les arbres.

B

Des parties exterieures de la place.

CHAPITRE XX.

Parties exte-
rieures de deux
sortes.

ELLES-cy sont de deux sortes ; sçauoir celles qui sont comme du corps de la place, qui sont les fossez, fausse-brayes, contr'escarpes, chemins, couuerts, & glacis: Les autres sont separées, & font leurs corps détachez de ceux-là qui sont demy-lunes, cornes ou tenailles, ouurages coronez, & tels autres qu'on appelle d'vn mot general, dehors.

Fossez combien
doiuent estre
larges.

Combien pro-
fonds.

Les fossez doiuent estre larges de 15. à 20. toises, & quelquefois iusques à 25. selon la nature des lieux : le plus ordinaire, c'est 16. ou 20. toises : les plus profonds sont les meilleurs, de 15. 20. & iusques à 25. pieds : l'en ay encore veu de plus profonds, & ceuxcy sont plus difficiles à passer, & à ouurir les contr'escarpes, & ne se peuuent faire que dans les lieux qui sont de pierre douce, parce qu'elle est facile à creuser, & se soustient sans talu : si on vouloit les faire si profonds aux lieux où il n'y a que de la terre, il faudroit, ou que le fossé fust tres-estroit en bas, ou tres-large en haut, à cause des talus, & là où le terrain est mauuais, ou sable, ce seroit encore pis.

Fossez secs aux
grandes places
meilleurs que
pleins d'eau.

Les fossez secs sont tousiours meilleurs aux grandes places que ceux qui sont pleins d'eau, à cause qu'on fait plus facilement les sorties, & parce qu'on fait de plus grandes deffences, & l'ennemy a plus de difficulté de passer le fossé sec, que celuy qui est plein d'eau, lors que ceux de dedans se veulent bien deffendre ; & aux petites places, comme Chasteaux & petits forts, on tient que les fossez pleins d'eau sont meilleurs, nous en auons déduit amplement les raisons autre part.

Contr'escarpe,
qu'est-ce?

Par le mot de contr'escarpe, aucuns entendent comprendre le bord du fossé, le chemin couuert, le parapet d'iceluy, le glacis, & le fossé s'il y en a : on a péruerty ce nom ainsi que plusieurs autres ; car les contr'escarpes proprement sont le bord du fossé, lesquelles sont quelquefois reuestuës, le plus souuent ne le sont pas. Il me semble que l'vn apporte aduantage fort notable par dessus l'autre ; il faut remarquer qu'en l'vn & en l'autre, il y faut des montées pour pouuoir aller aux chemins couuerts, non seulement

lement l'Infanterie, mais encore la Caualerie s'il y en a dans la place; ces montées se feront vis à vis du milieu des courtines, ou de la pointe du bastion, où il y doit auoir vn espace pour s'assembler pour faire les sorties lors qu'on est assiegé.

Sur le bord du fossé est le chemin couuert, qu'on appelle aussi *Chemin couuert.* corridor, qui est vn chemin large de trois ou quatre toises, couuert du costé de la campagne, auec vn parapet haut de sept ou huit pieds, lequel parapet va en glacis se perdant dans la campagne; *Glacis.* ce glacis s'appelle aussi esplanade, qui doit estre de six à dix toises : au chemin couuert, il y doit auoir deux banquetes, chacune large de trois pieds, haute d'vn pied & demy, ou deux pieds, afin que les soldats puissent tirer par dessus le parapet. Ce parapet & cette banquete sont quelquefois reuestus, mais cela ne se voit *S'ils doiuent* guere, à cause de la despence & du peu d'auantage qu'apporte ce *estre reuestus.* reuestement, qui n'est autre, sinon pour empescher qu'auec le temps les terres ne s'éboulent dans le chemin couuert; mais parce qu'on ne se sert pas de ce chemin que lors qu'on craint quelque siege, on a bien tost raccommodé ces terrains, pour n'estre pas sujet à vn continuel entretien du reuestement de la muraille.

Au milieu du grand fossé on en fait vn autre petit, & lors que *Petit fossé dans* le grand est sec, on fait le petit plein d'eau s'il se peut : & mesme *le grand.* dans les fossez qui sont pleins d'eau, on en fait vn autre plus profond, que les Italiens appellent *Cunetta* : on le fait pour deux rai- *Pourquoy.* sons, pour donner plus d'incommodité à l'ennemy à passer le fossé; pour empescher les surprises, & aussi les mines : on le fera large de trois ou de quatre toises, & aussi profond qu'on pourra, iusques à ce qu'on y aura cinq ou six pieds d'eau.

Les fausse-brayes se font dans le fossé au pied des murailles, *Fausse-brayes.* lesquelles sont vn contour exterieur plus bas que l'enceinte de la place, & vn peu esloignée d'icelle; les formes de ces pieces sont diuerses; comme quoy qu'on les fasse, elles doiuent auoir toutes leurs parties flanquées les vnes des autres, ainsi que le *Comme faites.* corps de la place, de laquelle il faut les esloigner pour le moins de six toises, particulierement aux places qui sont reuestuës, à cause des esclats : A cette distance on fait vn parapet à l'espreuue du canon, aussi haut que le chemin couuert, selon aucuns, & selon d'autres, plus bas; ce contour est quelquefois reuestu, & quelquefois de terre simplement. Le porfil suiuant monstrera comme il doit estre, & aussi tout ce que nous auons dit cy-dessus, les diuerses formes qu'on leur peut donner sont escrites au long dans la fortification.

M

Fauſſe-brayes autrefois fort eſtimées.

Les fauſſe-brayes eſtoient autrefois en plus grande eſtime qu'el-les ne ſont de preſent, & pour dire la verité ie ne treuue pas qu'el-les ſeruent beaucoup hors qu'aux flancs : car celles qui ſont deuant la courtine ne peuuent pas nuire lors qu'on attaque la face du baſtion, à cauſe qu'elles ne la flanquent pas, & celles qui ſont deuant la face ſont renduës inutiles par la mine, ou par les bat-teries de l'ennemy qui font tomber tant d'eſclats, & des ruines de la muraille, qu'on ſeroit aſſeurément contraint de les abandonner

A quoy peu-uent ſeruir.

ſans autre effort. Si on pouuoit les garantir de ce deffaut, elles pourroient ſeruir pour s'oppoſer à l'ennemy lors qu'il ouure la contr'eſcarpe : pour celles qui ſont deuant les flancs, ie les treuue

Fauſſe-brayes deuant les flancs, bonnes.

tres-vtiles, & tres-neceſſaires ; parce qu'elles deffendent le paſſage du foſſé, aſſeurent la face du baſtion, laquelle l'ennemy ne ſçauroit attaquer ou forcer qu'il n'ait emporté ce flanc bas, ce qui eſt tres-difficile. Pour moy ie voudrois les faire fort bas, eſleuez ſeule-ment de huict ou neuf pieds par deſſus le fonds du foſſé, afin

Comme doi-uent eſtre.

qu'ils fuſſent plus mal-aiſez à rompre, & qu'ils n'empeſchaſſent pas l'autre flanc qui eſt par deſſus. Il faut que le parapet ſoit à l'eſ-preuue du canon ; qu'il y ait des embraſures pour le canon, & des banquettes pour la moſqueterie ; qu'il y ait place derriere le pa-rapet autant qu'il eſt neceſſaire pour le recul des pieces qu'on y met : ce qui eſt deſcouuert de la campagne qui eſt plus arriere, ſoit de terre ſans eſtre reueſtu, afin que ceux qui ſeront dans cette fauſſe-braye, ne ſoient endommagez d'aucuns eſclats : le porfil ſui-uant monſtrera l'ordre & les hauteurs des pieces cy-deſſus eſcrites ;

Explication.

A, eſt la muraille de la ville ; B, la fauſſe-braye ; C, l'eſpace entre-deux ; E, le grand foſſé ; D, le petit foſſé, ou cuuette ; F, la contr'eſ-carpe ; G, le chemin couuert ; H, le parapet du chemin couuert ; I, le glacis, ou eſplanade.

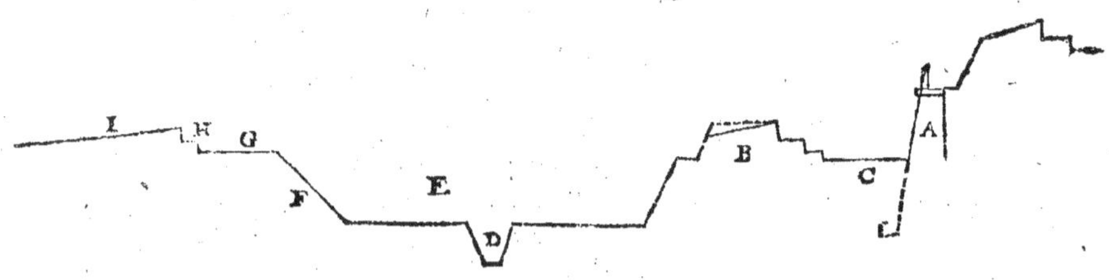

Des autres parties exterieures, appellées dehors.

CHAPITRE XXI.

LES dehors sont les pieces les plus importantes d'vne pla- *Dehors impor-*
ce, & celles qui n'en ont pas ne peuuent pas estre dites *tans.*
bien fortifiées, parce que la fortification est comme vn
corps; quel robuste & puissant qu'il soit, s'il n'est armé il
ne peut pas resister long temps; parce que tous les coups de l'ennemy l'endommagent. Les dehors sont comme les armes de la forti- *Sont comme*
fication, & auec iuste raison on peut dire des soldats mesme; *les armes.*
parce qu'ils seroient obligez à faire plusieurs sorties à descouuert pour deffendre la place, & par ainsi ils en font vne con-
tinuelle à couuert, & sans receuoir aucun dommage, deffendant
les dehors.

Les premieres & plus ordinaires qu'on fait sont les demy lunes, *Demy lunes,*
qu'autrefois on appelloit rauelins, ou pieces destachées : on en met *autrefois ap-*
quasi tousiours deuant les portes; & bien souuent vis à vis du milieu *pellées raue-*
des courtines, tant aux places regulieres, qu'irregulieres; leur *lins.*
forme est vn triangle, dont la base est le costé du fossé; les deux
faces sont les deux autres costez qui font la pointe ou l'angle flanqué : on fait les faces depuis 35. toises les plus petites, iusques à *Faces combien*
50. voire iusques à 60. selon les lieux & la necessité, dequoy sera *grandes.*
parlé aux irregulieres. L'angle flanqué se fait depuis 70. degrez ius- *L'angle flan-*
ques au droit & si on y est contraint, on le fait obtus; leur hauteur *qué, quel.*
par deuant sera de 10. à 12. pieds par dessus la berme ou banquette,
qui est proprement le rez de chaussée, ou le plan de la campa- *Leur hauteur.*
gne; le parapet doit estre à l'espreuue du canon, sçauoir de 18. ou
20. pieds, haut par le dedans de six pieds, allant en glacis ou pan- *Leur parapet.*
chant vers le dehors, tellement que par deuant il soit plus bas que
du costé de dedans de trois pieds : derriere le parapet il y doit auoir
vne banquette large de 4. pieds, haute d'vn pied & demy ou *Leur rempart.*
de deux, le reste du rempart doit estre de 12. à 18. pieds : le fossé *Leur fossé.*
sera large de 8. à 10. toises, profond de 10. ou 12. pieds; ces demy
lunes auront leur contr'escarpe composée de chemin couuert, parapet & glacis : le porfil monstre toutes ces mesures.

Il s'en fait de diuerses formes, sçauoir celles que nous auons *Diuerses for-*
dites, marquées B A, d'autres ont des flancs qui sont de deux sor- *mes de demy*
lunes.

Deffauts en aucunes demy lunes.

Deux demy lunes iointes.

Dequoy se font les demy lunes.

Leur talu.

Deffauts des grands talus.

Berme.

Demy lunes fresées.

tes, sçauoir, en retranchant les deux faces: & en celle-cy il faut remarquer que ce flanc doit estre tout dans le grand fossé, ou bien il faut que le fossé de la demy lune soit acheué tout droit parallele à la face, afin qu'elle soit venuë de la place : ce deffaut se voit assez souuent en plusieurs demy lunes de cette sorte, la figure B, monstre comme elles doiuent estre faites; les autres ont leurs flancs hors des faces, comme les marquées C; de celles-cy on en voit fort peu, au moins autour des places, & si on leur fait de ces flancs, il faut qu'ils soient fort bas.

Quelquefois on en ioint deux l'vne à l'autre auec vne courtine: de celles-cy aussi on en voit fort peu ; car on aime mieux faire des tenailles; elles pourroient seruir aux lieux où on ne sçauroit s'auancer en dehors : on les voit marquées D.

Toutes ces demy lunes se font ordinairement de terre ; on les reuest aussi quelquefois de muraille, par ainsi sont plus perdurables. Ie voudrois que pour le moins celles qui sont deuant les portes le fussent, afin qu'elles se maintinssent tousiours en estat, comme il est necessaire en ces endroits ; celles qui ne sont que de terre doiuent estre gazonées auec la racine entremeslée, & la terre battuë de pied en pied : on leur donnera de talu le tiers de la hauteur, ou la moitié ; il y en a qui en donnent iusques aux deux tiers, aux mauuais terrains. Ie n'appreuue pas les grands talus , parce que la pluye & la glace y ont plus de prise ; la montée s'y fait fort facilement , & faut faire de trop grandes espaisseurs par bas, pour les auoir de iuste mesure par haut, & ne durent pas pour cela dauantage : Les parapets doiuent estre aussi gazonnez par le dedans , & la banquette aussi , le reste de la terre du rempart aura le talu naturel , c'est à dire autant de talu que de hauteur. On sera aduerty qu'on laissera quatre ou six pieds de berme, qui est vn relais qu'on laisse au dehors du gazon sur le rez de chaussée, afin que la terre s'éboulant dans le fossé, l'ouurage n'y tombe aussi : aux mauuais terrains on en laisse dauantage, & quelquefois on est contraint la gazonner depuis le fonds du fossé.

Les demy lunes qui sont deuant les portes sans estre reuestuës doiuent estre fresées, la frese doit estre mise deux pieds & demy, ou au plus trois pieds plus bas que le parapet; les paux seront de grosseur de quatre pouces , sortiront trois ou quatre pieds , & seront plantez autant en terre , cloüez sur vne sole où piece de bois qui sera au dessous de ces paux, sur le bord du gazonage ; la pointe des paux ira vn peu en haussant, comme on voit en la figure du porfil.

Iamais on ne doit faire demy lune que tout son fossé ne soit
veu du corps de la place, & les faces flanquées d'iceluy, & la par- *A noter.*
tie qui les flanque doit estre à l'espreuue du canon, & ce qui flanque ne doit pas estre si haut esleué par dessus la demy lune, qu'e-
stant derriere les parapets on ne puisse descouurir que la pointe
d'icelle demy lune, & que tous les coups soient de haut en bas en
fichant ; car cette sorte de flanquer ne vaut rien, parce que les espaisseurs des parapets empeschent qu'on ne peut voir l'ennemy
lors qu'il passe le fossé, estans si haut esleuez, & c'est vn deffaut *Deffaut re-*
tres-grand, lequel i'ay remarqué dans vne place qu'on estime vne *marquable.*
des meilleures de France.

Les tenailles, autrement ouurages de corne, sont à cette heu- *Ouurages de*
re assez communs par tout le monde, & il y en a fort peu qui ne *corne.*
sçachent comme il les faut faire, lors que l'occasion s'en présen-
te : nous dirons icy comme on doit les tracer en terre, laissant de
parler de ceux qu'on fait dans les chambres & cabinets sur le papier ; leurs mesures sont diuerses, selon les lieux où on les met.
On les fait depuis 60. iusques à 100. & 120. toises de teste ; leurs *Leurs mesures.*
formes sont diuerses, sçauoir celles qui ont les costez paralleles,
qui sont les meilleures, comme les marquées A, les autres qui
vont en estrecissant vers le dedans comme B, & celles qui s'eslar-
gissent vers le dedans comme C, & toutes celles-là peuuent estre *Leurs figures.*
auec flancs, ou sans flancs, ou en angle rentrant simplement
comme D ; mais celles-cy ne sont pas si bonnes, par la mesme
raison que les fortifications faites en bastions sont meilleures que
les autres : nous dirons comme il faut faire les paralleles, parce que
sur celles-là on se conformera pour les autres.

Soit donc G I, toute la largeur de la tenaille de 60. ou 90. ou *Comme il les*
100. toises, ou entre deux : on la diuisera en quatre parties, sça- *faut faire.*
uoir I H, H E, E F, & F G : on donnera à chaque demy gorge
I H, F G, vne de ces parties, & deux à la courtine, & vne au flanc
K F ; la deffence se prendra du flanc H, cette façon a les demy bastions fort petits. L'autre construction est de diuiser la toute I G, en
cinq parties, en donner deux parties à la courtine N O, & vne
& demie à chaque gorge N G, I O, & le flanc le faire de la moitié d'vne de ces gorges. La troisiesme est de diuiser la toute I G, en
trois parties, en donner vne à chaque demy gorge, & vne à la
courtine, & demy partie au flanc : celle-cy me semble mauuaise,
car elle fait les demy bastions trop aigus & la courtine trop courte :
pour moy i'aimerois mieux celle qui se diuise en cinq parties, que
les autres deux, chacun choisira celle qui luy plaira, & pourra faire

M iij

d'autres diuifions fi celles-cy ne luy plaifent pas : car il feroit fort mal-aifé par raifon d'en donner vne precife, & preuuer quelle feroit la meilleure de toutes.

Ouurages co-ronez.

Les ouurages coronez font tenailles augmentées d'vn ba-ftion, & fe font pour couurir quelques lieux defaillans de gran-de eftenduë, où vne tenaille ne peut pas fuffire, tellement qu'à les bien confiderer, ce font deux tenailles iointes enfemble, comme en la figure A D B E, eft comme vne tenaille, & B E C F, comme vne autre tenaille ; c'eft pourquoy vous pou-uez diuifer les deux lignes A B, & B C, comme nous auons dit qu'il falloit diuifer la ligne I G, dans la figure de la tenaille precedente ; & au lieu de quatre demy baftions vous n'en aurez que deux, & vn baftion qui vaut deux demy ; c'eft pourquoy il n'eft pas befoin d'vn plus long difcours pour les enfeigner. Les mefures des rempars, parapets, bermes, foffez, contr'efcarpes, chemins couuerts, & glacis, feront de mefme qu'aux démy lunes ; c'eft pourquoy le porfil que nous auons mis là, feruira pour celle-cy.

Mefures fe di-uerfifient.

On remarquera que les hauteurs de toutes ces pieces, fe di-uerfifient felon les affiettes des lieux où on les fait, comme auffi felon que le corps de la place eft plus ou moins efleué, & en cecy il n'y a autre regle que le iugement, & l'experience qui nous puiffe inftruire.

Pieces fe multi-plient.

Les pieces fe multiplient quelquefois, comme dans les te-nailles on peut faire vne demy lune, ou bien au deuant de la tefte d'icelle, ce que i'aimerois mieux ; où deuant chaque courtine de l'ouurage coroné, on y peut faire vne demy lune ; mais toufiours on obferuera la maxime que nous auons dite, que le tout aille par degrez, & que les plus efloignez foient plus bas que ceux qui font proches de la place ; & que les plus efloignez de la place ne le foient

Ce qu'on doit obferuer.

pas plus que le tir du moufquet, afin que de la place on puiffe deffendre iufques aux derniers, fi ce n'eft qu'on y foit forcé pour occuper quelque commandement, ou quelque paffage, ou ca-uain, ou baftiment, ou pour quelque autre caufe, & alors il faut faire des flancs aux coftez de la tenaille, de longueur de dix à quinze toifes, comme le marque L M, dans la figure precedente de la tenaille.

Où on doit mettre les de-my lunes.

Il faut toufiours mettre les demy lunes vis à vis du milieu des courtines ; mais les tenailles il y en a qui les mettent vis à vis des pointes des baftions, ce que toutefois ie n'eftime pas fi bien com-me au milieu des courtines.

Les ouurages coronez se mettent le plus souuent, ou pour oc- *Onurages co-*
cuper vn commandement, ou pour s'opposer à quelque auenuë; *ronez ou doi-*
c'est pourquoy on a égard à ceux-cy, à l'assiette du lieu, plustost *uent estre mis.*
qu'à la disposition de la place : outre que ce sont des corps puissans qui se peuuent deffendre d'eux mesmes; neantmoins on prendra garde que les costez tant de ceux-cy comme des tenailles soient
flanquez de la ville. Ces corones seruent plustost en l'irreguliere
qu'à la reguliere ; mais les tenailles & demy lunes se mettent en
l'vne & en l'autre indifferemment.

Ie pourrois mettre icy encore d'autres pieces de mon inuention, mais parce que ie haïs & fuy les caprices, i'aime mieux
que quelqu'autre les propose ; & aux choses de la guerre ie doute tousiours de ce que ie n'ay pas experimenté.

Reste vn doute, ou plustost vn erreur vulgaire à esclaircir, *Erreur vul-*
qui est de sçauoir, s'il faut beaucoup plus de soldats pour la *gaire esclaircy.*
garde & la deffence d'vne place y ayant des dehors; ou de la
mesme n'y en ayant pas : ie respons qu'il n'en faut pas dauantage pour l'vne que pour l'autre, parce qu'en temps de paix on
n'a pas accoustumé de garder les dehors; & en temps de guerre on
n'y met que quelques sentinelles, & lors qu'on est assiegé, tandis
qu'on deffend les dehors, le corps de la place est asseuré, & le mesme nombre de soldats qui deffendroient la place, peuuent deffendre les dehors, parce qu'il n'y a pas plus de testes ou plus de deffences à faire aux dehors, qu'au corps de la place, comme à vn
Exagone il n'y aura que six demy lunes, ou six tenailles, dans
chacune desquelles vous ne mettrez pas tant de soldats que vous
mettriez à chaque bastion ; & pour y auoir des dehors à vne
place, l'ennemy ne fait pas plus d'attaques, parce qu'il ne peut
pas prendre le bastion s'il n'est maistre du dehors qui le couure,
ou qui le flanque, c'est pourquoy il faut qu'il l'attaque premierement, & ceux de dedans le deffendront de mesme : il n'y a
d'accroissement que les sentinelles, qu'on met dans les bastions,
& quelque peu de soldats dans le corps de garde ; mais qu'on
considere aussi combien il en faudroit, & on en perdroit pour
deffendre auec les sorties tout l'espace que les dehors occupent,
lequel on deffend à couuert, & fait perdre autant de temps à l'ennemy auant qu'il puisse s'approcher de la place.

Generalement on sera aduerty, que pour faire des bons de- *Dehors doiuent*
hors, il faut qu'ils soient grands & capables, & que les petits ne *estre raisonna-*
valent rien ; parce qu'estans rompus & ouuerts il faut les deffen- *blement grands.*

dre auec la force des soldats. Or si dedans on n'en peut pas loger beaucoup, l'ennemy aura autant d'auantage que ceux qui
se deffendent ; car tous deux feront front égal. Il faut pour la
bonne deffence que ceux de dedans soient en corps, & puissans
pour s'opposer à ceux qui viennent défilez, & en front estroit.
Par apres on doit considerer qu'il faut du lieu pour se mettre à
couuert lors que les parapets sont rompus, & pour pouuoir faire quelque retranchement pour receuoir l'ennemy auec aduantage : dans les petits corps lors que les parapets sont rompus,
vous ne sçauez où vous mettre ; & si on y iette quelque bombe
dedans, tout est perdu, n'ayant pas lieu de s'escarter & se retirer.
En fin tous les petits ouurages sont comme des coupe-gorges,
à cause du peu de resistance qu'on y peut faire, & du dommage
qu'on y peut receuoir : d'ordinaire on force ces lieux l'espée à la
main ; car les premiers qui entrent, s'ils iettent à propos les feux
d'artifices, ils mettront en desordre tous ceux qui seront dedans,
& ceux qui les suiuront les forceront facilement. C'est pourquoy
il faudra les faire tousiours assez grands pour y pouuoir mettre
en bataille ceux qui sont necessaires pour la deffence, & pour s'y
pouuoir retrancher, & deffendre les bresches à couuert : Et ne
faut pas s'imaginer qu'il faille par exemple plus de soldats pour
deffendre vne tenaille raisonnablement aduancée, qu'vne autre
qui aura sa courtine proche du fossé. Ce n'est pas les costez qu'on
attaque, mais c'est la teste, & de sa largeur dépend le nombre
de ceux qui la doiuent deffendre.

A
B
C
D
B
K C
H O E N F G
A
B
C
D
L M
D
E
B
F
C

De l'Irreguliere.

CHAPITRE XXII.

L'irreguliere necessaire.

L'A plus necessaire partie de la fortification, est l'irreguliere, parce qu'on a bien plus souuent affaire de raccommoder les vieilles places, que d'en bastir des neufues:
& d'autant que dans l'irreguliere on tasche de s'approcher le
plus qu'on peut de la reguliere qui est comme la perfection, il
a esté necessaire d'en escrire; & encore qu'on ne fasse pas tout le
corps regulier, neantmoins la pluspart des parties sont comme
aux regulieres.

L'irreguliere de deux façons.

Les places irregulieres se fortifient en deux façons; sçauoir,
en faisant plusieurs corps qui soient du contour, & attachez à la
place, lesquels se flanquent tous, & soient les plus approchans
qu'il est possible des reguliers, ou bien auec les dehors, qui est la
façon la plus ordinaire, la plus prompte, & de moins de despence:
nous dirons de l'vne & de l'autre.

Costez & angles seulement necessaires.

Nous auons dit au commencement que lors qu'on fortifie, on
suppose quelque figure : or les figures sont vne superficie ter-
minée de lignes, qui font des angles; tellement donc que dans
la fortification nous n'auons qu'à considerer les lignes & les angles, i'entens au premier projet qui considere seulement la figure
& les longueurs; car apres on doit expliquer tout cela aux matieres & aux corps, pour auoir l'eleuation & la place parfaite.

I'ay pensé si ie pourrois treuuer quelque moyen plus facile, &
meilleur, de fortifier les places irregulieres, que celuy que i'ay
escrit: mais apres en auoir escrit plusieurs, ie n'en ay point rencontré d'autre qui puisse estre mis plus facilement en vsage; c'est pourquoy ie parleray de celuy-cy seulement, laissant tous les autres ainsi
que i'ay fait les diuerses constructions de la reguliere, pour m'attacher au plus raisonnable.

Lignes longues, comme doiuent estre fortifiées.

Lors qu'on rencontre quelque ligne fort longue qui n'a aucune deffence, on y fera autant de bastions qu'il s'y pourra faire là
dessus: on en sçaura le nombre, en diuisant toute la ligne par la
longueur du tir du mousquet, & autant de fois qu'elle contiendra ce tir, on fera autant de bastions : comme par exemple, si
vne ligne auoit 600. toises, si vous supposez la longueur du

tir de 150. toifes , il faudroit fur icelle ligne cinq baftions ; fçauoir, vn à chaque extremité : mais il n'y auroit fur cette ligne que
la moitié de chacun de ceux-cy comme A, & O, & l'autre moitié
feroit fur les lignes qui fuiuent, comme B, & F, & fur le refte il y
en faudroit trois C D E; & par ainfi il y auroit du centre de l'vn
à l'autre 150. toifes; que fi on ne vouloit donner que 120. toifes de
diftance d'vn centre à l'autre, outre ceux des extrémitez, il en faudroit quatre entre deux ; fi la ligne eftoit plus longue de 20. 40. ou
60. toifes, on augmenteroit les demy gorges de chaque baftion:
Par exemple, au lieu de les faire de 25. toifes , on les feroit de
30. ou 40. toifes , afin que les deffences n'en fuffent pas trop longues : Que fi la ligne n'auoit que 580. toifes, on ne laiffera pas d'y *Autres lignes.*
mettre le mefme nombre de baftions; mais on pourra faire les
courtines plus courtes, départât ces 20. toifes fur les 4. courtines, &
faire de mefme iufques à ce que vous puiffiez diminuer d'vn baftion, qui fera lors qu'elle n'aura que 480. toifes: vous y pourrez
faire 3. baftions entre deux, à la diftance de 120. toifes d'vn centre
à autre. Que s'il n'y auoit que 460. ou 450. toifes, vous diminuërez
les courtines, & cela fe fera iufques aux lignes qui n'auront que *Autres moin-*
450. toifes, où vous pourrez mettre deux baftions de 150. toifes *dres.*
de diftance de centre à centre : cette diftance vous la diminuërez
ainfi comme vous treuuerez la ligne diminuée, comme fi elle n'a-
uoit que 420. toifes : vous mettrez feulement 140. toifes de centre
à centre, iufques aux lignes qui feront de 360. toifes: car à celles-là
ayant deux baftions entre deux ils ne feroient qu'à 120. toifes de
centre à centre, laquelle vous pourrez encore diminuer par mefme moyen, iufques à celles qui n'ont que 300. toifes, qui peuuent eftre fortifiéés auec vn baftion à chaque extremité , & vn
entre deux, ce que vous pouuez faire iufques aux lignes qui n'ont
que 240. toifes : & à celles-là les baftions ne feront efloignez l'vn
de l'autre que de 120. toifes : que fi la ligne n'auoit que 200. toi- *Autres lignes*
fes , vous pourrez faire la diftance de l'vn à l'autre de 100. toifes *courtes.*
feulement : & en tous ceux-cy vous pouuez faire les demy gor-
ges beaucoup plus grandes qu'en la reguliere. Pour les flancs ils
feront toufiours depuis 16. iufques à 20. & 25. toifes, lors mefme
que les baftions font proches l'vn de l'autre, comme de 100. toifes.
Ie voudrois donner 20. toifes à la demy gorge, & autant au flanc,
parce que les baftions eftans fur vne ligne droite n'en feront pas *Autres encore*
pour cela aigus; & parce que les faces des baftions qui font fur vne *plus courtes.*
ligne droite font bien plus courtes, demeurant les mefmes demy
gorges, flancs , & angles flanquez, que ceux qui font fur vn an-

N ij

gle faillant : c'eſt pourquoy on peut faire les demy gorges de trente toiſes, voire iuſques à 40. car les faces ne ſeront pas de beaucoup plus longues que les demy gorges. Lors qu'il y aura moins
de 200. toiſes dans la ligne, vous pourrez faire vn baſtion ſeulement à chaque extremité ; mais mettre toute la gorge du baſtion
ſur cette ligne : comme par exemple, qu'il y ait ſeulement 180. toiſes depuis a, iuſques à b, ie fais les demy gorges a d, c b, de
40. toiſes chacune, ou de 45. ſur la ligne a b, tellement qu'il reſtera ou 100. toiſes, ou 90. pour la courtine : les flancs a e, b f, ie
les feray perpendiculaires ſur la ligne qui ſuit. Et ſi les angles a b,
ſont auſſi grands, ou plus grands que celuy de l'Exagone vous
ferez le baſtion angle droit, tirant la ligne g e, & ſur la moitié i,
faiſant vn demy cercle e h g, dans lequel des extremitez du flanc,
tirez les faces e h, h e, cecy s'entend lors que les lignes qui ſuiuent ſont de longueur competente, & que l'angle a, eſt autant
ouuert ou plus que celuy de l'Exagone ; que s'il ne l'eſtoit pas,
ou les lignes qui ſuiuent n'eſtoient pas aſſez longues, on fera ſimplement que les faces e h, h g, ſoient flanquées des flancs qui
les regardent, comme e & k : Si la ligne b, eſt moindre, comme de
170. toiſes, diminuez les gorges & les faites de 40. toiſes, ou bien
diminuez la courtine, & ferez ainſi iuſques à ce que vous rencon-
triez des lignes de 150. toiſes, auſquelles vous ferez vn baſtion à
chaque extremité de 25. toiſes de demy gorge, & ferez les demy gorges chacune d'vn coſté de l'angle à l'ordinaire, comme
L M N, vous ne ferez pas non plus que deux baſtions aux lignes
qui n'ont que 120. toiſes ; meſmes iuſques à celles qui n'ont que
100. toiſes, faiſant les demy gorges de 20. toiſes, reſtera pour la
courtine 60. toiſes ; que ſi cette ligne n'auoit que 90. ou 80. ou
60. toiſes, vous la ferez toute ſeruir pour courtine, & porterez
les gorges entieres ſur les autres faces qui ſuiuent, comme O P, ſera la courtine, & toute la demy gorge ſera P Q, ſur l'autre
ligne P R, & ferez le baſtion angle droit, comme deuant : ou
ſi l'angle eſt moindre que celuy de l'Exagone, ou les lignes qui
ſuiuent trop courtes, vous le ferez aigu ; que ſi la ligne auoit moins
de 60. iuſques à 40. toiſes, vous la ferez ſeruir toute pour gorge,
comme Y S, eſleuant perpendiculairement les flancs ſur les lignes
qui ſuiuent, le baſtion ſe fera angle droit : ſi les deux lignes
Y V, S T, eſtant prolongées, & ſe rencontrans comme en X, font
l'angle X, égal ou plus grand que celuy de l'Exagone. En fin ſi
elle a moins de 40. comme 30. ou moins, vous prendrez ce qui
ſera neceſſaire pour faire la gorge entiere de 40. ou 50. toiſes ſur

Quand on doit faire l'angle du baſtion droit.

Lignes fort courtes.

Encore plus courtes.

l'vne des lignes qui ſuiuent : ſur celle qui vous ſera plus commo-
dé , comme ſi WZ, n'eſt que 30. ie prendray ſur Z ℞, 10. ou
20. toiſes afin que i'aye toute la gorge W ℞, 40. ou 50. toiſes :
du reſte le baſtion ſe fera comme aux autres.

Si deux lignes courtes ſe ſuiuent, de toutes deux on n'en fera *Deux courtes.*
qu'vne comme des deux lignes α β, β γ, n'en fera qu'vn α γ, laquelle on fortifiera, comme nous auons dit cy-deuant, ſelon ſa
longueur ; que s'il y en auoit deux longues, comme de 180. toiſes chacune δ ε, ε ϑ, vous ne ſçauriez les fortifier par les precep- *Deux trop*
tes precedens, vous en ferez trois lignes ; ſçauoir δ ζ, ζ ϑ, ϑ, qui *longues.*
auront chacune moins de 120. toiſes, que vous fortifierez commodément , comme nous auons dit , & ainſi des autres proportionnément , le tout le plus qu'il ſe pourra aux maximes,
de la fortification, & aux exemples que nous auons portez cy-
deſſus.

Les angles qui ſont moindres que celuy de l'Exagone, ne peu- *Angles aigus,*
uent pas auoir les baſtions angles droicts, comme nous auons *comment for-*
remarqué,lors que les lignes qui les font ſont de iuſte lôgueur, & *tifiez.*
alors on n'a point de flanc oblique : que ſi l'angle eſtoit trop aigu comme celuy d'vn triangle æquilateral comme λ κ ν , il vaut
mieux le couper en rentrant, comme λ μ ν, que de faire vn baſtion ſur cét angle, parce qu'il ſeroit trop aigu , & ne vaudroit
rien ; & lors qu'on rencontre de ces angles le plus ſouuent le lieu
eſt eſtroit, & on ne peut s'eſlargir à cauſe des precipices , ou des
marais, c'eſt pourquoy ils ſont de leur nature aſſez forts.

Tout ce que nous auons dit eſt des faces qui ſortent en de- *Angles ren-*
hors, reſte à parler de celles qui rentrent dans la place. Ces an- *trans, eſtimez*
gles ſont eſtimez les plus forts, parce que l'ennemy attaquant *forts.*
vne de ces faces, eſt veû par derriere de l'autre ; & s'il veut entrer
par l'angle, il eſt veû de toutes deux auant qu'y eſtre arriué , &
ſes tranchées ſeront touſiours enfilées : C'eſt pourquoy à ceux-cy
on n'y fait aucune fortification, particulierement lors que l'angle
rentrant eſt droict, ou moindre que droict,à cauſe que les 2. faces
ſe flanquent tres-bien ; ſi l'angle eſt plus ouuert, on y fera dedans *Comment*
vne piece qu'on appelle plate-forme, comme la figure ſuiuante la *fortifiez.*
repreſente , ayant 16. ou 20. toiſes de flanc, & 20. ou 25. toiſes de
demy gorge, & cela ſe fait parce que l'angle rentrant eſtant obtus,
les faces flanquent obliquement, c'eſt pourquoy la deffence n'en
eſt pas bonne. Il eſt bon de couurir ces flancs auec leurs eſpaules,
comme la figure π les repreſente à l'extremité des faces qui font
l'angle rentrant ; il y aura des demy baſtions dont leur gorge ſe-

ra de 40. toiſes, qui ſe fera ſur la ligne χ↓ qui ſuit le flanc de 20.
toiſes. On ne fait point de flanc ny de face du coſté de l'angle rentrant, parce que la face ſeroit mal flanquée, & le flanc ne ſeruiroit de rien, ne pouuant tirer que contre la place, comme ou voit
par les points marquez dans la meſme figure : Que ſi depuis le
flanc υ iuſques à la pointe du demy baſtion χ il y auoit plus que
la portée du mouſquet, il faudroit agrandir la demy gorge σ υ &
la porter auſſi auant vers φ, que depuis φ iuſques à χ il n'y euſt
pas plus que la portée du mouſquet : ſi le meſme deffaut eſtoit de
l'autre coſté on en fera de meſme. Que ſi les faces qui font l'angle
rentrant eſtoient extraordinairement longues, on pourra les fortifier à redens comme ξ ο, qui ſeront à 60. toiſes l'vn de l'autre, &
auront dix ou douze toiſes de flanc. Ces angles rentrans ne ſont
d'ordinaire qu'aux lieux où il y a des precipices entre deux, c'eſt
pourquoy on n'y peut pas faire des fortifications auancées; & ces
lieux eſtans forts de ſoy, les redens ſuffiront pour les rendre meilleurs. Lors que ces lieux ſont tels qu'on ne peut s'auancer pour
faire la piece π, on fera les flancs couuerts ρ τ, y faiſant flanc bas
& flanc haut. Que ſi ces angles rentrans ſe rencontroient dans
vn lieu plein, i'aimerois mieux les fermer tirant la ligne ξ χ, &
faiſans des baſtions à l'ordinaire ſur les angles.

    Les demy baſtions ſe font auſſi aux lieux qui aboutiſſent ſur les
riuieres où la riuiere paſſe par le milieu de la gorge, & par la pointe du baſtion; ils ſeruent auſſi pour faire aboutir les contours des
villes auec les citadelles, parce qu'on ne doit pas acheuer auec vn
baſtion, d'autant que le flanc d'iceluy qui ſeroit contre la citadelle ne ſeruiroit de rien, ne pouuant tirer que contre icelle. Si on
y fait aboutir la courtine, ce ſera le meſme inconuenient ; outre
que le baſtion qui ſera au bout ſera mal deffendu : encore qu'on
les nomme demy baſtions, ils ne laiſſent pas d'eſtre auſſi grands
quelquefois que des baſtions entiers, mais c'eſt parce qu'ils n'ont
qu'vne face & vn flanc. Difficilement peut-on faire ces demy baſtions qu'ils ne ſoient pointus, c'eſt pourquoy on ne s'en ſert que
là où on y eſt forcé.

    Dans tout ce diſcours nous auons mis des baſtions par tout où
il s'en eſt pû mettre; nous ſçauons bien qu'au lieu d'iceux on peut
faire d'autres pieces, mais qui ne ſeront pas ſi bonnes; il ſeroit
trop ennuyant d'eſcrire tous les moyens qu'on peut auoir pour
fortifier vne meſme place.

*Comme on peut fortifier les places Irregulieres auec
des dehors.*

CHAPITRE XXIII.

Les fortifica-
tions cy-deuant
dites, doiuent
estre reuestuës.

E que nous auons cy-deſſus eſcrit de la fortification irreguliere, eſt pour rendre le corps d'vne place le plus
regulier qu'il ſe peut : & cette ſorte de fortification doit
eſtre reueſtuë, puiſque ce ſont pieces qui ſont attachées, & qui ſont de ſon contour, ainſi que tout le reſte. Mais
parce que ces ouurages ſont de longue haleine, demandent grand
temps, & grande deſpence à eſtre faits, on fortifie peu ſouuent
les places en cette ſorte, ſi ce n'eſt en temps de paix, lors qu'on
a tout loiſir, & qu'on peut employer les païſans par coruées,
ou par coſtributions. Pour éuiter la deſpence, lors qu'on eſt
preſſé, ce qui arriue ordinairement, on fortifiera la place auec

Fortifier auec
dehors, fort
commode.

des dehors, qui ſont ouurages de terre, deſquels nous auons cy-
deuant parlé ; ils ſont fort aiſez à faire, & on peut en peu de
temps les rendre en perfection, & auec peu de deſpence, & leur
matiere ſe treuue ſur les lieux; car ce n'eſt que terre, gazon, & fa-
cine : ne faut point des ouuriers experts, tout le monde eſt propre à y trauailler, hommes & femmes, petits & grands : C'eſt
pourquoy ayant toutes ces commoditez qui ne ſont pas en la
conſtruction des murailles, au beſoin on s'en ſeruira pour fortifier les places.

Tout ainſi qu'au Chapitre precedent i'ay ſuiuy l'ordre par
les longueurs des lignes, pour les pouuoir fortifier auec des baſtions ; i'en feray de meſme icy pour les demy lunes, & autres
ouurages.

Places qui n'ont
qu'vn ſimple
contour.

Lors qu'vne place n'a qu'vn ſimple contour ſans aucunes pieces attachées au corps, qui s'entre-flanquent, difficilement la peut-
on rendre fort bonne auec des ſeuls dehors deſtachez de la place, parce que l'ennemy pourra paſſer entre deux dehors, particulierement entre deux demy lunes : ſi elles ſont vn peu eſloignées, ou bien en ayant pris vne, il paſſera facilement le foſſé,
& ſe rendra Maiſtre de la place, n'y ayant aucun flanc qui luy
empeſche le paſſage; c'eſt pourquoy il ne faut pas lors qu'on fortifie
auec demy lunes, n'y ayant pas des baſtions, les faire plus eſloignées
l'vne

l'vne de l'autre que du tir du mousquet, ainsi que nous auons dit,
d'vn bastion à l'autre : mesme il seroit bon qu'elles fussent plus proches, à cause qu'elles sont beaucoup plus imparfaites. Ie ne voudrois pas qu'il y eust depuis l'vne demy lune iusques à l'autre plus
de 60. toises, ou au plus 80. qui reuiendroit de pointe à pointe 120. ou 140. toises, ou enuiron, afin que la pointe de l'vne
estant attaquée elle peust estre deffenduë de la face de l'autre : on
les disposera donc ainsi selon la longueur des lignes.

Commençons comme deuant par vne ligne de 600. toises, *Combien de demy lunes on peut faire sur les lignes propo-sées.*
pour sçauoir combien il y faudra de demy lunes ; il faut diuiser le
tout par 120. toises, ou au plus par 150. vous treuuerez qu'il y aura
quatre espaces sur cette ligne ; c'est à dire que vous y pourrez faire trois demy lunes, sans ce que vous ferez aux deux extrémitez,
qui tiendra lieu de l'autre demy lune. Que si vous diuisez ce mesme espace par 120. vous treuuerez qu'il y en faudra quatre, sans
ce qui sera aux angles : or s'il y auoit moins de 600. toises iusques
à moins de 480. vous pourrez tousiours mettre trois demy lunes
entre deux, en diminuant les distances iusqu'à ce que rencontrant
la ligne de 480. vous les aurez de 120. toises de distance l'vne à
l'autre. Et si la ligne est de 520. toises, elles seront à 130. toises de
distance de l'vne à l'autre, & ainsi diminuant ou augmentant proportionnellement leur distance de l'vne à l'autre, sans exceder de
beaucoup les 150. toises, ny deffaillir de beaucoup des 120. Que
s'il y a moins de 480. comme par exemple 450. les mettant à 150.
toises de distance de l'vne à l'autre, vous en aurez trois, c'est à
dire deux sans celles des angles. Et aux espaces qui sont entre
480. ou 450. il vous est indifferent d'en mettre deux à la distance
fort longue, ou trois à la distance fort courte. De 450. toises en
descendant iusques à 300. vous en pouuez tousiours placer deux
entre les extrémitez, diminuant en mesme proportion les distances de l'vne à l'autre comme diminuë toute la ligne. Et lors qu'il
y aura moins de 300. iusques à 200. vous n'en mettrez qu'vne
entre deux. Mais lors qu'il y a moins de 200. à mettre vne demy *Lignes moin-dres.*
lune entre deux, elles seroient trop proches, & n'en mettre point,
les deffences seroient trop longues ; il faudra accroistre les deux
pieces qui seront aux extrémitez, lors que l'angle n'est pas fort
obtus, ou s'il l'est beaucoup, on approchera celles des extrémitez iusques à ce qu'elles soient à iuste distance.

Auant que suiure dauantage, ie diray comme on pourra tracer *Comme on doit tracer les demy lunes.*
les demy lunes qu'on fera dans les lignes susdites : Apres auoir
marqué vos espaces sur le bord de la contr'escarpe, qui seront les

O

diſtances qu'il y a du centre d'vne demy lune à l'autre, ou bien
d'vne pointe à autre ; car ce ſeront les meſmes lors qu'elles ſeront ſur vne ligne droite, vous mettrez vn piquet marqué A, à
chaque diuiſion : Apres il faut ſçauoir de combien vous voulez
que ſoient les faces ; ie les mettray de 50. toiſes, parce que ie voy
bien qu'auant qu'il ſoit long temps on les fera de cette meſure
aux lieux où l'on pourra, puiſque depuis peu d'annnées qu'on les
faiſoit ſeulement de 30. & 35. toiſes, on les a cruës à preſent iuſques
à 40. & 45. toiſes: cela allant ainſi en croiſſant, peut-eſtre qu'on les
fera iuſques à 60. & 80. Qu'elles ſoient dóc telles qu'on voudra ſelon la mode, ie ſuppoſe icy 50. toiſes, i'équarre ce nombre font 2500.
i'en prens la moitié, font 1250. i'en tire la racine quarrée, ie treuue
35. & quelque choſe de plus, qui eſt la demy gorge AC, donc
toute la gorge DC, ſera de 70. toiſes. Que ſi vous ne ſçauez pas la
racine quarrée, faites vn angle droit D B C, ayant les deux lignes
D B, BC, égales, tirez apres DC, diuiſez B C, ou B D, en 50. parties, vous verrez combien de parties contient AC, qui ſeront comme deuant 35. & vn peu plus, & cela vous ſert autant que le plus
iuſte calcul que vous ſçauriez faire. Vous ferez donc toiſer depuis
A, iuſques à C, 35. toiſes, & autant depuis A, iuſques à D, & cela
ſuiuant voſtre grande ligne droite qui contient toute la face à fortifier : Apres ſur A, faites l'angle C A B, droit, & faites AB, auſſi
longue comme A C, ſi vous voulez que la pointe ſoit angle droit,
ou plus longue de quelque toiſe ; ſi vous voulez qu'elle ſoit aiguë, ou plus courte ſi vous la voulez obtuſe. Pour faire cét an-

gle droit, il faut meſurer quelque meſure qu'il vous plaira, depuis A, iuſques à F, & autant depuis A, iuſques à E, & auoir vn
bout de cordeau qui ſoit vn peu plus long que la toute EF, lequel
vous tiendrez iuſtement par le milieu, & ferez tenir l'vn des autres bouts en E, & l'autre en F, bandez voſtre cordeau, & au
milieu G, mettez vn piquet; par apres viſant par A, & G, vous ferez
meſurer autant de toiſes qu'il vous plaira, la ligne AB, ſera en angles droits ſur DC, longue ou courte qu'elle ſoit au bout B, faites
planter le piquet, & depuis B, en C, & depuis B, en D, faites
vn ſillon droit, vous aurez voſtre demy lune tracée. Mais il faut
ſe ſouuenir qu'il faut tirer au dehors vne ligne parallele eſloignée
de celle-cy de ſix pieds, qui eſt la berme, & c'eſt au long de cette
ligne qu'on creuſe le foſſé, laiſſant cette eſpace entre iceluy foſſé & le gazon : Cecy ſoit dit pour ceux qui ne le ſçauent pas,
ie prie les autres de m'excuſer ſi ie les importune d'vne choſe ſi
commune.

Lors qu'on fera au bout du cofté de la figure, & que l'angle *Aux extremi-*
foit fort obtus, on pourra continuer à faire les demy lunes, com- *tez des coftez*
me fi c'eftoit vne ligne droite; mais fil'angle eft égal ou moindre, *des figures, ce*
que celuy de l'Ottogone, i'y voudrois faire vne tenaille, au lieu *qu'on doit faire.*
d'vne demy lune; parce qu'y faifant vne demy lune, elle feroit
flanquée trop obliquement, comme on peut facilement voir fur
le deffein. Et afin qu'elle receuft quelque deffence de la place, il *Vne tenaille*
faudroit la faire fort aiguë : cette tenaille ie la voudrois faire *aux angles qui*
qu'elle allaft en eftreciffant du cofté de la place; de façon que fes *ne font pas fort*
deux coftez fuffent en angles droits, fur les lignes du contour *obtus.*
de la place, afin d'auoir la deffence meilleure : car ainfi que nous
auons dit cy-deuant, il faut toufiours que ces dehors foient flanquez de la place, & le plus qu'il fe peut droitement : le tout fe fera
ainfi qu'on voit en la figure fuiuante, en laquelle on voit que le
cofté de la tenaille AB, eft perpendiculaire fur le cofté de la figure,
CD, duquel elle eft flanquée; que fi on faifoit la demy lune E, elle
feroit flanquée fort obliquement de la face. Or au lieu que fortifiât
D, en baftions, nous faifons auancer leur demy gorge du cofté où
les diftances font trop longues : de mefme nous pouuons porter la
tenaille ou plus vers la face CD, ou vers FC, felon que l'vn ou l'autre nous accommode mieux.

Pour tracer les tenailles, vous marquerez l'endroit où vous *Comme on doit*
voulez que foit le milieu de la tenaille, & de chaque cofté fur le *tracer les te-*
bord de la contr'efcarpe vous mefurerez EB, EG, 30. toifes, plus *nailles.*
ou moins felon que vous voulez que foit la longueur de la tenaille,
& mettrez vn piquet en G, & vn autre en B : apres tirez la ligne
BH, de 50. toifes plus ou moins, felon que vous voulez que la
tenaille auance, faifant vn angle droict auec la ligne CD, ce qui
fe fera auec vn bout de cordeau, comme nous auons dit cy-deuant, & vous en ferez autant de GI, apres diuifez l'efpace IH, felon quelqu'vne des proportions que nous auons dit cy-deuant,
parlant des tenailles, & ayant pris vos demy gorges HK, vous ferez le flanc KL, perpendiculaire, & ainfi de l'autre cofté : Apres par
l'extremité du flanc L, tirez vos faces, prenans la deffence du flanc
oppofé, la prolongeant iufques à ce qu'elle rencontre BH, prolongée en A, & fera tracée voftre tenaille.

Dans les angles rentrans on ne fait d'ordinaire qu'vne demy *Ce qu'on doit*
lune, comme on voit en la figure fuiuante M; que s'il eftoit trop *faire dans les*
ouuert, on y pourroit faire vne tenaille, laquelle aura fes coftez *angles rentrans.*
paralleles entr'eux, ou bien en eflargiffant du cofté de la place, fe-

lon que l'angle fera plus ou moins ouuert, comme en la figurē suiuante.

Les tenailles fe mettent auffi aux lieux où il n'y a qu'vne aue-nuë; pour la fortifier on y fait vne de ces pieces : que fi cette aue-nuë eftoit trop large , qu'elle ne peuft eftre occupée par vne te-naille feule, on y fera vn ouurage coroné, lequel on tracera fa-cilement , obferuant ce que nous auons dit pour tracer les te-nailles.

On met auffi ces pieces aux lieux où il y a quelque commande-ment, non trop efloigné de la place ; fçauoir de 100. ou 120. toi-fes, ou au plus de 150. lequel on veut occuper , on fera vne te-naille qui gagnera la tefte du commandement ; que fi le com-mandement s'eftend beaucoup en largeur , il y faudra faire vn ouurage coroné , afin de le pouuoir tout occuper. Mais il faut eftre aduerty que lors qu'on fait les coftez de ces ouurages fi longs, que les pointes d'iceux foient plus efloignées de la place que le tir

du moufquet, on fera vn flanc au milieu d'iceux coftez, comme vn redent de 10. ou 12. toifes, ainfi qu'on voit en la figure des deux flancs O P, autant en fera-t'on à l'ouurage coroné s'il s'e-ftend trop loing.

Quelquefois on fait auffi ces ouurages au bout de quelque di-gue , ou à la tefte d'vn pont , ou en quelque autre endroit efloi-gné de la place , tellement que faifant les coftez comme nous auons dit, ils ne feroient aucunement flanquez, alors on fera des flancs vers les extrémitez des coftez de la tenaille , comme les mar-quez Q R, de 10. ou 12. toifes , & apres on fera le retour T S, re-ceuant la deffence des faces V X, les corps en Q R, feront faits af-fez grands pour y loger les foldats neceffaires pour la deffence, ou-tre la place qu'occupent les parapets.

Les tenailles fe mettent auffi en la fortification reguliere vis à vis du milieu des courtines, lors qu'elles font trop longues , ou bien , encore qu'elles foient de iufte mefure pour les rendre plus fortes. D'autres les mettent vis à vis des pointes des baftions; bien que pour moy ie les aimerois mieux vis à vis des courtines , lors que toutes les autres chofes font égales , & qu'il n'y a rien qui nous y contraigne.

De mefme fe peut-on auffi feruir des ouurages coronez dans la reguliere, lors qu'il fe rencontre quelques lieux aduantageux pour l'ennemy, lefquels il eft neceffaire d'occuper afin de luy o-fter cét aduantage : Et c'eft en l'application de ces pieces qu'il eft neceffaire d'apporter beaucoup de iugement , & l'experience feu-

le nous peut feruir de regle pour fçauoir cognoiftre les endroits
plus propres, comme auffi pour limiter les grandeurs de tout le
corps & de toutes les parties, pour les fçauoir mettre en bonne
affiette, c'eft à dire tellement tournées, qu'elles faffent vn bon
effect ; car quelquefois vne piece tournée d'vn biais fera mauuaife, que fi elle l'eftoit vn peu d'vn autre elle feroit fort bonne, parce qu'elle fera enfilée où les flancs veus par reuers ; on aura quelque autre deffaut, qu'on pouuoit euiter luy donnant vne autre
affiette ; c'eft pourquoy eftant fur le lieu il faut bien confiderer
les accidens qui en peuuent arriuer, & les ayant preueus y remedier auant que commencer la piece, car apres qu'elle eft faite il
n'y a plus de remede ; c'eft pourquoy on vifitera plus d'vne fois
le lieu, & on fongera plufieurs fois à ce qui s'y peut faire auant
que d'y trauailler.

Affiettes de grandes confe- quence.

    Les mefures des parties ont efté cy-deuant efcrites, c'eft pour-
quoy nous ne les redironspas ; comme auffi les efpaiffeurs, hauteurs des parapets, rempars, banquettes ; femblablement les
largeurs, & profondeurs des foffes, & les mefures des contr'efcarpes, & le refte qui appartient à la conftruction de ces pieces.

Mefures efcri- tes cy-deuant.

    Quelques vns eftiment fuperflu d'efcrire toutes ces chofes pour
les Gouuerneurs, & moy ie les croy tres-neceffaires : car bien fouuent ils font en des lieux où ils ne trouuent pas des perfonnes capables, & il peut fe rencontrer qu'ils feront preffez de faire trauailler à leur place ; & quand bien ils en auroient, ils cognoiftront
s'ils font bien, & les pourront reprendre de leurs manquemens
s'ils en voyent commettre ; & il me femble qu'il eft bien raifonnable qu'ils fçachent en quoy confiftent les deffauts & les perfections d'vne place puifque c'eft pour la place qu'on leur donne
leur charge. Ie n'eftime pas qu'on puiffe eftre bon Gouuerneur
d'vne place fans la cognoiftre, non plus qu'eftre bon Efcuyer
fans auoir la cognoiffance des cheuaux.

Pourquoy cecy eft neceffaire d'eftre fceu des Gouuerneurs.

Comment il faut remedier aux deffauts d'vne place.

CHAPITRE XXIV.

Pour appliquer les remedes aux deffauts.

IL seroit fort aisé de tout ce que nous auons dit, d'inferer comme on peut remedier aux deffauts des places ; mais parce que cela est de trop grande consequence, & afin que chacun l'entende plus facilement, nous l'expliquerons piece à piece suiuant l'ordre que nous auons mis au Chapitre des Deffauts des places, en portant le remede propre pour accommoder chacun de ces deffauts.

Premier deffaut des cauains, & lieux couuerts.

Le premier deffaut que nous auons remarqué est les cauains, valées, & autres lieux couuerts où l'ennemy se peut mettre. A cecy on peut remedier en explanant ces lieux, ce qui est le plus souuent tres-difficile à cause de leur grandeur, comme lors que ce sont valées ou grandes rauines : ou bien on y fera quelque redoute, ou fort : mais encore qu'on pratique quelquefois ce remede ie le treuue tres-dangereux ; car si on fait ces forts, petits, ce sont autant de coupe-gorges & de nids que l'ennemy prend d'abord, à cause qu'on ne peut ny les secourir, ny fournir de ce qui est necessaire : Que si on les veut faire grands, ce sont des citadelles où il faut garnison & Gouuerneur comme dans la ville, & s'ils viennent à estre surpris, ou pris par force, ils incommodent, & font

Forts dangereux prés des places.

bien souuent perdre les places. Pour moy, ie n'y voudrois rien faire : mais ie voudrois fortifier ce costé de la place plus que les autres, afin de faire perdre l'aduantage que l'ennemy a de se loger en ces lieux, par les trauaux que ie ferois de ce costé : car aussi bien on ne sçauroit empescher dans la plus raze campagne que dans vne nuict ou deux l'ennemy ne s'approche de nos contr'escarpes à la portée du pistolet, tellement que s'il gagne ces deux iours à cause de l'aduantage du lieu, ie luy en feray perdre plus de quinze par la force des trauaux, & par ainsi il y perdra plus qu'il n'y gagnera, à faire l'attaque en cét endroit, pour auoir si peu de couuerture.

Autres lieux dangereux.

Les chemins couuerts, cauuains, mazures, maisons, hayes, & telles autres choses qui peuuent couurir l'ennemy prés des contr'escarpes, doiuent estre explanez, remplis, abbatus, coupez ;

I
L
A
B
N
G
E
K
H
M
B
F
C
G
D
D
E
A
F
C
Q
T
Q
V
P
S R
X

car c'est ce qui est proche & autour de la place à la portée du
pistolet, & qui vient iusques à nos contr'escarpes qui est à craindre, & qui nous peut grandement nuire, c'est pourquoy il faut
l'oster, & rendre le tout vny & descouuert.

Aux commandemens on y remedie, faisant quelque fort ou *Aux comman-*
redoute sur les lieux qui commandent, ce qui est fort dangereux, *demens, com-*
comme ie viens de dire; ou bien en occupant le commandement *me on y reme-*
die.
auec quelque piece destachée, ouuerte du costé de la place, afin
que l'ennemy estant dedans ne puisse s'en seruir: les tenailles seront fort propres à cét effect; ou bien on esleuera des caualiers *Aux lieux*
dans la place, particulierement à la teste des faces qui seront enfi- *enfilez.*
lées, afin que par leur hauteur ils couurent l'enfilement, ou bien
on fera faire plusieurs trauerses de terre ou de gabions, ou de bar- *Aux lieux*
riques remplies de terre, à telle distance les vnes des autres qu'on *vûs par reuers.*
puisse aller par tout à couuert: que s'il y a des lieux qui soient
veus par reuers, il faut faire des parapets doubles, & particulierement lors que les flancs, & les autres lieux qui flanquent sont ainsi
veus; car si on n'est à couuert on ne peut pas deffendre ce qui est
flanqué. il est necessaire que l'vn & l'autre parapet, tant celuy qui
couure par deuant, comme celuy qui couure par derriere, soit à
l'espreuue du canon, & qu'entre deux il y ait la place pour le recul du canon aux lieux où il faut qu'il iöue, & de telle hauteur
qu'on y soit à couuert entre deux.

S'il n'y a pas de contr'escarpes il y en faut necessairement faire, *Raccommode-*
& c'est par où il faut commencer, leur donnant les mesures que *mens.*
nous auons dit en leur lieu: si elles sont enfilées on y fera des trauerses de terre ou de gabions.

Quand il n'y a point de dehors il y en faut faire, obseruant *Dehors deiuent*
les mesures & proportions que nous auons escrites, les situans *estre faits ou*
reparez.
en leurs lieux propres, leur donnant les hauteurs conuenables: il
faut aussi reparer ceux qui seront faits s'ils en ont besoin, mettant des freses ou pallissades aux lieux où il y a quelque montée
facile, & particulierement aux dehors qui sont deuant les portes,
lesquels doiuent estre tousiours fresez & palissadez: Si leurs pointes sont trop esloignées, on fera des flancs aux costez comme nous
auons enseigné: les dehors qui ne sont flanquez d'aucun lieu, &
ne peuuent l'estre, il faut les refaire: Les demy lunes qui ont les
angles trop aigus ne peuuent estre reparées sans refaire vne de
leurs faces: Si les fossez manquent, ou sont comblez au deuant
de ces ouurages, il faudra les faire, ou creuser; & de la terre s'en
seruit pour accommoder ce qui est rompu, ou pour faire les contr'escarpes.

Contr'escarpes.   Nous auons desia dit, que où il n'y a point de contr'escarpes il y en faut faire, & s'il y a quelque lieu dans le glacis qui soit trop bas, & qui ne puisse pas estre descouuert, il faudra le releuer, & y apporter de la terre. Les contr'escarpes ou bord de fossé qui auront la montée trop facile seront escarpées, laissant seulement les montées vis à vis du milieu des courtines, ou des pointes des bastions, ou à toutes deux, & s'il n'y a pas de ces montées il y en faut faire, tant pour la caualerie que pour l'infanterie.

Fossez de mesme.   Les fossez estroits, il faut les eslargir & creuser, ceux qui sont comblez ou qui ne sont pas assez profonds, ou s'il y a peu d'eau, & que le fonds soit ferme, il faut faire des palissades pour empescher les surprises, particulierement en temps de glace : quand le fossé n'est pas tout veû & flanqué, il faut l'ouurir & l'eslargir aux endroits qui couurent, afin que tout soit flanqué : de mesme si *Lieux qu'il faut oster dans les fossez.* dans le fossé il y a des buttes de terre, il faut les oster; & si le fossé vers la pointe du bastion est fort bas, & qu'il ne soit pas veû, il faut le creuser de façon qu'il aille insensiblement en panchant, & soit descouuert de tout le flanc.

Lieux non flanquez.   Aux lieux qui ne sont pas flanquez il y faut faire des flancs & des bastions, comme il a esté dit en l'irreguliere; & si on n'y peut pas faire des bastions on y fera des dehors, ainsi que nous auons dit cy-deuant. De mesme lors que du flanc au lieu flanqué il y a trop loing, il faut mettre quelque piece entre deux qui soit attachée au corps de la place, ou bien comme on fait ordinairement on y mettra vn dehors : Si les flancs ne sont pas à l'espreuue du canon, il faut les renforcer iusqu'à ce qu'ils ayent vingt *Flancs foibles.* pieds d'espaisseur : s'ils sont trop courts s'il se peut il faut les allonger, ce qui est fort difficile, à cause qu'il faudroit aussi changer les faces qui suiuent; s'il n'y a pas assez de place derriere le para- *Flancs trop hauts.* pet du flanc pour le recul du canon, il y en faut faire. Quand les flancs, ou ce qui tient lieu de flanc est fort haut, & ce qui est flanqué est fort bas, tellement qu'on ne puisse pas le descouurir à cause de la hauteur du lieu & de l'espaisseur du parapet, il est necessaire baisser cét endroit qui flanque, ou faire au deuant quelque autre flanc, en forme de fausse-braye, auec ses entrées & descentes pour y pouuoir aller : iamais on ne se doit contenter d'vn seul flanc, & particulierement lors qu'il tire en fichant, ou qu'il est si haut que de derriere les parapets on ne peut tirer ny descouurir qu'vne partie du fossé, & à cela il y faut necessairement *Flancs bas.* remedier, ou en baissant le flanc comme nous auons dit, ou bien en faisant d'autres nouueaux plus bas. Les flancs qui sont bas doi-

uent

üent estre bien couuerts, afin que l'ennemy ne puisse pas des contr'escarpes descouurir dedans, ou de quelque lieu eminent qui
soit autour de la place; s'ils ne le sont pas il faut esleuer les parapets de façon qu'on soit par tout à couuert dans le flanc; s'il y a
des flancs couuerts auec des voutes, il faut remplir de terre les *Voûtes.*
plus basses, & descouurir les plus hautes afin d'auoir vn bon flanc,
& y faire son parapet de terre à l'espreuue du canon; & si au lieu
des deux flancs qui estoient l'vn sur l'autre, on en fait vn autre
plus arriere il sera parfaitement bon; & ne faut iamais se seruir de
ces voutes, parce qu'elles nuisent grandement au lieu de seruir.
Si vos flancs ne sont pas couuerts d'vne espaule, & que vous les
puissiez couurir ils en seront meilleurs, & quand vous les ferez
tout de neuf il faut les faire ainsi, pour les raisons que nous auons
dites. Dans vos flancs il faut que vous y faciez vne place pour
l'artillerie, & le reste pour la mousqueterie: & les parapets qui
couurent le canon, & les soldats, s'ils sont de muraille il faut les
oster, & les faire de bonne terre bien battuë, & qu'ils ayent pour
le moins vingt pieds d'espaisseur, à cause que c'est le lieu qui est
plus subiect à estre battu.

Quand on rencontre vn bastion imparfait, soit à cause de sa *Bastions im-*
petitesse ou de sa grandeur, ou à cause de l'angle flanqué, vous *parfaits.*
ne sçauriez y remedier sans le refaire tout entier, c'est pourquoy
il faut le démolir & se seruir des materiaux pour en rebastir vn
autre: que si on ne veut ny ne peut pas faire cette despence, il
faut auoir recours aux dehors, & faire au deuant d'iceluy des ouurages qui recompensent son imperfection; les plus propres sont
les tenailles ou corones, parce que les demy lunes ne peuuent estre
mises que deuant les angles fort obtus, ainsi que nous auons remarqué.

Lors qu'on rencontre vne courtine trop longue, si elle l'est as- *Courtines trop*
sez pour receuoir vn bastion au milieu, il l'y faut faire, ou bien on *longues.*
fera vne demy lune qui couure cette courtine; ou s'il vous semble plus à propos vous y ferez vne tenaille de telle grandeur qu'elle puisse couurir ce defaut.

Les portes sont la partie de la place la plus subiecte à estre sur- *Portes où doi-*
prise, car en temps de siege & contre la force on les mure, & par *uent estre.*
ainsi sont aussi asseurées que le reste de la place: Si vos portes sont
dans vne face d'vn bastion, il faut necessairement les changer, &
les mettre dans la courtine; au milieu, si on peut, on doit faire
le mesme lors qu'elles sont dans les flancs, qui est encore vn lieu
pire que la face. Au deuant de la porte il faut qu'il y ait tousiours

P

vne demy lune qui la couure, à l'entrée de laquelle il y aura vne palissade ; apres cela vne barriere, puis le pont dormant, & au bout d'iceluy le pont-levis : la porte sera plus arriere. Auant que d'entrer sur le pont dormant de la ville, il sera bon qu'il y ait vn autre pont-levis, & au milieu dudit pont dormant vne bacule ; apres cela le pont-levis, & vn peu plus arriere la porte, au bout de cette entrée qui est en partie couuerte d'vne voute, il y aura vne autre porte, & derriere sera la herse, ou les orgues, qui sont meilleures : Entre deux on y pourra mettre deux grosses chaines, & en dedans du costé de la ville vne forte palissade, qui enfermera le Corps de garde : On peut auoir encore quelque cheual de Frize, suspendu auec des cordes, ou soustenu sur vn gond. Si on n'a pas tous ces obstacles aux portes, on y en mettra le plus qu'il se pourra ; & tout cecy ne doit iamais estre sur vne ligne droite, mais en destournant le plus que le lieu vous le permettra.

Les Corps de garde seront faits aux lieux necessaires.

Les bresches qui seront aux murailles, il les faut reparer, & aux lieux où elles sont trop basses il faut les rehausser : ou si on ne peut pas il faut faire des bonnes palissades au pied, & des freses au haut. On fera le mesme aux places qui sont de terre simple, sans reuestement de muraille : lors qu'elle est esboulée il faut la reparer en la gazonnant tout de nouueau, ou bien faisant des palissades & freses.

Les parapets doiuent estre faits de terre, à l'espreuue du canon tout autour de vostre place ; & c'est vne des principales pieces à quoy on doit faire trauailler ; lors qu'elle manque, s'ils sont de muraille il faut les faire oster comme tres-dommageables, & les refaire de terre : Outre le parapet il y doit auoir encore le rem-

part, espais pour le moins de quatre ou six toises, afin que le canon y ait son recul, & pour pouuoir ranger les soldats pour la deffence ; s'il n'y en a pas il le faut faire de la terre qu'on vuidera des fossez. Ie ne conseille iamais de prendre de celle qui est dans la place, car on doit la conseruer, tant pour faire des nouueaux ouurages, comme pour se retrancher ; parce qu'encore que vous ayez des hommes & des munitions à suffisance, si vous n'auez de la terre pour vous couurir vous estes contraint de vous rendre ; ce qu'on a assez veû par experience aux places qui ont tenu autant qu'elles ont eu de terre.

En fin vous prendrez garde qu'il y ait des portes secrettes suffisamment pour faire les sorties, & pour aller à la deffence de tous les dehors ; s'il n'y en a pas il y en faut faire ; car cela est tres-necessaire, le lieu le plus propre est derriere l'espaule du flanc lors qu'il y en a ; ou bien au bout de la courtine proche du flanc, car là elles seruent pour aller aux flancs bas, fausse-brayes, coffres, & autres deffences qu'on fait dans le fossé ; pour moy, ie les aimerois mieux en cét endroit qu'au milieu de la courtine, encore que plusieurs les y mettent.

S'il y a des maisons ioignant les rempars il faudra les faire abbattre, ou pour le moins boucher toutes les portes & fenestres par lesquelles les habitans pourroient auoir communication, ou veuë sur les rampars. *Maisons ioignans les rempars.*

Aux lieux enfilez, vous y remedierez auec les caualiers & trauerses qui les couurent, ainsi que nous auons cy-deuant escrit. *Lieux enfilez.*

Pour asseurer les emboucheures des riuieres, il faut faire des estacades ; c'est à dire deux ou trois rangs de palissades, & que les paux ne soient pas plantez vis à vis l'vn de l'autre ; il sera bon qu'elles soient vn peu esloignees l'vne de l'autre : on laissera aussi vn passage au milieu pour les bâteaux, qui se fermera auec des fortes chaisnes. Si la riuiere estoit fort large, ie voudrois au milieu y faire vn Corps de garde sur vn grand bâteau couuert, à l'espreuue du mousquet, i'y mettrois garde la nuit, & la sentinelle seroit à la prouë, & de iour cette garde se mettroit au Corps de garde qui seroit au bord, où on visiteroit les bâteaux. Il y a des lieux où la riuiere se ferme auec des chaisnes soustenuës sur des bâteaux ; d'autres plus estroites se ferment auec vn mas de nauire enuironné de pointes de fer. *Les emboucheures des riuieres.*

Les emboucheures des esgousts doiuent estre aussi fermées auec plusieurs grilles de fer, & faire en sorte qu'elles soient situées en des lieux où les sentinelles les puissent descouurir, & prendre garde si elles sont pourries, y en mettre des neufues ; si elles sont foibles, y en mettre des fortes. *Emboucheures des esgousts.*

Aux places maritimes qui ont vn port, il faut qu'il y ait quelque fort qui asseure, & couure l'entrée, sur quelque escueil à l'emboucheure d'iceluy, ou s'il n'y en a pas, on doit fermer l'entrée auec des chaisnes, ce qui est fort rare. Peu de Ports se ferment de cette façon, & ceux-cy sont les plus asseurez ; pour le moins aux emboucheures il y doit auoir des grosses tours auec des canons dessus, ou bien des caualiers de terre : & outre cela il seroit bon qu'il y eust des parapets bas, & au derriere des canons pour deffendre l'entrée. Pour moy i'estime qu'il est tres-necessaire qu'aux places

Citadelles ne-
cessaires aux
places mariti-
mes.

maritimes il y ait des citadelles, particulierement lors que les entrées des Ports sont faciles, & que la descente en est aisée ; parce
qu'il est certain que sur mer quand le temps fauorise, en peu d'heures on fait beaucoup de chemin, & qu'on peut estre surpris auant
qu'on sçache que les ennemis se preparent, & s'approchent. Outre la grande facilité qu'il y a de porter les soldats, les armes, les
munitions, & toute sorte de machines necessaires pour prendre
les places : & ces citadelles sont d'autant plus necessaires aux lieux
où les Ports sont fort ouuerts, & qui n'ont aucun lieu qui en
empesche l'abord, & l'entrée. Et lors qu'entre le port & la ville
il n'y a aucune fortification ny closture, ie voudrois ou que la
ville fust fortifiée contre le port, comme le reste du contour, ou
qu'il y eust vne citadelle, & l'vn & l'autre ensemble seroit encore
meilleur.

Places dans les
estangs & ma-
rais.

Pour ce qui est des places qui sont dans les estangs & marais,
qui n'ont point de flanc, sans doute il y en faut faire, & des palissades tout autour pour se garentir des surprises, & particulierement en temps d'Hyuer : mais nous deduirons plus amplement icy
apres les moyens qu'on a de s'en empescher.

Iusques à cette heure nous auons parlé des choses qui sont comme preparations aux actions, & n'auons encore rien dit comme
le Gouuerneur doit agir apres qu'il a preparé & disposé tout ce
qui est necessaire, tant ce qui concerne la prouision des muni-
tions, comme aussi la force de la place, reste à dire des personnes, & des actions ; c'est dequoy nous traitterons dans les discours suiuans.

Des sortes de Gouuernemens considerez, selon ceux à qui on commande.

CHAPITRE XXV.

Diuision des
Gouuerne-
mens.

O N pourroit diuiser les gouuernemens en ceux des
grandes places & des petites, ou en ceux des places
frontieres, & de celles qui ne le sont pas ; comme
aussi en celles qui sont dans terre, & celles qui sont
maritimes. Ie laisseray toutes ces differences, parce
qu'elles ne font point diuers ordres pour le gouuernement ; ie

feray ma diuifion en confiderant feulement ceux à qui on commande, & l'affeurance qu'on a du lieu où on eft.

Le Gouuerneur en general commande aux foldats & aux ha- *Le Gouuer-*
bitans; les foldats font toufiours prefque de mefme, & s'ils diffe- *neur comman-*
rent c'eft lors qu'il y en a de diuerfes nations, & cette diuerfité *de aux foldats,*
eft fort confiderable, afin de fçauoir gouuerner chacun felon fes *& aux habi-*
mœurs & fes inclinations. *tans.*

Le gouuernement des habitans eft diuers, car ou ils font natu- *Gouuernemens*
rels fubiects du Prince, & ceux-cy font dans vne grande ville où *des habitans,*
il n'y a aucun fort ny citadelle, & quelquefois fe gardent eux *diuers.*
mefmes, & n'ont aucune garnifon de foldats payez; ou bien il
y a citadelle, quelquefois la ville mefme eft comme vne citadelle, & ces places on les appelle places de guerre. Les autres font
des villes qu'on a conquifes, où tous les habitans font comme
ennemis, & à celles-cy comme aux autres, ou il y a citadelle, ou
il n'y en a pas : mais toufiours fans doute il y a forte garnifon.
Or le Gouuerneur doit fçauoir comme il doit fe conduire & fe
garder luy mefme, & fa place, felon les lieux & les perfonnes qu'il
rencontre : & les ordres qu'on obferue en vne, font differens de
ceux qu'on doit obferuer en vne autre; c'eft pourquoy pour auoir *Partie ordinai-*
l'intelligence de tous, il doit les fçauoir : Et encore que cecy foit *re, mais diffi-*
affez ordinaire, neantmoins nous voyons fouuent des perfon- *cile.*
nes de confideration faire des fautes notables en cette conduitte : & ie croy que c'eft vne des difficiles fonctions d'vn Gouuerneur, parce que cela ne fe peut apprendre par aucunes regles
affeurées, à caufe qu'il faut augmenter & diminuer plus ou
moins, mefme changer felon le temps, les motifs, & les autres conionctures qui fe prefentent, felon lefquelles il faut ioüer
diuers perfonnages, foit en fe monftrant exact & feuere,
quelquefois indulgent & facile; autrefois il faut eftre fort retiré, quelquefois familier : nous parlerons de tout cela en general chacun pourra le particularifer dauantage felon les occafions qui fe prefenteront.

De l'ordre qu'on doit tenir pour gouuerner les soldats selon la difference des Nations.

CHAPITRE XXVI.

Quatre sortes de Nations auec qui nous auons commer-

I L y a quatre sortes de Nations auec lesquelles nous auons commerce, & desquelles nous nous seruons dans nos garnisons, qui sont les Alemans, dans lesquels ie comprens les Suisses, les Flamans, Hollandois, & Anglois : Les Italiens, les Espagnols, & nous autres François : Nous descrirons le naturel d'vn chacun, & leurs inclinations, seulement en ce qui se peut rapporter à la guerre & aux ordres Militaires, & dirons comme le Gouuerneur doit se comporter auec ces Nations.

Naturel des Suisses.

Les Suisses sont beaucoup differens des Alemans, encore qu'ils parlent quasi mesme langue ; ils sont gens qui n'ont pas l'esprit trop delié, lents en leurs actions, qui ne démordent pas facilement de ce qu'ils ont conçeu ; & par consequent difficiles à estre persuadez, & à changer leurs opinions. Ils aiment à auoir leurs aises, particulierement du boire & du manger ; ne souffrent pas facilement les incommoditez inopinées ; veulent auoir punctuellement ce qu'on leur a promis ; sont aussi fort exacts à faire ce qu'ils promettent, ne manquent point à leur deuoir, & à leur charge ; sont fort soigneux d'obseruer les Ordres ; sont fort laborieux à ce qu'ils s'attachent, les fatigues ordinaires ausquelles ils croyent estre obligez, les souffrent patiemment ; sont fort diligens à chercher ce qui les peut accommoder, tant pour leur viure que pour leur logement ; sont fort ingenieux aux choses manuelles, obeïssans à leurs Superieurs, gens de probité, sans malice, sans amour ny haine contre personne ; ils aiment, & sont pour ceux qui plus leur donnent ; ne se soucient point des autres ; sont meilleurs pour la deffence d'vne place que pour l'attaque, & plustost pour se deffendre d'vne surprise que d'vn siege ; ne sont pas fort hardis ny entreprenans, mais furieux à repousser les iniures, & veulent que les choses se conduisent par ordre & par lu-

Comme ils doiuent estre gouuernez.

stice. A ceux-cy il faut que le Gouuerneur leur prescriue tout ce qu'ils ont à faire sans rien y obmettre ; qu'il les instruise d'abord à leur deuoir, & qu'il leur fournisse ce qu'il leur a promis :

Car à ces personnes, il n'y faut pas manquer, parce qu'ils sont extremément mercenaires ; ils ne croyent pas estre obligez d'obeïr,
lors qu'on manque à les payer ; ils veulent auoir leur conte, &
ne considerent autre raison que d'auoir ce qu'on leur a proposé. Il
ne sert de rien de leur alleguer les accidens du temps, la necessité
des occasions, ils reuiennent tousiours à leur premier but : & comme c'est la nature des esprits grossiers, ils ne peuuent, ou ils ne
veulent penetrer dauantage dans le raisonnement, ny démordre de leurs premieres impressions : & tout ainsi qu'ils sont fort
exacts à faire ce qu'ils sont obligez, & croyent qu'aucune raison
ne peut les en dispenser ; de mesme aussi ils ne pensent pas que
pour quelque cause que ce soit on puisse s'excuser de leur satisfaire ; c'est pourquoy auec ces gens-là il faut tousiours l'argent prest,
& ne se fier point à eux pour quelque action hazardeuse, ny penser de les auoir dans les places pour tenir iusques à l'extremité ;
car lors que l'argent ou les viures faudront ils ne se resoudront iamais à pâtir, parce que leur naturel est contraire, & n'ont autre
but que leur interest. I'estime qu'ils sont fort propres pour garder
vne place en temps de paix, & pour suiure & auoir soin du canon
en temps de guerre ; c'est pourquoy vn Gouuerneur n'en doit
faire estat, que pour s'en seruir en ces occasions. Il ne faut pas les
gourmander, ny traitter rudement, aussi la conuersation, ny la
courtoisie d'vn Gouuerneur ne gagnera pas beaucoup auec eux :
Il n'aura pas beaucoup de peine à regir cette sorte de gens, pourueu qu'il n'ait rien oublié à leur ordonner au commeucement de
ce qu'il veut qu'ils fassent ; car de les faire passer, ou changer ce
qu'ils ont accoustumé, ou ce qu'on leur a prescrit, & qu'ils ont
accordé d'obseruer, difficilement en pourra-t'on venir à bout :
& pour estre obei, il faut qu'il satisfasse à ce qu'il leur a promis.

Les Alemans estoient autrefois approchans du naturel des Suis- Des Alemans.
ses, mais plus belliqueux, & d'esprit moins grossiers, gens de probité, & de parole, maintenant ils sont tellement changez, au
moins ceux que nous auons en France, qu'ils n'ont aucun reste
de vertu ; ils sont pleins de toutes sortes de vices & meschancetez ;
les vols & pillemens sont leurs exercices ; les incendies leur sont
vn diuertissement, la force & violement des femmes, vn ieu ; l'ho-
micide des pauures paisans leur est ordinaire ; amis & ennemis ils
les traitent également, lors qu'ils sont les plus forts ; on court autant de fortune de passer auprés des quartiers de ces gens, comme
de passer prés des places ennemies. Ie ne pense pas qu'aprés auoir

On ne doit s'en
fernir.

pris en habitude vne licence fi débordée on peuſt s'en feruir dans
vne place, & n'en faudroit que bien peu pour gaſter toute vne
garnifon ; c'eſt pourquoy ie ne confeillerois pas à vn Gouuerneur
d'en receuoir aucun qui vinſt de ces troupes, & s'ils ne reprenent leur ancien naturel, ils ne valent rien que pour mettre le
defordre, & corrompre les autres, le peu de feruice qu'ils rendent
n'égalant pas le dommage incroyable qu'ils portent aux Païs. Ie
ne parleray point dauantage comme on pourroit regir ces gens
là ; mais ie diray feulement qu'on ne doit pas les laiſſer aucunement approcher de fa place, & eux & tous ceux qui ont vefcu
de leur forte.

Flamans, &
Hollandois.

On ne voit guere les Hollandois ny les Flamans fortir hors
de leurs païs pour porter les armes, fi ce n'eſt fur mer. Ils font
pourtant approchant du naturel des Suiſſes, mais ils n'aiment
guere les Eſtrangers, & particulierement nous autres; c'eſt pourquoy fi on en a dans la place, il faut prendre garde à eux ; ils
font fort défians, & aſſez mefchans, il faut regir ceux-cy auec plus
de feuerité que les Suiſſes, auſſi ne fe tiennent-ils pas fi bien à leur
deuoir.

Les Anglois.

Les Anglois ne viennent guere en France porter les armes, ils
vont pluſtoſt en Hollande. Ils font gens altiers, & qui nous haïſ-
fent ; font mefchans, fubtils, feditieux, & qui craignent moins
le chaſtiment que toute autre nation ; il faut eſtre rigoureux, les
chaſtier à la moindre faute qu'ils font, & n'en auoit iamais vn
corps formé : & s'il y en a pluſieurs, il faut les feparer, & ne fe fier en
eux en aucune chofe d'importance, veiller à leurs actions, & ne
leur auancer iamais argent ; car pour peu de chofe il vous quittent,
& bien pluſtoſt lors qu'ils ont du voſtre.

Les Italiens.

Les Italiens, iadis l'exemple de la vertu, du courage, & des
ordres Militaires, ont beaucoup dégeneré de cette grande fplen-
deur & réputation, mais pourtant ils n'ont pas tout à fait changé,
car il leur en reſte beaucoup : & ie croy que fi leur Empire & Gouuernement auoit duré iufques à cette heure, ils auroient la mefme difcipline, & les mefmes aduantages ; ils ont encore l'efprit &
l'adreſſe, & l'aptitude au bien & au mal, felon qu'ils s'y appliquent,
ils font auſſi propres à la guerre que quelconque autre Nation : &
s'ils n'ont pas cette grande hardieſſe qu'ont les François, ils ont auſſi
d'autres parties qui les recompenfent ; ils font aſſez courageux,
mais ne font pas temeraires, & leur courage auſſi bien que leurs
autres actions eſt accompagné de prudence ; lors qu'ils voit du peril, ils penfent comme ils en efchapperont ; ils ont l'honneur en
recom-

recommendation, sçauent que c'est de viure, de la conuersation,
& de la ciuilité, pâtissent lors qu'il est besoin, fort patiens, & trauaillent mediocrement ; ils sont mesnagers , & ne sont guere portez à faire des vols ny incendies, leurs vices sont plustost aux choses de la volupté ; ils sont vindicatifs , & ne tesmoignent point
leur colere que lors qu'ils treuuent l'occasion d'executer leur vangeance. Vn Gouuerneur peut les former comme il veut , & doit
leur proposer choses raisonnable : & parce qu'ils sont susceptibles
des persuasions, s'il est habile il leur fera faire ce qu'il voudra ; ils
connoissent bien tost les deffauts de leur Chefs , & prennent auantage là dessus ; c'est pourquoy il faut prendre garde à ce qu'on fait,
& se tenir dans la iustice, & grauité ; il faut les piquer d'honneur,
& de courtoisie , & on gagnera plus auec eux en leur donnant
esperance de recompense, & d'auancement aux charges, qu'en les
menaçant du chastiment ; ils sont assez punctuels aux fonctions.
Le Gouuerneur chastiera legerement quelqu'vn des premiers
qu'il treuuera en faute, & le reprimendera deuant tous, cela mettra en crainte les autres. Il ne leur faut point vne trop rude seueri-
té, parce qu'ils connoissent d'eux - mesmes leur deuoir, & leur faute ; ils sont mesnagers & sobres , & vn Gouuerneur qui les prendra par la douceur, & par les persuasions leur fera supporter patiemment toute sorte d'incommoditez : & pour dire en vn mot
font gens propres à la guerre , & de seruice, lors qu'ils sont commandez par des personnes d'esprit , & de courage , l'experience
nous le fait connoistre, car c'est par eux que la Flandre est deffenduë : C'est par les armées qui sont venuës d'Italie que l'Empereur
a remis ses affaires en estat , & s'est sauué de sa prochaine ruine.
De cette Nation sont sortis tant de grands Chefs , & en sortent
encore : c'est aussi le vray temperament comme ils doiuent estre
courageux auec prudence , preuoyans auant qu'executer, & asseurez dans l'action. Vn Gouuerneur doit estre bien aise d'auoir
des soldats de cette Nation, quand ce ne seroit que pour apprendre à viure aux autres, il n'en faut excepter que les Bressans, parce
qu'ils sont naturellement traistres.

Encore que les Espagnols soient nos ennemis, ie ne celeray
rien de ce qui se doit dire à leur aduantage ; aussi me permettront-
ils de dire leurs deffauts comme i'ay dit des autres , & diray des
nostres, mesmes. Ils sont fort fidelles à leur Maistre , & entr'eux
mesmes tiennent leur parole ; souffrent extraordinairement les incommoditez, ce que ie ne treuue aucunement estrange, puisque
dans leur païs la plus part ne sont pas mieux à leur aise que dans

les armées. Ils font fort bons pour la deffence, & lors qu'il faut
emporter quelque chofe par la patience ils ne fe laffent iamais ;
font foigneux d'apprendre les exercices ; font grandement refpectueux entr'eux, & plus encore enuers leurs Chefs, & aux commandemens militaires ils y obeiffent aueuglément : ils font fi fo-
bres & bons mefnagers, que hors les habits on les peut appeller auares & mefquins ; font prudens & preuoyans ; fe piquent
d'honneur : leur courage panche vn peu plus vers la poltronerie
que du cofté de la temerité, & ne combattent pas facilement qu'à
couuert : l'honneur qu'ils profeffent tient beaucoup de la vanité,
car s'ils font quelque bonne action, ou c'eft pour en auoir recompence, ou pour s'en vanter apres ; là où s'ils font les maiftres,
ils font infupportables, & toufiours ils s'introduifent comme des
agneaux, & puis fe comportent comme des loups : ils ne laiffent
rien de ce qu'ils peuuent emporter ; font fort auides ; & s'ils ne
volent pas par les chemins, ils fçauent bien dérober à couuert.

Le Gouuerneur qui aura de ces gens dans fa garnifon (ce qui n'eft
pas prefentement en pas vne de France) ne doit pas beaucoup
s'y fier, & doit croire qu'ils ont toufiours quelque mauuais deffein contre nous ; il peut les traiter comme il voudra, parce qu'ils
font fouples à toute forte de commandement : il ne doit iamais
les employer à des actions hazardeufes, car ils n'y reüffiront pas :
s'il veut quelque chofe d'extraordinaire d'eux, il faut qu'il leur
donne quelque vanité ou flaterie, car c'eft ce qui les chatoüille : ils
ne veulent pas eftre rudoyez ; & s'ils le fouffrent c'eft par force,
& couueront long temps apres vn defir de vangeance ; c'eft pourquoy s'il a offencé quelqu'vn de ceux-là , il doit croire que s'il
peut il ne luy pardonnera pas. En fin , ie ne confeillerois pas de
fe feruir de ces perfonnes puifque nous fçauons certainement
qu'ils ont efté & font toufiours nos ennemis.

Il faut que ie parle des François, encore que i'y fois intereffé
comme eftant du nombre : ie defcriray leurs inclinations ; & afin
que les Eftrangers cognoiffent que ie dis la verité, ie diray leurs
deffauts, & par ainfi ils me croiront lors que ie parleray de leurs
aduantages, m'arreftant toufiours fur mon fujet, qui eft ce qui
concerne la guerre, & les chofes fur lefquelles vn Gouuerneur
doit ietter fes mefures pour former vn parfait Gouuernement.
Nous aurions tort de vouloir cacher ce qui eft cogneu à tout le
monde, & dequoy toutes les Hiftoires parlent, que les François
font impatiens, inconftans, infidelles, peu obeiffans, temeraires, infolens ; qu'ils ont leurs mouuemens violens, & de peu de

durée, plus qu'hommes au commencement, & moins que femmes à la fin ; que nous ne pouuons supporter le trauail, les incommoditez des saisons, de la faim, de la soif, ny longuement persister à vn mesme dessein. I'y adiousteray que les Chefs & les Generaux veulent faire les fonctions des soldats, & quelquefois les particuliers celles des Generaux, & que le plus souuent les choses se consultent apres qu'elles sont à moitié faites, & quelquefois faillies. Ainsi que franchement nous confessons ces deffauts, aussi faut-il aduoüer que tous ces manquemens prouiennent de la noblesse du temperament, lequel tenant beaucoup du feu, fait qu'ils ont l'esprit subtil, violant, tousiours agissans ; & s'ils ne sont employez contre les ennemis ils font des querelles & des partis entr'eux mesmes : leur inconstance est à vouloir entreprendre choses nouuelles & hautes : leur impatience est parce qu'ils estiment coüardise ou impuissance de n'executer pas promptement ce qu'ils ont proietté : leur infidelité est lors qu'ils seruent leurs ennemis ; à leurs Princes & à leurs Gouuerneurs ils ne le sont pas : & si on les accoustume ils souffrent autant que nation qui soit au monde ; il est vray que d'abord cela leur est difficile à cause de l'abondance de toutes choses qu'ils ont accoustumé d'auoir en leur païs, l'excés du courage fait que les Chefs & les Generaux mesmes s'exposent comme les simples soldats ; & les personnes particulieres veulent se mesler dans les affaires de consequence, à cause des coustumes libres du païs, & qu'ils ont l'esprit bon : & si on ne consulte pas les choses, c'est qu'on ne croit rien de difficile ny d'impossible. Au reste puisque c'est particulierement de ce qui concerne la guerre que nous parlons, personne ne peut nier que les François n'ayent l'honneur & le courage franc, & qu'il n'y a nation quelconque qui s'expose auec moins de consideration au peril ; toutes les autres le font auec quelque preuoyance, & s'ils font quelque action hazardeuse ils croyent deuoir meriter beaucoup, comme d'vne chose extraordinaire : au contraire les François y vont simplement, pource qu'ils croiroient encourir du blasme s'ils ne le faisoient pas, & se croiroient indignes de porter les armes, & ainsi ils ne pretendent aucune vanité de ce qui leur est ordinaire. Les autres se sçauent mieux seruir de l'artifice, & ont plus de prudence : mais nous allons sans aduantage, & auec toute la franchise possible. Ie m'arreste trop sur ce qui est cogneu de tout le monde ; ie diray seulement que les François veulent estre gouuernez du commencement vn peu seuerement, & qu'il ne leur faut pardonner aucune faute iusques à

Comme ils doiuent estre gouuernez.

Q ij

ce qu'ils ayent pris la bonne difcipline. Il faut les tenir toufiours en crainte & dans leur deuoir ; ne leur permettre la moindre licence qui foit, car affeurément ils fe relafcheront à l'inftant, & fe defborderont d'eux mefmes. Le Chef doit toufiours eftre dans la grauité, & leur faire recognoiftre le pouuoir qu'il a fur eux: Et ne faut pas qu'il foit mol dans fes commandemens : mais ce qu'il a propofé il doit le faire executer punctuellement ; s'il y manque vne fois ils y manqueront cent. Il faut qu'il prenne bien garde qu'ils facent les fonctions ordinaires, & luy mefme faifant celles à quoy il eft obligé, leur monftrera leur deuoir ; & c'eft vn puiffant commandement que l'exemple d'vn Gouuerneur, car les autres chefs auront honte de ne l'imiter pas, & les foldats faut qu'ils facent comme leurs Capitaines. Il eft bon que le Gouuerneur leur parle quelquefois, & s'entretienne auec eux, mais que ce foit rarement & en paffant fans fe familiarifer, & qu'ils demeurent toufiours dans le refpect ; car fi on continuë fouuent ils en abuferont, & voudront caufer comme du pair & compagnon ; lors mefme qu'on n'en aura pas enuie. Il faut garder ces careffes pour vne bonne occafion. Ie n'ay point veû qui

Exemple du Duc de Sauoye.

fceuft mieux s'en feruir & auec plus d'adreffe que le Duc Charles Emanuel de Sauoye; lors qu'on eftoit preft à donner vn combat il alloit luy mefme à la tefte, fuiuant les rangs; nommoit par leur nom ceux qu'il cognoiffoit ; s'ils auoient autrefois fait quelque bonne action il les en loüoit deuant tous, leur touchoit la main, les embraffoit felon leurs qualitez, leur promettoit des prefens & des charges ; ce qu'il faifoit en effect apres l'action, publiquement deuant toute l'armée. Autrefois où il voyoit quelque bonne trouppe de foldats affemblez il parloit à ceux qu'il connoiffoit, leur iettoit quelque piftole en paffant, gardant tonjours la maiefté de Prince par ces careffes : il attiroit tellement leur amitié, qu'il n'y auoit peril auquel ils ne s'expofaffent pour l'amour deluy : & c'eft le vray moyen de gagner les François, dans la grauité leur monftrer quelque amitié, & la reconnoiffance de leurs bonnes actions, & comme ils ont le cœur haut : ceux qui n'ont pas merité tafchent par émulation d'égaller ou paffer leurs compagnons ; i'ay rapporté cét exemple parce qu'il peut beaucoup feruir. En fin ie diray que pour regir les François, il faut eftre feuere à faire obferuer les Ordres, & au chaftiment, & ne relafcher iamais rien de la bonne difcipline, hors de là leur eftre courtois aux occafions, les piquer d'honneur, & apres l'action, les reconnoiftre par la recompence.

Ie prieray le Lecteur de m'excuser, de ce que ie mets le discours Excuse de l'Autheur.
qui suit des mœurs de quelques autres Nations, il seruira de diuertissement aux curieux, encore que superflu en France, n'ayant
pas aucune communication auec les Nations Esclauone, Gre-
que & Turque, parce que i'ay habité quelque temps en ces païs là,
conuersé auec eux, veû leurs mœurs & leurs coustumes, & appris leurs langues, i'en diray quelque chose.

Les Esclauons, ou comme eux disent, Slauons, c'est à dire Esclauons.
honorables, autrement Dalmatins, anciennement Illiriens, con-
tiennent plusieurs Prouinces, dont la Croatie en est vne, & de
celle-là on appelle tous ceux qui sont aux armées de nos ennemis,
Croates; ils sont gens fort rustiques, sans ciuilité ny culte, &
presque sans police (i'entens ceux des champs, car dans les villes
ils sont fort polis;) ils viuent fort sobrement, ou plustost au-
sterement; leur manger ordinaire est du ris, & des laitages, & de
l'eau, ou du vin quand ils en ont; leurs festins sont vn quartier de
mouton rosty; les mieux couchez sont sur des fueilles d'arbres;
ne portent point de chemise, les femmes iusques à la ceinture seulement; couchent la plus part du temps en campagne pour garder le bestial; sont fort endurcis au trauail, tant par mer que par
terre, à pied & à cheual; sont cruels contre leurs ennemis, &
lors qu'ils se sont enyurez à leurs Festes, qu'ils appellent *Kermes*,
ils font des querelles, & s'entre-tuënt à coups de haches, qu'ils
appellent *Bradua*, & les dardent de dix pas loing auec vne grande adresse, ou à coups d'harquebuses à bout portant; sont grands
larrons; les voitures ne sont point assurez les vns des autres; sont
fort deffians; peu capables de raison, car ils n'en entendent point
d'autre que ce qu'ils se sont proposez. Il seroit fort difficile de
donner autre discipline à ces gens-là, que celle qu'ils ont accoustumé; ils sont bons pour trauailler vne armée, car ils sont infa-
tigables, eux & leurs cheuaux, iour & nuit, & patissent la faim
& la soif; se nourrissent de peu de chose; aucune incommodité ne
leur semble estrange, parce qu'ils y sont nez; ils ne soustiendront
iamais vn combat asseuré, mais tirent leur coup de loing, ou en
fuyant, puis s'escartent tous, & derechef se r'allient, parce qu'ils
ont leurs cheuaux fort maigres & vistes; ils leur font porter la teste
haute, parce qu'en se battant ils baissent leurs corps, & en sont
couuerts. Si on branle deuant eux, ils poursuiuent & tuënt tout
sans remission; à pied ils ne valent rien; en mer ils sont assez bons, Comme ils doiuent estre gou-
uernez.
parce qu'ils rament & combattent. Qui veut auoir de ces gens, il
faut qu'il les laisse se regir d'eux mesmes à leur mode, & qu'il ne

Q iij

s'en feruc que pour harceler des armées, faire des courses, & gafter vn Païs, & quand on a l'aduantage à leur laiffer acheuer la deffaite.

Les Grecs. Les Grecs n'ont plus rien de refte de leur ancienne valeur, ils n'ont que l'habilité de l'efprit,& les vices qu'ils ont gardé,la tyrannie du Turc qui a affubietti tous le païs leur a auily le courage; ce font gens fort adonnez aux plaifirs,ils ne veulent point trauailler, font inconftans, meffians, rufez, n'ont point de parole ny de foy, font flatteurs; & à ceux de qui ils peuuent efperer quelque chofe, ils font toutes fortes de complaifances & de foubmiffions: qui ne veut pas eftre trompé d'eux, qu'il ne s'y fie pas: ils ne font point courageux, & encore qu'armez iufques aux dents ils n'auront point l'affeurance d'attendre vn homme qui les affrontera refolument en pourpoint l'efpée à la main. Aux armées ils s'accouftument facilement aux couftumes des autres, & prennent telle inftruction ou difcipline qu'on leur voudra donner ; ils obferuent affez exactement les ordres, & font fort obeiffans & refpectueux aux Chefs ; font fort artificieux pour fe faire accroire vaillans, & forcent mefme leur naturel, lors qu'ils font en gros auec d'autres, & qu'ils croyent qu'il eft neceffaire de fe battre : fe nourriffent de peu de chofe, mangent de tout. On dit que fi on met vn Grec & vn Afne fur vn efcueil, l'Afne mourra pluftoft de faim que le Grec, car il mangera de toute forte de racines, de toute forte de poiffons à efcaille, & de tout ce qui peut-donner nourriture, & neantmoins quand ils ont dequoy ils aiment à faire bonne chere; ils peuuent feruir dans vne garnifon, parce qu'ils s'accommodent à tout, & en fin font comme les autres.

Les Turcs. Les Turcs participent des Grecs & des Efclauons, felon que leurs Prouinces font proches de l'vn ou de l'autre ; font fort rufics, fans ciuilité ny courtoifie ; barbares contre les eftrangers : ils fe corrompent facilement pour de l'argent, & n'y a point de nation plus venale que celle-là, & n'eftoit la crainte qu'ils ont des chaftimens, ou pluftoft cruels tourmens qu'on fait fouffrir à ceux qui manquent, ils vendroient & trahiroient leurs Maiftres & leurs plus proches parens. Ils font entr'eux mefmes toufiours en deffiance, ne viuent pas plus delicatement que les Efclauons. Aux armées ils portent du riz ou de la farine, & les plus delicats quelques chairs falées, dequoy ils fe nourriffent long temps, & les mangent cruës ; le vin leur eft deffendu, neantmoins ils s'enyurent lors qu'ils en peuuent auoir ; ils font affez courageux, mais ne font point hardis, n'entreprennent iamais qu'auec auantage, &

en groffes troupes; ils font plus habiles & plus forts à cheual qu'à
pied. Ie leur ay veû faire aucuns exercices à cheual, affez adroits; *Leurs exerci-*
ils fe tiennent tous droits fur vn cheual qui court à toute bride ; *ces.*
dardent vn iauelot en l'air auant eux, & font à temps pour le
prendre en courant auant qu'il tombe; ramaffent en courant vne
flefche qui fera par terre ; fautent d'vn cheual à l'autre, fans mettre pied à terre ; fouffrent fort les incommoditez & le trauail; ils
font nez à cela feulement, & à la guerre, où ils font plus aifes que
dans la paix, à caufe que le païs eft tres-pauure, & ce qu'il y a eft
mangé des Sangiacs ou Gouuerneurs , & des Ianiffaires.

*Aduis de ne tenir dans les places ceux qui viennent du
party contraire.*

Chapitre XXVII.

D ANS ce Chapitre ie donneray vn aduis neceffaire, & *Ne fe fier à*
qui deuroit eftre exactement obferué des Gouuerneurs, *ceux du party*
c'eft de ne receuoir iamais dans leur garnifon aucun fol- *contraire.*
dat ou Chef qui vient du party contraire, ou qui eft de
nation ennemie, & principalement en temps de guerre ; s'ils
ont enuie de feruir qu'ils s'en aillent aux armées, & non pas dans
les places. Il faut toufiours fe défier de telle forte de gens ; car
encore qu'ils n'ayent pas mauuaife intention ils peuuent l'auoir :
Et qui eft celuy qui peut lire dans leurs cœurs ? on ne voit iamais
perfonne changer de party fimplement, parce qu'il a plus d'inclination à l'vn qu'à l'autre, il faut que ce foit ou pour quelque mef-
contentement qu'il ait receu, ou pour l'efperance d'eftre mieux,
tellement qu'ayant fatisfaction de l'vn, ou ne rencontrant pas
l'autre il s'en retournera d'où il eft venu, & vous fera beaucoup
de dommage s'il vous en veut faire : outre qu'il eft bien fafcheux
d'auoir des perfonnes aufquelles il femble qu'on foit obligé de
continuellement complaire, ou bien eftre en perpetuelle defiance ; s'ils ont fi bonne volonté pour noftre party qu'ils portent
les armes autre part où les efpions & les traiftres peuuent faire moins de mal. Quant à ceux qui font de nation ennemie,
ce feroit chercher fon mal-heur de les receuoir ; car quelque
fujet que ce foit qui les ait contraints à s'en venir à noftre party,

il ne peut iamais eſtre ſi puiſſant que l'inclinatiõ qu'on a pour
ſa Patrie, les mouuemens & paſſions violentes ſont accidens, mais
l'amour de la Patrie eſt eſſentiel, l'vn ſe paſſe, l'autre ne peut
s'effacer : quelle haine qu'on ait conceuë contre ſon païs n'eſt
iamais ſi forte qu'il n'y reſte encore quelque reſſentiment de
ſa naiſſance. Il n'y a perſonne qui n'ait quelque intereſt ou du
bien, ou de famille, ou de parenté dans ſon païs, il n'eſt pas poſſible qu'il oublie tout cela, & que quelquefois il n'ait enuie d'y
retourner ; s'il taſche de leur nuire c'eſt afin de ſe vanger, & qu'ils
cognoiſſent combien il leur eſtoit vtile eſtant chez eux, & dommageable eſtant chez les ennemis : toutes les fois qu'on voudra le
contenter il ſera rauy de s'en retourner ; & bien que le ſujet qui

l'a meu à quitter ſemble en apparence fort grand, qui peut ſçauoir s'il eſt faint ? celuy qui veut faire vn bon coup, s'il a de l'eſprit il doit auoir diſpoſé tout ce qui peut faire accroire à l'ennemy que ſa fuite eſt raiſonnable. Si nous liſons dans les Hiſtoires
que Zopyrus s'eſt fait couper les oreilles, défiguré le viſage, qui
ſe fiera iamais aux pretextes qu'on portera de ſon changement ?
Aux fautes où il n'y a point de remede, & qui nuiſent à tout vn
Eſtat, l'excuſe de dire, qui l'euſt creu, ne nous exempte pas du chaſtiment, il faut touſiours ſe défier de ce qui peut eſtre. Mais parce qu'il importe de receuoir les perſonnes qui viennent du contraire party on tiendra vn milieu ; c'eſt que d'abord on leur fera

bon accueil, on les conſolera de leur diſgrace, on leur fera eſperer mieux qu'ils n'auoient chez eux, & apres ces diſcours communs on les interrogera ſur tout ce qui peut ſeruir, & en tirera
toutes les cognoiſſances qu'il pourra : les iours qu'il les tiendra
dans ſa place il ne leur laiſſera rien voir ny communiquer qu'a-
uec ceux qu'il ſe fie. Apres cela ie ne voudrois pas les tenir dans
vne place frontiere ou de conſequence, mais les enuoyer dans
quelque autre plus auant dans l'Eſtat : s'ils propoſent quelque entrepriſe auantageuſe il faut bien meurement peſer ſi elle eſt faiſable auant que s'en fier ſur leur ſimple rapport, & bien qu'on les
tienne pour oſtages, & qu'on les menace de leur oſter la vie, leur
mort ne reparera pas voſtre perte, & il y en a qui ſe hazardent à
faire des propoſitions trompeuſes ſouz l'eſperance qu'ils ont d'eſ-

chapper : il eſt fort dangereux de ſe fier à vn qui change de party, & de croire à vn traiſtre, les exemples de ceux qui ont eſté
trompez nous doiuent rendre ſages.

Des

Des payemens des Soldats.

CHAPITRE XXVIII.

I'ESTIME que le Prince qui paye bien les soldats *Le Prince ga-* qui sont dans son païs, gaigne beaucoup ; c'est vn *gne à payer bien* mauuais mesnage lors qu'ils se payent par leurs *les soldats qui* mains, ou qu'on les laisse viure à leur discretion, le *font dans son* *païs.* degast qu'ils font aux païs dans vn iour importe beaucoup plus que le payement de plusieurs mois: outre qu'estans abandonnez à cette licence ils perdent le respect & l'obeïssance *Faut payer* qu'ils doiuent à leurs Chefs, & se mocquent de tout ordre & dis- *ceux qui sont* cipline, & au bout du conte ils se treuuent aussi miserables que *dans les garni-* ceux qu'ils ont ruinez. Il semble qu'il soit plus à propos de payer *sons.* le moins qu'on pourroit les armées qu'on a aux païs estrangers, parce que l'argent n'en reuient iamais; si fait bien de celles qui sont dans l'Estat, parce que l'argent que le Roy donne au soldat, va au païsan ou au bourgeois, & ceux-cy le rendent au Roy, telle- ment qu'il ne fait que rouler, & vn mesme fonds pourroit seruir pour tousiours, & par ainsi on empescheroit le desordre & la rui- ne des païs. Ie sçay bien que ceux qui portent les armes dehors diront qu'on doit bien auoir plus de soin de ceux qui sont en païs estrangers, où ils n'ont aucune commodité : mais en ma propo- sition ie considere l'auantage du Prince, & non pas l'interest du particulier. Ie n'approfondiray point dauantage sur ce sujet, car il faudroit y rapporter beaucoup de considerations que ie laisse. Dans les garnisons on peut bien ne les payer pas, mais on ne peut pas les faire viure de cette sorte ; car dans peu de iours ils au- roient vuidé tout ce qui s'y treuueroit. C'est pour bien tost faire perdre vne garnison & la place mesme, de la laisser sans payement. Le soldat ne peut pas viure du pain seul, & n'ayant pas où pico- rer, ou il faut qu'il s'enfuye, ou qu'il vole l'habitant ; c'est pour- quoy il semble qu'on doit auoir esgard de donner aux garnisons au moins dequoy pouuoir viure & subsister. Ie diray icy com- me on deuroit faire les payemens ; i'estime qu'il seroit fort raison- *Raisons pour-* nable que le Gouuerneur receust l'argent ; qu'il le distribuast aux *quoy le Gou-* Capitaines, & les Capitaines aux soldats, pour plusieurs raisons. *uerneur deuroit* Premierement, parce qu'il n'y a personne qui puisse mieux sça- *faire le paye-* *ment des sol-* *dats.*

R

uoir le nombre des soldats effectifs que le Gouuerneur. Par apres qui est celuy qui a plus d'interest à la conseruation de la garnison & à la maintenir forte, que le Gouuerneur: il semble aussi que les soldats reconnoissent & aiment dauantage les Chefs lors que c'est eux qui les payent, & ils croyent leur auoir l'obligation du paye-ment: & de mesme les Capitaines le receuant du Gouuerneur, ce sera tousiours vn motif pour les tenir dauantage en respect. En fin le Gouuerneur & les Capitaines doiuent auoir soin de faire œconomie pour les soldats, & particulierement pour les François qui n'ont aucun soucy dequoy ils viuront le lendemain ; & le plus souuent le mesme iour qu'ils reçoiuent leur montre, la iouënt ou mangent, sans considerer ce qu'ils feront le reste du mois, ny dequoy ils s'habilleront ; c'est pourquoy les Chefs estans asseurez de receuoir leur argent, leur feroient des prests toutes les semaines, ou deux fois la semaine, ou tous les iours, leur don-nant autant qu'il est necessaire pour leur viure, & leur en tien-droient conte. A la fin du mois ils feroient leurs décontes, leur faisant acheter de ce qui leur resteroit, habits, souliers, linge, ou ce qu'ils auront besoin. Ce seroit vn tres-bel ordre s'il pouuoit

Raisons pour-quoy les Gou-uerneurs ne doi-uent manier l'argent des sol-dats. estre fidellement obserué; mais comment se sçauroient tenir, les Gouuerneurs & les Capitaines de prendre pour eux l'argent des soldats, & de ne tenir que la moitié ou le tiers de la garnison ; puis qu'auec toutes les circonspections qu'on y peut apporter, des Payeurs, Commissaires ordinaires, & extraordinaires, Con-trolleurs, & autres Officiers ; ils en ont encore tousiours la plus grande partie, & iusques à cette heure on n'a iamais pû treuuer le moyen d'empescher les passe-volans, & demy payes. Ie vou-drois demander aux Alchimistes qui separent le sel, le souffre & le mercure de l'or, s'ils n'y ont iamais treuué cette glû, qui fait que tous ceux qui manient l'or il se prend à leurs doigts. Il est fort rare de treuuer quelqu'vn à qui on baille le maniement de l'argent sans en rendre conte, qui ne face la plus grande part pour soy ; c'est pourquoy si on le donnoit à distribuer aux Gouueneurs & aux Capitaines, ce seroit leur faire perdre leur garnison, car pour accroistre leur bourse, ils diminuëroient tous les iours le nombre des soldats ; parce que la consideration de l'interest leur est plus forte que toutes les autres.

Passe-volans & demy payes, pourquoy preiu-diciables. Ceux qui exposent les passe-volans & les demy payes aux mon-tres s'excusent, disant que ce sont gens effectifs, & qu'encore qu'ils ne leur donnent pas l'argent du Roy, ils ne laissent pas d'e-stre dans la place, & qu'au besoin ils seroient aussi bien à la deffence comme les soldats qui reçoiuent la monstre tous les mois : cette raison n'est pas fort pertinente, parce que les passe-volans ne sont pas obligez à demeurer dans la place, ny seruir. Les demy payes occupent la place d'autant de soldats ; parce qu'estans habitans on a la pluspart de la garnison de ces gens-là : & si au lieu c'estoient des soldats on auroit l'vn & l'autre, outre qu'il faut les exempter des factions, & par ainsi la garde en est plus foible, ou les autres ont plus de peine.

En fin pour ce qui est des payemens & des monstres, ie croy que tant plus on y met des Officiers pour y prendre garde, que c'est tant pis, parce que chacun y veut auoir sa lippée, & qu'en fin tout se corrompt : & au lieu qu'il n'y auroit qu'vn qui mangeast, il y en a plusieurs ; c'est pourquoy on n'a que faire de se rompre la teste à chercher vn ordre sur ce qu'il n'y en a iamais eu. C'est la coustume ou le mal-heur general que iamais on ne peut sçauoir le conte iuste, ny des armées, ny des garnisons : & encore qu'on en defalque vne grande partie de celuy qu'on porte dans les rolles : apres tout cela on y treuue du mesconte, & cela est plus insupportable lors qu'il se fait en temps de guerre, & dans les places frontieres, ceux qui sont de ce nombre sont fort blasmables. Celuy qui cherira son honneur & sa reputation, & qui aimera sa place ne fera iamais cela, mais au lieu d'en prendre dans le besoin en fournira plustost du sien : & ceux qui sont bien zelez au seruice du Roy, engageront plustost tout ce qu'ils auront que de permettre que leur garnison s'affoiblisse & se perde à faute d'assistance.

***

Du gouuernement des Habitans.

CHAPITRE XXIX.

LE Gouuerneur qui est dans vne grande ville, où il n'y a ny citadelle ny forte garnison, peut estre comparé aux Princes des Republiques, qui n'ont que le nom de la Souueraineté, & du Gouuernement, & en effect ne sont pas plus puissans que les autres : & encore qu'ils y soient establis par le Roy, & qu'ils y representent sa personne, ils sont comme vn portrait, ou vne statuë comparée à la personne qu'elle represente : neantmoins ils doiuent tascher de conseruer le plus qu'ils peuuent l'apparence de l'authorité, de laquelle ils ne peuuent auoir autre chofe que ce qu'ils acquierent par leur adreffe, & leur efprit, & par leur bonne conduitte.

Vn Gouuerneur doit acquerir l'eftime.

La premiere chofe qu'il doit tafcher à gagner c'eft l'eftime, & qu'on le croye habile homme, d'integrité, & d'authorité : le premier abord fera par la douceur, & leur dira qu'il n'eft point venu, pour introduire aucune noueauté, ny pour corrompre leurs ordres, ny pour diminuer leurs priuileges : au contraire que c'eft pour les faire obferuer & confirmer dauantage ; qu'il veut viure vnanimement auec eux ; qu'il ne veut rien eftablir, que ce qui fera de leur confentement. Mais qu'il fçait bien qu'eux & luy-mefme n'ayant autre but que le feruice du Roy, il luy fera fort aifé à leur perfuader fes propofitions, puis qu'il n'a point deffein d'en propofer d'autres que celles qui y tendent ; qu'il eft affez informé combien ils y font zelez, & que les priuileges qu'ils ont obtenu confirment affez leur obeïffance ; que puifque le Roy leur laiffe leur ville fous leur foy, c'eft parce qu'il les a connus toufiours tres-prompts à executer fes volontez, & tres-fidelles à leur Patrie ;

Par quels moyens.

il les louëra apres en particulier, exaltant la bonté de leurs mœurs, les reglemens de leur police, & leurs ordres, & le foin qu'ils ont de les obferuer. Il fera tous ces difcours, non feulement en public, mais encore à vn chacun en particulier ; qu'il receura auec douceur & grauité, leur tefmoignant que comme particulier & hors de fa charge, il les feruira en toute forte d'occafions, & qu'ayant à viure long temps auec eux il ne defire rien tant que d'auoir l'amitié de tous; à vn chacun il luy donnera fa loüange; s'il a quelque vertu de laquelle il fe pique, il dira comme il la poffede dás vne haute perfection, & qu'il eft rauy d'auoir l'amitié d'vne perfonne de tel merite. Il n'y a rien qui attire & qui nous rende plus amis que les loüanges; car nous croyons que celuy qui nous loüe, nous a en eftime, & a inclinatió pour nous; il nous femble qu'on nous donne quand on nous rend ce que nous croyons nous eftre deub ; il fera cela à temps, & felon que les occafions fe rencontreront: pour bien manier tout cela, il faut que d'abord il gagne quelqu'vn de ceux qui font ordinairement dans les villes; qui fçauent toutes noueelles, & qui connoiffent tout le monde; il luy fera fort aifé, car de foy ils s'introduifent affez, & ne cherchent qu'à eftaller, & faire voir leur marchandife ; de ceux-là il fçaura comme tous fe comportent; quelles font leurs inclinations, & quelle eft leur vie; s'il ne treuue pas de ces gens-là, par la conuerfation il le fçaura, parce que l'vn le dira de l'autre, & il faut qu'il remarque tout. Ce

n'eſt pas tout , il faut apres cela ſe comporter auec grauité , ne fai- *Comme il ſe doit comporter.*
re que des actions de vertu , & de iuſtice , & par l'exemple de ſa
vie gagner le cœur de tous; les bons aiment la vertu , & les meſchans ſont forcez à l'admirer , afin de ne paroiſtre pas tels qu'ils
ſont : Lors que la force manque c'eſt le vray moyen de ſe faire
obeïr que de gagner l'amitié de tous; ce qui a faict les premiers
Souuerains n'a eſté autre choſe qu'vne conformité de volontez *Ce qui a fait les premiers Souuerains.*
en l'eſlection d'vne perſonne , à laquelle ils ont donné le pou-
uoir de les regir , laquelle conformité a eſté fondée ſur l'eſtime
qu'ils ont eu de la vertu & probité de cette perſonne , & ſur
l'amour & le reſpect qu'ils ont porté à la vertu, c'eſt le plus aſſeuré fondement qu'on peut chercher pour s'eſtablir dans vn Gouuernement libre.

Si celuy - là ne reüſſit pas aſſez , il taſchera de diuiſer les habi- *Autres moyens.*
tans en partis ou factions, ſeulement entr'eux. Ordinairement par
toutes les villes libres , il y a touſiours quelqu'vn qui veut tenir
le haut bout , & quelqu'autre qui le contre-carre; il entretiendra *Entretenir les partialitez.*
ſouz main ces partialitez, teſmoignant amitié à l'vn & à l'autre, &
qu'il ſeroit fort aiſe qu'ils veſcuſſent auec plus d'vnion : cependant
lors qu'il entretiendra l'vn d'iceux en particulier, faiſant ſemblant
de raconter les plaintes de l'autre, il laiſſera aller quelque choſe
qu'il ſçaura qui pique celuy-cy, & quelque reproche veritable que
l'autre aura fait de ſa vie ; il dira cela comme s'eſtonnant que cela
puiſſe eſtre , & qu'il ne l'a point crû : celuy-cy ne manquera pas
à declamer contre l'autre : & vne autre fois qu'il conferera auec celuy-là , il luy fera le meſme diſcours , & donnera touſiours le tort
à l'ennemy de celuy à qui il parle, & dira qu'il procede vn peu
aigrement , & qu'il ne ſçait que dire là deſſus , & qu'il a iuſte raiſon de s'offencer, mais qu'il ſeroit bien aiſe que cela ne procedaſt *Pourquoy.*
pas plus auant , & qu'ils oubliaſſent ce qui eſt paſſé , mais auec
tout cela il n'en donnera iamais les moyens ny la concluſion ; cela ſert parce qu'en toutes les propoſitions qu'on fera , ils ne pourront pas faire des cabales tous enſemble, pour les faire paſſer, &
s'oppoſer au Gouuerneur : comme auſſi des propoſitions qu'il ne
voudra pas qui paſſent il les laiſſera diſputer , & ne les decidera
pas ; car touſiours ils ſeront contraires. Dans les choſes douteuſes
ils aimeront mieux deferer à l'opinion du Gouuerneur, que de ceder l'vn à l'autre ; s'il ſçait bien manier les deux partis, il les aura
tous deux touſiours infailliblement pour luy.

Apres qu'il ſe ſera eſtably, il reformera peu à peu les deſordres *Faut qu'il re-forme les deſordres.*
qu'il treuuera dans les gardes , & dans la police , & en croiſſant

d'authorité il connoiſtra les fautes, & ordonnera les chaſtimens: ſi quelqu'vn branle pour s'oppoſer, il fera eſclatter l'authorité du Roy, & le pouuoir qu'il luy a donné; repreſentera que celuy-là veut troubler l'vnion qui eſt entr'eux, & faire perdre la bonne opinion que le Roy a touſiours eu de leur conduitte; qu'il s'en remet à l'Aſſemblée, & qu'on ne doit point ſupporter cette inſolence: que ſi on ne luy en fait raiſon, qu'il en eſcrira en Cour. Le Gouuerneur ne doit iamais démordre ny reculer de l'authorité qu'il s'eſt acquiſe; car il eſt dangereux que s'il en relaſche vn point qu'il ne perde tout: auſſi qu'il prenne garde de ne rien faire qui ne ſoit raiſonnable; car ils prendront aſſeurément là deſſus leur aduantage au moindre meſcontentement qu'ils auront.

Ne doit ſe relaſcher.

Pour ce qui eſt des gardes; & de la conſeruation de la ville il y doit auoir l'œil, & y eſtre fort exact, leur faiſant connoiſtre que c'eſt pour eux qu'il trauaille, & qu'ils y doiuent contribuer à maintenir les ordres, & à chaſtier ceux qui y manquent.

Reglera les gardes.

Il fera de meſme dans la Police, oſtant tous les abus qui s'y ſeront introduits, & eſtabliſſant les reglemens qu'il iugera iuſtes & neceſſaires.

Et la Police.

Lors qu'il y a forte garniſon dans ſa place, il n'a affaire de toutes ces complaiſances, ny de ces ſtratagemes pour ſe faire obeïr; il leur declarera ſimplement le pouuoir qu'il a du Roy, de commander dans la place; d'y eſtablir ce qu'il iugera neceſſaire, & oſter ce qu'il treuuera ſuperflu; leur commandera de luy donner le nombre des Bourgeois, & de ceux qui portent les armes; combien de ceux-là peuuent entrer en faction ordinaire; quelles armes ils ont: & pour en eſtre aſſeuré il les fera mettre en armes, & paſſer en parade; s'ils ne ſçauent pas manier les armes il leur fera apprendre: à ceux qui n'auront pas d'armes, il leur commandera d'en auoir, & vne certaine quantité de munitions; viſitera les magazins, & Arcenals; verra les munitions qu'il y a, tant de guerre, que de bouche, tous les outils, & autres prouiſions; ſe fera monſtrer les armes publiques: premierement toute l'artillerie, & les affuſts qu'ils ont de reſerue, & tout ce qui eſt de leur appartenance; les mouſquets, les piques, & autres armes; ſi elles ſont mal tenuës, les reprendra de leur negligence; leur commandera de les mettre par ordre, & de les nettoyer; ne ſe contentera pas de voir ce qui y eſt, mais auſſi ſe fera rendre conte de ce qui y doit eſtre, & ſe fera eſclaircir de ce qu'ils ont receu, & comme ils l'ont manié: ce qui leur manquera, il leur ordonnera de s'en pouruoir

Ce qu'il doit faire ayant forte garniſon.

Viſites qu'il doit faire.

au pluſtoſt, ou ſi c'eſt le Roy qui le doit fournir, il ſollicitera pour l'auoir ; il fera le tour de ſa place, pour voir en quel eſtat ſont les choſes que les Bourgeois ſont obligez de maintenir ; ſçauoir les portes, pont-leuis, herſes, barrieres, paliſſades, & tous les Corps de garde ; les chaiſnes qui ſont par les ruës ; les murailles, & leurs parapets ; les guerites des ſentinelles ; les ramparts ; le creuſement des foſſez ; l'entretien de la Maiſon de ville, du logis du Roy, & du Gouuerneur, s'il y en a : tout ce qui manquera de ces choſes qui ſera rompu ou gaſté, il leur fera reparer. *Ce que les Bourgeois doiuent reparer.*

Apres cela il verra l'ordre qu'ils tiennent pour les gardes, rondes, & ſentinelles, pour l'ouuerture & fermeture des portes, aux alarmes, & pour la patroüille ; ſi c'eſt eux qui la font ; s'ils vont trop peu en garde, il fera augmenter le nombre, & contraindra ceux qui s'en voudront exempter ; reformera tous les abus qu'il y treuuera, & eſtablira les ordres qu'il iugera neceſſaires ; diſtribura les quartiers, & les logemens pour la garniſon : comme auſſi pour leurs vtenſilles, ſelon la couſtume ; fera donner le taux aux viures, le tout auec iuſtice, que les vns ny les autres n'y ſoient intereſſez. *Donnera les autres ordres.*

Il fera faire garde deuant ſon logis, & les Corps de garde qu'il donnera au Bourgeois, il les mettra aux lieux moins dangereux, & moins importans. Ie ne voudrois pas qu'ils en euſſent dans la place, parce que c'eſt le rendés-vous de toute la garniſon : comme auſſi il me ſemble qu'il n'eſt pas à propos qu'ils faſſent la patroüille ; parce qu'il eſt auſſi neceſſaire que les ſoldats la faſſent, & ſe rencontrans ils auront touſiours quelque choſe à démeſler. *Garde deuant le logis du Gouuerneur.*

Ils ne s'aſſembleront ny ne reſoudront aucune affaire d'importance dans la Maiſon de ville, ſans y appeller le Gouuerneur, auquel ils défereront, comme à la perſonne qui repreſente le Roy, & ne leur permettra de rien conclure, encore qu'il y ait plus grand nombre de voix ſur les opinions qu'il croira n'eſtre pas de l'vtilité publique, ou du ſeruice du Roy. *Le Gouuerneur doit eſtre appellé aux Aſſemblées.*

S'il voit qu'entr'eux ils veulent faire quelque faction ou cabale, il s'y oppoſera, & la rompra : meſme s'il y voit de la meſchanceté & de la perſeuerance, il fera chaſtier les autheurs, & les complices.

Il receura toutes les plaintes des habitans & des ſoldats, tant pour ce qui concerne la milice, comme pour la police ; decidera ſur le champ celles qu'il iugera à propos, les autres il les renuoyera à la Iuſtice ordinaire. *Eſcoutera & decidera les differens.*

Nous ne dirons pas icy les ordres qu'il doit establir pour l'affeurance de la place , parce qu'il nous en faudra parler autre-
part.

Ce qu'il doit
faire où il y a
citadelle.

Lors qu'il y a vne citadelle dans la place , il ne fera ny plus ny
moins que ce que nous auons dit , car depuis qu'il aura rangé les
habitans à leur deuoir , & qu'ils feront obeïſſans , il n'en doit
point demander dauantage ; car les citadelles ne font que pour
cela, & non pas pour tyrannifer.

Il y en a qui s'imaginent que là où il y a des citadelles on a toute licence de violenter les peuples, encore que vrais fubiets du Prince; ce qui n'eſt aucunement de l'intention, & de la fin pour laquel-
Pourquoy font
faites les cita-
delles.
le on les fait baſtir. Les citadelles s'eſtabliſſent aux villes frontieres qui font trop grandes, parce qu'il y faudroit trop grande garnifon pour les garder en temps de paix , & en temps de guerre;
s'il falloit les pouruoir toutes des foldats qui feroient neceſſaires
pour leur deffence, y en ayant pluſieurs dans vn Eſtat, ce feroit
vne defpence infupportable ; c'eſt pourquoy on fe reduit dans vn
moindre contour où on tient peu de garnifon capable de deffendre ces lieux , & d'aſſeurer la ville : parce que tandis qu'on tient
la citadelle , les ennemis ne peuuent pas eſtre maiſtres de la ville :
& pour cette raifon elles font exrémement neceſſaires à toutes les
places qui font de cette forte : on les fait auſſi aux places qu'on a
fubiuguées, dans lefquelles le Gouuerneur & la garnifon font
fort mal aſſeurées, & en perpetuelle crainte d'eſtre tous efgorgez
de nuit, & faut fe contregarder autant de ceux de dedans comme de
ceux de dehors ; c'eſt pourquoy on fait vn reduit ou citadelle pour
fe ranger là dedans , & pour eſtre en feureté, le Gouuerneur, &
la garnifon : & pour pouuoir conferuer la place, & tenir en fubie-
ction ceux qui ne demandent qu'à fe reuolter. La derniere raifon
eſt lors que les habitans ne veulent receuoir ny Gouuerneur , ny
garnifon, & qu'ils fe gardent negligemment , & par ainſi la place
court fortune de fe perdre , ou lorfqu'ils ne portent pas le refpect
ny l'obeïſſance qu'ils doiuét aux ordres, & à ceux qui font enuoyez
de la part du Roy, ou qu'ils les executent par forme d'acquit, ou bien
qu'ils s'émeuuent , & font des feditions , & qu'ils veulent faire les
maiſtres. Alors on les coiffe d'vne bonne citadelle , qui les rend
fouples, & obeïſſans, aſſeure la place , & leur fait porter le refpect
qu'ils doiuent à leurs Superieurs. Ce font les motifs qui font faire les citadelles , mais là dedans vous ne treuuez pas qu'on les ba-
ſtiſſe , afin que les Gouuerneurs faſſent des violences ; qu'ils ty-
rannifent les Bourgeois ; qu'ils pillent leurs biens ; qu'ils forcent

leurs

leurs femmes; qu’ils mettent des contributions, ny pour d’autres chofes femblables qui font contraires à la volonté & au feruice du Roy, & qui ne font qu’irriter les peuples, & faire haïr le
Prince & la Nation. C’eſt aſſez qu’on les mette à la raiſon ; qu’on
leur face faire les choſes iuſtes & neceſſaires, le Roy ſe contente
d’auoir l’obeïſſance & l’aſſeurance de la place.

Dans les places de guerre, on obſeruera l’ordre des citadelles, parce que les habitans ſont peu en nombre, & ne font
point de corps, on les tient tous, & ſont gouuernez comme les
ſoldats. *L’ordre qu’on doit tenir dans les places de guerre.*

Quand c’eſt vne place conquiſe, & qu’il n’y a point de citadelle, il faut neceſſairement auoir vne forte garniſon, & le Gouuerneur doit auoir vn ſoin & vne vigilance extraordinaire, comme ayant l’ennemy chez luy, & l’attendant encore dehors : il faut
qu’il ſe garde des habitans, aſſeure ſa perſonne, ſa garniſon, &
ſa place : pour faire tout cela il ne faut pas que le Gouuerneur ſoit
ny mal habile, ny peu hardy. *Aux places conquiſes où il n’y a pas de citadelle.*

Le premier Chef par où il doit commencer, c’eſt d’eſtablir ſa
garniſon ſi elle ne l’eſt pas ; comme s’il y entre tout auſſi toſt apres
que ſa place eſt priſe, il ſe ſaiſira de tous les Corps de garde, des
portes, des baſtions, de la Maiſon de ville, de l’Arcenal, & de
tous les autres lieux où il pourroit aſſembler & faire deffence. En
meſme temps il eſtablira ſes gardes par tous ces lieux, aſſeurant
tous les Corps de gardes auec des fortes paliſſades qu’il fera au deuant, & tout autour s’il eſt neceſſaire. Il en fera tout autant deuant
ſon logis, qu’il choiſira le plus fort & le plus proche de la grande place, & fera fermer toutes les auenuës auec des barrieres ; fera
griller les feneſtres, renforcer les portes, & logera dans les maiſons voiſines les principaux Officiers de ſa garniſon, & rendra
tout le contour de ſa maiſon bien gardé, & le plus fort qu’il luy
ſera poſſible. Apres cela il fera publier à ſon de trompe, ou fera
battre le tambour, à ce que les habitans ayent à apporter chez le
Gouuerneur, ou dans l’Arcenal, toute ſorte d’armes qu’ils ont dans
leurs maiſons, de quelle façon qu’elles ſoient, iuſques aux eſpées,
& poignards ; comme auſſi tous les fourminems, bandoüilleres,
charges, & autres appartenances, & toute la poudre & munitions
de guerre, ſans rien reſeruer ny cacher, & cela dans tout le iour ſans
autre delay, à peine de la vie. Le lendemain il fera la viſite par tout
fort exactement, cherchant iuſques dans les caues, & greniers,
faiſant ouurir les cabinets, coffres, & garderobes, & tous les autres lieux où on les pourroit cacher. Il n’oubliera pas de la faire

Comme il doit gouuerner ceux-là.

Fera porter toutes les ar-mes à l’Arce-nal.

Viſitera par tout.

S

auſſi dans les Conuens, toutefois ſans tumulte ny ſcandale, n'y laiſſant entrer que quelques perſonnes diſcrettes qui ne faſſent aucun deſordre que chercher ſimplement, s'il y a des armes cachées. Il ne faut pas treuuer cela eſtrange, car nous ſçauons bien que les Moines Eſpagnols, croyent & perſuadent aux autres que de trahir vn François, & l'eſgorger, c'eſt vne ſainte œuure meritoire deuant Dieu; parce que fauſſement ils donnent à entendre que nous ſommes heretiques peruers, & damnez, impoſture malitieuſe: c'eſt pourquoy nous ne deuons pas ny les aimer trop, ny les eſpargner aux choſes qui ſont dans l'ordre, & pour noſtre aſſeurance: s'il en treuue chez ceux-cy, il fera bien de les chaſſer tous hors de la place: car n'eſtans qu'vn corps il faut que tous y conſentent, & on ne ſçauroit leur oſter iamais la mauuaiſe volonté qu'ils ont contre nous, ny s'aſſeurer d'eux, parce qu'ils ſont en corps enſerrez dans vn meſme lieu, où on ne voit ce qu'ils font, ny ce qu'ils conſpirent, ny quelles gens ils introduiſent chez eux. C'eſt pourquoy il me ſemble fort à propos, quand bien on n'auroit pas de ſujet d'en faire naiſtre quelqu'vn pour ſe deſcharger d'vn ſi mauuais meuble, & d'vn outil qui ne peut ſeruir qu'à nous bleſſer: Si on en treuue chez quelqu'vn des habitans, il eſt expedient pour donner exemple luy faire ſubir la rigueur de la Loy; il n'y a point de mal qu'vn periſſe pour en ſauuer pluſieurs. La Iuſtice a deux extremitez, la rigueur & la clemence: en ces commencemens parmy des peuples ſubiuguez il faut eſtre ſeuere, & monſtrer ſon pouuoir: lors qu'on les a rangez dans l'obeïſſance, la douceur ſi on veut. Il ne faut point craindre de pouuoir regir comme on voudra ceux qu'on a pû ſubiuguer: ils n'ont que le deſeſpoir, lequel eſtant accompagné d'impuiſſance ne peut produire d'autres effects que contre eux meſmes. Il n'y a que le changement d'Eſtat qui eſt faſcheux, parce qu'on ſe ſouuient du bien paſſé, & on craint le mal à venir; mais peu à peu on oublie l'vn, & on s'accouſtume à l'autre. Apres qu'il les aura deſarmez, il leur fera publier les ordres qu'il veut qu'ils obſeruent, qui ſeront. Que ceux qui reſtent dans la place, viuront ſelon les loix du Prince nouueau, s'il eſt ainſi porté par la capitulation. Qu'ils n'auront aucun commerce ou correſpondance par lettres ou par tierces perſonnes auec ceux qui ſont du contraire party, ſoient parens, ou amis. Qu'ils ne pourront receuoir aucune perſonne dans leur maiſon pour y loger, qu'ils ne l'ayent preſentée au Gouuerneur. Qu'ils ne pourront achepter ny tenir ſecrettement ou ouuertement aucunes armes ou munitions dans leur logis. Qu'ils ne pourront

Diſcrettement dans les Religieus.

Faut eſtre rigoureux aux commencemens.

Ordre qu'il doit faire publier.

faire aucunes assemblées, soit pour festins, nopces, ou pour autre
occasion que ce soit, de iour ny de nuit, sans en auoir demandé
permission au Gouuerneur. Qu'ils ne pourront marcher de nuit
plus haut qu'vn ou deux ensemble, & ce seulement pour quelque affaire necessaire, dequoy ils seront obligez rendre conte à la
patroüille qui les rencontrera, & seront obligez à porter de la lumiere; en cas d'alarme, se retireront dans leurs maisons; ou s'ils y
sont, ils y demeureront: ceux qui sortiront seront tenus pour ennemis. Le Gouuerneur fera entendre que s'ils pensent faire quelque esmotion ou reuolte, qu'il les perdra tous, & qu'il fera mettre le feu aux quatre coins, & au milieu de la ville; qu'il n'espar-
gnera ny sexe ny aage: & qu'au reste s'ils se tiennent dans leur
deuoir, qu'il ne leur fera ny ne permettra qu'il leur soit fait aucun
outrage ny violence; qu'il fera exactement obseruer la Iustice tant
pour eux comme pour les soldats; que ce qu'il en fait est seulement
pour l'asseurance de la place, de sa personne, & de sa garnison;
qu'il ne fait rien d'extraordinaire, & que les leurs, & tous les gens
de guerre en font autant dans toutes les places qu'ils prennent;
qu'on ne leur fait aucun tort, ny aux biens ny à l'honneur; qu'il
est bien raisonnable & necessaire qu'ils se gardent, car il est fort asseuré qu'ils ne l'aiment pas puis qu'ils le craignent; qu'auec le
temps ils verront que le traittement qu'ils receuront ne sera pas
moins doux que celuy qu'ils auoient auparauant, & qu'ils ne re-
gretteront pas d'auoir changé de Maistre: par ces bons discours,
meslez de menaces & de douceur, il les fera craindre & esperer, &
peu à peu les accoustumera au Gouuernement nouueau, c'est à
quoy il faut tascher, car les peuples qu'on subiugue on pretend
qu'ils soient subiects du Prince, & qu'auec le temps ils soient
comme les autres; c'est pourquoy il ne faut pas les tenir tousiours
en esclauage, si on veut qu'en fin ils nous aiment: les peuples ne
haïssent le commandement estranger que pour la crainte du mauuais traittement, ceux qui les traittent le mieux sont ceux qu'ils aiment dauantage.

Le Gouuerneur aura grand soin que la garde soit exactement
faite; la visitera souuent; fera ses rondes à diuers temps; fera marcher la patroüille toute la nuit, & chastira seuerement ceux qui
manqueront aux ordres. De temps en temps il fera la visite par les
maisons, pour voir s'il y a des armes ou des personnes estrange-
res; s'il permet quelque assemblée ou festin, il ne s'y treuuera iamais, mais fera en sorte que quelqu'vn des siens y assiste, comme
par honneur, ce sera pourtant pour voir ce qu'on y traitte, quel

discours on y tient ; car quelquefois dans le vin on descouure des veritez, qu'on tient autrement fort secrettes ; le Gouuerneur ne marchera iamais que bien accompagné de ses gardes, de ses Officiers ; escoutera les plaintes , & rendra iustice à tous.

S'il y a vne citadelle, il tiendra les mesmes ordres, ny plus ny moins ; car comme nous auons dit, on ne les fait pas pour tyranniser les peuples, mais seulement pour les commander auec asseurance. Il tiendra dedans la plus grande partie des meilleurs soldats, laissant dans la ville la garnison qui est necessaire pour la garder. Mais soit qu'il y ait citadelle ou qu'il n'y en ait pas, ie voudrois

que mes soldats ne fussent point dispersez, & logez separément par la ville, ie les mettrois dans vn, ou deux ou trois quartiers proches des portes, où ie prendrois quelques maisons pour eux seuls sans hostes , & y ferois porter les lits que les habitans seront obligez de fournir, & les autres vtensiles, desquelles les Officiers se chargeroient, & en respondroient , & ferois barrer les portes & fenestres , palissader ou barricader toutes les auenuës, mesme y mettre quelque Corps de garde & sentinelles lors qu'on seroit en soupçon.

Des Gardes de nuit.

CHAPITRE XXX.

POVR bien poser & distribuer les gardes d'vne place, il faut auoir diuerses considerations du nombre des soldats qu'on a, de la situation de la place, de sa fortification, & de sa forme ; de la qualité des soldats ; de la saison ; du temps de guerre ou de paix ; du voisinage de l'ennemy, & du soupçon qu'on a d'estre attaqué.

Quand on a le nombre des soldats limité, on ne peut au plus en prendre que le tiers pour entrer en garde tous les iours , afin qu'ils ayent deux iours de francs, c'est le commun ordre. Mais il faut sçauoir distribuer ce nombre , ayant esgard aux postes qu'il faut garder selon qu'ils sont plus forts ou plus foibles. Premierement il n'y a aucun doute qu'il faut mettre des Corps de gardes à toutes les portes, vn dans la grande place, & pour le moins vn de deux en deux bastions : à ceux des portes il faut qu'il y ait plus de soldats qu'aux autres, car c'est le lieu le plus foible, & qu'on craint

d'eſtre attaqué : s'il y a des entrées de riuieres, à chaque emboucheure il y faut vn Corps de garde ; s'il y a quelque lieu autour de
la place mal aſſeuré, comme pour y auoir des murailles rompuës,
ou baſſes, ou parce que les foſſez y ſont ſecs & comblez, il faut
auſſi les garder. En fin en tous les lieux par où on iugera que l'ennemy peut entrer par vn effort à cauſe des deffauts de la place, il
faut y oppoſer la force des hommes, plus ou moins, ſelon qu'il
eſt mauuais. Le nombre des hommes qu'on mettra à chaque
Corps de garde ne peut eſtre determiné, puiſque nous ſuppoſons qu'il faut le conformer au nombre des ſoldats qu'on a. Mais
afin de ſçauoir ſe regler à peu prés nous dirons ceux qu'on y pourroit mettre : à chaque porte en temps de paix i'y mettrois ſoixante hommes, en temps de guerre cent cinquante, diſtribuez en
trois Corps de garde : au Corps de garde de la place i'en mettrois
autant : aux Corps de garde des baſtions i'en mettrois trente à
chacun, & aux autres lieux à proportion de leur foibleſſe. Vne
place reguliere de neuf baſtions qui auroit trois portes, ie mettrois ſoixante hommes à chaque porte, autant au Corps de garde de la place, & au Corps de garde des baſtions i'y mettrois le
reſte iuſques à cinq cens, qui feront à chacun de ces Corps de garde enuiron trente hommes, & en tout cinq cens hommes, &
pour toute la garniſon quinze cens hommes, qui ſeroit vne garniſon bonne pour vne telle place. On augmenteroit le nombre
de chaque Corps de garde à proportion qu'on auroit plus du to-
tal ; car en temps douteux faudroit dix-huiĉt cens hommes pour
vne telle place, & en cas de ſiege il faudroit doubler ce nombre
pour le moins. Cy-deuant i'ay parlé du nombre des ſoldats qu'il
faut dans vne place, lequel ſe rapporte à celuy-cy, pourueu qu'en
l'vn & en l'autre on entende ſi c'eſt pour la garde ordinaire ou
pour la deffence.

Combien on en doit mettre à chaque lieu.

　　On n'à point accouſtumé de garder le dehors en temps de
paix, car ce ſeroit vne garde inutile, parce que les ennemis ne
peuuent pas mettre des armées enſemble ſans qu'on le ſçache :
apres il faut qu'ils marchent, ce qui ſeroit impoſſible ſans eſtre
deſcouuerts : & quand tout cela ſe pourroit faire ſans qu'on en
ſçeuſt rien, quand ils ſeroient entrez dedans, on feroit mal paſſer
le temps à ceux quis'y voudroient loger, & n'y ayant ny breſche ny
tranchée, ne pourroient eſtre ſecourus ny changez, parce qu'il
faudroit qu'ils deſcendiſſent auec des eſchelles dans le foſſé, & re-
montaſſent de meſme pour entrer dans les dehors ; car il n'y a
point d'apparence qu'ils vouluſſent faire le tout du coſté de la

Dehors ne doi-
uent eſtre gar-
dez en temps
de paix.

Dehors doiuent
estre gardez en
temps de guer-
re.

ville : Et apres tout cela s'ils vouloient prendre la place, il leur faudroit camper, & faire les tranchées, tout ainsi que s'ils ne tenoient rien. En temps de guerre il est bon d'y tenir garde, & particulierement à ceux qui sont fort grands, & fort auancez, comme tenailles, & ouurages coronez, parce qu'alors ils ont armées sur pied, la frontiere est deserte, & n'y a personne par les vilages pour les descouurir : outre que les espions ne peuuent pas aduertir, parce qu'ils sont tousiours en estat d'executer. En fin s'ils estoient dans ces pieces ils s'y pourroient retrancher : & parce que les testes ne sont pas veuës de la place, & couurent l'auenuë de la campagne, ils pourroient facilement les secourir sans faire aucune tranchée, & ouurir le passage pour y entrer. C'est pourquoy on fait ces ouurages fresez, afin qu'ils n'y entrent pas si promptement, & qu'ils fassent bruit : & en temps de guerre on y doit faire garde, non toutefois si forte comme dans la place ; car à la moindre alarme les plus proches qui sont sur les rampars les iront secourir, parce que les ennemis ne sçauroient dans peu de temps descendre dans le fossé, remonter, rompre la frese, & forcer ces ouurages. I'estime que dans chaque tenaille, il suffiroit qu'il y eust quarante hommes : dans vn ouurage coroné le double : dans les demy lunes il ne me semble pas necessaire, pour les raisons que nous auons dites ; qui voudra en pourra mettre quinze ou vingt. Ceux qui sont aux dehors ne doiuent pas auoir l'ordre de la place, mais vn autre mot : nous dirons apres comme il y faudra mettre les sentinelles, & faire les rondes apres.

Pourquoy.

De combien de
soldats.

Aux lieux dif-
ficiles moins de
garde.

Aux lieux qui seront de difficile accez, à cause de leur assiette, comme si d'vn costé il y a quelque haut rocher, on ne mettra point de Corps de garde de ce costé-là, on prendra les sentinelles des autres plus proches ; que si tout le tour de la place estoit de mesme il faudroit moins de garde : seulement ceux qui seroient necessaires pour les sentinelles, & rondes, & quelques vns exempts de faction : le mesme s'entend des lieux qui ont des grands marais inaccessibles, ou qui ont la mer pour fossé, auec des bonnes murailles, & tels autres lieux ; on y doit mettre moins de garde. En recompense aux costez qui sont plus foibles on la renforcera, comme aux lieux où il y a des auenuës couuertes ; qu'il n'y a pas de dehors, qui sont mal flanquez ; que les murailles sont basses, & tels autres lieux.

Ce qu'on doit
faire aux pla-
ces maritimes.

Aux lieux maritimes où l'abord est facile, c'est à dire qu'ils peuuent venir de loin par quelque grand canal, ou lors que c'est vne embouchcure de riuiere, ou quand c'est vn grand port ouuert, &

tels autres lieux, & que la ville n'eſt pas fermée du coſté du port, ou l'eſt auec des murailles foibles, & mal flanquées. Le vray remede, comme nous auons dit, eſt d'y faire vne citadelle, ou bien on fera des forts ſur les auenuës qu'on gardera : mais on prendra garde qu'ils ſoient tellement ſituez, qu'eſtans pris ils ne puiſſent pas nuire à la place : ſi on ne peut pas tout cela, il faut tenir garde de grands batteaux, ou de vaiſſeaux de guerre, ſelon que le lieu en eſt capable, auec bonne artillerie dedans, & des ſoldats à proportion de la grandeur des vaiſſeaux ſur les quais : on y fera des Corps de garde fermez, & paliſſadez proche des lieux où on peut faire les deſcentes. Il ſeroit neceſſaire ſur les quais d'y faire quelque parapet pour ſe pouuoir deffendre à couuert, & là dedans on tiendroit des pieces pour flanquer, & enfiler ces entrées.

Aux emboucheures des riuieres, on mettra vn Corps de garde à chaque coſté : ſi elle eſt large, & ſi la ville eſt ſeparée en deux par la riuiere, de telle façon qu'elle ne puiſſe eſtre fermée auec des chaiſnes à cauſe de ſa largeur, on fera la garde ſur la riuiere, dans des batteaux couuerts à l'eſpreuue du mouſquet, ce qui ſe fait facilement ſi vous cloüez contre les planches des groſſes cordes, qui ſe touchent l'vne l'autre, & encore d'autres par deſſus, entredeux : là dedans vous tiendrez des pieces ſelon que les batteaux les pourront porter : & quand il y auroit quelque redoute aux auenuës ſur le bord de la riuiere, eſloignées de cinq ou ſix cens pas de la place, il n'en ſeroit que bien, pour ſeruir comme de ſentinelles, & pour donner aduis. Tout le long du quay, il y aura vn parapet, quand ce ne ſeroit qu'à hauteur d'appuy, & on taſchera d'y meſnager quelque flanc : les Corps de garde ſeront aux deſcentes plus proches des embouchcures.

*Les embou-
cheures des ri-
uieres comment
aſſeurées.*

*Redoutes aux
auenuës.*

Aux riuieres eſtroites, outre le Corps de garde qui doit eſtre à l'embouchcure, on aſſeurera cette entrée auec pluſieurs paliſſades, grilles de fer, chaiſnes, cheuaux de Friſe, & autres telles inuentions, dont nous auons cy-deuant parlé.

*Aux riuieres
eſtroites.*

Aux lieux mareſcageux qui ont leur principale force aux eaux, en temps d'Hyuer lors qu'elles ſe gelent, il faut redoubler les gardes, c'eſt à dire que les ſoldats n'ayent qu'vn iour de franc, & ce particulierement aux lieux voiſins de l'ennemy, ou lors qu'on eſt en temps de guerre : cecy s'entend auſſi aux places qui ont les foſſez pleins d'eau, & les murailles baſſes : nous dirons apres les remedes qu'on a pour ſe garantir des ſurpriſes en temps de glaces.

*Aux lieux ma-
reſcageux.*

Lors qu'on n'a que des bourgeois dans la place, cela veut dire

Places où il n'y

x que des bour-
geois.

qu'elle n'eſt pas en lieu fort dangereux , on les diſtribuëra comme les ſoldats. Mais il faut faire eſtat d'eux ſeulement pour deffendre le contour de la place, & les lieux d'où ils peuuent tirer à couuert ; car de penſer qu'ils aillent deffendre vne contr'eſcarpe, ou
vn dehors, ou quelque autre lieu où ils ne ſeront pas aſſeurez, ce
ſeroit s'abuſer ; parce que iamais ils ne combattront qu'auec aduantage, & comme on dit à main ſauue.

Où il y a gar-
niſon de ſoldats,
& de bour-
geois.

Si la garniſon eſt compoſée de ſoldats & de bourgeois, il faut
les meſler, ce n'eſt pas les perſonnes ; car ils ne s'accorderoient iamais, mais les Corps de garde. A tous les lieux où il y a quelque
danger, on mettra les ſoldats, & aux autres on mettra les bourgeois , entre-meſlans vn Corps de garde de ſoldats , & vn de
bourgeois , ſi toutefois le lieu conuient à cét ordre ; car s'il y auoit
deux ou trois lieux perilleux tout de ſuitte, il faudroit mettre en
tous ceux-là des ſoldats , & de meſme des bourgeois aux lieux aſſeurez : ſur tout ie voudrois les ſoldats aux Corps de garde des
portes, & ſi on garde les dehors, ſans doute il faudra les y mettre , puiſque les autres n'y veulent pas aller. Les bourgeois veulent auſſi auoir le Corps de garde de la place ; à d'aucuns on l'accorde, à d'autres non , ſelon la conſequence de la place, & la fidelité des habitans.

Où on doit met-
tre les bour-
geois.

Les bourgeois ſeront fort à propos mis aux ruës qui vont
aboutir aux rampars, auſquelles on fait Corps de garde ; & en
temps de guerre les Corps de garde qu'on fait dans la ville doiuent eſtre des bourgeois : bref il faut touſiours les mettre aux lieux
où il y a moins de peril. Nous dirons apres quand on doit mettre la
garde par eſquadres de chaque compagnie , ou bien quand on
doit mettre les compagnies entieres.

Officiers doi-
uent coucher
en garde.

Le Gouuerneur commandera expreſſément , que tous les Officiers couchent au Corps de garde , au moindre ſoupçon qu'on
aura de l'ennemy, & encore bien plus en temps de guerre. En
temps de paix on peut ſe contenter d'en auoir vn de chaque compagnie qui eſt en garde, tour à tour l'vn apres l'autre. Cela deuroit eſtre exactement obſerué, car c'eſt vne honte de trouuer
touſiours les Corps de garde ſans aucun Officier , tout le monde
à la fin s'en veut exempter ; les enſeignes s'en diſpenſent facilement : & enfin les Sergens ſeroient bien aiſe de s'en repoſer ſur
les Caporals. Il n'y a rien de ſi pernicieux au meſtier de la guerre,

On ne doit ſe
relaſcher.

que de ſe relaſcher des obſeruations des ordres ; car peu à peu on
perd toute diſcipline , & les ſoldats à l'imitation des Chefs ne font
leurs fonctions que par forme d'acquit, & lors qu'il faut les faire

on

on treuue tout fafcheux , parce qu'on en a perdu la couftume: pour moy i'eftime qu'en temps de paix auffi bien qu'en temps de guerre, on doit obferuer les ordres; que fi on veut diminuer quelque chofe de cette feuerité , & foulager les foldats, on doit limiter en quoy, & puis apres n'alterer aucunement ce qui fera eftably.

Quand les portes font fermées, & que la garde eft pofée, le Capitaine de la garde commence fa fonction , laquelle eft proprement d'auoir foin des gardes , & en cas d'alarme de receuoir les ordres du Gouuerneur, & de conduire les foldats en tel nombre, & aux poftes qu'il luy commandera, & fa charge eft pour auoir le mefme foin que deuroit auoir le Gouuerneur s'il eftoit en garde; mais parce qu'il n'y peut pas toufiours eftre, on fubftituë cette perfonne qui eft vn des Capitaines de la garnifon: on a accouftumé de les prendre tour à tour les vns apres les autres felon leur rang, ce que toutefois le Gouuerneur peut changer s'il le treuue à propos. *Capitaine de la garde.*

La patroüille eft comme vne garde de nuit , qui fe fait pour empefcher qu'il ne fe commette aucun defordre par la ville, & aux places conquifes, pour empefcher que les habitans ne marchent la nuit , & s'affemblent. On la tire du Corps de garde de la place ; fon office eft d'aller la nuit par les ruës de la ville ; arrefter tous ceux qu'elle treuue, & leur demander pourquoy ils marchent à ces heures, & d'où ils viennent , & où ils vont : fi on treuue que ce foient gens de mauuaife vie, ou qui ne rendent pas raifon de ce qu'on leur demande : on les menera au Corps de garde, pour eftre mis le lendemain en prifon, & chaftiez s'ils font coupables : ils arrefteront tous ceux qui n'auront pas de lumiere, & ceux qui porteront des armes contre la deffence : en fin ils prendront tous ceux qui contreuiendront aux reglemens ordonnez par le Gouuerneur : le nombre de ceux qui doiuent aller en patroüille eft quinze ou vingt , quelquefois dauantage. Lors qu'il y a foupçon de quelque efmotion, ils doiuent aller armez d'armes offenfiues, & deffenfiues ; porter arquebufes à roüet ou à fufil, piftolets à la ceinture, halebardes, pertuifanes, &c. marcher fans bruit , afin que ceux qui font par les ruës ne les entendent & s'enfuyent auant qu'eftre abordez. *Patroüille, quelle eft fa fonction.*

Ie diray comme on doit faire les gardes à cheual qui fe font autour de la place, lors qu'on eft en foupçon , ou proche de l'ennemy, ou en temps d'Hyuer aux places qui font dans les marais qui gelent, & qui font fortifiees, & en toutes celles qui peuuent eftre furprifes ; cette garde eft fort bonne. Aux auenuës plus fm- *Gardes à cheual, comment faut les faire.*

T

portantes on mettra à chacune vingt-cinq ou trente Caualiers, defquels il y en aura vne partie qui battra l'eftrade aux contours de la ville, & aux auenuës : & apres qu'ils y auront efté quelques heures, ils retourneront au lieu qu'ils auront pris pour Corps de garde, & vne autre partie ira à leur place, & ainfi toute la nuit il y en aura qui roderont autour de la campagne: tous ceux-cy doiuent auoir vn mot, & vn contre-mot, differens de ceux de la place, lefquels le Gouuerneur donnera lors qu'ils partiront à l'Officier qui les doit commander : ce mot feruira lors que les gardes d'vn quartier rencontreront les gardes de l'autre, ils fe donneront le mot, & celuy qui le receura donnera le contre-mot. On pourroit fe paffer du mot, & du contre-mot ; parce qu'eftans d'vn mefme corps il faut qu'ils s'entre-connoiffent : ce feroit affez de dire garde à cheual, mais pour plus grande precaution on leur donne le mot.

Autres gardes. Ie ne diray rien de la garde qui fe fait dans la tranchée, dans vn camp d'vn quartier, dans vne circonuallation, où on doit mettre la Caualerie, & l'Infanterie pour les gardes ordinaires, ou pour empefcher les fecours, parce que ce n'eft pas de mon fujet : ie ne pretens icy de parler que de ce qui eft neceffaire pour la conferuation & deffence d'vne place, peut-eftre en traitterons nous autre part.

Des Sentinelles & Rondes.

CHAPITRE XXXI.

Sentinelles, pourquoy. LEs fentinelles font l'œil des Corps de garde. Il n'eft pas neceffaire que tous les foldats qui font à la garde d'vne place veillent toute la nuit, puis qu'vn feul peut faire cét office pour tous. On met les fentinelles, afin de veiller & prendre garde que rien n'approche de la place, fans en donner aduis au Corps de garde, & qu'il fe mette en armes & en deffence: les rondes font pour voir fi les fentinelles veillent & font leur deuoir, comme auffi pour prendre garde fi perfonne aborde la place ou les rampars, & fi les Corps de garde ont le nombre complet des foldats porté par le rolle du Gouuerneur.

Nombre des fentinelles. Le nombre des fentinelles qu'il faut à vne place ne peut eftre bonnement determiné ; parce que de deux places qui auront auffi grand contour l'vne que l'autre : à celle qui aura plus de deſtours il faudra plus de ſentinelles qu'à celle qui en a moins : pour pouuoir ſe regler ſur quelque choſe, ie diray qu'aux places regulieres deuant chaque Corps de garde il faut ſa ſentinelle : ſur toutes les portes il en faut auſſi : au milieu de chaque courtine il en faut vne, & en chaque pointe de baſtion vne autre, c'eſt pour le moins, mais en temps de guerre, entre celles-là il en faudra vne à chaque extremité du flanc. Là où il n'y a pas des baſtions, il faut les mettre à telle diſtance, que de l'vne à l'autre ils puiſſent deſcouurir ce qui approche de la muraille, ou par la veuë quand il fait clair, ou par l'oüye quand il fait obſcur ; c'eſt à dire qu'vne ſentinelle ne doit prendre garde qu'aux faces où elle peut tirer : ſur vne ligne fort longue on les mettra de cent en cent toiſes, au plus de cent cinquante en cent cinquante, plus ou moins ſelon le temps.

Les ſentinelles qu'on met ſur les murailles doiuent eſtre toujours mouſquetaires, parce qu'ils ſont pour aduertir & donner l'alarme, ce qu'ils font en tirant, outre qu'auec la pique ils ne ſçauroient rien faire à l'ennemy qu'ils verroient dans le foſſé.

La fonction de la ſentinelle n'eſt autre que de prendre garde que rien ne s'approche de luy, ny du foſſé, ny des murailles, ny du rampart ; qui que ce ſoit qu'il voye marcher ſur les rampars, il doit l'arreſter, quand ce ſeroit le Gouuerneur meſme : il doit appeller le Caporal de ſon Corps de garde, afin qu'il vienne voir qui c'eſt ; s'il deſcouure quelqu'vn dans le foſſé, ou prés des murailles ou contr'eſcarpes, il doit crier, qui va là, & en meſme temps tirer ſon coup, car perſonne ne doit eſtre à ces heures en ces lieux ; il n'importe pas comme il tire, car ſon coup n'eſt pas pour faire reſiſtance, ny pour s'oppoſer à l'ennemy s'il vouloit entrer, mais ſimplement pour aduertir. Apres qu'il aura tiré ſon coup, il s'en peut aller au Corps de garde pour y donner encore l'alarme, & dire ce qu'il a veû : aucuns tiennent qu'il ne doit point partir de ſon poſte. Il ne doit point tirer inconſiderément, car quelquefois le vent peut cauſer du bruit dans les roſeaux, ou dans les brouſſailles, & celuy qui donne l'alarme ſans ſujet doit eſtre repris, & s'il y a de la malice, chaſtié : toutefois il vaut mieux tirer ſans raiſon, que manquer lors qu'il y a du ſujet, la ſentinelle n'eſt obligée à autre choſe.

Ie n'approuue point la couſtume d'aucunes rondes qui vont fort doucement le ventre contre terre ſur les rampars, ou à coſté, le plus couuert qu'ils peuuent, pour eſtre deſſus la ſentinelle auant qu'il les voye ; car de là il en arriue cét inconuenient, que les ſentinelles ne se soucient plus de prendre garde qui approche des murailles par dehors, mais de ceux qui peuuent les surprendre par dedans, parce qu'ils croyent que lors qu'ils manqueront à celuy-là, personne ne le sçaura, & n'en seront pas repris, & de celuy-cy ils en serót chastiez. Ce n'est pas que la sentinelle ne doiue prendre garde à l'vn & à l'autre, mais il ne se peut qu'vne fois ou autre qu'il ne soit surpris lors qu'on vse de ces astuces. Vne ronde doit marcher comme on a accoustumé, & par les chemins ordinaires, & lors qu'il treuue la sentinelle esueillée, & faisant son deuoir de regarder qui approche, il se doit contenter.

Sentinelles doiuent estre changées.

Lors qu'vn soldat se treuue saisi de froid, ou bien de peur pour quelque vision qu'il se sera imaginée voir, óu pour quelque autre accident qui le pourra auoir surpris, qu'il ne pourra plus faire sa fonction, il doit appeller le Sergent & luy dire : & le Sergent soit vray ou non ce que dit la sentinelle, ne doit point refuser d'en mettre vn autre à sa place, mais tenir celuy-cy dans le Corps de garde, & s'il y a de la malice ou de la poltronerie, on doit le chastier le lendemain : cela ne vaut rien de faire tenir vn soldat ou sentinelle iusques à ce qu'il y meure, soit de froid ou d'autre incommodité ; i'aimerois mieux lors que les temps sont si aspres les faire entrer deux fois en faction, que de les mettre au hazard de les faire mourir, les tenant trop long temps en vne, ce n'est qu'vn peu de peine au Sergent. C'est vne inuention fort bóne d'auoir en chaque Corps de garde de ces capots qu'on fait en Prouence, ou des bonnes casaques de gros drap qui resistét à la pluye, doublées de reuesche à bon marché autant comme chaque Corps de garde fournit de sentinelles, & celuy qui sortiroit de faction, la bailleroit à celuy qui entreroit, cela en conserueroit plusieurs, & feroit qu'ils prendroient mieux garde à tout ; car au bout du conte il ne se peut pas qu'vn corps humain mal vestu, qui sera deux hures exposé à vn froid aspre puisse auoir le cœur à sa faction, il faut auoir soin de ceux-cy puisque c'est de leur vigilance que dépend nostre salut.

Capots bons.

Pour tirer les sentinelles au sort, l'Autheur ne l'escrit que par curiosité, ne l'estimant pas necessaire.

Encore que ie sçache bien qu'on n'a pas accoustumé de tirer les sentinelles au sort, & que c'est vne precaution qui est bonne, mais n'est pas necessaire & quasi inutile : lors qu'on tire les gardes au sort, d'autant que ne sçachant où ils doiuent aller en garde ils ne peuuent pas sçauoir où ils iront en sentinelle, & quand le Sergent voudroit faire fraude il ne peut, que par hazard s'il se rencontroit au poste dont il auroit donné aduis à l'ennemy. Or parce que quelqu'vn pourroit craindre que l'ennemy voulant essayer si ceux qu'il auroit corrompus seroient en garde, pourroit mettre

quelqu'vn fur la contr'efcarpe qui efcouteroit fi le Sergent donneroit le fignal concerté, comme de touffer, ou parler haut, ou
tel autre, & en tout cas n'eftant pas en ce pofte, ils feroient quit- *Comme on peút*
tes pour s'en retourner : pour contenter la curiofité d'aucuns, & *les tirer au fort.*
pour ofter ce fcrupule, on peut facilement les faire entrer au fort,
foit qu'on vueille tirer le fort pour la quantiefme fentinelle chacun
doit aller, ou pour le pofte, ou pour tous les deux. Ie m'explique, il y a quatre lieux où on doit mettre des fentinelles, & à chaque lieu il faut les changer fix fois, cela fera vingt-quatre. Ie
puis les faire tirer de quatre en quatre, & vn tirera, afin de fçauoir
quels feront les quatre premiers qui iront en fentinelle, & quels
les feconds, & ainfi des autres, ou bien ie les mettray de fix en
fix, & vn d'eux tirera pour fçauoir en quel pofte iront ces fix l'vn
apres l'autre : ou bien on les peut faire tirer, tant pour l'heure
comme pour le pofte : & tout cela fe peut faire facilement en diuerfes façons, ou auec des balottes femblables, faites de vieux linge,
marquées l'vne 1. l'autre 2. l'autre 3. &c. auec de l'ancre, ou fi on
n'a pas de ces balottes, auec des billets, ou auec vn dé ou deux, ou
auec des cartes, on aura affeurément l'vne ou l'autre de ces chofes:
ce feroit vn miracle fi vn Corps de garde eftoit defpourueu de ces
ferremens (il eft vray qu'en ce temps icy les foldats ne font pas
grands ioüeurs de leurs monftres :) pour fe feruir de cela on nom-
mera les poftes, premier, fecond, &c. Et pour fçauoir qui ira au
premier pofte, fix fe mettront enfemble, & vn d'eux tirera vne
balotte ou vne carte (il ne faut que quatre cartes, puis qu'il n'y
a que quatre poftes) où on iettera le dé, le point qu'il aura fera
le pofte où ces fix iront : on oftera ce point des cartes ou des balottes, apres tireront les autres fix pour le leur : fi c'eft auec les dez,
& qu'ils ramenent le mefme point que le premier, ils tourneront
tirer iufques à ce qu'ils en ayent vn autre : pour les cartes & les balottes on ne peut pas, parce qu'on en a ofté le point tiré : les derniers n'ont que faire de tirer, le Sergent enuoyera vn de ceux-là,
premier ou fecond, comme il voudra au pofte qui luy eft efcheu :
on fera de mefme, fi au lieu de vouloir tirer le pofte au fort, on
veut tirer quels feront les premiers ou feconds qui iront en fentinelle ; mais on les fera mettre quatre à quatre, parce qu'il y a quatre poftes, i'aimerois mieux faire tirer pour le pofte que pour l'heure ; que fi on veut faire tirer pour le pofte, & pour l'heure, on fera
tirer pour l'vn premierement comme pour l'heure, & à chacune
des quatre, on fera tirer apres pour le pofte : fi on veut prendre ce
foin il feroit bon le faire apres que la porte eft fermée & qu'on a

mis la garde, & non pas à mesure qu'on les voudroit enuoyer, parce qu'il n'y a aucun danger qu'ils en donnent aduis : les portes estans fermées, outre que cela estant reglé ils se reposent iusques à ce que leur tour viennne : pour ne se tromper pas, on les fera mettre ensemble selon qu'ils se sont rencontrez, cela seroit fort facile à faire si l'on y estoit accoustumé.

Clochettes aux guerites. I'ay veû qu'à chaque guerite il y a vne clochette, l'ors que d'vn Corps de garde on sonne, il faut que toutes les sentinelles s'entre-suiuent, ainsi on sçait s'il y a quelque sentinelle qui dorme ; car ceux des Corps de garde prochain connoissent le son des clochettes, cecy s'obserue plustost aux places de guerre qu'aux grandes villes, on ne les sonnera pas precisément quand les rondes passent.

Doubler les sentinelles. Quand on a eu quelque aduis, ou qu'on est en soupçon que l'ennemy veut entreprendre sur la place, on doublera les sentinelles, ainsi qu'on doit auoir fait de la garde, ce n'est pas qu'il faille mettre deux soldats ensemble, mais il faut les placer plus proches l'vne de l'autre.

Nous auons dit cy-deuant ce que les rondes doiuent faire en general, nous le deduirons icy plus particulierement ; mais il faut premierement dire qui doit faire les rondes, combien, & comment on les doit faire.

Gouuerneurs doiuent establir les rondes. Le Gouuerneur establissant les gardes, & le nombre des soldats qu'il veut qui entrent tous les iours, & en quels postes, comme aussi les sentinelles ; il doit aussi de mesme ordonner combien de rondes il veut qu'il y ait toutes les nuits sur les murailles, sans comprendre celles qui se font par les Officiers Majors, qui sont luy-mesme, son Lieutenant, ou le Lieutenant de Roy, le Major, & le Mestre de Camp, s'il y en a ; parce que ceux-cy font leurs rondes à heures non arrestées, quand bon leur semble. Il est vray que ie serois d'auis que le Major fist la premiere ronde, afin de voir tout l'estat de la garde, & s'il y a quelque manquement, y faire remedier, afin que toute la nuit ne demeure pas ainsi ; parce que les autres rondes treuueront bien ce deffaut, & le rapporteront le lendemain matin pour faire chastier ceux qui ont fait la faute, mais n'y remedieront pas.

Comme se donne le mot aux sentinelles. Le Major doit aussi donner le mot à la premiere ronde qui doit suiure apres, & celle-cy auant que partir le donne à la seconde, & la seconde à la troisiesme, & ainsi de suitte à toutes l'vne apres l'autre. Ceux qui sont vn peu plus exacts, en donnant le mot, donnent vn mereau, & celuy-cy le donne apres à l'autre, & ainsi de suitte iusques à la derniere ronde qui rend le mereau au Major.

Auant que continuer à parler des rondes, ie diray du mot ou Comme les Romains donnoient
le mot.
ordre : & premierement comme les Romains auoient accouftumé de le donner dans leur Camp. Ils choififfoient vn homme de la
Caualerie, & vn de l'Infanterie de la dixiefme Enfeigne, qui eftoit
celle qui campoit la derniere à l'extremité de la file des logemens,
lequel eftoit exempt de garde : celuy-cy fur le coûcher du Soleil
s'en alloit à la tente du Tribun, qui luy donnoit vne tablette, fur
laquelle eftoit efcrit le mot. Il s'en retournoit à fon Enfeigne, &
donnoit la tablette au Prince ou Chef de la prochaine Enfeigne,
ou Compagnie, & celuy-cy la donnoit au plus proche qui fuiuoit
apres, en prefence de tefmoins, & ainfi faifoient tous les autres
iufques à ce que les tablettes reuenoient aux premieres Enfeignes
qui eftoient placées auprés des Tribuns. Il falloit que ces derniers
qui auoient receu les tablettes les rapportaffent auant qu'il fuft
nuit aux Tribuns, qui les contoient fi le nombre eftoit iufte, on
connoiffoit de là que tous auoient le mot ; s'il en manquoit quelqu'vne le Tribun recherchoit laquelle c'eftoit, & de quelle Compagnie, ce qu'il treuuoit facilement à caufe de la marque qui eftoit
deftinée à vn chacun, & fçauoit tout auffi toft pourquoy la tablette n'auoit pas paffé, & chaftioit ceux qui auoient fait la
faute.

L'ordre pour les fentinelles & rondes eftoit tel : ceux qui Ordre des Romains pour les
fentinelles &
rondes.
eftoient deputez pour faire les fentinelles on les prenoit des Corps
de gardes : vn ferre-file de chaque Compagnie (ils les appelloient
Tergiductor ou ϰραγϲϲ) fur le foir menoit chez le Tribun ceux qui
deuoient faire les premieres fentinelles, il leur donnoit à chacun des
tablettes fort courtes, ayans vne marque de la quantiefme fentinelle ils deuoient faire. Les rondes eftoient des Caualiers, il falloit
que le premier Brigadier commandaft de bon matin à vn des
ferre-files de chaque legion ; qu'il aduertift deuant le difner quatre ieunes hommes de fon aifle ; qu'ils deuoient faire la ronde de la
nuit prochaine, & apres cela il falloit que ce mefme Brigadier allaft
au Brigadier de la feconde aifle, luy dire qu'il auoit la charge d'ordonner la ronde du lendemain, & celuy-cy faifoit de mefme le iour
d'apres à l'autre Brigadier comme celuy-cy auoit fait ce iour-là.
Ces quatre qui auoient efté choifis pour faire la ronde dans la premiere aifle, ayant tiré par fort leur ronde, ils s'en alloient au Tribun, & receuoient l'ordre, quelle ronde & combien ils en deuoient faire ; & apres cela ils fe couchoient auprés de l'Enfeigne
des Triaires, attendant l'heure de leur ronde ; leur fonction eftoit Leur fonction.
de vifiter la premiere fentinelle, & faire le tour des retranche-

mens , & s'en aller par tous les Corps de gardes , & s'il treuuoit les premieres fentinelles efueillées , il prenoit la tablette d'i-
celles ; s'ils dormoient il proteftoit aux voifins comme il auoit fait
fon deuoir, & s'en alloit ; les autres rondes en faifoient de mefme.
Au matin les rondes portoient leurs tablettes au Tribun, & fitou-
tes eftoient renduës, la ronde auoit efté bien faite, & les fentinelles auoient fait auffi leur deuoir. Mais fi quelque ronde portoit moins de tablettes qu'il ne deuoit, on connoiffoit par la marque en quel Corps de garde auoit efté faite la faute ; on appelloit
le Chef de file qui menoit ceux qui auoient la charge de faire la
fentinelle, qui difputoit auec la ronde qui auoit fait la faute ; parce qu'il falloit neceffairement que ce fuft vn d'eux : la ronde appelloit les tefmoins, parce que s'il n'en auoit pas pris en paffant, la
faute tomboit fur luy ; ceux-là atteftoient ce qu'ils auoient veû, &
donnoient le tort à celuy qui auoit manqué ; le confeil eftoit
tout auffi toft affemblé, & le coulpable condamné à eftre battu du
bafton.

Difputes fans
decifion.

Ie ne parleray point icy des préeminences des charges à donner le mot, lors que le Gouuerneur n'y eft pas ny fon Lieutenant;
fçauoir fi les Chefs de la Caualerie le doiuent donner pluftoft que
ceux de l'Infanterie, ce font des difputes qui ne feruent de rien,
parce qu'elles font fans aucune conclufion ; car cela dépend pu-
rement de la fantaifie du Prince, felon qu'il eft plus porté pour
l'vn ou pour l'autre, c'eft pourquoy cela change toufiours : ie diray feulement qu'il me femble bien peu à propos que les Chefs
de la Caualerie donnent le mot dans vne place, puifque ce n'eft
pas eux qui la doiuent deffendre, & qui n'y font pas les fonctions.

Comme on don-
ne le mot.

L'ordre qu'on tient d'ordinaire, eft que le Gouuerneur donne
le mot au Major, le Major à fes Aides, & luy le porte au Gouuerneur, au Lieutenant de Roy ; fes Aides le donneront au refte
des Capitaines en la place d'armes, & aux Lieutenans, & Enfeignes : les Sergens fe mettent en rond, & le Major donne le mot
au premier, celuy-cy au fecond, le fecond à l'autre, & ainfi de fuitte iufques à ce qu'il reuienne au premier.

Ceremonies à
donner le mot.

Il y a encore quelques ceremonies à donner & receuoir le mot,
fi c'eft le Major luy-mefme qui le doit porter, ou fi on le doit aller
prendre, & quels le doiuent receuoir du Gouuerneur ou de luy :
tout cela font des difputes qui ne feruent de rien, & s'eftabliffent
tantoft d'vne façon, tantoft d'vne autre.

Comme on don-

Pour les rondes on donne le mot, & aucuns donnent auffi vn

mereau

mereau à la premiere ronde, & celle-cy en partant le donne à la *ne le mot aux*
seconde, & ainsi des autres. Le nombre des rondes estant ordon- *rondes.*
né par le Gouuerneur, le Major fait autant de billets, où il met le
nom de celuy qui doit faire la ronde, & à qu'elle heure ; lequel à
son heure s'en va au Corps de garde de la place ; monstre son billet, on luy donne le mot, & s'en va faire sa ronde, monstrant son
billet au premier Corps de garde d'où il est party, là où il laisse le
billet: apres l'auoir faite le lendemain on voit si tous les billets y sont,
& qui a manqué à faire la ronde.

Aux grandes villes on n'oblige pas les rondes qui partent des *Aux grandes*
Corps de garde des rampars, d'aller au Corps de garde de la pla- *villes.*
ce, mais les font partir chacun de son Corps de garde, afin qu'ils
n'ayent pas la peine d'aller du rampart au milieu de la ville, & de là
retourner sur le rampart : on fait de mesme aux villes où on ne fait
point de Corps de garde dans la place.

Ie treuue vn deffaut notable en cét ordre; c'est que celuy qui a *Deffaut de cét*
charge d'aller faire la ronde, apres auoir monstré son billet au *ordre.*
Corps de garde de la place, il peut s'en aller chez luy, ou autre
part dormir ou passer le temps, & apres reuenir & porter son
billet comme s'il auoit fait sa ronde; on ne pourra pas sçauoir qu'il
n'a pas esté sur le rampart.

Autre part on obserue cét ordre, le Gouuerneur donne le mot *Autre ordre.*
& le contre-mot au Major, le Major luy rend tout aussi tost à l'o-
reille, ou pour dire que c'est à luy qu'il le porte le premier, ou afin
qu'il soit asseuré qu'il l'a oüy : Apres il va l'escrire dans des billets,
& en donnant le mot aux Officiers, il donne à vn chacun le billet
aussi où est le mot, & contre-mot. Il fait aussi les billets pour les
rondes qu'il leur donne, & les rondes en passant par les Corps de
garde, se font marquer comme ils sont passez, & le lendemain
le Sergent de chaque Corps de garde doit dire les rondes qui sont
passées, & par ainsi on est asseuré si les rondes ont esté par tout.

On pourroit encore tenir cét ordre, outre le billet que la ron- *Mereaux pour*
de receuroit, & monstteroit comme nous auons dit : on donne- *les rondes.*
roit à chacun de ceux qui commanderoient aux Corps de garde
autant de mereaux qu'il deuroit passer de rondes ; d'vn costé auront la marque qu'on voudra, & de l'autre escrit premiere ronde,
seconde, &c. de tel Corps de garde, quand la ronde passeroit, on
luy donneroit vn mereau à chaque Corps de garde, à son retour
la ronde seroit obligée rendre tous ses mereaux au Corps de garde de la place, où on verroit s'il auroit esté par tout: on les garde-

V

roit pour les rendre au Gouuerneur ou au Lieutenant, & ainſi on ſçauroit ſi quelqu'vn auroit manqué.

Rondes doiuent aller de diuers coſtez. Celuy qui commande dans le Corps de garde de la place, qui fait partir les rondes, & donne les billets, doit dire à la ronde par quel coſté il doit commencer ſa ronde; s'il doit faire ſon tour prenant à droit, ou à gauche, & prendre garde de faire touſiours paſſer vne ronde d'vn coſté, l'autre qui partira apres de l'autre.

Doiuent donner le mot. La ronde doit donner le mot, & celuy qui le reçoit doit donner le contre-mot à la ronde; d'autres y mettent vn ſignal : en la plus part des lieux de France on ne donne que le mot ſimplement. I'ay eſcrit autre-part, comme en temps de grand ſoupçon on peut donner & faire changer le mot de telle façon que l'ennemy le ſçachant ne pourroit pas s'en ſeruir.

Quand on doit donner le mot. Le mot ny le billet pour les rondes ne ſe doit donner que lors que les portes ſont fermées, les gardes & ſentinelles poſées; mais il faut que ce ſoit tout auſſi toſt apres, afin qu'on commence les factions. I'ay veû en des lieux où on donnoit le mot à deux heures apres midy, encore qu'on fermaſt les portes apres Soleil couché, ie croy que c'eſtoit afin de donner commodité de le faire ſçauoir à l'ennemy.

La ronde quelquefois accompagnée. En lieu où il n'y a point de ſoupçon, la ronde va ſeule auec vn qui porte le falot; mais aux lieux mieux gardez on fait aller deux enſemble, dont vn va ſur le parapet, l'autre dans le chemin des rondes; quelquefois on en fait marcher quatre enſemble, plus ou moins ſelon le beſoin.

Rondes combien doiuent eſtre ſur les murailles. Aux places de guerre, & aux petites villes, parce que la ronde ſeroit faite dans peu de temps, & la muraille ſeroit quaſi touſiours ſans perſonne, où il faudroit des rondes à chaque quart d'heure ; on leur commande qu'elles ſoient en faction vne ou deux heures ou plus, & durant ce temps-là, il faut qu'elles rodent touſiours la muraille ; & en ces lieux-là dans les Corps de garde il faut marquer combien de fois chaque ronde ſera paſſée: auec les mereaux on pourroit ſçauoir cela fort exactement, parce qu'on ordonneroit aux rôdes de faire tant de fois le tour des murailles, & on bailleroit au Corps de garde autant de mereaux marquez d'vne meſme ronde, leur en donnant vn à chaque fois qu'ils paſſeroient.

Chef de la patroüille doit recenſir le mot. Celuy qui conduit la patroüille doit auoir le mot, & ſi quelque ronde la rencontre par la ville, ou allant ſur les murailles, la ronde doit donner le mot au Chef de la patroüille, parce que c'eſt vn corps : ou bien il paſſera en diſant ronde; car veritablement la patroüille n'a rien à faire auec ce qui eſt de la garde des rampars, &

par confequent auec les rondes, non plus que la ronde auec la pa-troüille, car chacun a fes fonctions differentes.

On eft en doute lors que deux rondes fe rencontrent, fi elles fe doiuent donner le mot, & laquelle doit commencer : on dit que la premiere qui defcouure l'autre, le doit faire donner, & celle-là fera la premiere qui criera pluftoft; de mefme du fignal, mais cela ne fait que des difputes, tellement qu'on fe refout en la plufpart des lieux de faire paffer les rondes fans fe rien dire. Ie treuue cela mauuais, parce que toutes les rondes doiuent auoir connoiffance de tout ce qui paffe fur le rampart, & tout leur doit eftre fufpect, & c'eft de l'affeurance de la place qu'on le fçache, au-trement l'ennemy ou vn traiftre y pourra monter entre deux fen-tinelles, en difant ronde il en fera quitte. Il y a remede à cela, ou que celle qui eft partie deuant le reçoiue de celle qui eft partie apres, & qu'en fe rencontrant ils foient obligez de dire l'vne à l'autre, premiere, quatriefme, felon qu'elles font, & felon fon mereau : l'autre moyen c'eft que celuy qui aura la muraille à la main droite, ou à la gauche fi on veut, receura le mot de l'autre : on changera tous les iours à plaifir, & lors que les portes feront fermées en donnant le mot, on dira auffi fi la ronde à droit ou à gauche le doit donner : toufiours celuy qui reçoit le mot doit rendre le contre - mot. Les rondes extraordinaires des Officiers Majeurs, comme Gouuerneur, fon Lieutenant, Sergent Ma-jor de la ville, & les Meftres de Camp receuront toufiours le mot des autres rondes qu'ils rencontreront : & auffi des Corps de gar-de, parce que ce font perfonnes qui doiuent eftre connuës de tous ceux qui font dans la place, & ceux-là ne font pas obligez de connoiftre tous les autres. Aucuns tiennent que le Capitaine de la garde faifant la ronde ne doit donner ny receuoir le mot : mais moy ie tiens qu'abfolument il le doit donner; car vn Sergent ou autre Officier qui receura le mot, ne pourra pas connoiftre tous les Capitaines d'vne grande garnifon, & particulierement lors qu'on la change fouuent; & pour eftre Capitaine de la garde il n'en eft pas plus connu.

Les rondes doiuent donc faire le tour du rampart, vne ou plu-fieurs fois, felon qu'il leur eft ordonné, & doiuent vifiter toutes les fentinelles, & s'il en treuue quelqu'vne qui dorme, il pren-dra fes armes s'il peut fans l'efueiller, & les portera au Corps de gar-de prochain, ou bien dira comme il l'a treuuée endormie, & le len-demain le faire fçauoir au Gouuerneur pour la faire chaftier. Ce n'eft pas cela feulement que la ronde doit faire ; car de temps en

V ij

temps marchant par les murailles il doit mettre la teste dehors; s'il fait clair, regarder, s'il voit, ou escouter s'il oit quelque chose; car c'est autant de l'Office de la ronde de voir tout, comme de la sentinelle, & ne doit pas aller comme à la promenade.

A quoy doi-uent prendre garde les rondes.

Les rondes extraordinaires du Gouuerneur, Major, & autres tels, passant par les Corps de garde doiuent voir s'il n'y a pas vne partie d'esueillez, & particulierement ceux qui y commandent, & si leurs armes sont en bon ordre; s'il y a du feu, & de la lumiere; si les mesches sont allumées; que les armes ne soient point embarrassées, mais qu'on les puisse prendre & manier promptement; regarder si les mousquets sont chargez à bale, & amorcez, & s'ils sont en estat de s'en seruir; si les soldats ont leurs bandoüilleres auec leurs charges pleines; s'ils ont des bales & mesche, & si tout est en estat de s'en pouuoir presentement seruir. Il ne faut pas prendre cecy cruëment, qu'il faille qu'on regarde tous les mousquets vn à vn, ny les bandoüilleres de tous les soldats, il en prendra deux ou trois; car de ceux-là il inferera comme sont les autres. Sur tout il prendra garde si le nombre des soldats & des Chefs qui doiuent coucher en garde, y est effectif; car personne ne peut s'en dispenser pour quelque cause que ce soit: en cecy il

On doit tou-jours estre en estat.

faut estre exact & seuere; qui ne veut pas estre surpris, doit toujours faire obseruer les mesmes ordres & le mesme soin, comme si l'ennemy deuoit attaquer cette nuit la place; car puisque la garde se fait pour se deffendre & repousser l'ennemy, ne sçachant pas quand il doit venir, il faut tousiours estre en estat de le receuoir, & luy resister; & croire que si on manque vne seule fois, qu'alors l'ennemy nous viendra attaquer.

Doubler les rondes en temps de soupçon.

Tout ainsi que nous auons dit qu'il faut doubler les gardes & les sentinelles en temps de quelque pressant soupçon, ou alarme; il faut faire de mesme des rondes, lesquelles on fera partir plus frequentes : & on les chargera de prendre plus exactement garde qu'à l'ordinaire à ce qui est de leur fonction.

Comme il faut faire les rondes aux dehors.

Lors que nous auons parlé de la garde des dehors, nous auons renuoyé en ce lieu, pour dire comme on y doit faire les rondes : lors que les portes de la ville sont fermées, on ne peut, & il ne faut auoir aucune communication auec tout ce qui est du dehors de la place; c'est pourquoy les rondes qui sont dans la ville ne peuuent pas aller aux dehors pour sçauoir si les sentinelles font leur deuoir, & ceux d'vn dehors ne peuuent pas aller à l'autre; parce que ce sont pieces destachées, & qui n'ont point communication l'vne à l'autre; aussi de s'en fier à ceux qui sont dedans, cela eſt hazardeux ; on pourra ſe ſeruir de ce moyen ; on fera marcher toute la nuit autour de la place ſix ou huit Caualiers qui iront deux à deux en diuers temps, comme les rondes aſſez prés des contr'eſcarpes des dehors : & lors qu'ils paſſeront, la ſentinelle qui eſt dans ce dehors criera, qui va là, & le Caualier luy reſpondra, garde à cheual, ou quelque autre mot qu'on aura accouſtumé : Lors que ces Caualiers paſſeront deuant le lieu où ils ſçauent qu'il y doit auoir vne ſentinelle, & qu'elle ne dira rien, ils s'en iront à l'autre plus proche, s'il y en a, ou bien il criera fort, afin que quelqu'vn vienne du Corps de garde pour luy dire que cette ſentinelle dormoit, & le lendemain le dira au Gouuerneur. Cette garde ou ronde à cheual qui ſe fait hors de la place, eſt parfaitement bonne, pour empeſcher les ſurpriſes : quelquefois ils doiuent auſſi s'auancer ſur les auenuës & grands chemins, pour eſcouter s'il vient quelque choſe, & s'ils deſcouurent quelques troupes, ils doiuent ſe retirer dans les foſſez entre les dehors, & donner l'alarme : difficilement entreprendra-t'on ſur vne place qui aura vne garniſon aſſez forte, & qui aura ſoin de ſa garde, des ſentinelles & rondes, tel que nous auons dit. Il n'y a rien qui donne plus de ſujet d'entreprendre que le mauuais ordre, & la negligence d'vn Gouuerneur lors que l'ennemy en eſt informé. *On n'entreprend point ſur des places où on aura de grands ſoins.*

Quelquefois il ſe rencontre des places où il n'y a que quelques auenuës eſtroites, le reſte eſtant marais ou rochers inacceſſibles : on met vne garde auancée à la teſte de ces auenuës, ces lieux eſtant fort eſloignez, il n'y a point de ronde ; mais entr'eux ils y doiuent mettre des ſentinelles, & auoir ſoin de les faire veiller, parce qu'il y va de leur vie ; car s'ils dorment, & que l'ennemy vienne, eſtans à deſcouuert, il les eſgorgera tous. *Gardes aduancées.*

Ie finiray ce Chapitre, en aduertiſſant d'vn abus qui eſt venu en couſtume, c'eſt de faire donner l'ordre aux perſonnes de condition qui paſſent & couchent dans les places. Il me ſemble que cette ciuilité deuroit eſtre abſolument deffenduë, comme vne choſe aſſez dangereuſe & preiudiciable au ſeruice du Roy, & que le Gouuerneur ne deuroit auoir pouuoir de le faire à qui que ce fuſt, parce que le Roy l'ayant choiſi pour conſeruer & gouuerner la place, ce n'eſt pas à luy de la confier à qui il luy plaiſt : l'exemple recente de celuy qui vouloit vendre la citadelle d'Amiens, qui eſtoit Gentil-homme de condition, & riche, nous doit aſſez enſeigner combien il eſt hazardeux de ſe fier à qui que ce ſoit, en choſe de ſi grande importance : on deuroit eſtimer grand crime de mettre entre les mains des autres, ce qu'on a commis à noſtre fide-

lité, & qui ne nous appartient pas : c'eſt pourquoy on deuroit
bannir cette couſtume, & ſi on veut faire honneur, que ce ſoit par
des moyens qui ne puiſſent pas eſtre preiudiciables à ſon Prince.

Comment on doit entrer & ſortir de garde : De l'ouuer-
ture & fermeture des portes : De la Garde
de iour.

C H A P I T R E   XXXII.

NO v s auons dit comme le Gouuerneur doit ordonner le nombre des ſoldats qui doiuent entrer tous les
iours pour la garde de la place; icy nous dirons quels
il doit prendre, & comme il doit les diſtribuer.

Lors qu'il eſt bien aſſeuré de la fidelité de ſa garniſon, il peut
prendre les Compagnies entieres, le tiers ou le quart du nombre
qu'il en a, & leurs Chefs auſſi, & en pourra enuoyer vne ou deux,
ou demy Compagnie à chaque Corps de garde, ſelon qu'il ſera
neceſſaire, les commandant tour à tour ſans les ſeparer ny entre-
meſler aucunement.

Quand il faut faire entrer par eſquadres. Mais quand ſa garniſon ſera compoſée de ſoldats de diuerſes
nations, & qu'il ne s'aſſeurera pas ſi certainement de leur fidelité,
encore qu'il n'aye aucun indice ny ſoupçon qu'ils le veulent tromper; pour s'oſter de toute crainte il fera entrer par eſquadres, ce
qui ſe fait prenant de chaque Compagnie le tiers, ou le quart,
ou le quint, ſelon qu'on veut donner des iours francs, & ceux-
cy, ou il les diſtribuera en diuers Corps de garde, ou bien il en
mettra dans le meſme Corps de garde d'autres eſquadres de diuerſes Compagnies, tellement que iamais vn meſme poſte ne ſera gardé par des ſoldats de meſme nation, ny de meſme Compagnie, & la raiſon de cecy eſt afin que tous enſemble ne puiſſent
conſpirer à faire quelque meſchanceté : car il eſt fort difficile que
des ſoldats qui n'ont communication enſemble que dans la garde, puiſſent comploter quelque entrepriſe. Il eſt bon de faire
loger en meſme quartier vne meſme nation, & vn meſme Regiment, pour empeſcher les querelles & les diſſenſions qui arriueroient s'ils eſtoient enſemble, mais pour la garde il faut les ſeparer.

Le Gouuer- Le Gouuerneur donnera l'ordre au Sergent Major de ceux qu'il veut qui entrent en garde, lequel ayant eſtably vne fois, il pourra faire touſiours continuer. Le Major le mettra par eſcrit, & l'apreſdiſnée il aduertira les Capitaines ou autres Officiers, du nombre des ſoldats qu'ils doiuent fournir pour la garde, ce nombre ſe change ſelon que les Compagnies s'augmentent, ou qu'elles ſe diminuent par la perte des ſoldats, ou par les maladies ou autres accidens ; ſemblablement il ordonnera des Officiers qui deuront entrer pour les commander.

neur doit donner les ordres de la garde.

Sur le ſoir auant que le Soleil ſe couche, au dernier coup du tambour, ils s'aſſembleront deuant le logis de l'Officier qui les doit commander, & de là s'en iront à la grand' place d'armes, pour tirer au ſort de leurs gardes, & pour receuoir le mot ; cela fait chacun s'en ira au poſte qui luy eſt eſcheu, & ſi en ce lieu il n'y a point de garde, comme en la pluſpart des murailles qui ne ſont pas gardées de iour, l'Officier y poſera ſa garde, & tout auſſi toſt fera mettre les ſentinelles aux lieux où elles doiuent eſtre; que s'il y a vne autre garde qu'il faille releuer, ceux qui ſont en garde ſe mettront tous en armes, & en haye hors des Corps de garde; & ceux qui viennent paſſeront par le milieu, & s'en iront à la teſte, & les autres quitteront la place à meſure que ceux-cy la prendront, iuſques à ce que tous ſeront ſortis, & les autres entrez : apres cela ils ſe mettront dans le Corps de garde, & on poſera les ſentinelles aux lieux neceſſaires.

L'ordre qu'il faut tenir pour entrer en garde.

La garde ne ſe doit changer que lors que les portes ſont fermées, parce que c'eſt l'heure la plus commode pour le ſoldat & pour le Bourgeois ; car à cette heure il acheue ſa iournée, & n'interrompt pas le trauail auquel il s'occupe ; & l'autre raiſon qui eſt la plus forte, c'eſt que par ce moyen perſonne ne peut donner aduis du lieu où il eſt entré en garde, outre que les portes eſtant fermées on doit moins craindre de ſurpriſe, qui ſe peut faire dans ce changement, & le mot ne peut eſtre porté hors de la place ; cette heure de changer les gardes s'entendra ſeulemént dans les places, & non dans la campagne, ou dans les tranchées, à cauſe qu'en ces lieux on a d'autres conſiderations.

Quand ſe doit changer la garde.

Le Sergent qui ſort de garde doit faire viſiter le Corps de garde à celuy qui y entre, afin qu'il voye s'il y manque quelque choſe, comme s'il y a portes ou feneſtres rompuës, ou les tables & couches bruſlées, ou les paillaſſes, s'il y en a, ſi elles y ſont toutes; comme auſſi les capots ; ſi le Corps de garde eſt bien net, & luy conſigner le tout en bon eſtat; car celuy qui eſt en garde doit reſpondre lors qu'on le viſite, l'excuſe ne ſert de rien de dire qu'il ne s'eſt

Corps de garde doiuent eſtre viſitez.

pas gaſté durans ſa garde ; car le receuant il deuoit l'auoir veû, & en deuoit auoir aduerty le Gouuerneur, ce qui ſera gaſté on le fera raccommoder à ſes deſpens, rabattant autant ſur les payes ; c'eſt le vray moyen de tenir touſiours les Corps de garde en bon eſtat.

Quand on doit fermer les por- tes.

Les portes ne ſe ferment que bien toſt apres que le Soleil eſt couché, il ne faut iamais attendre qu'il ſoit nuiĉt, au moins aux places gardées ; comme il commence à ſe faire tard on ſonne la cloche pour faire haſter ceux qui ſont en chemin ; cependant tous ceux de la garde ſe mettent en armes, & on commence à fermer la premiere barriere, ceux qui la gardent ſe retirent à l'autre por- te, laquelle on ferme auſſi : & puis en ſuite les pont-levis, bacu- les & autres portes iuſques à la derniere, & toute la garde ſe re- tire dans la place. Le Major doit aſſiſter à la fermeture des por- tes, puis s'en aller à la place d'armes pour receuoir & donner les ordres, & faire entrer la garde ; cependant ceux qui ſeront aux portes ſe tiendront touſiours en armes iuſqu'à ce que les autres les auront releuez.

Les clefs ſeront portées tout auſſi toſt apres la fermeture des portes chez le Gouuerneur, qui les doit tenir enfermées en quel- que lieu prés ſon lict.

Ordre pour l'ouuerture des portes.

Pour l'ouuerture des portes on tiendra cét ordre : apres que le Soleil ſera leué on fera battre le tambour, alors les ſentinelles s'en viendront au Corps de garde de la porte, & ceux qui ſont dans les autres Corps de garde ſur les murailles y viendront ſembla- blement, & ſe mettront tous en armes en attendant le Major ou autre Officier, qui s'en viendra auec les clefs : premierement on ouurira le guichet s'il y en a, & on fera paſſer par là cinq ou ſix ſoldats, auec vn Sergeut, pour aller faire la deſcouuerte, & à me- ſure qu'ils ſortiront d'vne porte ou d'vn pont-levis, on leur fer- mera apres eux. Ils iront voir tout autour de l'eſplanade de la porte aux lieux où on ſe peut mettre à couuert, comme dans des cauuains, foſſez, derriere des maſures ou hayes, s'il n'y a perſon- ne de caché. Apres qu'ils auront deſcouuert ils tireront vn coup ; & c'eſt lors ſeulement que ie voudrois que les ſentinelles ſortiſ- ſent de faĉtion, & s'en vinſſent au Corps de garde & non plu- toſt. On commence tout auſſi toſt à ouurir les portes & les pont- levis, & la garde file touſiours à meſure qu'on ouure iuſques à la premiere barriere, qu'on n'ouure pas que la ſentinelle n'y ſoit miſe, & toutes les autres en ſuite ; & les Corps de garde poſez, qui ſont plus arriere, tous ſe tiendront en armes pour faire ſortir

& entrer

& entrer les charettes qui attendent; celles qui sortent lors qu'el- *Il faut visiter & sonder ce qui entre.*
les sont d'ordinaire vuides ou chargées de peu de chose, on n'a que
faire de les sonder; mais toutes celles qui entrent chargées de foin
ou de paille, ou de bois, ou d'autre chose, dans quoy plusieurs
soldats se peuuent cacher, on les sondera auec des longues pointes de fer au bout d'vn manche, les plantant en diuers lieux. Il faudra faire entrer par ordre des charrettes, & ne laisser iamais embar-
rasser toutes les portes. Aux places bien gardées i'ay veû faire ainsi,
on laisse entrer tout autant de charrettes qui se peuuent ranger *Ne laisser em-*
depuis la premiere barriere ou bacule iusques à l'autre porte ou *barrasser les*
bacule: cependant que ces charrettes entrent, cette seconde porte *portes.*
est fermée; apres on ferme la premiere, puis on ouure la seconde,
& on fait passer les charrettes, & tout aussi tost on en fait entrer d'autres, tenant tousiours ainsi vne partie des portes fermées,
tandis que les autres sont ouuertes; on tiendra ce mesme ordre
tout le reste du iour.

On tiendra tousiours la premiere palissade ou barriere fermée *Faut arrester*
pour arrester les gens de cheual; la sentinelle qui est sur la porte, lors *les Caualiers.*
qu'il verra des Caualiers à cinquante pas, sonnera autant de fois la
clochette qu'il en verra, & la sentinelle les arrestera, ou le Caporal
ou Sergent, ou autre Officier; leur fera dire qui ils sont; d'où ils
viennent; où ils vont, & les menera au premier Corps de garde, où on prendra leur nom par escrit; & leur demandera où
ils veulent loger. Ils luy bailleront vn billet ou vn mereau, qu'il
faudra qu'il garde; parce qu'au sortir, il sera obligé à le monstrer,
autrement on l'arrestera; comme aussi lors qu'on fera la visite dans
la ville, s'il s'y rencontre, & les hostes ne pourront loger personne qu'il ne monstre son billet. Sur le soir quelque heure apres que *Prendre le nom*
les portes seront fermées, tous les hostes mettront par escrit le *par escrit de*
nom de ceux qu'ils logent; leur nation, & leur profession, & *ceux qui en-*
la porte par où ils sont entrez, & en porteront tout aussi tost le *trent.*
rolle au Gouuerneur, lequel les confrontera auec les Registres
des portes, qui luy auront esté portez tout aussi tost apres qu'elles auront esté fermées, & verra si tous sont logez dans les hostelleries, & combien il y en a à chacune.

En la pluspart des lieux on laisse entrer les gens de pied sans *Et aussi des*
leur rien demander, ce que pourtant ie ne treuue pas bien; car ie *pietons.*
voudrois tenir le mesme ordre pour tous, horsmis pour ceux de la
ville, ou ceux du voisinage; soient qu'ils fussent à pied ou à cheual, & leur ferois prendre à tous des mereaux, afin de sçauoir

X

certainement le nombre des Estrangers qui sont dans la place, &
le lieu où ils logent.

Ordre pour l'entrée des ri-uieres.

L'ordre que nous auons dit qu'il faut tenir pour les charrettes,
& personnes qui entrent par les portes, le mesme, ou au moins
semblable faut tenir à l'entrée des riuieres; car on ne laissera iamais
entrer batteau qu'on n'ait bien sondé ou regardé s'il y a des gens
cachez dedans: & on s'informera aussi qui sont les personnes qui
entrent, & leur fera prendre merceaux ou billets pour loger, &
cecy s'obseruera d'autant plus exactement si la riuiere commence
du costé de l'ennemy, & descend dans le nostre. On fera double
palissade, afin d'arrester les batteaux entre deux; le Corps de garde sera aussi en cét endroit. Il seroit necessaire qu'au port où se dé-
chargent les batteaux, il y eust aussi vn bon Corps de garde, qui
auroit soin de voir descharger lesdits batteaux, & encore ceux qui
descendent & entrent dans la place.

Faire laisser les armes à feu.

On fera laisser toutes les armes à feu que portent ceux qui entrent, & le premier Corps de garde s'en chargera, qui les baillera à vn soldat pour les porter iusques à l'autre porte: si on passe
outre, ou si on loge dans la ville, on dira par quelle porte on
veut sortir, & on les fera porter à cette porte, ou celuy à qui elles sont les prendra en passant, ou bien on les fera porter à l'ho-
ste qui s'en chargera, & sera obligé les enfermer, & ne pourra
point les rendre; mais lors que celuy-là s'en voudra aller, il les fera porter par vn valet iusques hors de la porte où il les luy rendra.

Mauuaise cou-stume de faire laisser l'espée.

Il y a des lieux où l'on fait mesme laisser l'espée, ou bien encore pis on la fait brider: mais c'est vne coustume trop rigoureu-
se, & desplaisante à ceux qui n'ont pas accoustumé d'aller iamais
sans espée; & puis, comment pourroit-on executer vne entreprise contre des gens bien armez auec des espées seules?

On ne deuroit ouurir les por-tes de nuit.

Il arriue quelquefois qu'il faut ouurir les portes de nuit, ce que
pourtant ie ne voudrois faire que pour quelque important sujet,
comme pour des lettres du Roy, qui porteront quelque commandement fort pressé pour le Gouuerneur, ou pour quelque autre ville, & qu'il seroit necessaire de passer par cette place, n'y ayant point
de passage autre part; ou pour quelque personne de haute consideration, comme Prince ou Officier de la Couronne, encore seroit-il à propos que ceux-là enuoyassent quelqu'vn des leurs deuant
pour en aduertir le Gouuerneur, lesquels s'ils faisoient beaucoup
de difficulté, la chose ne viendroit pas en abus comme elle est;

car plufieurs perfonnes retardent leur partement fur l'affeurance qu'ils ont qu'on leur ouurira les portes. Aux places frontieres,
& en temps de guerre on ne deuroit les ouurir, que pour des confiderations tres-importantes, & pour ofter l'excufe qu'ils portent
qu'il n'y a pas de logement; ie voudrois qu'aux grandes auenuës
à demy quart de lieuë de la place, il y euft à chacune vne ho-
ftellerie pour receuoir ceux qui arriueroient apres les portes fermées.

Lors qu'il faut les ouurir, on tiendra cét ordre; le Gouuerneur
ira luy-mefme en perfonne, ou pour le moins le Major; quifera ac-
compagner les clefs de cinq ou fix foldats qu'il prendra au Corps
de garde de la place, lequel il fera mettre en armes; il fera auffi mettre en armes tous les Corps de garde de la porte; il fera ouurir la
premiere porte, & fera fortir autant de foldats qui font neceffaires pour garnir le refte des entrées, iufques à la premiere barriere,
laiffant ceux qui doiuent eftre dans le premier Corps de garde.
Apres qu'ils feront fortis, il fera fermer la grand' porte, & le pont-
levis, ou bien la porte, & le pont-levis du guichet, s'il y en a, par
où il les aura fait fortir: apres on ouurira l'autre porte, laiffant cét
entre-deux garny de foldats, & faifant auancer les autres, apres
lefquels on fermera auffi cette autre porte; & ainfi de fuitte iufques à ce qu'on foit à la derniere barriere. Le Gouuerneur s'il y
eft prefent fe doit toufiours tenir dans la ville, & pour qui que ce
foit ne doit point fortir, non pas feulement hors la premiere porte. Eftant à la barriere on demandera qui font ceux qui veulent
entrer, & on enuoyera quelques foldats, & vn Officier pour
les reconnoiftre; apres on ouurira la barriere, & on les fera entrer, laquelle on fermera tout auffi toft auant qu'ouurir l'autre
porte ou bacule qui fuit apres; eftant ouuerte on y entrera,
& tous les foldats qui font dans cét entre-deux; on fermera cette porte auant qu'ouurir l'autre, & ainfi de fuitte iufques à ce
qu'on foit à la derniere, & par ainfi on fera affeuré de n'eftre pas
furpris.

On me pourra dire qu'il feroit fort importun s'il falloit qu'vn
Gouuerneur obferuaft tous ces ordres; ie refpondray que lors
qu'on efcrit de quelque chofe, il faut difcourir de fa perfection,
& de tout ce qui fe peut faire, autrement on feroit blafmé ou d'i-
gnorance, ou d'auoir negligé le meilleur, chacun en peut retrancher ce qu'il croira fuperflu. Il eft plus aifé de faire moins que plus,
& la prudence doit faire moderer les regles felon les lieux, les
temps & les occafions; comme la feuerité qu'on obferue en

X ij

temps de guerre, n'eſt pas neceſſaire en temps de paix. Et ce qu'on doit faire aux frontieres, eſt quelquefois ſuperflu dans le corps de l'Eſtat ; c'eſt pourquoy vn chacun doit auoir ce iugement & cette diſcretion, de ſçauoir connoiſtre ce qui doit eſtre obſerué, & ce qu'on peut relaſcher.

La garde de iour ſe fait aux lieux qu'on craint pouuoir eſtre ſurpris, & pris de iour : or il n'y en a point d'autres que les portes & entrées des riuieres, ou ceux qui ſont ouuerts par quelque accident, comme breſches, ou murailles ruinées, ou lieux bas ſans foſſé, & tels autres. A vn baſtion ou à vne bonne muraille on eſt bien aſſeuré qu'on ne donnera pas l'eſcalade en plein iour ; c'eſt pourquoy on ne garde pas ces lieux pour les deffendre : ſi on y tient quelque Corps de garde, on y mettra peu de ſoldats qui feront ſentinelle, pour prendre garde que perſonne ne ſe promene ſur le rampart, ou autour des murailles par le dehors pour reconnoiſtre la place, & en prendre le plan ; & lors qu'il verra quelque perſonne inconnuë regarder, ou meſurer le tour d'icelle,

il l'arreſtera, ou bien s'il ne peut pas, en aduertira le Corps de garde le plus proche : il en fera de meſme de ceux qu'il verra dehors, & ne les laiſſera approcher de la contr'eſcarpe plus prés que les limites qu'on y aura miſes ; & s'il voit qu'il ſe promene pluſieurs fois obſeruant la place, encore qu'il ſoit plus loin, il en aduertira le Corps de garde plus proche, lequel y enuoyera tout auſſi toſt quelques ſoldats pour s'en ſaiſir, qui le meneront au Corps de garde, où on l'interrogera qui il eſt, & pourquoy il ſe promene par ces lieux-là, & quelles perſonnes il connoiſt dans la ville ; ſi on treuue que ſes diſcours donnent quelque ſoupçon, on le foüillera à l'inſtant, on ſe ſaiſira des papiers & inſtrumens qu'il porte ſur luy, on le menera au Gouuerneur qui l'interrogera derechef : s'il voit qu'il y ait quelque choſe à douter il enuoyera prendre toutes ſes hardes qui ſe treuueront où il eſt logé ; qu'on viſitera exactement pour voir s'il y a memoires, lettres, eſcritures, inſtrumens, ou telles autres choſes qui puiſſent donner quelque indice. On le tiendra arreſté iuſques à ce qu'il ſe ſoit donné à connoiſtre, & qu'on ait clairement reconnu ſon innocence, ou s'il eſt coulpable, il ſera chaſtié ſans remiſſion de la peine qu'on fait ſouffrir aux eſpions, apres auoir tiré de luy toutes les intentions de l'ennemy qui l'aura enuoyé.

Lors qu'on aura fait la deſcouuerte comme nous auons dit, auant qu'ouurir la porte, la garde qui eſt ſur les rempars s'en viendra à la porte, & ne demeureront ſur leſdits rempars que les ſol-

dats qu'on trouuera à propos , & en la plufpart des grandes places on ne met point de iour autre garde qu'aux portes. Mais cela
ne fe doit faire qu'aux villes qui font feulement gardées par les Bourgeois;c'eft à dire qui ne font pas fort en danger d'eftre furprifes par
les ennemis : ceux qui eftoient fur les rempars on les diftribuera
par les Corps de garde qui font aux entrées.

La garde qui eft des Bourgois feulement n'eft que par forme; *Garde de Bour-*
car aux premiers iours, ils y vont comme à vn diuertiffement & *geois ne vaut*
font grandement les empreffez, & quelque-fois plus qu'ils ne doi- *rien.*
uent, iufques à faire les infolens à ceux qui entrent; mais quand
cela dure quelque temps, chacun tafche à s'en exempter, ou mettre des perfonnes à leur place; la nuict il n'en va que la moitié fur
les rempars, qui ne font leur faction que fimplement pour ne payer
pas l'amende; de iour ils ne font que boire ou ioüer dans les Corps
de garde , & les vns apres les autres s'en vont à la ville à leurs affaires; tellement que la plufpart du temps les Corps de garde font
defgarnis, la fentinelle s'endort quelque-fois fur la bariere, & la caufe de ce defordre eft parce que les foldats & les Chefs font tous camarades , & ne leur obeïffent qu'autât qu'il leur plaift;fi ces places
eftoient proches de l'ennemy il n'y auroit rien de plus aifé que de
furprendre les portes, car peu de gens bien hardis & bien armez,
defferoient fans refiftance toute la garde, & fe rendroient maiftres
de l'entrée.

Les foldats payez on les fait tenir à leur deuoir en les chaftiant *Soldats payez*
lors qu'ils manquent, & les Chefs ont pouuoir abfolu fur eux , & *font neceffaires.*
ceux qui ont les charges fe font obeïr chacun felon fon degré : &
parce qu'il y en a plufieurs les vns par deffus les autres, les moindres
ne peuuent faillir fans eftre veus de quelques vns des Superieurs ; il
faut que le Gouuerneur les vifite tous les iours, & les autres Chefs
de mefme , afin de les faire tenir à leur deuoir.

S'il y a foldats & habitans ie voudrois mettre les foldats aux pre- *Comme il faut*
mieres entrées, & les Bourgeois au Corps de garde qui eft dans la *difpofer les*
ville ; ou pour mieux faire les mettre entre deux s'il y a trois Corps *Corps de gar-*
de garde , afin d'eftre veus des vns & des autres, & afin qu'ils don- *de.*
nent les billets ou les mereaux pour le logement, fi c'eft à eux qu'on
en donne la charge, comme on fait ordinairement, a caufe qu'ils
cognoiffent ceux de la ville , & ceux du voifinage, qu'ils peuuent
mieux adreffer aux hoftelleries felon la qualité des perfonnes , &
qu'ils font plus raifonnables pour s'nformer des paffans de ce qu'il
faut qu'ils leur demandent, & parce que les foldats bien fouuent
font de diuerfes Nations, & de langue differente de celle du païs,

X iij

comme auſſi ils ſont plus propres que les ſoldats ,à eſcrire & tenir
regiſtre du nom de ceux qui paſſent ou qui logent.

Fonction de la
garde de iour.

　　La charge de ceux qui ſont à la garde de iour,eſt de ne laiſſer ſurprendre les portes,c'eſt pourquoy il faut que leurs armes ſoient tou-
jours en eſtat,les piques hors des Corps de garde toutes droites appuyées à des rateliers,les mouſquets ſur des tables qui ſót aux galleries couuertes deuant les Corps de garde, & les meſches allumées:
qu'ils intorrogent & facent donner les armes à feu à ceux qui en-
trét : qu'ils ne laiſſent iamais embaraſſer les portes:qu'ils viſitent les
charrois,tenát tout le iour le meſme ordre que nous auous dit à l'ou-
uertute des portes : s'ils voyoiét de la Caualerie ou Infanterie armée
qui vouluſt forcer la barriere,il faudroit que le premier Corps de garde fermaſt la porte ou le pont-levis qui ſeroit au deuát,& ſe miſt ſur
les deffences de la demy lune, ou autre piece qui les couure : ſur tout
il ne faut pour quelque ſujet que ce ſoit, abandonner le Corps de
garde,& s'en aller dans la ville ou autre part ſans la permiſſion de celuy qui y commande, & ne doiuent iamais s'aller meſler auec ceux
qui entrent ou paſſent, ſoit pour les ſeparer:s'ils faiſoient quelque

Ne faut ia-
mais abandon-
ner le Corps de
garde.

querelle, c'eſt à l'Officier à y donner ordre, ſoit pour aſſiſter à quelqu'vn à qui il ſeroit arriué accident pour cheute de cheual , ren-
uerſement de carroſſe, ou charrette, ſoit pour ramaſſer des fruits,
vin, ou autres choſes qui ſeroient par hazard tombées, ou s'eſpan-
cheroient; il faut qu'ils croyent touſiours que tout ce qui ſe fait
pour les ſortir hors du Corps de garde, eſt pour les ſortir hors du
lieu, & de la commodité de ſe ſeruir de leurs armes : que ce ſont
des ſtrategemes inuentez par l'ennemy pour les attrapper & ſurprendre; c'eſt pourquoy toutes les fois qu'ils verront quelqu'vn
de ces accidens, ou tels ſemblables, au lieu d'y accourir ils doiuent
ſe ſaiſir de leurs armes, & ſe mettre en eſtat de ſe deffendre, & laiſſer faire les Officiers ce qu'ils treuueront à propos pour l'aſſiſtance
de ces perſonnes : la vraye inuention pour n'eſtre point attrappé,
c'eſt de ſe deffier touſiours.

Mauuaiſe
couſtume d'ar-
reſter les Cou-
riers.

　　Aucuns Gouuerneurs ont couſtume de ne laiſſer paſſer aucun
Courier que premierement ils ne l'ayent veû,& parlé à luy;& ceux
du Corps de garde de la porte ſont obligez à le conduire au lieu où
il eſt ; cét ordre n'eſt fondé que ſur la ſimple curioſité de ſçauoir
des nouuelles, lequel toutefois eſt fort incommode, & quelquefois preiudiciable au ſeruice du Roy ; car on ſçait bien que ceux qui
vont en poſte , ont quaſi touſiours des affaires preſſez : quelle raiſon y a-t'il de leur faire perdre des heures qui leur importent beaucoup , & ſi c'eſt vne depeſche du Roy qui ſoit de grande conſe-

quence, & qu'il faille qu'elle foit renduë en toute diligence, pourquoy les Gouuerneurs doiuent-ils leur faire perdre le temps & les
arrefter, cela ne fe deuroit pas faire, il fuffit qu'ils refpondent à
la porte à ce qu'on leur demande, & ceux-là le peuuent apres rapporter au Gouuerneur ; auffi bien ces perfonnes fe voyant arre-
ftées fans raifon, par defpit ne diront pas les nouuelles qu'ils fçau-
uent ; au contraire inuenteront quelque fornette pour ne donner point le contentement qu'ils efperent, & pour fe moquer de
ceux qui ont des curiofitez importunes.

Nous dirons apres ce que la garde doit faire lors qu'il y a
quelque alarme, foit que le fujet en foit dans la ville, ou qu'il
foit dehors.

*Comme le Gouuerneur doit preuoir & remedier
aux feditions.*

Chapitre XXXIII.

Vis que nous auons parlé des precautions qu'on doit *Faut fçauoir*
auoir pour eftre toufiours en eftat de deffence contre *les precautions*
les entreprifes exterieures que l'ennemy peut faire ; il *contre les entre-*
prifes qui fe font
eft d'autant & plus neceffaire de preuoir & fçauoir les *dans la place.*
remedes contre celles qui fe font dans le corps de la place, & par
ceux que nous croyons eftre à nous, & nous deuoir feruir contre
ceux qui les voudroient executer; ce mal eftant comme dans les parties nobles, eft auffi tres-dangereux & mortel; c'eft pourquoy il
faut par la prudence en empefcher les inconueniens, ou auant
qu'il foit entierement formé, fçauoir les moyens de le guerir.

On ne peut iamais donner les remedes d'vn mal qu'on n'en
fçache la caufe: c'eft pourquoy nous commencerons à dire les fu-
jets qui font faire la fedition aux foldats, defquels nous auons
parlé amplement, tant en l'attaque, qu'en la deffence des places,
auec les exemples de l'ordre qu'ont tenu les plus grands Capitaines en ces occafions.

La fedition eft vne prompte efmeute qui fe fait, ou entre les *Sedition, qu'eft-*
foldats d'vn mefme corps, ou entre ceux qui font de diuers corps, *ce ?*
ou de diuerfe nation, ou de diuerfe Religion, ou entre foldats &
Bourgeois, ou par les Bourgeois mefmes, ou par les foldats contre leurs Chefs, ce qui eft quelquefois reuolte, & quelquefois fe-

dition. Ces seditions peuuent estre causées entre les soldats, à
cause du jeu, ou bien à cause des femmes, ou par yurognerie,
ou par des iniures, ou pour ne se vouloir pas ceder les vns aux
autres, estans ou de diuerses nations, ou Religions, ou de diuers
corps. Les soldats font sedition contre les Bourgeois, lors qu'ils
ne leur fournissent pas ce qu'ils doiuent, ou parce qu'ils ont ou-
tragé le Bourgeois de parole ou d'effect, lequel veut se reuancher,

il appelle ses voisins à son aide, & les soldats leurs camarades. Il
arriue peu souuent que les Bourgeois fassent entr'eux sedition, si
ce n'est pour la Religion, ou aux temps des ligues, lors que les
villes sont separées en factions : les soldats font sedition contre les
Chefs lors qu'ils ne sont pas payez, on ne voit guere que pourau-
tre chose ils se mutinent. Les Bourgeois font sedition contre les
Chefs, lors qu'ils sont oppressez & forcez à ce qu'ils ne doiuent
pas, ou à payer plus qu'ils ne peuuent, ou quand on veut faire
violence à leur maison, à leurs femmes, ou qu'on veut les contraindre en la Religion, ou oster leurs priuileges, ou tels autres
sujets, lesquels doiuent estre fort puissans pour les faire resoudre
d'en venir là. Lors que les soldats ou Bourgeois se bandent contre les Chefs, cela s'approche fort de la reuolte : toutefois tant
qu'ils demeurent dans la fidelité, & dans le seruice qu'ils doiuent
au Prince, l'appelleray cela sedition.

La sedition n'estant qu'vne prompte esmotion sans aucune
malice premeditée, ny intention de desseruir le Roy, ne peut estre
preueuë ; mais aussi elle est facilement calmée : lors que c'est entre soldats, il faut seulement qu'vn Officier s'y presente, & qu'il
mette le hola, les menaçant de chastiment s'ils ne s'arrestent,
mesme en frappant quelqu'vn d'eux s'il est besoin : ils s'appaiseront
sans doute; particulierement s'ils sont de mesme corps ; s'ils sont de
diuers corps, ou de diuerse nation ; il faut que l'Officier menace
les siens ; promette aux autres qu'il leur sera fait raison ; qu'ils
s'en prennent plustost à luy que de se vouloir entretuer pour vn

si leger sujet. Si le Chef de l'autre party y est, il en dira de mesme, & se mettra entre deux : toute la mesme chose fera-t'on à
ceux qui sont de diuerse Religion, car les seditions de ceste sorte
ne different des querelles particulieres, sinon en ce que celles-cy
sont d'vn ou de deux, ou de peu, & les autres sont de plusieurs : si
c'est entre soldats & Bourgeois, il faut que les Chefs du costé des
soldats se presentent, & les Maires, ou Escheuins pour les autres,
s'ils ne sont pas de la sedition : Et sur tout le Gouuerneur mena-
cera les soldats de les faire pendre s'ils vsent de violence, & s'ils ne

font

font ce qu'il leur commandera, & si c'est eux qui l'ont commencée, il leur commandera qu'ils posent les armes, & qu'ils parlent à luy, qu'il leur fera raison : si les Bourgeois se sont bandez contre les soldats, il leur representera le hazard qu'ils courent, de se faire brusler, eux & leurs maisons; car sans doute s'ils continuent il donnera ce commandement ; & qu'encore qu'ils soient les plus forts, qu'ils s'asseurent que les soldats sont les plus resolus, & qu'ils n'ont à perdre que leur vie, laquelle ils feront pourtant bien achepter, & qu'ils pensent que tout ce qu'ils peuuent esperer, c'est d'auoir l'auantage; mais aussi ils verront leurs maisons bruslées, leurs parens, leurs enfans, & leurs femmes ruées, qu'eux mesmes y perdront en pençant se vanger : & apres tout cela que le Prince ne laissera pas impunie vne si grande meschanceté d'auoir assassiné vne garnison, pouuant auoir satisfaction de l'outrage receu par les voyes raisonnables. Il leur promettra de mettre entre leurs mains ceux qui ont fait le mal, & les complices, & qu'ils en feront tel chastiment qu'il leur plaira. Tels & semblables discours tiendra le Gouuerneur pour les appaiser; car puis qu'ils font la sedition, sans doute ils sont les plus forts; c'est pourquoy il faut euiter leur furie, & les gagner par la douceur. Cependant il *Doit faire mettre ses gens en estat.* fera cantonner ses gens ; se saisira de quelque lieu fort, comme maison, Eglise, ou autre lieu clos, auec armes & munitions; les fera mettre en estat de se deffendre; il enuoyera aux quartiers, & garnisons voisines, s'il y en a, en toute diligence, ou au Prince, ou au General, ou au Gouuerneur de la Prouince, ou tel autre, demander secours, & representer l'estat en quoy on en est : voyant qu'on se pourroit ainsi de tous costez, ils s'adouciront sans doute : cette sorte de gens n'affronte iamais vne resistance asseurée ; ils veulent premierement espouuanter par leur aduantage : & si on tesmoigne de la crainte, ils poussent sans consideration, & tuent auec cruauté. Pour euiter cette sorte de sedition, le Gouuerneur, & les autres Chefs, dés l'abord qu'ils sont dans ces lieux, ils doiuent publier leurs Ordonnances, & les faire obseruer exactement, tant aux Bourgeois qu'aux soldats, & faire raison esgalement aux vns & aux autres, sans laisser rien impuny. Il est asseuré que le Bourgeois sçachant qu'il aura raison du tort qu'on luy fera, se plaignant au Gouuerneur, il ne fera iamais sedition. On remarque que les gens populaires en particulier ne sont pas tousiours *Peuples ne s'irritent facilement sans cause.* fort raisonnables, mais en corps qu'ils ne se bandent iamais contre les choses iustes, & ne s'irritent pas s'ils ne sont fort outrez.

Lors que les soldats se mutinent contre les Chefs, qui est d'or- *Pour appaiser*

dinaire à faute de payement ; car des remedes qui se font lors
qu'on est assiegé , & que les soldats se veulent rendre , nous en
parlerons en la deffence. Le seul remede est de faire l'impossible
pour treuuer de l'argent , & leur en bailler quelque partie ; de leur
promettre simplement cela seroit inutile : car sans doute puis
qu'ils en sont venus là , on leur a desia promis, & manqué plusieurs fois : c'est pourquoy les paroles ny les promesses ne seruiront de rien , il faut leur donner quelque contentement. Le Gouuerneur se gardera tandis qu'ils sont dans l'esmotion en corps &
en armes ; d'en faire chastier quelqu'vn, soit de tuer sur le champ,
ou de vouloir mettre en prison : cela est tres-dangereux , parce
qu'on leur fait iniustice de ne les payer pas , & ils ont raison de se
plaindre, encore qu'ils le doiuent faire autrement ; mais la necessité quelquefois les y contraint; c'est pourquoy il ne faut pas les irriter dauantage, ne sçachant par quel point les prendre pour leur
donner à entendre qu'ils ont le tort. Apres qu'il leur aura donné
quelque satisfaction, & qu'ils seront appaisez, il pourra leur representer la faute qu'ils ont faite, & que c'est contre les loix & les ordres

Militaires, que tous sont coulpables de mort pour auoir esmeu vne
telle sedition , & que s'il ne les aimoit pas comme il fait, qu'il en
escriroit au Roy, qui en feroit pendre vne partie ; mais qu'il en
seroit bien marry, sçachant qu'il y en a fort peu de coulpables , &
que le sort tomberoit aussi tost sur les innocens comme sur ceux
qui ont fait la faute ; & qu'ils ont tort, d'autant que le mesme argent qu'ils ont eu , il auoit resolu leur donner le lendemain ; &
qu'il sçait bien que ç'a esté deux ou trois qui ont suscité le reste du
corps à faire cette faute , & que ceux-là seroient capables de perdre tous les autres, qui ont tous fort bonne intention de viure &
mourir en braues soldats au seruice de leur Roy, & de leur Patrie;
qu'il treuue à propos pour l'exemple, & afin que les meschans
soient separez des gens de bien, de se saisir d'aucuns qui ont esté
les Chefs de cét esclandre, lesquels il fera tout aussi tost mettre en
prison , & les fera chastier comme il treuuera à propos. Il faut
que le Gouuerneur dés le commencement qu'il voit qu'ils se plai-
gnent. Qu'il ne leur permette de faire aucuns cris de sedition,
comme de l'argent, en iouant du serpentin, ny harlam, ny tels
autres ; & si quelqu'vn le fait, à l'instant il le fera prendre & chastier ; car si on les y laisse accoustumer, ils prendront la licence de

s'esmouuoir tous. Il ne faut pas aussi les laisser sans assistance, ny
les reduire au desespoir, & particulierement lors qu'ils ont accoustumé d'estre payez, & qu'on cesse, cela est fort dangereux ; car

comme nous auons remarqué autre part les changemens du bien
au mal font infupportables , ou il faut les auoir accouftumez peu
à peu à ne receuoir point de paye, apres ils n'y penfent plus; mais
cela ne fe peut faire qu'infenfiblement comme en ce temps icy.
Le Gouuerneur doit auffi confiderer à quels foldats il commande,
& fe comporter felon la couftume de leur nation , & leur naturel,
ainfi que nous auons amplement difcouru cy-deuant.

Lors qu'on voit que la fedition continuë , & qu'elle ne peut *Faut fermer*
pas eftre fi toft appaifée, il faut fermer toutes les portes de la *toutes les por-*
place, & faire mettre en armes tous ceux qui font en garde. *tes.*

Les precautions & remedes generaux contre les feditions, font *Remedes ge-*
lors qu'on connoift quelques foldats mutins ou querelleux dans *neraux contre*
vn corps, c'eft de les chaffer à l'inftant ; car vn ou deux de ceux- *les feditions.*
là font capables de gafter vne garnifon, ce font eux qui commen-
cent & qui incitent les autres , & leurs perfuafions font d'autant
plus fortes que tous y font intereffez : on oftera donc ceux-là; difficilement tout le corps s'efmouuera s'il n'y a quelque Chef qui
les conduife.

On deffendra qu'ils faffent des affemblées , foit fecrette- *Affemblées*
ment dans leurs logemens, ny auffi en public, faifant des cer- *doiuent eftre*
cles dans les places, où les mutins haranguent les autres ; car c'eft *deffendues.*
là où commence la femence de ces feditions; & tout auffi toft qu'il
y en a quelques vns d'affemblez, il faut qu'vn Sergent, ou Caporal, ou autre Officier s'aille mefler parmy eux pour efcouter ce
qu'ils difent, & remarquer quels font les premiers moteurs de la
fedition, pour s'en faifir & les chaftier.

On feparera auffi les quartiers, & les logemens des nations, & *Separer les*
des Religions; parce que n'ayant rien à demefler enfemble dans *foldats de di-*
leurs affaires domeftiques ; & dans leur conuerfation ils ne fe que- *uerfes Reli-*
relleront pas ; & encore qu'on les mefle dans la garde, ce n'eft pas *gions & na-*
là qu'ils font les feditions , parce qu'ils font peu d'vn cofté & *tions.*
d'autre, & les Chefs font prefens pour les empefcher ; outre que
le refpect du lieu les tient en leur deuoir, & là ils ne peuuent auoir
difpute pour le jeu ; ceux qui font prefens en decident les difficultez; & eftans feparez des quartiers, ils ne l'auront ny pour l'yurognerie, ny pour les femmes. Si on ne peut faire qu'ils ne foient
meflez, comme quand dans vn Regiment , ou dans vne mefme Compagnie il y en a de diuerfes nations ou Religions. On
fera en forte, s'il fe peut, de loger dans les mefmes logis les femblables, & on deffendera de fe dire aucune iniure, & les premiers
qui y contreuiendront, on les chaftiera publiquement; la couftu-

me & la crainte qu'on donne aux soldats les fait estre tels qu'on
voudra, il n'y a que la licence qui les gaste, & lors qu'ils sont corrompus, il est impossible de les reduire.

Autre remede.   On s'est seruy fort souuent & heureusement d'vn remede suiuant, lors que les autres manquent ; quand la sedition est esmeuë
on fait sonner l'alarme, & le Gouuerneur auec les Chefs s'en vont
chaudement prendre les soldats, & les amenent aux postes qu'ils
doiuent garder ; la haine que nous auons contre l'ennemy nous e-
stant naturelle, efface ce mouuement accidentel qui nous irrite
contre les camarades, & depuis que ce premier feu est esteint,
il ne se r'allume plus ; & parce que les sujets en sont legers, on les
oublie facilement.

Vray & gene-
ral remede.   Le vray & general remede, c'est de tenir tousiours le soldat
bien discipliné, & en crainte, & le Bourgeois à son deuoir ; rendre
la iustice à tous ; ne laisser rien impuny, & les premieres fautes les
chastier exemplairement. Le Gouuerneur doit s'acquerir luy-mesme le credit & l'authorité ; se monstrer tousiours ferme en l'obser-
uation de ses Ordonnances ; estre seuere contre les desordres &
manquemens, & faire plaisir à tous, hors de l'interest & du seruice du Roy, & de la Iustice ; qu'il escoute les plaintes de tous,
fasse raison, ou la fasse faire par les gens à ce deputez ; & que dans
ses actions il n'y ait point de reproche, sans doute vn qui viura
ainsi sera craint & aimé, & peu souuent luy arriueront tels accidens
dans sa place.

✦✦✦✦✦✦✦✦✦✦✦✦✦✦✦✦✦✦✦✦✦✦✦✦✦✦✦

Des precautions, & remedes contre la trahison, reuolte,
& conspiration.

CHAPITRE XXXIV.

Esmotions
moins dange-
reuses que les
trahisons.   **E**s esmotions que nous auons cy-dessus dites, n'ayans
rien de malicieux meslé, ny contre la place, ny contre le
seruice du Prince, ne pourroient porter autre dommage
si on n'y remedioit pas, que la perte de ceux qui resteroient au
combat, & l'affoiblissement de la garnison ; ce qui seroit tres-important si l'ennemy estoit proche, & s'il en estoit aduerty auant
qu'on y eust remis nouueau renfort de soldats. La trahison & la
reuolte sont beaucoup plus dangereuses ; l'vne parce qu'elle se
fait secrettement, & qu'on ne peut que bien difficilement la des-

couurir auant qu'elle soit executée ; & l'autre parce que c'est vn
corps puissant qui se soufleue, auquel on ne peut s'opposer ; l'vn
& l'autre font perdre la place si on n'y a preueu, ou si on n'y remedie auant qu'on les mette en effect.

La trahison peut estre faite par ceux de nostre party mesme, & *Par qui peut*
subiects du Prince, ou par les ennemis qui se dissimulent tels, & *estre faite la*
se iettent de nostre costé, ou par des gens neutres. Or des subiects *trahison.*
du Prince ils peuuent estre ou habitans de la place, ou soldats ; de
ceux-cy, ou ils font simples soldats, ou ils font Officiers, chacun
de tous ceux-là peut aider, ou faire la trahison diuersement selon
ce qu'il est.

Il est mal-aisé d'estre trompé de ceux desquels on se deffie ; c'est *Ne faut iamais*
pourquoy si quelqu'vn vient du contraire party se ietter dans le *se fier à ceux*
nostre, il faut croire que c'est pour nous faire quelque mauuais *qui viennent du*
tour, & iamais il ne s'y faut fier ; tout ce qui vient de l'ennemy *contraire party.*
nous doit estre suspect, & quel pretexte qu'ils ayent ils n'auront
iamais inclination pour nous, & ne perdront l'amour de leur Patrie, & de leur party ; s'ils font quelque chose à nostre aduantage
ce n'est pas pour nous seruir, mais pour se satisfaire au moindre
repentir que les autres leur tesmoigneront de les auoir desobligez,
auec promesse de mieux reconnoistre leur merite ; ils mediteront
tout aussi tost leur retraitte, & quelque entreprise contre nous ; les
histoires nous en donnent vne infinité d'exéples, & nous en voyons
assez de nostre temps : c'est pourquoy s'il s'en vient rendre à nous *Ce qu'on doit*
en troupe, il faut les separer & enuoyer dans le corps de l'Estat ; s'il *faire de ceux*
en vient vn ou deux, & qu'ils restent dans la place, il ne faut pas les *qui viennent du*
mettre en faction aux postes importans, ny leur donner aucu- *contraire party.*
ne charge ny leur communiquer aucune affaire, encore que ce
soit quelque Officier ou personne de marque. Il sera fort à propos auant qu'il ait consideré la place, l'enuoyer en quelque lieu où
il ne pourra pas nuire, & absolument de quelle condition qu'ils
soient il ne faut point leur donner aucun commandement important, ny leur donner connoissance de ce qu'on veut faire ; plusieurs
ont opinion que toute action qui est faite pour seruir son Prince
est honorable, & moy ie tiens qu'ouy, lors qu'on ne s'engage
pas à l'autre party : mais lors qu'on a donné sa parole & sa foy à
vn autre quel qu'il soit que c'est perfidie ou trahison lors qu'on y *Faut tenir sa*
manque, & qu'il faut la tenir à amis & ennemis, & à tous ceux *parole à quique*
à qui on a promis fidelité ; le Prince qui reçoit le seruice ne le *ce soit qu'on la*
blasme pas, parce qu'il luy est vtile encore qu'il soit infame à celuy *donne.*
qui le fait.

Y iij

Tous les Gouuerneurs doiuent auoir dans leurs places quelques perſonnes affidées, ou des eſpions qui prennent garde à
tout ce qui ſe paſſe, & qui eſcouſtent aux lieux où les ſoldats s'aſ-
ſemblent ; s'informant de ce qui ſe fait dans la garniſon, iront
par les hoſtelleries, là où on iouë, ou prend du toubac. Le Major
de la ville doit auſſi connoiſtre la garniſon, & ſçauoir continuellement qui y eſt, & comme on s'y comporte, & toutes les nouueautez qui ſuruiennent.

Le ſimple ſoldat ne peut contribuer à la trahiſon que lorsqu'il
eſt en ſentinelle laiſſant monter les ennemis, qui prennent le mot
d'vne ronde, & la tuënt, pour de là s'en aller ſurprendre le Corps
de garde; mais ſi on fait entrer les gardes au fort, & meſme les
ſentinelles, il ſe rencontrera difficilement qu'il ſoit en faction au
poſte qu'il aura deſtiné; & ſi on fait donner le mot aux rondes
ſelon l'ordre qu'elles partent, ils ſe treuueront embarraſſez en
cela : & de plus, ſi les rondes font leur denoir à mettre ſouuent la
teſte hors de la muraille, & eſcouter s'il y a quelqu'vn dans le foſſé
ils deſcouuriront l'entrepriſe : comme auſſi ſi on met les ſentinelles à vne diſtance mediocre l'vne de l'autre, tellement qu'en obſeruant ſimplement les ordres que nous auons cy-deuant dit, on
ſera hors de ce danger.

Le ſoldat peut eſtre auſſi enuoyé dans la place pour taſcher à
corrompre les autres; mais ſi on fait ce que nous auons dit cy-
deuant, il ſera ſemblablement deſcouuert; c'eſt qu'à tous les ſoldats qui s'enrollent, qu'on ne connoiſtra pas, on leur mettra
quelqu'vn qui eſpiera leurs comportemens, qui peu à peu ſe fera
camarade auec eux, & beuuant enſemble il laiſſera aller quelque
mot; qu'il s'ennuye dans cette garniſon, & qu'encore qu'il ſoit aſſez bien qu'il voudroit treuuer mieux : l'autre ne manquera pas
tout auſſi toſt, s'il a mauuais deſſein, à prendre ſon temps, & pouſſer
là deſſus; car s'il eſt venu pour cela, lors qu'il penſera auoir treuué
l'occaſion il ne voudra pas la perdre, & encore bien plus ſi c'eſt
auec quelque Sergent ou Caporal; car c'eſt auec ceux-là qu'il peut
ſe familiariſer & le deſcouurir; c'eſt le vray moyen de connoiſtre
ſon intention.

L'Officier peut beaucoup plus, parce qu'il connoiſt ſes ſoldats,
& ceux qui ſont plus prompts à eſtre corrompus, & peut meſnager le tout auec plus d'adreſſe, & dans l'execution il a l'aduantage de mettre les ſoldats en faction qu'il veut, & là où il veut
donner congé à ceux qui ne ſont pas de la cabale, ou les enuoyer,
à quelque ſeruice, & enroller ou faire enroller ceux qui ſeront du

party, lefquels il affeurera connoiftre, & en refpondra, & tant plus il peut dans la conduitte, & dans l'execution de la trahifon: le remede de cela eft de ne donner point charge ou office qu'aux perfonnes connuës, & qui ont feruy long temps, ou dans la garnifon, ou dans les armées, ce qu'on fçaura certainement, qui ils font, & leur vie. Iamais à ceux qui ont efté long temps au païs ennemy, ou qui les ont feruis, encore que ce foit deuant la guerre; s'ils ont conference auec des perfonnes fufpectes, le Gouuerneur y fera prendre garde : comme auffi s'il leur vient des meffages & lettres des lieux qu'on ne fçait pas, ou s'il va hors de la place pour en receuoir; car ou il faut qu'il vienne tout apofté pour faire le coup, & par ainfi il n'eft pas affeuré d'y auoir charge; outre qu'apres qu'il y eft, il faut qu'il aduertiffe, des temps, des lieux, & de l'ordre : ou on le corrompt lors qu'il eft dans la place; l'vn & l'autre eft fort difficile lors qu'on y prend garde : & d'autant que leur charge eft plus haute, auffi leurs actions font plus connuës. On ne laiffera *Remedes.* auffi iamais le commandement abfolu d'vn Corps de garde à vne feule perfonne; car à chacun on y mettra deux Officiers de diuers corps, & l'vn fera obligé de regarder fi l'autre fait les chofes felon l'ordre, & s'il ne le fait pas, s'y oppofer, & le forcer à cela. Tandis qu'il fera obferué ainfi que nous auons dit, ou il faudra qu'il ait corrompu tous les foldats de cette garde, ce qui eft impoffible, les faifant entrer de diuers corps, & au fort; ou qu'il monftre manifeftement qu'il a mauuaife intention. Si les rondes font auffi leur deuoir, ils verront fi les Corps de garde font en eftat, & ont le nombre des foldats, & ce qui fe paffe : & les rondes extraordinaires font auffi le vray contre-poifon; parce qu'elles font d'autant plus exactes qu'il y va plus de leur intereft & de leur honneur, puis qu'ils doiuent refpondre de la place.

Ie ne parle point des Officiers Majeurs, comme du Sergent *On ne parle pas des Officiers Majeurs.* Major de la ville, du Lieutenant de Roy, & du Gouuerneur mefme : car c'eft le Roy qui doit donner ces charges à des perfonnes cognuës, & defquels il fe fie entierement comme nous auons dit; noftre deffein eft de parler feulement de ce que le Gouuerneur doit faire, fuppofé qu'il foit tel qu'il doit eftre, & tel que nous l'auons defcrit, car eftant mefchant il n'y a perfonne qui le puiffe empefcher de rendre & trahir la place.

Les Bourgeois peuuent fe reuolter, à quoy on remedie par les *Bourgeois ce qu'ils peuuent faire contre la place.* moyens que nous auos dit, parlant des feditions, ou par ceux que nous dirons apres; quand ils ne font pas affez forts pour fe fouleuer, ils peuuent corrompre les foldats qu'ils ont chez eux, & en

introduire dans leurs maisons de ceux des ennemis, qu'ils peuuent faire entrer peu à peu sous habits desguisez, & les tenir cachez iusques au temps de l'execution; ils peuuent donner aduis à
l'ennemy de l'estat de la place & de la garnison. Et si les soldats
sont negligens à se conseruer, ils peuuent vne nuict les tuer tous;
ou si on leur donne quelque poste à garder, ils peuuent introduire
l'ennemy par cét endroit. Rarement voit-on que les subjets du
Prince ayent de si mauuais desseins, & que tous s'y puissent accorder,
& y ayant quelques-vns de contraire opinion, & fidelles, ils en aduertiront le Gouuerneur; c'est pourquoy ces pratiques ne peuuent
estre qu'entre peu, qui auroient aussi peu de pouuoir d'executer; Et
on sçait à peu prés quels sont les factieux, & quels sont ceux qui
panchent du party contraire, ausquelles on prendra garde, & s'ils
continuent on les chassera hors de la place. En fin si on est en
doute de la fidelité des habitans, on leur fera obseruer les mesmes
ordres qu'on fait à ceux qu'on a conquis; c'est qu'ils ne pourront
loger qui que ce soit sans en auoir demandé permission au Gouuerneur. On ne laissera entrer personne d'estrange, sans luy bailler vn mereau ou billet, & qu'on ne luy ait demandé son nom &
sa Patrie. Si on voit qu'il soit entré extraordinairement du monde, & qu'on treuue qu'ils soient dans la place, & qu'on ne les
treuue pas dans les rolles des hostes; on fera la visite; on fera
marcher la patroüille toute la nuit; on deffendra aussi de sortir la
nuit; les soldats seront logez dans quelques quartiers qu'ils for-
tifieront; on desarmera tous les habitans; on ne leur baillera aucune garde ny faction à faire, ny ne permettra qu'ils fassent assemblées: & le Gouuerneur fera exactement obseruer ces ordres,
& chastiera seuerement ceux qui y contreuiendront. Lors qu'on
sçait qu'vne place est gardée auec grand soin, personne ne pense
à la surprendre: les premieres apprehensions sont celles qui nous
rebuttent, ou qui nous font entreprendre: si d'abord on voit
la chose impossible on n'y pense plus, mais en la moindre facilité
qu'on y voit, on considere comment on pourroit la prendre; & le
temps fait treuuer assez de moyens pour la conduitte & l'execution: c'est pourquoy il faut estre exact & vigilant, afin d'oster toute esperance de pouuoir réuffir, parce qu'à toutes les inuentions
qu'ils pourront s'imaginer ils y treuueront des obstacles.

    Puisque nous auons parlé des trahisons, nous dirons des
contre-trahisons qui se font lors que celuy que l'ennemy croit
auoir corrompu, est fidelle à son Maistre. Il arriue quelquefois
que l'ennemy treuue inuention de faire sonder la volonté de quel-

que

Remedes.

*On n'entre-
prend pas con-
tre les places
bien gardees.*

*Ce qu'on doit
faire pour les
contre-trahi-
sons.*

que Officier ou autre. Lors que cela est il ne faut pas rebuter le su-
borneur ; au contraire par quelques discours accordans à ses intentions, on luy donnera la hardiesse de continuer son entreprise, & à mesure qu'on verra qu'il s'auance, on tesmoignera aussi
dauantage d'agréer ses propositions iusques à ce qu'il se sera tout à
fait descouuert, soit par lettres, soit par discours: & cela se doit
faire ainsi, tant pour sçauoir les intentions de l'ennemy, les moyens
qu'il peut auoir pour executer son dessein, & afin qu'on y puisse
remedier, comme aussi pour leur nuire, pour sçauoir les compli-
ces & les chastier. Mais il ne faut pas que celuy qui est sollicité s'ou- Comme se doit comporter celuy qui est sollicité.
blie à la premiere fois qu'on luy aura parlé ou escrit, de faire sça-
uoir les discours au Gouuerneur, & luy d'enuoyer les lettres au
Roy, afin de receuoir les ordres qu'il luy plaira commander, comme aussi de peur qu'il n'en soit plustost aduerty par quelque autre ; car en affaires si chatoüilleuses aucune excuse ne vaudroit rien,
& on seroit tenu pour coulpable. S'il a commandement de continuer iusques au bout, il faudra qu'il fasse sçauoir à l'ennemy à peu
prés l'estat de la garnison, & de la place, afin qu'il le croye mieux;
car aussi bien il le sçaura par les espions, qui sans doute seront dedans. Apres qu'il aura sçeu tous ceux qui sont du complot a-
uant que resoudre les moyens & le temps de l'execution, le Gouuerneur fera entrer secrettement & peu à peu les soldats qu'il iugera
necessaires pour renforcer la garnison, qu'il fera tenir cachez chez
luy, & chez les Officiers ses affidez. La nuit destinée à l'execution, apres que les portes seront fermées, il fera venir chez luy,
ou fera prendre chez eux, tous ceux qui sont du complot, & les
fera serrer souz bonne garde. Apres cela il fera redoubler les gardes, & mettra des sentinelles qui seront des Officiers, ou autres
gens affidez, aux lieux par lesquels l'ennemy doit entrer, ausquels il aura descouuert toute l'affaire, & leur aura declaré l'entreprise & le mot qu'ils donneront en montant. Cependant on aura
preparé quantité de pieces aux flancs qui regardent ces lieux - là,
chargées de ferrailles, plusieurs fauconneaux, arquebuses à croc,
grenades, feux d'artifices, tant pour brusler que pour esclairer, &
des gens bien armez dans les ruës vn peu à l'escart des rampars.
Lors qu'ils se presenteront la sentinelle les laissera entrer vn à vn,
& les autres les meneront au lieu où ils se doiuent assembler pour
aller forcer le Corps de garde, quand ils seront vn peu esloignez
du rampart, afin qu'ils ne soient oüis des autres, on les depes-
chera à mesure qu'ils viendront: quand l'affaire sera descouuerte,
on iettera tout aussi tost les feux d'artifices dans le fossé & contr'es-

Z

carpes, & on donnera l'aubade à ceux qui feront dedans auec les fluſtes qu'on aura appreſtées, tirant inceſſamment deſſus, tant qu'il y en reſtera. Quelquefois on leur ouure les portes, & quand il y en a aſſez de pris on laſche la herſe, & ainſi on les attrappe. Autrefois on les fait venir par batteau par quelque entrée de riuiere, ou par les lieux qu'on iuge les plus commodes. Il eſt permis de repouſſer la fraude par la fraude, & faire perdre la vie à ceux qui nous veulent faire perdre l'honneur.

Quand on les laiſſe entrer.

La reuolte eſt de tout le corps, ou de la plus grande partie.

Si la reuolte ſe pouuoit faire auſſi ſecrettement que la trahiſon, elle ſeroit beaucoup plus dangereuſe; mais parce qu'elle ſe fait de tout vn corps, ou de la plus grande partie de la garniſon, il eſt impoſſible qu'en vn meſme temps, & d'vn general conſentement tous s'accordent à vne meſme meſchanceté, & aux temps, & aux moyens de l'executer, ſans qu'il s'en treuue quelqu'vn qui s'y oppoſe. Par la reuolte, i'entens le ſouſleuement d'vn grand corps, qui veut fauoriſer les ennemis ou ſe rendre à leur party: cecy ne ſe fait guere qu'alors que la garniſon eſt compoſée d'eſtrangers, ou bien la plus grande partie, leſquels par faute de payement, ou par quelque meſcontentement receu, ou pour eſtre corrompus par les ennemis, trament cette mauuaiſe action, encore faut-il que les ennemis ne ſoient pas fort eſloignez pour les receuoir, ou entrer dans la place à la premiere occaſion. Tout auſſi

Ce que doit faire le Gouuerneur pour l'empeſcher.

toſt que le Gouuerneur ſera aduerty qu'il y en a qui commencent de parler de ſe reuolter, il ſçaura quels ſont les Chefs qui ont ce deſſein, & qui incitent les autres; il taſchera de leur faire dire leurs intentions deuant des perſonnes qui ſoient ſans reproche, leſquels feront ſemblant d'eſtre de cét aduis, & de vouloir ſuiure le party, & d'y eſtre fort portez, afin de leur faire declarer tout leur complot. Lors qu'il ſera bien aſſeuré du tout, il les fera arreſter tous ſeparément, & à vn meſme temps. A l'heure meſme il fera aſſembler le Conſeil de guerre, les fera condamner & executer: à ces maux le remede doit eſtre prompt, car ils ſont comme le venin qui gliſſe inſenſiblement & promptement iuſques aux parties nobles, & lors il eſt irremediable.

Le Gouuerneur eſtant le plus foible.

Que ſi le Gouuerneur eſt le plus foible, & que le party des reuoltez, ou de ceux qu'il croit l'eſtre eſt plus fort que le reſte, apres auoir deſcouuert les autheurs, & les principaux complices: & apres leur auoir fait declarer leurs intentions, il les fera arreſter, & cependant il fera venir deuant luy ceux qui n'y trempent pas encore, & qui ne ſont pas entierement reſolus à ſuiure les mauuaiſes propoſitions des **autheurs** de la rebellion, auſquels il repreſentera

combien enorme & infame eſt eſtimée par tout le monde la trahiſon & la reuolte; que c'eſt la plus noire action qu'on ſe puiſſe
imaginer, puiſque ceux-là meſme qui s'en ſeruent, & en tirent de
l'auantage en haïſſent les autheurs ; & qu'il s'adreſſe à eux comme gens de bien & d'honneur, qui ont veſcu toute leur vie en
reputation & eſtime, & qu'il ſçait bien que leur vie n'a iamais eſté
tachée d'aucun reproche; qu'il ne croit pas qu'en ſeruant vn tel
Prince qu'ils ſeruent, ils vouluſſent perdre ce qu'ils ont gardé ſi
cher toute leur vie; & que ce ſeront eux qui auront plus que tous
les autres en horreur la meſchanceté qu'aucuns de leur corps ont
meditée, qu'à peine croiront-ils que dans leur nation il s'en treu-
uaſt qui fuſſent d'vn naturel ſi deteſtable, & que luy meſme ne ſe
le pouuoit perſuader s'il n'en euſt eſté certifié par pluſieurs aduis
& par des preuues euidentes, il leur demandera à eux meſmes *La promptitude neceſſaire.*
qu'eſt-ce qu'ils croyent qu'on doit faire de ces gens-là, ſans doute
il n'y en aura pas vn qui oſe les excuſer, & qui ne les condamne. Il
fera promptement oüir les dépoſitions des criminels, & celles des
reſmoins, & en preſence de ces gens-là qu'il fera aſſembler à
l'heure meſme au Conſeil de guerre, il les fera confronter &
conuaincre, & les fera iuger & executer s'il peut; il ne leur faut
point donner temps de ſe reconnoiſtre ny de parlementer enſemble, mais les prendre ſur le premier eſtonnement.

Dés que le Gouuerneur verra commencer l'eſmotion, il fera
tout auſſi toſt fermer les portes de la ville; fera mettre en armes
ceux qui ſont en garde qui ne ſont pas du party, & auſſi ceux qui
ne ſont pas de garde.

Quand la reuolte eſt tellement auancée, que s'eſtant ſaiſi de *Ce qu'il doit
faire lors que la
reuolte eſt
auancée.*
ceux-là, apres auoir harangué les autres, il voit quelque murmu-
re, par où il peut coniecturer que le reſte ne voudroit pas qu'ils
fuſſent chaſtiez, il leur repreſentera qu'il a ſaiſi ces perſonnes
pour leur monſtrer leur faute, & qu'il s'aſſeure que ç'a eſté vn
premier mouuement, procedant du deſpit qu'ils ont eu de n'a-
uoir pas la ſatisfaction qui leur eſt deuë; & qu'encore qu'ils a-
yent laſché quelque parole, il ne croit pas qu'ils ayent eu mauuaiſe intention, & quand meſme ils l'euſſent voulu, que tant de
gens de bien qui ſont là preſens s'y fuſſent oppoſez, & en euſſent fait le chaſtiment eux meſmes : qu'il ne veut pas ternir la nation d'vne ſi vilaine tache; & qu'encore qu'il y ait de leur faute, il
leur pardonne pour l'amour d'eux tous, à la charge que s'ils le
treuuent à propos qu'ils les enuoyent en quelque autre garniſon,
afin qu'il ne luy reſte aucun ombrage. On dit qu'il faut donner ce

qu'on ne peut auoir. Là deſſus il verra en quel eſtat eſt l'affaire : tout auſſi toſt il depeſchera ſecrettement vers le Prince, pour

luy donner aduis de ce qui ſe paſſe, & du peril auquel eſt la place
s'il n'y remedie promptement : cependant il careſſera tous ces gens-
là ; ſe reſioüira auec eux ; leur promettra qu'il taſchera de leur
faire auoir tous les auantages qu'ils ſçauroient eſperer, & qu'il les
prie de vouloir ſe ſouuenir de l'honneur, de la foy, & de la fidelité qu'ils ont promiſe. Quelques iours apres, il fera naiſtre quelque occaſion de conuoy, ou bien fera accroire qu'il a receu lettres
comme on porte argent pour la garniſon, & qu'il eſt en tel lieu,
& qu'il y a beſoin d'eſcorte. Ou fera quelque partie de guerre,
ou embuſcade ; ou leur fera voir quelque lettre qui l'auiſe que
l'ennemy veut entreprendre ſur la place ; qu'il eſt neceſſaire de garder les dehors ; les y mettra en garde, & le lendemain auant qu'ouurir les portes, les fera retirer loin de la place, ou tirera ſur eux.
On eſt bien plus aſſeuré ayant peu de monde dans la place, qu'en
y ayant pluſieurs ennemis. Il pourra treuuer quelque autre inuention pour les faire ſortir dehors ; il ſe deſchargera des plus coulpables, & de tous les Chefs, & n'en gardera qu'vne partie, telle
qu'il iugera ne pouuoir rien faire, & que les meſchans parmy les
bons, ne pourront ny n'oſeront rien entreprendre. S'il peut les
faire ſortir par inuention, lors qu'ils ſeront dehors il leur fermera
les portes, & leur enuoyera dire comme il a receu ordre du Roy ;
que tout à l'inſtant ſans differer ils aillent à quelque autre place, &
qu'ils deputent vn ou deux des leurs pour aſſembler & conduire
leur bagage. Il verra s'ils marchent du coſté qu'il leur ordonne ;
s'ils vont vers l'ennemy, il leur fera tirer deſſus puis qu'ils ſont
nos ennemis ; il vaut mieux les deffaire que de les conſeruer. A
ceux qui reſteront, il leur demandera s'ils veulent tenir la foy qu'ils
ont promiſe, & leur fera faire le ſerment de fidelité, & leur dira
hautement que le premier qui ne fera pas ſon deuoir, il le fera
pendre tout chaudement ; il les ſeparera & meſlera auec les autres ;
attendant que le renfort ſoit venu, & lors qu'ils ſeront hors de
garde, fera porter les armes chez luy, & fera eſpier leurs actions.
En cecy la hardieſſe à ne s'eſtonner pas, & l'adreſſe à manier
l'affaire, tant en les perſuadant qu'en diſſimulant, ſont les moyens par leſquels vn Gouuerneur doit agir : & d'abord il doit
connoiſtre ſes gens, & les vices des nations, & comme on peut
les reduire. Vn homme accort ſoupçonne toutes ces menées par
les premieres apparences, & les deſcouure par ſon habilité, &
les remedes reüſſiſſent tres-bien lors qu'ils ſont appliquez à temps :

mais sur tout il ne faut iamais laisser inueterer le mal, difficilement
le peut-on guerir lors qu'il a gasté tout le corps.

Les citadelles sont vn souuerain remede pour empescher les ha- *Citadelles ne-*
bitans de se reuolter; veritablement il y en deuroit auoir dans tou- *cessaires pour*
tes les places conquises, & aussi à celles qui sont frontieres pour *empescher la*
les raisons que nous auons dites. Les Corps de garde des portes *reuolte des ha-*
doiuent estre palissadez du costé de la ville, & celuy qui est dans *bitans.*
la place le doit estre par deuant, & de mesme les autres, afin que
ceux qui sont dedans ne puissent estre forcez d'abord.

Il est aussi fort bon de desarmer les habitans, pour les empescher de se reuolter, comme nous auons dit; s'ils estoient les plus
forts, & qu'ils ne voulussent pas receuoir garnison, on fera entrer
les soldats déguisez vn à vn en diuers temps, par diuerses portes,
ou de nuit par les portes secrettes. Ou bien il fera sortir les habitans par quelque inuention, mais à tout cela il faut y auoir pourueu auant qu'ils soient en estat de mal faire.

Les remedes encore contre les reuoltes sont, de ne tenir point *Remedes ge-*
des gens suspects dans les places d'importance, & ceux qui chan- *neraux contre*
gent facilement, ou qui se laissent corrompre par argent, ou qui ont *les reuoltes.*
quelque affinité auec nos ennemis. De tenir en crainte les soldats
& les Chefs, & les premiers qui faillent les chastier seuerement;
n'auoir iamais dans vne garnison vn corps entier d'estrangers qui
soit plus puissant que les naturels. Dans les Estats bien policez,
& qui preuoyent à toute sorte d'accidens, iamais on ne met vn Regiment entier dans vne place, on n'y met que deux ou trois Compagnies au plus de chaque Regiment, & les garnisons sont composées de diuerses nations, mesme dans les Gardes on les mesle;
car il est impossible qu'entr'eux il n'y ait quelque enuie, ou quelque emulation, & qu'ils s'accordent d'vn commun consentement
à faire vne meschanceté, parce qu'ils n'ont pas de frequentation
ny de correspondance ensemble; & le premier qui proposeroit
seroit descouuert par l'autre, quand ce ne seroit que pour auoir
aduantage sur sa nation, & se monstrer plus fideles. Il est encore
fort souuerain de promettre des charges, de l'argent, & des
grandes recompences à ceux qui les descouuriroient; car cela met la
defiance, & ne se peut que dans vne multitude il ne se treuue quelqu'vn qui aime mieux son auancement asseuré, que le hazard de
se perdre.

Nous dirons apres ce qu'vn Gouuerneur doit faire, lors qu'e-
stant assiegé, ceux de dedans ne veulent pas combattre, ou veulent se rendre, ce qui est aussi perilleux que la trahison & la reuolte.

Remedes con-
tre les conspira-
tions.

Les conspirations contre la personne du Gouuerneur, sont fort ra-
res, si ce n'est qu'ils soient cruels & outrageux enuers les soldats & les
Bourgeois; car cette insolence engendre des desespoirs & resolutiōs
extraordinaires. Celuy qui vit en homme d'honneur & de bien; qui
ne desoblige personne; qui regit ceux à qui il commande, & ne
les tyrannise pas ; qui rend la iustice à tous, ne doit point craindre
la conspiration : neantmoins parce que le diable suscite quelquefois des ames si execrables, il doit prendre garde à sa personne. Si
par des puissantes causes il a esté contraint de faire quelque
grand desplaisir à des personnes de condition, c'est de ne se fier
iamais à eux ny à leurs proches, & ne permettre qu'ils l'abor-
dent ; s'il sçait qu'il y en ait qui ayent mauuaise volonté contre
luy, il les chassera hors de la place ; il marchera tousiours accompagné de ses gardes ; fera faire bonne garde, deuant, & dans son
logis ; le fera bien fermer & palissader, & asseurer toutes les entrées;
& sur tout viura en homme de bien, & se recommandera à Dieu;
car c'est luy seul qui nous peut deliurer de ces perils, & qui a en sa
main nostre vie & nostre mort : difficilement vn Gouuerneur se
pourra sauuer par sa preuoyance, de la furie de telles ames desesperées, puisque les Rois mesmes ne s'en peuuent pas exempter.

Des Alarmes.

CHAPITRE XXXV.

Alarmes, &
leurs diuersi-
tez.

Es alarmes se donnent de iour & de nuit, & le sujet d'i-
celles peut estre dehors & dedans : en l'vn & en l'autre
temps, les alarmes se donnent pour aduertir les soldats
qu'ils prennent leurs armes, & se mettent en estat de deffence, &
qu'il y a danger ou soupçon que l'ennemy ne vueille entreprendre
sur la place.

Sujet des alar-
mes de iour.

Le sujet des alarmes qui se donnent de iour, sont le plus souuent lors que l'armée, ou quelque place de l'ennemy est proche
de la nostre ; que quelques coureurs s'auancent, ou par algarade,
ou pour prendre prisonniers ceux qu'ils peuuent, ou pour fourra-
ger. Lors que ceux qui sont au guet les voyent paroistre, ils doiuent sonner l'alarme, & marquer auec quelque banderole qu'ils
monstreront au clocher du costé qu'ils les ont veus. Ceux qui sont
en garde se tiendront à leurs postes, mais les Sergens, ou quelques

autres Officiers monteront sur les murailles pour voir que c'est , & en aduertiront le Gouuerneur. Si ces gens approchent, & qu'ils soient beaucoup en nombre, on fera fermer les portes, & on tirera le canon sur eux , des fauconneaux , ou arquebuses à croc, selon qu'ils s'approcheront : si on a de la Caualerie dans la place , & qu'on voye l'auantage euident, on pourra faire vne sortie sur eux; mais en cecy il faut obseruer particulierement les choses suiuantes; l'vne de ne s'auancer pas trop, & hors des tirs de la place, & dans des lieux couuerts, où il y peut auoir du monde caché sans qu'on le voye, car il faut presumer que puis qu'ils viennent si prés de la place qu'ils ne sont pas seuls , & que c'est pour attirer , & engager la garnison au combat; c'est pourquoy ceux qui sortiront ne pousseront les ennemis qu'autant qu'on est veu , & deffendu de la place : & si on voit que plusieurs autres esquadrons paroissent, & se ioignent à ceux-là , on se retirera. Il ne faut pas aussi iamais faire sortie de Caualerie, qu'on ne fasse sortir ensemble de l'Infanterie, qui se tienne dans les contr'escarpes, & dans les deffences plus auancées ; & s'il y a quelques rideaux bien proches, ils s'y pourront mettre pour saluër les ennemis , s'ils vouloient presser les nostres à la retraitte. On aura aussi des lieux propres pour se retirer, & des descentes pour aller dans le fossé. Il est vray que les ennemis ne poursuiuront iamais iusques-là , parce qu'on les traitteroit mal de dessus les murailles, sur lesquelles on fera venir les soldats qui ne sont pas de garde, pour tirer sur eux , & pour deffendre s'ils vouloient faire effort.

Ce qu'on doit obseruer pour sortir contre l'ennemy.

L'alarme de iour peut venir aussi de ce que l'ennemy par quelque stratageme voudroit surprendre vne porte : & ceux qui sont en garde estans bien instruits & bien adroits à leurs fonctions, les auroient descouuerts & empeschez de faire leur coup, & que les autres qui seroient proches pour seconder ceux-cy , s'approcheroient pour les aider ou desgager. Il faut à l'instant fermer toutes les portes , barrieres, bacules, & pont-levis , qui sont au deuant , & si elle se faisoit à la premiere , faudroit fermer les autres plus arrieres , ou partie d'icelles, selon qu'on verroit l'ennemy se retirer ou s'auancer : cependant le renfort de la ville viendroit partie sur les murailles, partie dans le lieu où seroient ceux qui auroient voulu faire l'effort ; mesme il faudroit pousser les autres si on y treuuoit de l'auantage; car en cela il faut que la prudence gouuerne, & prendre garde qu'en ouurant les portes les autres n'entrent, ou que ceux-cy estans dehors ils ne soient battus : c'est pourquoy il faut considerer les aduantages qu'on peut auoir des

Autre sujet d'alarme de iour.

lieux, du temps, & du nombre; & si on ne peut faire autre chose, se contenter de conseruer & deffendre sa place.

Autre sujet.   L'alarme peut aussi venir de iour pour quelque esmeute dans la place, lors qu'il y a des ligues & factions, ou pour quelque sedition ou reuolte: à tout cela il faut fermer les portes; faire mettre en armes ceux qui ne sont pas dans ce tumulte, & du reste suiure les ordres que nous auons cy-deuant dit.

Autre sujet.   On la donne aussi lors que le feu se met dans la ville, soit de iour, soit de nuit; & pour ce sujet aussi bien que pour tous les autres, il faut fermer les portes si elles ne le sont pas, & faire mettre tous les soldats en armes: si c'est vne place dont les habitans soient subiects du Prince, ils s'assembleront à leurs Corps de garde; feront marcher la patroüille, & n'accourront au feu que ceux qui sont destinez à cet effet, ou ceux qui y sont interessez, soit pour le voisinage, ou à cause que leurs maisons bruslent.

Ordre lors que le feu est dans la ville.   Dans les villes bien policées, tous les Charpentiers, Massons, & Couureurs sont obligez lors qu'il y a du feu dans la ville d'y accourir auec leurs outils, ou bien ils en doiuent aller prendre dans la Maison de ville, où il y en a tousiours prouision toute preste; comme longues perches ferrées, longs crochets, des haches, des seaux de cuir & d'osier poissé, des seringues, des pompes, & tels autres instrumens necessaires à cet effet; ils feront leur deuoir à esteindre le feu; s'il ne se peut pas pour estre trop grand, on rompra les maisons prochaines; les seruantes & les valets seront obligez à porter continuellement de l'eau. Tandis que tout cecy se fera le Gouuerneur aura l'œil à la place; fera renforcer les gardes des portes; garnira les Corps de gardes de rampars; fera aussi marcher la patroüille par des soldats: si c'est de nuit changera le mot autant de fois qu'il treuuera à propos; fera partir souuent des rondes, & ne permettra qu'aucun soldat accourre au feu, ny ceux qui n'y ont pas affaire; car la pluspart de ceux-là y vont plustost pour desrober que pour aider; outre que sans doute ils empeschent ceux qui trauaillent, & embarrassent les chemins.

Aux places conquises ce qu'on doit faire.   Lors que c'est vne place conquise, & que les habitans sont comme ennemis, on leur deffendra de sortir hors de leurs maisons, s'entend ceux qui sont esloignez du danger du feu; car il seroit inhumain de ne permettre pas à ceux de qui leur maison bruste, ou qui en sont en euident danger, qu'ils ne remediassent, ou empeschassent que le feu ne vinst à eux: c'est pourquoy à tous ceux-là, il leur sera permis de sortir & de trauailler; mesme tous les valets & seruantes des quartiers proches y pourront accourir pour aider:

encore

encore qu'il femble que dans vn tel mal-heur il n'y puiffe pas auoir
de la malice, & que c'eft vn accident pur : toutefois parce que fouuent on y a efté attrappé, & que l'ennemy s'eft feruy de ces aftu-
ces pour embarraffer & mettre en confufion la garnifon ; cepend-
dant que ceux qui font de leur party, foient habitans ou autres,
fe mettroient en eftat de feconder ceux de dehors, lors qu'ils feroient leur effort pour entrer par petard ou par efcalade, ce qui a
fouuent reüffi contre ceux qui n'vfoient point de la preuoyance
requife; c'eft pourquoy les Gouuerneurs faits fçauans aux defpens
des autres doiuent pouruoir à tout, & fe defier de tout, & croire
que l'ennemy veut faire ce qu'il peut faire.

L'alarme venant pour le fujet de quelque attaque qu'on feroit *Aux alarmes*
la nuit (car c'eft le temps des entreprifes par efcalade ou par petard) *de nuit, ce*
celuy qui a donné l'alarme en tirant, s'eftant retiré au Corps de *qu'on doit fai-*
garde, fait mettre en armes fes compagnons : & vn Officier s'en *re.*
ira tout auffi toft auec quelques foldats fur le lieu, & s'il y a quelqu'vn dans les foffez, & qu'il voye que c'eft à bon efcient, il en
doit faire aduertir le Gouuerneur ; cependant il fera venir vne partie de ceux qui font au Corps de garde de la porte fur les murailles pour les deffendre, partant il ne doit pas le dégarnir ; car l'ennemy ne donne guere fouuent l'efcalade, qu'il n'applique auffi le
petard, c'eft pourquoy il faut tenir des gens à l'vn & à l'autre. Le
Gouuerneur fe doit promptement leuer, & s'en aller au Corps
de garde de la place, & fera fonner la cloche, battre le tambour *Ordre qu'on*
par la ville ; les Sergens, Caporaux, & autres Officiers s'en iront *doit tenir.*
par les logis pour faire hafter les foldats : & le Gouuerneur enuoyera tous ceux qu'il trouuera prefts au lieu où fe fait l'attaque ; on
les diftribuëra à mefure qu'ils viendront, partie aux flancs qui déf-
couurent le lieu par où l'ennemy veut entrer, partie fur les murailles, & les autres à renforcer le Corps de garde de la porte. On iettera
des feux d'artifice dans le foffé, pour voir ce qu'il y a dedans. I'ay veu
en plufieurs lieux certains fanals de fer à mettre des guederons dedás,
qui s'auancent auec vne potence de fer pour efclairer dans le foffé, ce
qui eft tres-neceffaire pour ne perdre pas les coups, & mefme pour
eftonner les ennemis. Le Gouuerneur ne bougera pas de la place,
iufques à ce qu'il fçaura le fujet, & le lieu de l'alarme. Si l'ennemy
continuë & auance, il s'y en ira bien armé, pour donner les ordres,
& fouftenir luy-mefme : quelquefois lors que l'alarme eft bien
chaude, & que l'ennemy rompt les portes auant qu'on ait loifir
d'affembler les foldats, le Gouuerneur ira luy-mefme fans attendre autre chofe ; menera les fiens, & ceux qu'il pourra rencon-

trer ; mais parce qu’il nous faudra parler de la deffence qu’on doit faire contre le petard , nous dirons icy des ordres generaux qu’il faut donner aux alarmes ; les Bourgeois feront comme nous auons dit la patroüille ; armeront leurs Corps de garde qu’ils ont accoustumé.

Où doit-estre le rendez-vous des soldats.

Aucuns tiennent, que tant les soldats que les Bourgeois qui ne sont pas en garde , lors qu’on a donné l’alarme, ils se doiuent rendré tous dans la place d’armes au milieu de la ville, pour estre enuoyez de là où il sera treuué à propos : & moy i’estime que l’ordre suiuant est meilleur ; c’est que tous ceux qui sont sortis de garde ce iour-là se rendent au Corps de garde où ils estoiét la nuit precedente , & ceux qui doiuent entrer en garde s’en aillent à la place d’armes. Car il est bien asseuré qu’aux alarmes il faut renforcer tous les postes, qu’est-il donc besoin de les faire venir à la place pour les enuoyer en ces lieux-là ? outre qu’il y a assez de confusion sans cela ; car tout le monde vient à la foule, & est embarrassé dans cét estonnement, & on ne sçait lesquels prendre, ny où enuoyer ; mais par cét ordre vostre garde sera doublée partout, & il y restera vn corps, duquel vous pourrez disposer pour l’enuoyer aux lieux qu’il sera necessaire ; car il ne faut pas ietter toute sa force aux lieux où on entend les premiers cris, parce que l’ennemy peut faire feinte de donner à vn lieu, & attaquer à vn autre ; c’est pourquoy personne ne doit quitter son poste, quoy qu’on entende ou voye autre part, & on ne partira point de là que quelque Officier en Chef, & connu, ne porte le commandement luy-mesme, encore en doit-il prendre vne partie seulement.

Ce que doit faire le Gouuerneur.

Le Gouuerneur changera le mot comme nous auons dit ; fera marcher plusieurs rondes, & enuoyera voir par tous les Corps de gardes s’ils sont garnis de soldats, & s’ils sont en estat de se deffendre.

Les hostes doiuent enfermer les estrangers.

Les hostes seront obligez d’enfermer les estrangers dans leurs chambres, & leur deffendre de sortir, & si quelqu’vn vouloit par force les contraindre à ouurir, il s’en ira plaindre, & les tiendra ainsi iusques à ce que tout soit passé.

Tous les habitans seront obligez de mettre vne chandelle allumée à chaque fenestre, tandis que l’alarme durera.

Chaisnes tenduës ne seruent pas beaucoup.

Il ne me semble pas que de tendre les chaisnes , soit vn ordre fort bon en l’alarme, si ce n’est lors qu’il y a quelque sedition , ou dans les grandes villes contre les ligues, & les esmeutes , afin que les seditieux ne puissent courir facilement par les ruës pour aller piller, & faire autres desordres ; mais dans vne place où cela

n'eſt pas , ces chaiſnes ne ſeruent que d'empeſchement aux noſtres qui veulent aller à la deffence : au pire aller ie ne voudrois les
faire tendre qu'alors que l'ennemy ſeroit preſt d'entrer , ce qui eſt
pourtant vn foible remede , de croire arreſter auec ces chaiſnes
qui ne ſont qu'à certaines auenuës , l'ennemy qui eſt maiſtre des
portes, Corps de garde, & rempars : neantmoins ie ne deſappreu-
ue pas d'oppoſer cette reſiſtance, il faut dans la neceſſité ſe ſeruir
de tout ce qu'on a, & de ce qu'on peut.

Si l'ennemy eſt forcé de ſe retirer à cauſe de la reſiſtance qu'on *Ce qu'on doit*
aura faite, ou par crainte, il faut bien ſe garder de ſortir ſur luy, *faire quand*
de nuit principalement; car meſme de iour on ne doit pas le faire, *l'ennemy ſe re-*
ſi on n'y voit ſon aduantage fort euident ; & la nuit on ne doit *tire.*
point ouurir les portes en preſence de l'ennemy : lors que l'effort
ſera paſſé, s'il y reſte quelques vns des ennemis dans les foſſez
qui ne puiſſent pas ſe retirer, ſoit pour eſtre bleſſez, ou pour cheute, ou à cauſe de la peſanteur de leurs armes, on pourra enuoyer
quelques ſoldats par le guichet , ou par les portes ſecrettes qui les
iront acheuer, ou les ameneront dans la place.

Aucunes places ont eſté ſurpriſes, parce que les ennemis don- *Fauſſes alar-*
noient ſouuent des fauſſes alarmes en enuoyant quelques ſoldats, *mes.*
ou dans les foſſez , ou ſur les contr'eſcarpes ; meſme faiſant du
bruit comme s'ils vouloient donner, afin de fatiguer la garniſon,
& les faire mettre en armes quaſi toutes les nuits , ou en fin leur
rendre les alarmes en meſpris, & comme vn jeu, pour les attraper,
donnant vne fois à bon eſcient; le remede à cela eſt, que le guet
qui eſt au clocher ne doit point ſonner l'alarme de nuit, encore
qu'il entende du bruit ou tirer, iuſques à ce que quelque Officier
luy ait commandé, ſi ce n'eſt en cas de feu ; car c'eſt pour cela *Remedes.*
principalement qu'il eſt deſtiné, car par ainſi on ne fera pas leuer
les ſoldats ny les Bourgeois, que lors qu'il ſera neceſſaire. Il y a
encore vn autre remede, c'eſt de tenir garde dans les dehors , ou
quelque autre garde auancée de Cauallerie ou d'Infanterie; par ce
moyen, ou il faudra qu'ils viennent forts en nombre , & ainſi ils
ſe fatigueront autant que les noſtres , ou ils ſeront battus. Il ne
faut point s'alarmer legerement, ny m'eſpriſer auſſi les aduis; mais
il faut s'aſſeurer de la verité par les moyens que nous auons dits :
tout craindre, & ne rien craindre, ſont vices l'vn & l'autre ; parce
qu'ils ſont les deux extrémitez du courage: toutefois aux choſes
qui ſont de la preuoyance il vaut mieux pancher du coſté du premier, & aux actions & combats du dernier.

A a ij

Pour se deffendre contre les Escalades.

CHAPITRE XXXVI.

EN tous les discours suiuans, il sera necessaire de rapporter quelque chose de ce que nous auons escrit dans nos Fortifications, afin que ceux qui auront le present Traicté, ne soient pas contraints d'aller chercher l'autre.

Ordres cy-de-uant dits empeschent les surprises.

Les ordres que nous auons escrit cy-deuant sont des remedes vniuersels contre toute sorte de surprises; car il est tres-certain que l'ennemy n'entreprendra iamais sur vne place dans laquelle il sçaura qu'il y a forte garnison, vn Gouuerneur courageux, & vigilant, & que la garde y est exactement faite; Et de plus, qu'il est impossible d'introduire de ses gens dedans pour aider l'entrepreprise sans qu'ils soient descouuerts, ny corrompre ceux qui y sont establis. On ne peut iamais faire entreprise sans auoir quelque intelligence dans la place, tant pour l'assistance que pour auoir des aduis, des lieux, du temps, & des occasions qu'il faut prendre. Le Gouuerneur sera donc exactement obseruer ce que nous auons escrit, s'il veut estre asseuré de toute sorte d'entreprises que l'ennemy pourroit faire côtre sa place.

Escalade ne se fait point sans petard.

Encore qu'on n'escalade presque iamais les places qu'on n'applique aussi le petard, nous dirons icy les remedes qui sont particulierement contre les escalades, & dans le Chapitre suiuant nous dirons contre le petard.

Murailles hautes empeschent les escalades.

Les murailles fort hautes sont hors d'escalade, depuis qu'elles ont plus de trente pieds, il est fort difficile qu'on y applique les eschelles, à cause que la longueur les feront plier, ou rompre; ou si on les renforce, la pesanteur empeschera qu'on ne les pourra porter, ny appliquer commodément; & si elles sont faites de diuerses pieces estant iointes ensemble plieront dauantage, & rompront plus facilemtnt.

Terre au pied de la muraille empesche l'escalade.

La pluspart des vieilles villes ont vn talu de terre qui s'appuye contre la muraille, commençant depuis le fonds du fossé, iusques au niueau de la campagne, lequel est de trois ou quatre toises de hauteur, & la muraille qui est au dessus est aussi de la mesme hauteur; ce qui empesche qu'on ne sçauroit appliquer les eschelles; parce que si on met leur pied au fonds du fossé, & le

bout aux creneaux, ce feroit vne longueur trop grande, & à caufe du grand penchant qu'il leur faudroit donner eftant chargées,
fe romproient facilement, n'eftant aucunement appuyées au milieu, à caufe desdeux talus differends; fçauoir celuy de la terre qui eft
affez grand, & celuy de la muraille qui eft quafi à plomb. On ne
peut pas non plus affeoir les efchelles fur le glacis de la terre; &
quand on l'auroit fait, il faut grimper pour venir au pied defdites
efchelles, qui feront auffi fort mal affeurées, & cependant on entend ceux qui s'approchent pour y monter.

De là on s'eft imaginé vne inuention pour empefcher les efca- *Et les doubles*
lades, c'eft de donner premierement vn grand talu à la muraille *talus auffi.*
iufques à la moitié de fa hauteur; & le refte le faire à plomb;
ainfi le bas fait l'effect de la terre comme nous auons dit, & le
haut l'effect de la muraille : mais parce qu'il faudroit faire les
fondemens extrémement efpais, la defpence feroit beaucoup plus
grande que la commodité qu'on en retireroit, parce qu'on a
d'autres moyens plus faciles & plus affeurez. Outre que ces grands
talus couuriroient les flancs bas, mefme fi on vouloit orillon on
n'y en fçauroit faire.

I'ay veu vne autre inuention, c'eft que le chemin des rondes *Autre moyen*
eftoit tout couuert comme vne galerie, la couuerture de laquelle *pour empefcher*
appuyoit fur le parapet des rondes, qui eftoit haut de neuf pieds; *les efcalades.*
ceux de ces villes difoient pour leur raifon, que l'ennemy eftant
monté fur ce toict, il falloit qu'il fe laiffaft tomber de là fur les
rampars, & par ainfi feroit tué fans deffence. Mais ie croy que
cela a efté fait par des Bourgeois, pour faire la ronde fans fe *Ce remede n'eft*
moüiller en temps de pluye; car cela n'empefche pas l'ennemy *pas bon.*
de monter, & ceux de dedans ne peuuent faire aucune refiftance pour l'empefcher, non pas feulement le voir que lors qu'il
fera defcendu. Ce feroit vne deffence bien douteufe, de laiffer
entrer l'ennemy dans la place pour le repouffer apres.

Les creneaux auancez percez par deffous ne feruent pas con- *Creneaux con-*
tre les efcalades, mais feulement contre la fappe, parce qu'on ap- *tre la fape.*
plique les efchelles plus haut.

On fe fert encore des poutres qu'on met fur les parapets auec *Autres reme-*
quantité de pierres par deffus, & lors que l'ennemy veut mon- *des.*
ter par les efchelles on pouffe les poutres & les pierres, ce qui les
abbatroit indubitablement. Mais on ne dit pas fi ceux là eftant
tombez d'autres reuenoient à leur place; auec quoy on les repouf-
feroit. Des gros quartiers de pierre fur les murailles font le mefme effect. Les anciens fe feruoient de clayes, qu'ils appelloient

Mettellas, sur lesquelles ils mettoient quantité de pierres qu'ils faisoient tomber sur les ennemis ; ils auoient aussi des machines qu'ils
appelloient loups, auec lesquels ils prenoient & tiroient à eux les
beliers, eschelles, tortuës, & tout ce qui s'appliquoit contre les
murailles.

La maniere qu'on bastit maintenant les murailles ne permet
pas tousiours de les pouuoir faire si hautes, ny de donner ces talus ; comme aussi de couurir les chemins des rondes, ny faire
toutes ces autres inuentions : mais au lieu de ceux-là on en a treuué d'autres plus asseurées.

Fausse-brayes empeschent les escalades. Les fausse-brayes autour d'vne place empeschent qu'on ne
peut l'escalader, parce qu'il faut monter là dessus, & derechef ap-
pliquer d'autres eschelles pour monter sur la muraille ; ce qui ne
se peut faire qu'auec beaucoup de bruit, & de temps, qui sont les
deux choses qui gastent les entreprises.

Aussi le fossé plein d'eau. Le fossé plein d'eau asseure contre les escalades ; car il faudroit porter des batteaux, les jetter dans le fossé, les arrester, mettre
les eschelles dessus, & monter en haut, ce qui ne se peut faire s'il
y a quelqu'vn dans la place qui veille, & qui se vueille deffendre. En
temps de glace l'eau ne sert de rien, nous dirons ce qu'on doit
faire alors parlant des remedes generaux contre les surprises.

La cunette de mesme. Lors que le fossé est sec, au milieu du grand on en fait vn petit
large de quinze ou vingt pieds, appellé cunette, fort profond, ius-
qu'à l'eau si on peut ; pour le passer il faut necessairement vn pont,
c'est vn arrest pour l'ennemy, & vn aduantage pour nous, ayant
cependant loisir de nous mettre en deffence.

Autre fossé. Vn fossé à l'endroit où on peut mettre le pied des eschelles,
fait le mesme effect que la cunette ; il faut qu'il soit tellement situé,
que mettant les eschelles au delà plus près de la muraille, elles
soient trop droites, & au deça elles seront trop esloignées, & auront vn trop grand talu.

Contr'escarpe reuestuë. Les contr'escarpes taillées à plomb, ou reuestuës de muraille,
donnent cette incommodité à l'ennemy, qu'il luy faut des eschelles
pour descendre dans le fossé, & d'autres pour monter.

Chemins cou-uerts. Les chemins couuerts donnent la mesme incommodité, mais
moindre, entant qu'ils sont moins bas, & qu'on peut descendre
dans iceux d'vn seul saut sans appliquer aucune eschelle.

Dehors gar-dez. Les dehors lors qu'ils sont gardez empeschent indubitablement
les escalades, & ie ne pense pas que l'ennemy osast entreprendre
contre vne place où il sçait qu'on garde les dehors ; car sans doute il seroit descouuert auant que l'approcher.

La garde auancée, soit de Caualerie ou d'Infanterie, ne laissera approcher personne, non pas seulement des dehors qui ne
soit descouuerte, c'est pourquoy on ne peut estre surpris aux lieux
où on la fera.

Aux places qui ne sont pas reuestuës, la terre s'eboule auec le *Dehors doiuent* temps, & par ainsi fait montée, & ces ouurages ne peuuent iamais *estre fresez.* estre fort hauts, parce qu'ils ne se soustiendroient pas, tellement qu'ils seroient aisez à surprendre, pour estre asseurez on les frese. Nous auons dit cy-deuant comme les freses doiuent estre faites, elles empeschent les escalades, & que les soldats ne se laissent glis- ser au long des talus pour abandonner la garnison.

Les palissades dans le milieu du fossé, ou au pied de la mu- *Palissades au* raille ne permettent pas qu'on puisse appliquer les eschelles, le *pied de la mu-* mesme fait la palissade qui se met sur la contr'escarpe. *raille.*

Tout ce que nous auons dit, sont empeschemens, les resistan- *Canons tous* ces sont de tenir des canons dans les flancs, chargez de ferailles, *presls.* de chaisnes, & autres choses qui peuuent rompre les eschelles, pointez contre les faces, tous prests, qu'il faille seulement y mettre le feu.

Les feux d'artifice sont extrémement necessaires, tant pour es- *Feux d'artifi-* clairer, comme tourteaux, fagots ensouffrez, guederons, lam- *ce.* pions, comme pour brusler, & de tous ceux qui seruent en cette occasion. Les lances à feu sont tres-excellentes pour presenter au nez de ceux qui montent, les piques, halebardes, pertuisanes, sont aussi des armes tres-propres, les fourches & crochets, seruent pour pousser les eschelles, & pour les renuerser, & ceux qui se- ront dessus.

Les resistances doiuent agir par le moyen des soldats, on *Ordre pour la* tiendra l'ordre que nous auons descrit generallement pour tou- *resistance.* tes les alarmes, qu'il n'est pas necessaire de redire. Le Capitaine de la garde doit se rendre tout à l'instant au lieu de l'alarme, & y ame- ner les soldats qu'il treuuera à propos, des prochains Corps de gar- de, lesquels toute-fois il ne faut pas desgarnir tout à fait de peur qu'on ne soit attrapé par vne fausse alarme. Pour moy ie voudrois amener la plus grand part de ceux qui sont au Corps de garde de la place d'armes qui est au milieu de la ville, car c'est là où il y en a moins de besoin, outre que les premiers armez s'en viennent là, parce qu'ils sont tous prests, & cependant qu'ils se deffendent, ils donnent loisir aux autres de venir, & tous les postes demeure- ront en leur estat. De ceux qui doiuent deffendre, la moitié se tiendra au lieu par où l'ennemy s'efforce d'entrer, l'autre moitié fera feparée en deux , qu'on enuoyera aux deux flancs qui regardent le lieu attaqué. Si vn flanc feul regarde ce lieu , on y enuoyera le tiers , & les deux tiers fe tiendront où fe fait l'effort. Il n'y a point autre ordre en ce combat, finon que les mieux armez fe doiuent prefenter les premiers , & faire leur deuoir à repouffer l'ennemy : il ne faut pas pourtant qu'ils s'y prefentent en foule, il faut en referuer vne partie de ceux-là pour fouftenir, & rafraifchir ceux qui feront las: toute-fois au premier effort, parce qu'ils font peu en nombre, ils y doiuent tous aller en attendant que le renfort vienne. Ceux des flancs feront auffi leur deuoir à tirer, tant la moufqueterie , que l'Artillerie , à la faueur de la clarté des feux d'artifice qu'on aura jetté dans le foffé. Il eft prefque impoffible qu'vn ennemy force vne place par efcalade, lors que ceux qui font dedans font en deffence, pourueu qu'on les defcouure auant qu'ils foient entrez , & qu'on ait loifir de s'y oppofer; affeurément on les fera retirer auec leur courte honte, lors que du refte on fait bonne garde, & telle que nous l'auons defcrite au difcours precedent.

Comme on doit faire la deffence.

***

Contre le Petard.

CHAPITRE XXXVII.

E petard & l'efcalade vont enfemble ordinairement. L'ennemy fait diuerfes attaques pour diuertir la force de ceux qui fe deffendent , & pour treuuer moins de refiftance , & afin que les premiers entrez foient fecourus de ceux qui entrent apres par quelque autre endroit , & n'y a rien qui engendre vne fi grande confufion & eftonnement, que de donner l'alarme par tout , & attaquer en plufieurs lieux ; c'eft pourquoy ceux de dedans doiuent eftre preparez à tout , & ne s'efpouuanter pas pour le bruit , & chacun fe doit rendre à fon deuoir.

L'ennemy attaque en diuers lieux pour diuertir la force des affaillis.

Le petard ne s'applique qu'aux portes, peu fouuent aux grilles, & emboucheures des riuieres; comme auffi aux murailles foibles , parce que ces lieux font ou fort eftroits, ou de difficile abord, ou bien il y aura quelque autre obftacle derriere qu'on ne pourra pas forcer.

Les lieux fa-

Tous tels lieux qui feront autour de la place , faciles à rompre,
on les

on les renforcera par dedans en eſpaiſſiſſant les murailles, ou y *ciles à rompre,* mettant de la terre, ou par dehors auec pluſieurs paliſſades. On *comme doinent* fera de meſme aux entrées des riuieres; nous auons aſſez enſeigné *eſtre renforcez.* cy-deuant comme on peut les aſſeurer & fortifier.

Nous dirons particulierement des portes; que toutes doiuent *Portes comme* auoir quelque dehors qui les couure, comme demy lune, tenaille, *doiuent eſtre* ouurage coroné, ou autre; quelquefois on en met deux l'vn de-*couuertes.* uant l'autre, & par ainſi à vne meſme entrée on multiplie les portes & les obſtacles: Car vous pouuez faire premierement la barriere au deuant de la plus eſloignée contr'eſcarpe, laquelle doit auſſi enfermer le chemin couuert, parce qu'autrement on y pourroit entrer ſans la rompre. Apres cela on peut faire vne pa-liſſade à l'entrée du pont de la demy lune, & à l'autre bout on fait le pont-levis; & ſi la demy lune eſt reueſtuë on y fait auſſi v-ne porte: On y peut faire plus arriere vne bacule, & dans icelle il y doit auoir vn Corps de garde paliſſadé: A l'entrée du pont de la ville on y fait vne bacule, & apres vne barriere. Il y en a qui mettent au milieu de ce pont à coſté vn petit Corps de gar-de qui ſert pour voir dans le foſſé, & pour deffence lors qu'il n'y a point de dehors qui couurent la porte: le pont-levis de la ville ſuit apres qui a au derriere, la porte, & vn peu plus loin, la herſe ou les orgues; cecy ſe met dans la voute qui eſt au deſſous des rempars, laquelle doit auoir vn eſpace deſcouuert, pour faire eſ-uanter la force du petard, laquelle eſtant enfermée dans vne vou-te, fait ſauter deux portes bien qu'eſloignées l'vne de l'autre: Ou-tre que de là haut on fait vne tres-bonne deffence de mouſque-terie, & de feux d'artifice, pour empeſcher que ceux qui ſont en-trez iuſques là n'aillent plus auant: Pour les arreſter il y doit a-uoir vne autre porte auec des orgues ou herſe derriere, & du co-ſté de la ville on doit creuſer comme vn foſſé, ſur lequel il y au-ra vn pont-levis, & au deuant d'iceluy vne paliſſade. On mettra encore quelque cheual de Frize entre deux portes aux lieux qui ſe-ront plus commodes, leſquels on ſçait aſſez comme ils ſont faits. Vne entrée qui aura tous ces obſtacles ſera fort aſſeurée contre le petard; mais lors que le foſſé eſt ſec, afin que l'ennemy ne s'en vienne droit à la porte en deſcendant dans le foſſé, & remon-tant ſur le pont de la ville, on pourra faire vne paliſſade qui pren-ne depuis le bout de la face de la demy lune iuſques à la muraille; & ſi on veut on en peut faire vn autre prés du pont-levis, auec vn foſſé au deuant, & cette paliſſade continuera par deſſus le pont dormant.

Bb

Il me femble que ce font les vrais remedes contre les petards, que la multiplicité des refiftances, car il en faudroit bien, & du temps, pour rompre tout cela, & ceux de la place auroient affez de loifir de fe mettre en armes, & en deffence, & c'eft le moyen le plus affeuré de rompre toute entreprife.

Or parce qu'on ne peut pas mettre toutes ces inuentions en tous les lieux; à ceux où on peut faire peu de portes, on a cherché les moyens de pouuoir treuuer des refiftances affeurées, & qu'vne feule par l'artifice faffe autant que plufieurs de celles que nous auons dites.

On fait les portes à plufieurs faces qui auancent en angle, afin que le petard ne fe puiffe appliquer contre icelles; pour le mefme effect on met des longues pointes à la porte; il y en a qui les font perfées pour faire tirer des moufquetaires par les trous. On fait auffi des bacules deuant la porte, pour faire tomber le petardier dans le foffé, & plufieurs inuentions pour le repouffer ou tuer. Ie n'en mettray point vne infinité qu'on fait, & qu'on peut inuenter, parce qu'il faut auoir des foins continuels pour les affufter toutes les nuits; outre que cela eftant defcouuert, eft rendu inutile. I'en ay efcrit quelques vnes dans mes Fortifications, qui font fort affeurées, & encore que l'ennemy les fçache il ne fçauroit y remedier; l'vne eft de faire vne muraille de pierre, ou bien de terre dans quelque quaiffe d'efpaiffeur de dix ou douze pieds, qu'on fera rouler toutes les nuits derriere la porte, quand bien on auroit petardé la porte on ne fçauroit rompre cette muraille. Les ponts qui fe leuent à bacule & qui vont en deftournant, empefchent qu'on ne peut appliquer le petard. Pour faire tomber la herfe ou orgues d'eux mefmes tout auffi toft qu'on auroit petardé la porte; c'eft qu'il faut qu'au bout de la corde qui les fouftient, apres auoir fait deux tours autour d'vn rouleau on attache vne ficelle, laquelle paffera par des anneaux qui feront derriere la porte; il fera impoffible de rompre la porte fans rompre la ficelle, & par confequent il faudra que la herfe ou orgues tombent. On peut treuuer plufieurs autres inuentions femblables, comme auffi pour faire tomber fur le petard & le petardier, que ie laifferay, pour dire l'ordre qu'on doit tenir en cette action.

Il faut toufiours fe fouuenir de ce que nous auons dit au Chapitre des alarmes; parce que ce font les ordres generaux qu'il faut tenir en toutes les occafions d'attaque, ou de furprife: & le Gouuerneur en celle-cy doit faire comme nous auons dit aux efcalades. Mais parce que le petard eft plus prompt, au premier coup de petard le Gouuerneur se doit rendre à la porte auec les soldats qu'il pourra rassembler, & enuoyer aux flancs & deffences ceux qu'il jugera necessaires; si les entrées sont foibles, il fera vne barricade au deuant de la derniere porte du costé de la ville, laquelle se fera de tout ce qui pourra seruir pour se couurir, & pour s'opposer à l'ennemy; fera abbatre à temps les herses, ou orgues, cheuaux de Frise, & tout le reste qu'il aura auparauant preparé: les feux d'artifice pour esclairer ne manqueront pas; comme aussi *Feux d'artifice.* les grenades, pots à feu, cercles, & autres inuentions. Aux entreprises l'ennemy n'opiniastre guere le combat, & depuis qu'il se voit descouuert auant qu'auoir acheué d'ouurir toutes les portes, il se retire, parce que l'auantage est trop grand pour ceux de dedans; car il est comme impossible de forcer vne entrée quand vn grand nombre de soldats sont apprestez pour la deffendre; c'est pourquoy la bonne garde est le plus souuerain remede de tous, & la disposition de vostre entrée; car y ayant plusieurs empeschemens, auant que tous soient rompus on a temps de se preparer, & de venir à ces lieux, & la bonne garde fait qu'on est tousiours en deffence; les bons ordres sont cause qu'il n'y a point de confusion, & qu'on est également fort de tous costez. C'est pourquoy nous *Trois remedes generaux contre les surprises.* dirons qu'il y a trois remedes generaux contre les surprises: le premier, que tous les lieux de la place soient en bon estat, afin que difficilement on les puisse aborder ou forcer: l'autre, qu'on donne des bons ordres, & qu'on les fasse bien obseruer; & le dernier, qu'on fasse bonne garde; que le nombre des soldats y soit complet; que les sentinelles veillent; les rondes fassent leurs fonctions, & que tous ayent leurs armes prestes pour s'en seruir.

Si les ennemis auoient fait vn si grand effort, que quelques *On ne doit point donner quartier à ceux qui sont pris dans l'entreprise.* vns fussent entrez dans la place, & que neantmoins on eust repoussé les autres, & ceux-cy fussent pris prisonniers, on n'est pas obligé à leur donner quartier, on peut les faire mourir, encore qu'on ait fait quartier pour les prisonniers qu'on prend à la guerre; parce que c'est à vn combat ouuert, mais la surprise est comme vne tromperie: par le droit de guerre on doit faire iustement mourir tous ceux qui y sont pris, comme aussi tous ceux qui sont dans la ville consentans à ce dessein, ou qui y contribuënt en quelque façon que ce soit.

*Briefue recapitulation de tout ce qu'on doit faire dans vne
place pour s'empescher d'estre surpris.*

CHAPITRE XXXVIII.

VISQVE les places ne peuuent estre prises que par
surprise, par force ou par faim, nous descrirons le plus
exactement que nous pourrons les remedes contre ces
efforts : & dans ce Chapitre icy nous dirons tout ce
qu'on doit obseruer, ou faire, pour s'empescher d'estre surpris, &
en peu de mots nous redirons ce que nous auons escrit en plusieurs
Chapitres, & y adiousterons encore quelque chose de nouueau.

La premiere chose qu'on doit preparer contre la surprise, c'est
la place ; il faut qu'elle soit bien fortifiée, & flanquée par tout ; que
les murailles soient bien hautes ; les fossez soient assez larges, &
fort profonds : l'eau dans le fossé empesche aussi les surprises ; la
cunette dans le grand fossé fait quasi le mesme ; les contr'escarpes
coupées à plomb, ou reuestuës, incommodent grandement l'ennemy ; car il faut qu'il descende dans le fossé auec des eschelles, & ne
sçauroit s'en retirer ; s'il est forcé, vne palissade au pied de la muraille est parfaitement bonne ; on la peut faire aussi au milieu du
fossé, ou tout autour de la place, ou seulement aux lieux par où
on craint d'estre surpris ; les palissades au bout de l'esplanade seruent tout autant, mais il faut plus de paux, à cause que le contour
est plus grand. Les places qui sont de terre sans reuestement doiuent estre fresées, parce que la terre s'éboule en peu de temps, & fait
montée par tout ; les dehors sont excellemment bons contre les surprises, mais ils doiuent estre fresez & gardez, particulierement ceux
qui sont deuât les portes ; si en la place ou aux dehors il y a quelque
esboulement, on doit faire vne palissade au pied d'iceluy, & sera encore fort bon d'en faire vne autre au haut ; les bresches doiuent estre
fortifiées par ce moyen, ou bien les reparer, refaisant à neuf la muraille comme elle estoit auparauant ; Lors qu'il y a quelques embrasures basses, ou il faut les bien boucher, ou bien faire vn profond
fossé au deuant, ou si elles sont mal bouchées on renforcera la
muraille, & mettra de la terre par derriere, en sorte qu'elle ne
puisse estre rompuë ny par petard ny par autre artifice : s'il y a des
égouts il faut qu'ils soient grillez par dehors, par dedans, & au
milieu auec de fortes grilles, & les faire visiter par fois ; mesme

fi on doute, tenir vne fentinelle prés de là : Les entrées des riuieres doiuent eſtre bien fortifiées auec pluſieurs paliſſades, chaines, grilles, orgues, cheuaux de Frize, bateaux, corps de gardes, & autres inuentions que nous auons eſcrites ; la garde & les
fentinelles y doiuent eſtre miſes, comme aux portes, & encore
plus lors que leſdites riuieres viennent du coſté des ennemis. A *Pour aſſeurer*
chaque entrée de ville on fera pluſieurs portes, pont-levis, her- *les portes.*
ſes, ou orgues, barrieres, paliſſades, bacules, cheuaux de Frize,
chaines, & autres empeſchemens pour arreſter l'ennemy. On
pourra mettre les inuentions que nous auons eſcrites cy-deuant
contre le petard, comme auſſi dans nos fortifications. On mettra ſemblablement ſur les murailles ce que nous auons dit contre les eſcalades. Aux temps des glaces ſi les foſſez ſont pleins
d'eau, ou que la place ſoit dans des mareſts, on aura le ſoin de
faire rompre les glaces toutes les nuits, ce qui ſe fait auec des ha- *Contre les gla-*
ches à force d'hommes ; ou bien on fera marcher continuellement *ces.*
ſur l'eau auant qu'elle ſoit priſe des petits batteaux ferrez, mais il
faut oſter la glace qui s'aſſemble autour deſdits batteaux, & la
ietter du coſté de la place. Ou s'il y a des eſcluſes il faut par fois
arreſter les eaux, & puis les ouurir, car en hauſſant & baiſſant
ainſi on fait rompre les glaces ; quand la glace eſt fort eſpaiſſe, les
haches ſe rebouchent ou ſe caſſent, & on eſt fort long temps à
pouuoir ſeulement faire vn trou. On fera beaucoup plus prompté-
ment auec vne ſcie à main, en ſciant à reculon, il n'eſt pas croya-
ble combien d'ouuerture fait vn homme en peu de temps. Les
gros glaçons on les iettera du coſté de la place, pour en faire comme vn parapet, & ce qui ſe regelera de nouueau ſe caſſera facilement à l'endroit où on aura auparauant ſcié la glace. Les Corps de *Corps de garde*
garde de bois auancez dans les foſſez particulierement aux lieux *d'inuention.*
qui ne ſont pas flanquez, ſont tres-excellens : on les fera ainſi, on
plantera quatre ou ſix piliers de bois, ſelon qu'on les veut faire
auancer, eſloignez l'vn de l'autre de huit ou dix pieds, & on en
plantera vn autre rang, eſloigné de celuy-là de douze ou quinze
pieds ; là deſſus on mettra des poûtres & ſoliues, & le plancher
deſſus, lequel ſera de planches ſans eſtre cloüées contre les ſoliues,
afin de les pouuoir oſter quand on voudra, & ietter des pierres
& artifices à ceux qui voudroient approcher au deſſous. Le Corps
de garde ſera baſty de bois & de plaſtre à l'eſpreuüe du mouſquet, auec pluſieurs canonieres ; ils ſeront couuerts par deſſus à
l'ordinaire ; ils ſeruiront merueilleuſement contre toute ſorte de
ſurpriſes, autant que les baſtions. Les paliſſades ſont auſſi vn

B b iij

souuerain remede en temps de glace ; comme aussi la frese, & les gardes auancées, & aussi dans les dehors sont lors tres-necessaires; on doit aussi faire battre l'estrade à la Caualerie, & si on a quelque aduis ou soupçon, il faut renforcer la garde, & redoubler les rondes, & sentinelles ; ce sont les vrais remedes desquels on se doit seruir en ces lieux ; pour n'estre pas surpris en temps de glace comme il est arriué à plusieurs.

Maisons comme doiuent estre esloignées des rampars.   Les Gouuerneurs ne permettront pas qu'il y ait des maisons qui aboutissent sur les rampars, parce que de là on peut, lors que les rondes sont passées, donner des aduis, & s'il y auoit intelligence, & des gens dedans, ils pourroient faire auantageusement, & promptement leur execution.

Hostelleries loing des portes.   Les hostelleries sont encore tres-dangereuses proche des ramparts, & encore bien plus des Corps de garde, & des portes ; parce que l'ennemy pourroit faire assembler du monde insensiblement là dedans, & les cacher dans les caues & greniers, & de là surprendre le Corps de garde plus proche, cependant que les ennemis par dehors petarderoient, & forceroient les portes.

Conuents aussi.   Les Conuents sont aussi dangereux que les hostelleries, & encore bien plus ; parce que ces lieux sont fort grands, & qu'on y regarde moins souuent, à cause du respect qu'on leur porte : s'ils vouloient faire quelque meschanceté, ils pourroient cacher des armes & des hommes en grand nombre pour faire vne puissante entreprise : il vaut mieux ne les laisser pas bastir en ces lieux, que les molester apres par plusieurs visites qui pourroient leur porter scandale, & desplaisir.

Corps de garde palissadez.   Les Corps de garde palissadez tout autour, ou du costé de l'entrée asseurent contre ceux de la ville, s'ils auoient mauuais dessein; c'est pourquoy ie voudrois que pour le moins ceux des portes fussent fortifiez par ce moyen.

Canons prests.   Il faut tousiours tenir des pieces qui regardent les portes, chargées & pointées : semblablement les canons des flancs doiuent estre prests pour tirer aux lieux par lesquels l'ennemy peut faire entreprise, & ces canons doiuent estre chargez de ferrailles, de chaisnes, de barres de fer, & autres choses qui peuuent rompre les eschelles, & endommager les hommes qui voudroient approcher les murailles.

Feux d'artifice.   Les feux d'artifice doiuent estre semblablement prests, & particulierement pour esclairer; les lampions qui s'auancent hors de la muraille, & qui se peuuent baisser tant qu'on veut, sont excellens, c'est vn signalé aduantage de voir & tirer contre ceux qui sont à

deſcouuert , & qui ne nous voyent pas , cela ſeul eſt capable de faire retirer l'ennemy ; car ſi on iette des feux d'artifice, ſans doute on
tire des mouſquetades, & c'eſt ſigne qu'on eſt en eſtat de le receuoir : on peut les mettre prés des guerites des ſentinelles , au bout
des potences de fer, ou des bacules de bois ; ils doiuent eſtre en des
lieux qui eſclairent les foſſez le plus qu'il ſe pourra, & non la place,
parce qu'ils ſont pour voir l'ennemy, & non pas pour nous faire
voir.

Ce ſont les choſes qu'on doit preparer, reſte à dire de ce qui a- *Bonne garde neceſſaire.*
git, & des ordres & des actions : La bonne garde eſt ſans doute
la premiere ; car tous ces preparatifs du contour de la place , des
dehors & du dedans, ne ſeruent de rien ſi on ne la garde ſoigneu-
ſement : nous en auons parlé en ſon lieu, comme auſſi des rondes
& ſentinelles qui peuuent eſtre dites la garde de la garde, ou l'œil
de la garde. La patroüille de gens bien armez ſert pour le dedans
de la place ainſi que la garde ſert pour le contour & pour le dehors, l'vne & l'autre doit eſtre faite exactement ſelon les ordres
que nous auons eſcrit cy-deuant ; les gardes hors la place tant à
pied qu'à cheual deffendent abſolument des ſurpriſes, ſi on les fait
bien, parce qu'auant que l'ennemy aborde la place on eſt aduerty qu'il s'approche, & on a loiſir de ſe mettre en deffence, & lors
ce n'eſt plus ſurpriſe.

S'il y a des clochetes ſur les murailles on les fera ſonner à temps
non determiné, & non pas preciſément lors que les rondes paſſent ; car ce ſeroit aduertir l'ennemy s'il eſtoit aux eſcoutes, qu'a-
lors que la clochette ſonneroit, la ronde paſſeroit en ce Corps de
garde.

Afin que ceux qui font la garde ne puiſſent trâmer quelque trahiſon , on doit les faire entrer au fort ; qui voudroit y pourroit
auſſi faire entrer les ſentinelles, bien que cela ne ſoit pas fort neceſſaire.

Outre la garde qu'on fait aux dehors & autour de la place, il *Battre la campagne.*
ſert beaucoup de faire battre quelquefois la campagne vn peu
loing, meſme faire des parties de guerre pour moleſter l'ennemy,
& prendre des priſonniers, afin de deſcouurir ce qu'il fait , & s'il
a quelque deſſein.

Il faut s'aſſeurer de ceux de la place s'ils ſont nos ennemis , en *Deſarmer ceux qu'on a conquis.*
les deſarmant, ainſi que nous auons dit ; il faut auſſi leur deffen-
dre les aſſemblées, de ne marcher point en troupe , de n'aller
point de nuit; ou s'ils y ſont contraints qu'ils portent de la lumiere : qu'aux allarmes ils ne ſortent point hors de leurs maiſons;

& qu'ils ayent à mettre de la lumiere à leurs feneſtres, & chaſtier ſeuerement ceux qui contreuiennent à ces ordres. Les hoſtes fermeront les Eſtrangers dans leur chambre, & ne leur permettront de ſortir tandis que l'alarme durera.

A l'ouuerture & fermeture des portes on tiendra les ordres que nous auons cy-deuant dit: on n'ouurira iamais les portes de nuit que pour quelque ſujet tres-important; le Gouuerneur ne fera point donner l'ordre par qui que ce ſoit, ny de quelle condition qu'il ſoit, ou ſi à cauſe de la couſtume il veut vſer de cette ciuilité, il en donnera vn autre pour ſeruir ſur la muraille.

On aura vn homme ou deux, payez, ou pluſieurs ſelon la grandeur de la ville, qui s'en iront à l'heure du ſouper par les hoſtelleries voir ceux qui y ſont, les eſcouter, & s'il eſt beſoin les interroger, & s'informer des hoſtes, de ce qu'ils font, & de ce qu'ils diſent, & les regardera tous, & apres rapportera au Gouuerneur ce qu'il aura appris, s'il y a quelque choſe qui importe ; cecy ſe fait à Geneue.

Les viſites generales ſe font dans les petites places à l'impourueu, quand il plaiſt au Gouuerneur, ou quand il a ſoupçon : il n'y a rien qui face plus apprehender que de ſçauoir qu'on ne peut eſtre dans la place ſans eſtre guetté & conſideré de prés.

Tous ceux qui entreront laiſſeront leurs armes à feu, comme piſtolets, arquebuſes, ou autres, qui leur ſeront renduës à la porte par où ils ſortiront, ou on les conſignera à l'hoſte.

On interrogera à la porte tous ceux qui voudront entrer dans la place, & prendra leur nom par eſcrit; on leur donnera auſſi vn mereau ou vn billet, qu'ils garderont pour le repreſenter en ſortant, meſme eſtant dans la ville ſi on leur demande: Les hoſtes ne pourront les loger qu'ils ne monſtrent leur mereau : prendront auſſi par eſcrit leurs noms, patrie, & qualitez, & les porteront toutes les nuits au Gouuerneur. Les Bourgeois ne pourront loger perſonne ſans la licence du Gouuerneur.

Tout ce qui entrera dans la place, ſoit par les portes, ſoit par les embouchéures des riuieres, ſera viſité auant qu'il approche le corps de garde, afin qu'on ſoit aſſeuré s'il y a des gens, ou des artifices cachez.

Il ne faut point permettre que le charroy embaraſſe toutes les portes d'vne meſme entrée à la fois, on les fera entrer ainſi que nous auons dit.

Les ſoldats qui ſont en garde ne s'iront iamais meſler de ce qui ſe fait entre les portes, ou deuant le corps de garde: s'il ſe fait

quelque

quelque esmotion ou batterie ils se mettront en armes , & pour
quoy que ce soit ne quitteront ny leurs armes, ny le corps de
garde ; ce sera aux Officiers de voir & pouruoir aux accidens selon
qu'ils le treuueront à propos.

Le Gouuerneur doit cognoistre ses soldats, & les Officiers, s'ils *Gouuerneur*
sont bien ou mal affectionnez au seruice du Prince , & à sa per- *doit connoistre*
sonne, & chastier ou chasser ceux qui ne seront pas fidelles ; le tout *les soldats &*
selon les ordres & preuoyances que nous auons descrites cy-de- *Officiers.*
uant : ceux qui pour excuse d'vn mal-heur irreparable disent ; qui
eust creu cela, on leur respond, vn homme prudent & bien experimenté, & non pas vn estourdy & mal habile.

I'ay veu descouurir vn stratageme aussi subtil qu'on pourroit *Stratagemô*
s'imaginer pour surprendre vne place, que ie reciteray icy, afin *nouueau.*
que les Gouuerneurs s'en puissent garder ; à vne place frontiere
fort importante où on alloit souuent à la guerre, & faisoit quantité de prisonniers , & on leur donnoit quartier ; les ennemis a-
uoient corrompu le Geolier ; cependant ils faisoient prendre des
prisonniers de leurs meilleurs soldats ; lors qu'il y en eust eu vn bon
nombre , le Geolier vne nuit deuoit leur bailler des armes à tous,
& les laisser sortir en mesme temps que l'ennemy eust esté prest
dehors, à vne heure determinée ; ceux-cy eussent donné dans le
corps de garde de la porte, & tué tout ce qu'il y eust eu dedans,
tandis que les autres eussent petardé la porte ; la chose estoit fort
faisable : Le remede de cela est de separer les prisonniers, de nuit
faire barrer les portes des prisons, en prendre les clefs, ou les faire donner au Major, ou à quelqu'autre affidé ; faire tenir bonne
garde autour des prisons, deffendre que personne ne communi-
que auec eux ; commander que la patroüille visite la garde des
prisons ; mettre les prisonniers en lieu asseuré, & les corps de garde palissadez du costé de la ville asseurent de telles entreprises , &
la deffiance qu'vn Gouuerneur doit tousiours auoir , fait qu'il
preuoit tout & remedie à tout.

Tous ceux qui viennent desguisez dans vne place, ou à fausses *Gens desguisez*
enseignes, ou qui changent leur nom, & leur patrie, soit qu'ils *doiuent estre*
viennent pour espier, ou qu'ils donnent soupçon de quelque mes- *chastiez.*
chanceté , doiuent estre pendus sans remission : en choses de si
grande consequence les ombrages sont crimes , & la Iustice doit
exercer plustost la rigueur que la clemence.

On fera tenir les marchez & foires hors de la ville, particulie- *Marchez doi-*
ment aux places de guerre où il n'y à point de citadelle, & qui *uent estre te-*
sont places frontieres : & si on est contraint permettre qu'elles se *nus hors la vil-*
le.

C c

tiennent dedans, on renforcera la garde, & on aura plus de foin d'obferuer ce qui s'y paffe ; mais pour moy ie voudrois qu'on les tinft dehors.

Au iour des affemblées renforcer la garde.

Les iours qu'on fait des grandes ceremonies dans la ville, foit à caufe de quelque refioüiffarice ou deuotion, ou pour quelque autre affemblée, & qu'il y aille beaucoup de monde pour la voir ; tandis que cela fe fera, on tiendra les portes de la ville fermées, & outre la garde ordinaire, on fera marcher des troupes de foldats bien armez par la ville.

Aduertiffe-ment.

Quand on ne voit point venir perfonne par quelque porte par où il a accouftumé d'y entrer du monde, on foupçonnera que l'ennemy prepare quelque entreprife; on enuoyera de la Caualerie du cofté de cette auenuë pour defcouurir ce qui empefche qu'on ne vienne par là.

Ceux des vil-lages doiuent donner l'alar-me.

Les villages aux enuirons de la place tiendront vne fentinelle au clocher, ou dans vne guerite efleuée au haut d'vne grande piece de bois, efleuée au plus haut baftiment, qui aduertira lors qu'il ver-ra des troupes de Caualerie ou d'Infanterie, en fonnant la cloche ou vn cor, & quand vn commencera, tous les autres feront de mefme : & fi les troupes font groffes, & qu'elles approchent, il donnera l'alarme en continuant à fonner, & tous les villageois fe mettront en armes, & ceux de la place auffi, s'il eft befoin, ou pour le moins les Corps de garde & fentinelles feront plus à lerte: & s'il eft à propos, on fera fortir des gens à cheual pour fçauoir ce que c'eft, lors qu'il arriue de iour : fi c'eft de nuit; ceux qui font la garde dehors, iront reconnoiftre, & rapporteront ce qu'ils auront veu ou oüy.

Aux alarmes frequentes ce qu'on doit fai-re.

Lors que l'ennemy donne fouuent des alarmes fans aucun ef-fect, il faut croire affeurément que c'eft pour nous attrapper; afin de n'eftre pas furpris ou trop fatigué, on tiendra des gardes auancées ainfi que nous auons dit.

Gouuerneur doit toufiours coucher dans fa place.

Le Gouuerneur ne doit iamais coucher hors de fa place, fi ce n'eft qu'il ait permiffion du Prince, ou pour aller en Cour, ou pour d'autres affaires, ou qu'il ait commandement d'aller feruir au-tre part. En d'autres lieux il eft deffendu aux Gouuerneurs de for-tir iamais de leur place pour quelque fujet que ce foit : il eft vray qu'on les change de trois en trois ans.

Doit donner quelque fauffe alarme.

Il doit faire donner quelquefois l'alarme, mais que ce foit fort rarement, & bien fecrettement, afin de voir fi tous fe rangent à leur deuoir, & s'il y a quelques vns qui foient du contraire party, ou pour fçauoir fi les Bourgeois ont des armées cachées, ou pour quelque autre raison qu'il treuuera à propos.

Il n'y a rien qui donne plus d'instruction à vn Gouuerneur, que *Lire les hi-* de lire les histoires; car par là il apprend comme les autres ont esté *stoires.* surpris, & les moyens de se garantir de tels accidens : si ce que nous lisons nous demeuroit autant imprimé dans l'esprit comme ce que nous voyons, la lecture égaleroit l'experience.

Les espions que le Gouuerneur doit auoir parmy les ennemis, & dans la place mesme, le doiuent esclaircir de toutes les doutes, & l'informer de ce qui s'y passe; il ne faut pas espargner pour estre aduerty de ce qui nous peut perdre ou garentir.

Si des personnes viennent donner des aduis au Gouuerneur, *Lorsqu'on don-* soit de quelque entreprise qu'on vueille faire sur sa place, ou de *ne des aduis au* quelque partie qu'il pourroit faire auantageusement sur l'enne- *Gouuerneur* my, ou pour l'aduertir qu'il a des personnes dans sa place qui le *ce qu'il doit* veulent trahir, ou tels autres aduis qui concernent le seruice du *faire.* Prince, il ne doit iamais les negliger; il ne doit pas aussi legere- ment les croire. Mais apres auoir interrogé plusieurs fois cette per- sonne sur ce qu'il propose, & sur toutes les circonstances, il con- siderera à part soy s'il a respondu tousiours conformémeñt; qui est celuy qui luy donne cét aduis, & pourquoy; si la chose qu'il propose est vray-semblable, ou impossible; quel aduantage on en peut tirer, & quel mal il nous en peut arriuer; quelles asseuran- ces on a de ce qu'il dit, & secrettement il s'informera du tout. Si l'aduis concerne la conseruation de la place, il doit soigneusement prendre garde que tout soit en bon estat; fera raccommoder les lieux defectueux; fera renforcer la garnison, & vsera de toutes les precautions qu'vn homme doit auoir lors qu'il craint d'estre attaqué : si c'est pour entreprendre, qu'il prenne bien garde de n'estre pas trompé, & encore qu'il s'asseure de cette personne, le chastiment qu'on luy pourroit faire, ne remettroit pas no- stre perte; la prudence en cecy est fort necessaire, & les espions qu'on doit auoir tousiours parmy les ennemis, doiuent esclaircir de ce doute; car on verra si les aduis de ceux-là sont sembla- bles à ceux de celuy-cy : quand il accuse quelqu'vn de la garnison *Si on accuse* de trahison, auant que s'en saisir, il fera en sorte de connoistre s'il *quelqu'vn ce* y a apparence que l'accusation soit vraye; car on pourroit calom- *qu'il doit faire.* nier des personnes fidelles, & de seruice, afin de les faire esloigner de la place, & faire perdre des bons seruiteurs au Prince. On peut receuoir mille sortes d'aduis, sur tous lesquels vn Gouuerneur doit raisonner & s'asseurer de la verité autant qu'il pourra, auant que s'alarmer ou entreprendre.

C c ij

De la deffence contre les longs sieges.

CHAPITRE XXXIX.

On se doit preparer contre les longs sieges, & sieges par force égallement.

ES longs sieges & les sieges par force deuroient eſtre mis dans vn meſme diſcours, parce qu'vn Gouuerneur doit eſtre touſiours preparé egalement contre tous les deux ; d'autant qu'il ne peut pas ſçauoir par quelle façon il ſera attaqué, & en l'vn & en l'autre il doit faire les meſmes preparations, car ſans doute il doit auoir ſa place fortifiée contre la force : & contre les longs ſieges elle le doit eſtre encore plus, parce que l'ennemy ne ſe reſout iamais d'attaquer par long ſiege que les places qui ſont tellement fortifiées qu'il n'eſpere pas les pouuoir prendre de force : Il faut auſſi qu'il ait prouiſion des munitions de guerre & de bouche contre l'vn & contre l'autre ; Outre que bien ſouuent lors qu'on a eſté quelque temps deuant vne place qu'on a bouclée, & qu'on croit la garniſon eſtre affoiblie, on fait des tranchées d'approche, & on l'attaque de force ; & par ainſ toutes les places doiuent eſtre preparées pour ſouſtenir la force, & le long ſiege. Toutefois il y en a aucunes qui doiuent eſtre pluſtoſt attaquées par l'vne façon que par l'autre ; c'eſt pourquoy nous dirons de celles qui ne peuuent eſtre priſes par longs ſieges, & celles qui le peuuent eſtre, & ſemblablement de celles qui peuuent eſtre forcées.

Quelles places ne peuuent eſtre attaquée, par long ſiege.

Les petites places, ou celles qui ſe peuuent deffendre auec peu de garniſon, & dans leſquelles n'y a autres habitans que les ſoldats, ne ſeront pas attaquées par long ſiege, parce que leur nombre eſtant petit, il peut ſe maintenir long temps auec peu de viures ; & par ainſi ils auroient de l'aduantage en cette ſorte d'attaque.

Places maritimes.

Les places qui ſont ſur des rochers ou des petites iſles en mer, ſont aſſeurées contre les longs ſieges, à cauſe que par tout il y a paſſage pour les ſecourir.

Les places qui ont vn port de mer ne doiuent point craindre les longs ſieges, ſi ce n'eſt qu'on puiſſe tellement boucher l'emboucheure du port que par là il n'y puiſſe rien entrer dans la place, ainſi que fit Monſeigneur le Cardinal Duc de Richelieu à la Rochelle. Car bien qu'on miſt vne puiſſante armée nauale en mer

il ne faut pas croire de pouuoir empefcher qu'il n'y entre du fecours, fi ce n'eft que ce fuft vn canal eftroit & long par où il fal-
luft paffer, encore ne laifferoient-ils pas, ainfi qu'on a fait autrefois à Oftende.

Lors que la campagne tout autour de la place, & bien loin, fe *Celles où la campagne fe couure d'eau.*
couure d'eau à certain temps de l'année, à caufe des torrens ou des
riuieres, ou de la mer, tellement qu'on ne puiffe faire la circonuallation qu'à vne fort grande diftance de la place, on ne doit pas
craindre les longs fieges.

De mefme font les places qui par le moyen des efclufes peu- *Celles qui fe peuuent noyer par efclufes.*
uent noyer tout le païs à l'enuiron, & celles-cy font auffi mal-ai-
fées à prendre de force, comme de long fiege, parce qu'en l'vne
& l'autre façon, on chaffe l'ennemy quand on veut.

Et celles qui font dans des marais fecs en temps d'Efté, & qui
fe couurent d'eau en Hyuer, ont les mefmes aduantages.

Lors que les aduenuës du cofté du païs des affiegeans font tellement difficiles, qu'il ne puiffe venir du charroy pour porter des
viures & munitions, & que de l'autre cofté on ait les villes de fon
party, affeurément l'ennemy n'entreprendra pas vn long fiege
contre cette forte de places.

Ny auffi contre celles qui font bien auant dans vn Eftat, s'il
n'eft maiftre de toutes celles qui font plus arriere de fon cofté.

Quand ceux de noftre party ont vne forte armée qui tient la
campagne, & que les ennemis n'en ont pas vne autre auffi puif-
fante, ou approchant, pour efcorter les conuois, ils affeurent toutes les places contre les fieges par force, & encore bien plus, contre les longs fieges, à caufe qu'on a le temps de les venir fecourir
encore qu'on en foit efloigné.

Toutes ces places difficilement peuuent eftre prifes par longs *Comme on peut connoiftre fi on fera attaqué par long fiege.*
fieges, & toutes les autres le peuuent eftre. Or le Gouuerneur
dans peu de iours apres que le fiege fera commencé, il cognoi-
ftra affeurément comme on le doit attaquer; fi apres auoir fait la
circonuallation il voit qu'on n'ouure point les tranchées d'approche, & qu'on fe tienne dans les retranchemens, c'eft vn figne
certain qu'on veut attaquer la place par long fiege.

Il doit dés le commencement fe preparer pour tout le refte *Faut tirer fou- uent le canon.*
du fiege : Or parce qu'il eft attaqué de loin il ne peut fe feruir
d'aucune force que de celle du canon: il faudra qu'il en tire fouuent, parce qu'il donnera beaucoup d'incommodité à ceux du
camp, & par hazard il pourroit rencontrer le General auffi toft
qu'vn autre, ou quelque perfonne de haute confideration

C c iij

dont on pourroit auoir aduantage. On regardera du plus haut clocher où sont les plus belles tentes , & où s'assemble plus de monde , & on tirera plus vers ce lieu que vers les autres , & par ainsi ou on les endommagera beaucoup , ou ils seront contraints de retirer le camp, & faire leur circonuallation plus arriere , & par ainsi il faudra qu'elle soit plus grande , & la garde en sera plus foible par tout , estant plus estenduë, c'est la seule incommodité qu'on peut donner à l'ennemy ; c'est pourquoy on ne doit pas l'oublier , car il luy faut faire du pis que l'on peut , ainsi qu'il nous veut faire.

La patience & les prouisions sont la deffence contre les longs sieges.   Pour la deffence il n'a que la patience & la prouision de toute sorte de munitions de bouche, qu'il doit auoir fait auparauant que d'estre attaqué, car apres il n'est plus temps. Nous auons dit cy-deuant de quelle sorte & combien il en est necessaire , nous dirons icy l'ordre qu'on doit tenir en la distribution, pour les faire durer le plus qu'il sera possible.

Gouuerneurs doiuent commander que tous se pourueyent.   Auant que la saison vienne d'assieger les places , comme au temps d'Hyuer, les Gouuerneurs feront publier qu'vn chacun se pouruoye de bleds, de farine , & d'autres prouisions de viures pour six mois pour le moins, & ceux qui pourront pour vn an tout entier, afin que personne ne puisse se plaindre d'auoir esté surpris, & qu'il ne puisse dire, si l'occasion arriue, qu'il en ait besoin.

Le Gouuerneur doit visiter les magazins.   Le Gouuerneur visitera les greniers & magazins publics des bleds, farines ; les caues de vins, bieres & citres ; & sçaura exactement la quantité qu'il a d'vn chacun, & le mettra par escrit. Mais ie voudrois qu'il fist cecy de telle façon, que personne n'en sceust la quantité au iuste que luy seul; ce qui se pourroit faire en cette sorte : Il faudroit que ces prouisions fussent en diuers lieux escartez les vns des autres, & que personne ne sceust combien il y a de ces magazins, ou s'ils le sçauoient qu'ils n'eussent pas la connoissance s'ils sont pleins ou vuides, & voulant faire son inuentaire ; pour faire mesurer ce qui seroit dans vn magazin il se seruiroit de personnes qui ne verroient pas aucun des autres, tellement qu'ils ne pourroient sçauoir que ce qui seroit dans celuy là, ayant deffendu de ne le publier pas : il seroit mal-aisé d'assembler tous ceux qui auroient seruy à cela , & de sçauoir la verité du tout.

Et les maisons des particuliers.   Apres il visitera semblablement les maisons des particuliers, & prendra aussi par escrit ce qu'vn chacun a de prouisions , afin que sur le tout ensemble il puisse faire son calcul combien pourra

tenir la place, & combien il doit donner par iour à chaque soldat, & à ceux qui n'en ont pas.

S'il y a quelque particulier qui ait beaucoup plus de bleds qu'il
n'eſt neceſſaire pour l'entretien de ſa maiſon durant le temps qu'il
preſuppoſe que la place peut tenir; il leur laiſſera ce qui leur eſt neceſſaire, & quelque choſe de plus ſelon la qualité des perſonnes,
& acheptera le reſte pour le mettre aux magazins publics, ou s'il
n'a pas dequoy il s'en chargera pour le garder, & leur promettra qu'au beſoin il leur rendra ; leur remonſtrant qu'auſſi bien
lors que les ſoldats & les pauures n'en auront plus qu'ils n'en ſeroient pas les maiſtres, & qu'on forcera leurs maiſons pour en
prendre leur part, & que ſur ce pretexte ils ſeront en danger d'e-
ſtre volez & ruinez ; & qu'au contraire ils ſeront fort aſſeurez de
ce qu'ils mettront entre ſes mains, & qu'il leur en reſpond, & leur
rendra toutes les fois qu'ils en auront affaire.

Retirera ce que les particu-liers auront de trop.

Il n'eſpargnera pas de viſiter ſemblablement tous les Monaſteres, Colleges, & autres Maiſons où il y a des Compagnies aſſemblées ; car d'ordinaire ceux-là ont des prouiſions ſuperfluës,
parce qu'ils ſont plus preuoyans que les autres ; & ſi on leur laiſ-
ſoit tout au beſoin il aimeroit mieux voir perdre la place, & mourir tous les Concitoyens que de ſe deſgarnir de ce qu'ils croyent
leur deuoir faire beſoin; parce qu'ils obſeruent fort cette ſenten-
ce, que charité bien ordonnée commence par ſoy-meſme. Mais
le Gouuerneur doit faire en ſorte que le tout ſoit tellement di-
ſtribué que tous en ayent égallement le plus qu'il ſe pourra durant tout le temps qu'on peut tenir, & que tous en manquent
à vn meſme temps, lors qu'on ſe voudra rendre, afin que perſonne ne ſe puiſſe plaindre.

Viſitera les Monaſteres.

Aucuns veulent qu'on porte generalement tous les bleds dans
les magazins, mais cela ſeroit vn ſujet de reuolte; & il y auroit de
l'iniuſtice que celuy qui ſe ſeroit pourueu à temps n'auroit pas plus
d'auantage qu'vn autre qui n'auroit penſé, ny ſe ſeroit ſoucié de ce
qui pourroit arriuer : & vn homme qui auroit eſpargné d'autre
part, ou auroit trauaillé extraordinairement pour faire ſes prouiſions, faudroit qu'il pâtiſt autant comme vn qui auroit tou-
jours fait bonne chere; & qu'vn homme de qualité & de commandement, & neceſſaire dans la place euſt le meſme traittement qu'vn crocheteur, ou vne autre perſonne qui ne ſeruira de
rien ; c'eſt aſſez de leur oſter vne partie de ce qu'ils auront de plus
qu'il ne leur eſt neceſſaire.

Ordre de porter toutes les pro-uiſions dans vn magazin n'eſt pas bon.

Ie ne voudrois pas oſter aux Boulangers leurs prouiſions quelle

On doit laiſ-

fer aux Bou-langers tout ce qu'ils ont de bleds.

qu'ils en euffent , parce que ce font comme magazins publics, puis qu'ils les tiennent pour les vendre. Il eft auffi neceffaire pour la police, que ceux qui ont de l'argent puiffent treuuer où prendre du pain , & ceux qui trauaillent de leur gain qu'ils ayent dequoy fe nourrir ; mais il feroit bon d'en fçauoir la quantité, & mettre vn taux, qu'on feroit obferuer auffi long temps qu'il feroit poffible, & qu'on augmenteroit apres, felon la neceffité. Les villes font compofées de Bourgeois & de foldats ; les Bourgeois ont du bien, ou le trafic, ou le trauail , & les foldats n'ont que leur paye : c'eft pourquoy il faut que le Gouuerneur face prouifion pour ceux-cy neceffairement, & qu'il leur fourniffe du pain de munition durant tout le fiege , & qu'il y ait des lieux où les autres en puiffent prendre pour leur argent ; c'eft pourquoy il doit laiffer aux Boulangers tout ce qu'ils ont de prouifions, & aux Bourgeois ne leur ofter pas tout ce qu'ils ont de plus qui eft neceffaire à leur famille, afin que ceux qui n'en ont pas puiffent auoir recours en quelque lieu , & trauaillent pour en auoir ; car autrement tous s'attendroient fur les magazins publics, & ne voudroient rien faire.

Bifcuit feroit bon fi on pou-uoit le changer.

I'ay cy-deuant dit que la prouifion de bifcuit eftoit tres - bonne, parce qu'elle fe conferue long temps, & n'a befoin ny de feu ny de four pour le cuire ; mais lors qu'il faudroit le changer on ne fçauroit qu'en faire, parce qu'on n'a pas accouftumé d'en manger, fi ce n'eft aux lieux maritimes.

Le millet , ou millau eft vne prouifion laquelle fe garde plus que toute autre qu'on fçauroit faire , car il ne fe gafte iamais, & on peut en vfer comme du pain, & en mille autres fortes qu'on l'accommode ; ie voudrois en auoir quantité dans toutes les places.

Bouchesinuti-les doiuent eftre chaffées.

On a accouftumé au commencement du fiege de jetter dehors toutes les bouches inutiles ; c'eft à dire toutes les perfonnes qui ne peuuent feruir ny à la deffence, ny au trauail, tant pour le bublic, que pour le particulier ; cela eft neceffaire, afin que les viures durent dauantage. Mais parce qu'il y a de la pitié de voir des pauures gens miferablement languir, & mourir de faim autour de la place ; on peut y pouruoir, faifant fortir hors des places frontieres qu'on craint deuoir eftre attaquées, ceux qu'il faudroit chaffer quand on feroit affiegé ; car alors ils peuuent auoir retraitte en quelque lieu proche chez leurs parens, ou autres de leur connoiffance. Il me femble auffi que dans ces places, on n'y doit pas laiffer introduire quantité de Religions, pour plufieurs raifons ; & particu-

lierement

lièrement, parce que dans ces lieux il n'y doit auoir que des gens
vtiles; il doit suffire qu'il y en ait autant qu'il est necessaire pour le
seruice diuin, l'instruction & l'administration des Sacremens; en
cas de siege il seroit odieux de les jetter dehors, ou bien ils in-
commoderoient si on les laissoit dedans; en cela on doit vser d'v-
ne grande modestie & reuerence, comme à des personnes sacrées,
& dediées à Dieu.

Le Gouuerneur doit estre fort exact en la distribution des vi- *Distribution des viures com-*
ures qu'il doit faire donner tous les iours aux soldats, & dés le *me doit estre*
commencement vser de mesnage, & n'en bailler à vn chacun que *faire.*
ce qui est necessaire pour viure; car par ainsi on les fait durer
plus long temps, & personne n'en connoist la diminution que lors
qu'ils sont bien prés de faillir.

Il doit aussi ne communiquer à qui que ce soit l'estat des viures, *Tenir secret*
& iamais ne faire voir les magazins à personne; & ceux qui char- *l'estat des vi-*
geront les bleds il les prendra tousiours diuers, afin qu'on ne *ures.*
puisse sçauoir s'ils sont vuides ou pleins. Il pourra aussi quelquefois leur retrancher durant quelques iours leur ordinaire, & apres
leur tourner donner comme à l'accoustumée, & leur dire qu'il l'a
fait pour connoistre leur fidelité, & leur souffrance s'ils estoient
reduits à viure en cette sorte; & qu'il remarque bien ceux qui sont
affectionnez au Prince & à la Patrie; & qu'asseurément il les fera
recompenser, & chastier les autres; cela seruira, afin que lors que
les viures commenceront à manquer à bon escient, ils croyent
que c'est encore pour les espreuuer, & n'oseront se plaindre ny
parler de se rendre; les harangues, & les esperances de secours
qu'il leur donnera, & les autres persuasions que nous auons escrites autre part pour les faire tenir, ne seront pas espargnées. En
fin on fera durer autant qu'on pourra les viures, & fera tenir les
soldats & les habitans iusques à ce qu'ils n'auront plus dequoy se
pouuoir alimenter, & fera en sorte qu'ils ne sçachent leurs deffauts, que lors qu'ils en seront reduits à l'extremité; parce que les
sçachant, l'apprehension les fait plus souffrir que le mal mesme, & ne veulent iamais se resoudre de s'opiniastrer iusques au
bout.

En ces sieges on ne peut faire aucune resistance ny combat; par- *A ces sieges on*
ce que les sorties ne seruiroient que pour faire assommer tous ceux *ne doit point*
qui les voudroient entreprendre; d'autant qu'il faudroit aller cher- *faire des sorties.*
cher bien loing l'ennemy couuert dans ses retranchemens, qui
les voyant venir à descouuert les choisiroit & tüeroit sans receuoir
aucun mal; & si quelqu'vn venoit iusques là, difficilement se sau-

ueroit-il au retour, estant si esloigné du secours de la place ; que si
on vouloit les faire de nuit, ils ont aussi leurs gardes auancées à
cheual, qui ne les laisseroit pas approcher des retranchemens ; tellement qu'en l'vne façon & en l'autre on ne pourroit esperer que
perte asseurée, si ce n'est qu'on eust quelque lieu de retraitte bien
proche, & qu'on voulust hazarder de passer au trauers de l'ennemy, plustost qu'attendre l'extremité du siege, ce qui seroit encore autant ou plus perilleux que l'autre ; parce qu'encore qu'on
peut forcer vn quartier, on auroit apres à soustenir la plus grand
part de l'armée, & ce seroit se jetter euidemment dans le desespoir,
n'y ayant aucune esperance d'en eschapper.

Faut garder
les dehors.

 L'ordre pour la garde sera le mesme que nous dirons aux sieges par force ; mais il faut garder necessairement les dehors comme si on deuoit estre attaqué, parce que l'ennemy ayant son armée autour pourroit les surprendre, & s'y loger auec tres-grand
aduantage.

 Quand le Gouuerneur verra que les viures sont beaucoup diminuez, & qu'il n'en reste que pour peu de temps, il en donnera
aduis au Prince, afin de sçauoir sa volonté : & lors qu'il aura l'ordre de se rendre, il capitulera le plus auantageusement qu'il luy
sera possible. Nous ne parlerons pas icy des choses qu'il doit obseruer auant & apres la reddition de la place ; parce que ce sont
les mesmes qu'aux sieges par force, desquels il nous faudra parler
à la fin de ce Traitté.

De la deffence contre les Sieges par force.

Chapitre XL.

On suppose la
place fortifiée
auec toutes les
prouisions ne-
cessaires.

NOVS supposons que la place soit fortifiée ainsi que
nous auons dit au commencement, & qu'il y ait vne
garnison assez forte pour la deffendre auec toutes les
armes & instrumens necessaires ; comme aussi des munitions de bouche pour la nourriture de tous ceux qui sont dedans, dequoy nous auons amplement parlé ; & qu'estant ainsi
preparée, il faille la deffendre contre l'ennemy qui l'attaque par
force, s'approchant auec les tranchées, rompant les deffences auec
le canon, & faisant bresche auec la mine.

On ne peut fai-

 La premiere action que fait l'assaillant, c'est de se camper, &

retrancher son armée, ce qu'on ne sçauroit luy empescher de faire; re autre dessin-
parce qu'estant fort esloigné on ne luy peut nuire qu'à force de ce au commen-
tirer des coups de canon, afin de le contraindre de se tenir fort cément que ti-
loing de la place, ou bien on sortira auec la Caualerie; car de rer du canon.
faire des sorties auec l'Infanterie, on n'y gagneroit rien, d'autant
qu'il faudroit aller à descouuert à eux, & se retirer de mesme; outre qu'on seroit en grand danger d'estre enueloppé par la Caualerie de l'ennemy qui ne laisseroit pas pour les coups de canon de
la place de les aller approcher; parce qu'estans meslez le mal qu'ils
receuroient seroit égal pour tous deux: & le desauantage seroit
bien plus grand pour ceux de la ville, qui ne pourroient pas estre
secourus des leurs, là où ceux de dehors auroient touliours nouueau renfort; outre que la perte des hommes est bien plus considerable à ceux qui se deffendent, qu'à ceux qui attaquent; &
quand bien ils les auroient battus & chassez, quel profit leur en
reüssiroit-il pour vne sortie, ils ne laisseroient pas de faire leur cam-
pement & circonuallation. C'est pourquoy ie ne conseillerois pas
à vn Gouuerneur de faire sortir ses gens de pied le iour des approches, si ce n'est que l'assiette du lieu fust si commode qu'on peust
aller aborder l'ennemy à couuert, & se retirer asseurément sans
pouuoir estre pris par derriere; & en ce cas là il faudroit faire es-
carmoucher, se retirant peu à peu par les cauins ou fosses, ou tels
autres lieux, & cependant on feroit tenir prests ceux qui seroient
dans la place, pour tirer sur les ennemis s'ils vouloient poursuiure
les nostres; les coups de canon ne doiuent pas estre espargnez,
au moins lors qu'on a suffisamment des munitions; car il ne se
peut qu'on ne rencontre quelqu'vn, parce que tous sont à descouuert tout autour. Dans les chemins qui sont vûs ou enfilez de
la place à la portée du canon, on y peut mettre des monceaux de
pierre, couuerts legerement de terre, afin qu'on ne les apperçoiue;
& lors que l'ennemy sera proche d'iceux, & qu'il pensera se mettre à couuert detriere, on laschera quelques volées de canon là
dedans, lesquelles sans doute feront grand dommage; les fouga-
des peuuent aussi seruir estant faites en lieux propres, bien qu'il
soit fort incertain de les faire en lieu où ils s'aillent loger, outre
les difficultez qu'il y a de donner le feu au temps qu'il y aura beaucoup de monde dessus, car autrement la poudre seroit fort mal
employée.

Tout l'effort que ceux de la place sçauroient faire ne peut pas On peut retar-
forcer l'ennemy à commencer les tranchées dix pas plus loing der bien peu
qu'il ne feroit si on luy laissoit faire à loisir, qui est luy faire pro- l'ennemy.

longer le trauail de quelques heures. On ne peut pas empefcher ces
premiers trauaux, & qu'il n'approche affez prés des contr'efcarpes
dans trois ou quatre nuits; parce qu'ils ne font pas fort perilleux
à faire; comme auffi ils ne font pas les plus nuifans à la place; c'est
pourquoy ce n'eft pas contre ceux-là qu'il faut faire la plus grande refiftance : on fe contentera de tirer continuellement à couuert fur ceux qui trauaillent, & donner quelques alarmes, faifant femblant de vouloir fortir pour faire interrompre le trauail;
fi on s'auance, on fe gardera bien de s'engager trop auant.

Premieres tranchées fe font prompte-mens.

Le Gouuerneur ne doit pas s'eftonner de voir qu'on s'approche fi promptement, & qu'on auance les tranchées en fi peu de
temps, car on va fort vifte aux premieres ; mais lors qu'on s'approche de la place, c'eft où on trouue la difficulté, & l'affaillant
ne fait pas dans huit iours ce qu'il faifoit dans vn au commmen-
cement.

Des Contre-batteries, & autres trauaux qu'il faut faire dedans & dehors de la place.

CHAPITRE XLI.

Comme il faut refaire les pa-rapets.

APRES que l'ennemy a commencé fes premieres
tranchées, il fait les batteries pour rompre les deffences, qui l'empefchent de s'approcher, c'eft à dire les
parapets; afin que de la place on ne puiffe tirer fur
ceux qui trauaillent. Il faut que le Gouuerneur trauaille auffi de fon cofté à reparer ce que les autres rompent ; il fera refaire de nuit ce que les ennemis auront rompu de iour ; fe couurira de noueaux parapets, qui feront raccommodez de la terre que le canon aura efboulée, encore qu'ils ne foient pas fi reguliers ny fi aiuftez, pourueu qu'ils refiftent ils feront fort bons.
Mais parce qu'à la fin à force de tirer ils ruinent tellement tous ces
ouurages, qu'on ne fçauroit les remettre, il faut fe feruir d'vn autre moyen ; on fera vn petit foffé dans l'efpaiffeur du rampart,
laiffant au deuant l'efpaiffeur d'enuiron de vingt pieds de terre;
ce foffé aura cinq ou fix pieds de profondeur, & autant de large; il feruira pour y loger des foldats pour tirer, & la terre qui
fera au deuant tiendra lieu de parapet, qu'ils auront plus de peine à rompre que les premiers.

Pour auoir plus de temps & de commodité pour faire tout cela,& *Contre-batte-*
ries comment
faites.
pour retarder dauátage l'ennemy, on fera des contre-batteries, met-
tant plusieurs canons sur le rampart, qui regardent directement les
batteries de l'ennemy, lesquels seront couuerts des parapets qui
seront ja faits, ou s'il n'y en a pas, on en fera; s'ils sont trop bas,
on les haussera, & s'ils sont trop foibles, on les renforcera; parce
qu'en ces lieux qu'on sçait certainement deuoir estre battus, il faut
les faire de vingt-cinq pieds d'espaisseur; on y fera les embrasures,
lesquelles doiuent estre peu ouuertes, car bien tost les canons de
l'ennemy les ouuriront assez; suffit que les pieces qui seront dedans puissent descouurir les batteries de l'ennemy. Le nombre des
pieces qu'on y doit mettre doit passer celuy des ennemis; car sans
doute ceux qui ont plus de canons sont maistres, & démontent
ceux qui en ont moins, lors que des deux costez ils sont seruis
également. Il est vray qu'aucuns tiennent que ceux qui tirent de *Canons de bas*
en haut font
plus de dom-
mage.
bas en haut ont plus d'auantage, que ceux qui tirent de haut en
bas; toutefois i'estime que la difference n'en est pas fort grande: il
est tousiours tres-asseuré que ceux qui sont en bas ont plus de
peine à se couurir que ceux qui sont en haut: lors que tout sera
prest on commencera de bon matin à faire iouër ces pieces sans
interruption, iusques à ce qu'on ait rendu inutiles les batteries de
l'ennemy; à tout le moins on le contraindra à tirer continuellement contre les nostres, & par ainsi ne pourra pas rompre les autres deffences: sans doute ce sera vn grand destour, & vn long
retardement à l'ennemy, si à toutes ses batteries on oppose autant
de contre-batteries, ce qui peut estre fait dans toutes les places qui
sont bien fortifiées, & dans lesquelles il y a du canon autant qu'il
est necessaire, & des munitions abondamment.

D'autres ont escrit diuerses sortes de contre-batteries qui peu- *Diuerses sortes*
de contre-bat-
teries.
uent estre faites dans les places: premierement c'est de faire que le
recul des pieces aille en penchant vers la place, afin qu'apres qu'elles auront tiré elles soient à couuert, & les canoniers aussi: cette façon asseure les pieces qu'elles ne peuuent estre démontées,
qu'au mesme temps qu'elles tirent; mais aussi elles sont fort difficiles à mettre en batterie à cause qu'elles vont en montant, ce qui
se doit faire auec des cables qu'on passera à des poulies qui seront attachées à des grosses pieces de bois fichées prés des parapets; on tirera ces cables à force d'hommes qui seront en bas,
& par ainsi on fera monter les pieces, & on les mettra en batterie.

L'autre façon est de faire la contre-batterie fort arriere vers la *Autre façon.*

D d iij

place, faifant vn parapet de vingt ou vingt-cinq pieds d'efpaiſſeur, auec les canonieres, & laiſſant vne efpace entre iceux parapets; & ceux qui ſont faits autour de la place, leſquels on ouurira ſemblablement, comme ceux qu'on a fait auec autant d'embraſures qu'aux autres.

A itres batteries doubles.

Les contre-batteries qui ſont faites auec des parapets doubles, ſont ſemblables à celles-là: il eſt vray que cette ſorte de contre-batterie eſt fort couuerte, mais auſſi ſi l'ennemy change ſes pieces, & les met tant ſoit peu à coſté, les contre-batteries ne ſeruent plus de rien; parce qu'elles ne deſcouurent que directement deuant elles à cauſe de l'autre parapet qui eſt au deuant, qui les empeſche de deſcouurir à droit & à gauche; outre que c'eſt vn ouurage trop long pour le peu d'auantage qui s'en peut tirer.

Batteries ſur vn plancher.

En cas de neceſſité, & en deffaut de terre, lors que les rampars ſont foibles, & qu'il n'y a que le parapet, & vn peu de chemin trop eſtroit pour y placer le canon, & pour ſon recul; on plantera des groſſes pieces de bois à trois pieds l'vne de l'autre, de la hauteur qu'on veut mettre les canons; là deſſus on fera vn plancher fort pour ſouſtenir le canon, le tout ſera eſtayé auec des pieces de bois groſſes & fortes : cette ſorte de batterie ſi elle eſt bien faite peut tres-bien ſeruir, comme i'ay vû par experience à Royan, où nous autres aſſiegeans nous nous ſeruiſmes d'vne maiſon bien eſtayée, ſur le plancher de laquelle nous miſmes du canon comme ſur vn caualier, qui fit vn tres-bon effect.

Caualiers tres-vtiles.

Il faut remarquer icy comme pluſieurs perſonnes ſouſtiennent la pluſpart des choſes par caprice, pluſtoſt que par raiſon, comme ceux qui reprouuent les caualiers dans les places, leſquels ie treuue pourtant eſtre fort vtiles; car ils contraignent l'ennemy à faire ſes batteries & tranchées plus hautes, ou bien il faudra qu'il rompe ces caualiers; l'vn & l'autre donne beaucoup d'incommodité à l'ennemy, & nous fait gagner du temps, qui eſt le principal but de la deffence; s'il veut rompre les caualiers, cependant qu'il fait cela il ne rompt pas les parapets, & du caualier on peut auſſi toſt rompre ſes batteries & démonter ſon canon; parce que la terre du caualier reſiſte dauantage, eſtant raffermie dés long temps, & les trauaux de l'ennemy eſtant fraiſchement faits ſont bien toſt gaſtez. I'ay vû tirer pluſieurs centaines de coups de canon contre des caualiers; eſtans dans la place nous les auons treuuez quaſi entiers, & bien dauantage n'auoir iamais pû démonter les pieces qui eſtoient logées deſſus; s'il les laiſſe en eſtat on y peut loger des mouſquetaires, ou des mouſquets à croc, ou des fauconneaux qui

incommoderont fort ceux qui feront en garde aux tranchées,& au
feruice du canon , ou bien il faudra efleuer beaucoup les trauaux,
& par confequent les faire auffi plus efpais au pied ; & par ainfi
ils auanceront moins, & les deffenfeurs gagneront ce qu'ils pretendent ; c'eft le temps.

Si on a de la Caualerie dans la place c'eft à cette heure qu'il eft *Sorties auec la*
temps de s'en feruir, & faire les forties, parce que fi on attend da- *Caualerie.*
uantage, les tranchées eftant fort auancées, on ne peut pas les faire commodément ; mefme il feroit bon dés le commencement
que l'ennemy trauaille à fes tranchées d'approche , fortir deffus
auec la Caualerie, pour les mettre en defordre, & offencer grandement ; parce qu'auant qu'ils fe foient ralliez on peut les attaquer en diuers lieux, fe retirer promptement , & mefme fe defga-
ger fi on eft enuironné, ce qu'on ne peut pas faire auec l'Infanterie; lors qu'il faut aller en des lieux fi efloignez, il y a danger d'e-
ftre enueloppez, & mal traittez au retour ; ces forties feront encore plus à propos auant que l'ennemy ait logé fes canons.

L'ordre qu'on doit tenir c'eft de s'affembler dans le foffé , ou
dans le chemin couuert, & s'il y a quelques lieux par où on puiffe
aller à couuert, on s'auancera par là ; s'il y a des rideaux, ou des
creux, que l'ennemy ne puiffe pas voir, on y logera de la moufqueterie, qui ne fera fa defcharge qu'alors qu'on fera la retraitte, fi on eftoit pourfuiuy de l'ennemy. Auant que la Caualerie fe
prefente, on fera auancer quelques moufquetaires qui s'en iront
à l'efcarmouche, pour attirer l'ennemy, & le faire fortir de fes
tranchées ; & lors qu'il fe fera auancé pour les fuiure, la Caualerie *Ordre qu'on*
les prendra par derriere & les chargera rudement, cependant les *doit tenir à ces*
noftres fe retireront; que fi la Caualerie de l'ennemy veut pour- *forties.*
fuiure la noftre , & qu'elle fe fente trop foible, elle fe retirera du cofté où font ceux de l'embufcade, qui attendront
que les ennemis foient proches pour faire leur defcharge ; &
apres cela tous fe retireront à la faueur de la place qui commencera à tirer fur l'ennemy, tant la moufqueterie, que l'artillerie, que
le Gouuerneur doit faire tenir toute prefte, & auoir garny de foldats les parapets qui regardent ces endroits; comme auffi les canons chargez & pointez vers ces lieux, qui tireront fans ceffe iufques à ce qu'il ne paroiffe perfonne.

Ces premieres forties qui fe font en ces lieux efloignez auec *Ces forties fe*
Caualerie & Infanterie, ie tiens qu'elles fe doiuent pluftoft faire *doiuent faire*
de iour que de nuit; au contraire de celles qui fe font de prés auec *de iour.*
l'Infanterie,qui fe doiuent faire au moins le plus fouuent de nuict;

parce qu'on ne peut pas prendre les aduantages que nous auons dit; ny la Caualerie, ny les autres qui font en embufcade ne pourroient pas voir ny agir ainfi qu'ils doiuent : tellement que pour faire vne bonne execution, i'eftime qu'il faut les faire de iour ; ce n'eft pas qu'on ne les puiffe auffi faire de nuict felon le temps & l'occafion que le Gouuerneur treuuera plus à propos.

Ne faut faire souuent de ces sorties.

Nous dirons cy-apres l'ordre qu'il faut tenir en general aux forties, & particulierement à celles qui fe font lors que l'ennemy eft fort auancé ; & toutes les circonftances qu'il faut obferuer, auant, durant, & apres l'action ; c'eft pourquoy nous ne parlerons pas dauantage de celles-cy, qui ne feruent que pour retarder bien peu le trauail, & pour monftrer qu'on a dequoy fe deffendre dans la place; c'eft pourquoy on ne doit pas faire fouuent de ces forties, puifque nous n'en pouuons pas pretendre grand aduantage, & d'où nous pourrions receuoir beaucoup de perte ; ce fera feulement pour fe feruir de la Caualerie; laquelle apres qu'on eft preffé de prés, eft fort peu vtile dans la place.

L'ennemy at- taque toufiours le plus foible.

Il eft tres-affeuré que l'ennemy attaque toufiours le plus foible d'vne place, tellement que fi elle n'eft tres-bien fortifiée par tout, il attaquera le lieu, où défaudra la fortification ; dequoy on fera encore bien plus affeuré, voyant de quel cofté il commence fes tranchées, & là où il forme fes batteries ; c'eft pourquoy ceux de dedans doiuent tafcher à reparer les deffauts de ces lieux, faifant des ouurages là où il en manque; aufquels on trauaillera de nuit, en commençant à fe couurir, & de iour on les renforcera à couuert. On pourra faire des demy-lunes, tenailles, chemins couuerts, & tels autres trauaux, lefquels encore qu'on ne puiffe pas les acheuer, ny les reduire en la perfection de ceux qu'on a faits à loifir, ils ne laiffent pas de feruir tout autant, & de donner autant de peine à l'ennemy de les prendre. Encore que l'ennemy foit proche il ne faut pas craindre de trauailler; pourquoy ne pourroit-on pas faire ces dehors puis qu'il fait fes tranchées ; ceux de la place ont des grands aduantages, parce qu'ils ont la place derriere eux; & ceux qui font dedans qui les deffendent à couuert, ils ont les retraittes affeurées, & les fecours auffi. On trauaille auffi

Faut trauail- ler ainfi que l'ennemy.

affeurément à ces ouurages, comme on feroit aux retranchemens, fur lefquels il ne faut s'attendre que pour capituler ; mais ces dehors font ceux qui font la vraye deffence, & qui arreftent & retardent l'ennemy : nous en auons deduit amplement les raifons dans nos Fortifications, qu'il n'eft pas neceffaire de voir; parce

que

que le sens naturel nous persuade assez, que les deffences faites hors
de la place sont meilleures, & font plus de resistance à l'ennemy
que celles qui se font dedans.

Nous ne descrirons pas plus particulierement les ouurages *On doit faire*
qu'on doit faire en ces lieux; parce que c'est l'assiette, le temps, *les ouurages*
l'occasion, & les personnes qu'on a dans la place qui gouuer- *selon le temps*
nent: celuy qui sçaura bien la fortification pourra choisir aduan- *& l'occasion.*
tageusement la forme & le lieu du trauail; & l'experience fera
connoistre les temps, l'occasion, & comme on doit se seruir de
ceux qu'on a dans la place.

On doit particulierement trauailler à mettre en estat les con- *Contr'escarpes*
tr'escarpes, qu'on s'y puisse deffendre, & à cét effect il faudra pa- *doiuent estre*
lissader tout le costé par où on doit estre attaqué, rangeant les *accommodées.*
palissades sur le milieu du glacis, les faisant tourner aux deux bouts
dans le chemin couuert, afin que l'ennemy venant par les costez
ne puisse surprendre ceux qui sont dedans en garde.

I'ay vû quelquefois apres que le siege estoit commencé, que
ceux de la place s'auisoient de quelque poste ou de quelque aue-
nuë qu'ils auoient laissé sans fortification ny deffence, & que de
là ils pouuoient receuoir beaucoup de dommage, & que la place
couroit fortune d'estre prise en peu de temps; si l'ennemy se ren-
doit maistre de ces lieux; ils les fortifioient à la veuë de l'ennemy, ce *On doit se for-*
qu'on doit faire en toutes les places où il se rencontrera des lieux *tifier à la veuë*
de cette sorte; il faut les garder & les deffendre, & pour ce faire il *de l'ennemy.*
les faut fortifier; mais on doit prendre garde s'ils sont esloignez,
de faire des chemins couuerts pour y pouuoir aller en garde, &
les secourir; & que ceux qui seront là dedans ne puissent pas estre
pris par derriere; car s'il y a l'vn ou l'autre de ces deffauts, il ne
faut pas les faire, parce que ce seroit vn coupe-gorge, & perdre
asseurément ceux qu'on y enuoyeroit; il faut aussi les faire de telle façon que l'ennemy les ayant pris, ne puisse pas s'en seruir contre nous; & à cét effect on les doit faire ouuerts du costé de la pla- *Petites redoi-*
ce, ou s'ils sont fermez, que ce soit auec vne simple palissade. I'ad- *tes autour des*
uertiray que de faire des petites redoutes autour des places, cela *places ne va-*
ne vaut rien, parce qu'on ne peut pas faire grande resistance là *lent rien.*
dedans, & l'ennemy les prend facilement; & estant dedans, s'en
sert comme d'vn bon logement, & cela couure tout ce qui est
au delà. Il vaut mieux faire des demy-lunes, ou des tenailles,
ou de semblables ouurages, qui ne couurent pas l'ennemy lors
qu'il est dedans.

Si le lieu est tel qu'il soit tres-important d'estre fortifié, & qu'il *Quels lieux on doit fortifier.* ne puisse pas estre pris, ny par derriere, ny par les costez, comme lors que c'est vne auenuë qu'il y a marais des deux costez, ou sur vne digue, ou sur vn lieu haut esleué qui a le precipice à droit & à gauche ; on y bastit quelquefois des forts selon la grandeur du lieu, mesme apres que l'ennemy s'est campé, le Gouuerneur doit commander que tous y aillent trauailler, tant soldats qu'habitans, sans en excepter personne, lesquels il distribuëra par esquadres, les faisant changer tous les iours ; ou bien il baillera par attache chaque partie du fort à chaque quartier de la ville, & aux soldats à chaque Compagnie, ou bien à chaque Regiment, afin qu'ils le fassent promptement, soit par emulation, ou pour estre plustost hors de peine.

Habitans ne vont au peril. S'il y a du peril au lieu où on doit trauailler, difficilement on y fera aller les Bourgeois, quelque rigoureux commandement qu'on leur puisse faire, car ils ne veulent ny combattre, ny trauailler aux lieux qui sont hors de la place ; & si on leur a vû faire cet effort ç'a esté seulement lors que leur deffence se faisoit pour le sujet de la Religion, & pour la crainte d'vne extréme oppression ; car pour la fidelité qu'ils doiuent au Prince, ou pour l'amour de la Patrie, ou pour l'ambition d'honneur, ils n'en viennent iamais iusques-là, que de s'expofer aux perils qui leur sont connus, & qu'ils voyent. Ils demanderont sans doute d'estre exemptez de ces trauaux, & s'offriront de trauailler dans la place, ou dans les fossez, & dans tous les autres lieux où ils seront à couuert. Le Gouuerneur apres leur auoir representé la necessité de l'affaire ; le soin qu'il a de leur conseruation ; la grace qu'il leur fait ; le seruice qu'ils receuront de ceux qui trauailleront pour eux ; leur dira qu'il les dispensera du trauail, à la charge que volontairement ils s'offrent à les reconnoistre, & qu'ils s'assemblent pour entr'eux faire vne somme pour les *Bourgeois doiuent payer les soldats.* payer, & recompenser de leur peine, & du peril auquel ils s'exposeront pour les sauuer, eux & leur place. Il leur ordonnera la somme qu'il faudra pour ces trauaux, & leur donnera à eux mesmes la charge de distribuer l'argent ; parce que lors qu'il est manié par d'autres mains (quel mesnage qu'on en puisse faire) ils croyent tousiours qu'on leur fait tort, & aiment mieux despenser dix escus, & qu'ils sçachent en quoy, que cinq lors qu'ils craignent que d'autres en font leur profit. Le Gouuerneur pourra tenir le mesme ordre pour faire trauailler aux dehors si les habitans n'y veulent pas aller.

Des Sorties.

CHAPITRE XLII.

A Mesure que l'ennemy s'approche de la place, il faut semblablement augmenter les efforts pour la deffence ; & parce que le mal plus proche est plus dangereux, il faut employer tout ce qu'on peut pour le repousser ou le retarder; les premieres approches, & le commencement des tranchées ne sont qu'vn jeu, & on ne sçauroit empescher l'ennemy qu'il ne les auance en peu de iours ; mais lors qu'il s'approche des contr'escarpes, c'est ce qui est fort difficile, à cause du voisinage de la place, & que tous les tirs sont fort dangereux; comme aussi parce que les deffenseurs peuuent sortir plus aduantageusement sur ceux qui trauaillent. *Premieres tranchées faciles.*

Il faut que le Gouuerneur tienne conseil tous les iours pour deliberer de ce qu'il faut faire, car tous les iours il y a quelque chose de nouueau. Il aura vn soin particulier de l'ordre des gardes, de faire que les Bourgeois fassent leur deuoir aux lieux qu'on leur a commandé; que les trauaux necessaires s'auancent; qu'on se prepare aux choses qu'on doit faire à l'aduenir, & qu'on s'oppose aux desseins de l'ennemy, tout aussi tost qu'on commence à les connoistre. *Le Gouuerneur doit tenir conseil.*

La principale deffence qu'on peut faire lors que l'ennemy s'est approché auec les tranchées, ce sont les sorties; c'est pourquoy il faut necessairement s'opposer & luy nuire par ce moyen, autrement on perdra bien tost la place si on le laisse trauailler sans aucun empeschement. *Les sorties sont la principale deffence.*

I'ay amplement escrit dans mes Fortifications, tous les ordres, & toutes les circonstances qu'on doit obseruer aux sorties, lesquels sont les meilleurs que les plus experimentez vsent, & tous les autres que ie pourrois apporter n'esgalleroient pas ceux-là. A fin qu'on n'ait pas la peine de les aller voir là dedans, i'en repliqueray icy la plus grand part, parce qu'ils sont tres-necessaires d'estre sçûs de ceux qui commandent dans les places. *I'ay escrit des sorties dans mes Fortifications.*

Les sorties ne doiuent pas estre faites à toute sorte de place, comme lors que le lieu est fort d'art & de nature, & qu'il est comme impossible de le forcer, & que dedans il y ait peu de monde, *Où on ne doit pas faire des sorties.*

& qu'il soit bien munitionné, puisque demeurant dedans en seureté on ne craint pas la force de l'ennemy, ny la longueur du sieger telles sont les places qui sont sur des hauts rochers; sur des escueils; dans des profonds marais, & toutes celles qui par aucun artifice ne peuuent estre forcées.

On doit choi-
sir les aduan-
tages pour faire
les sorties.

Apres qu'on aura deliberé, & resolu de faire vne sortie, il faut choisir le lieu le plus commode, pour les nostres, & celuy qui est plus nuisible aux assaillans , & particulierement du costé qu'il s'approche, & qu'on est plus pressé : il faut semblablement choisir le temps & l'occasion la plus propre.

L'occasion la
plus propre.

L'occasion la plus propre pour faire les sorties, si on peut l'attendre, c'est lors qu'on sçaura quelque Regiment foible en nombre de soldats estre en garde, ou qu'ils sont de peu de courage, ou mal conduits, ou qu'ils sont nouuellement leuez , & amenez fraischement au siege, ou qu'ils sont lassez , pour auoir esté plusieurs iours de suitte en garde : ce que le Gouuerneur pourra sçauoir par les espions appostez qui viendront la nuit dans la place, ou bien ietteront à vn lieu destiné des billets, où ils donneront aduis de ce qui se passe dans le camp , & dans les tranchées.

Gouuerneurs
doiuent auoir
espions.

Parce qu'il est necessaire qu'vn Gouuerneur sçache ce que fait l'ennemy , & que de là il en peut tirer de tres-grands aduantages : i'aduertiray en passant qu'il doit de longue-main auoir quelques vns dans l'armée ennemie qui luy soient affidez , & ausquels il donne des pensions pour luy faire sçauoir ce qui s'y passe, ces gens-là s'enrolleront, & porteront les armes, & se monstreront affectionnez à ce party comme les autres soldats: ceux-là peuuent estre de nostre nation ou de l'ennemy qui suiuront le Camp, ou comme Marchands , ou Merciers , ou comme Viuandiers qui seruiront pour corrompre quelques soldats , si eux mesmes ne peuuent pas voir & donner aduis. il n'y a point de Gouuerneur de place frontiere, qui en temps de guerre ne doiue auoir quatre ou cinq de ces gens-là, pour faire sçauoir des nouuelles lors que la place est assiegée. Le plus asseuré moyen est de jetter la nuit dans le fossé des billets attachez à des pierres, que le Gouuerneur fera recueillir par des personnes affidées , qui se tiendront expressément aux lieux qu'on aura destinez. Si l'espion veut entrer dans la ville, il faut que la nuit il s'escarte des autres lors qu'ils seront endormis, & qu'il sorte hors de la tranchée , en quelque endroit où il n'y aura personne; de là il s'en ira faire le tour du costé où il n'y a point d'attaque, & par là s'approchera de la place : il faut que la

sentinelle qui sera en ce lieu soit aduertie pour le laisser passer : apres
il s'en retournera par le mesme chemin ; mais il ne faut pas qu'il y
retourne souuent, car il seroit bien tost pris.

C'est la prudence d'vn Chef de sçauoir prendre ses aduantages, *Doit choisir le*
& de sçauoir choisir les occasions les plus commodes ; comme *temps le plus*
propre pour fai-
lors qu'il fait froid, ou qu'il pleut, ou qu'il fait fort obscur, ce sont *re les sorties.*
les temps les plus propres ; car alors le soldat qui aura esté toute la
nuit dans la tranchée au froid & à l'eau, sera à demy combattu de
l'iniure du temps. Le bruit du vent & de la pluye, & l'obscurité
de la nuit, fauorisent de telle façon, qu'on est plustost sur les ennemis qu'ils n'ont oüy ny apperceu ceux qui les viennent charger ; & n'y a point de doute que si l'ennemy n'est sur ses gardes,
que des soldats frais qui n'ont point souffert d'incommodité, ne
fassent beaucoup d'effect sur ceux qu'ils surprennent, lesquels
ont pâty toute la nuit ; & particulierement s'il pleut ils auront
peine à faire tirer leurs mousquets, à quoy ceux qui sortent
n'auront aucune difficulté s'ils portent des arquebuses à roüet &
des pistolets.

L'heure la plus propre, est vne heure ou deux deuant le iour, *Quelle heure*
est la plus pro-
parce que c'est lors que les soldats sont le plus endormis, & fati- *pre pour les*
guez de la longueur de la nuit, & qu'ils font moins de garde. On *sorties.*
ne doit pas pourtant estimer cette heure si precise qu'on ne les
puisse faire à toute autre, voire en plein iour si l'on y voit de l'aduantage, duquel ie voudrois estre tres-asseuré pour les faire à cette
heure, à cause qu'on est descoüuert de loin, & les premiers sont tuez
auant qu'ils soient sur l'ennemy, & à la retraitte ceux des tranchées tirent incessamment sur eux. Aucuns apportent cette raison,
que de nuit la pluspart de ceux qui font la sortie n'estans point
vûs esquiuent le combat ; mais la mesme chose se peut dire de
ceux qui se deffendent, & s'il y en a de poltrons d'vn costé, qu'aussi bien il y en a de l'autre, c'est pourquoy en cecy l'aduantage sera
égal. Ceux qui vont au combat par force troublent plus, & mettent plustost le desordre qu'ils ne seruent ; la nuit est plus propre,
parce que la retraitte est plus asseurée, & si l'on a du pis on escha-
pe plus facilement.

On ne peut pas determiner precisément le nombre des soldats *On ne peut pas*
determiner pre-
qu'il faut à vne sortie ; car on se conforme aux forces qu'on a, à *cisément le*
celles de l'ennemy, & à l'execution qu'on veut faire ; pourtant afin *nombre des*
qu'on en aye quelque exemple, nous mettrons le suiuant, suppo- *soldats qu'il*
faut.
sant vne place telle, & ainsi munie que nous l'auons descrite au
commencement de ce Traitté.

E e iij

Nombre des soldats & armes qu'ils doiuent porter.

Pour faire vne sortie, on choisira cent des meilleurs soldats de tous les Regimens; les premiers seront armez à l'espreuue du mousquet, conduits par vn Capitaine, & vn Lieutenant, & deux ou trois Sergens; ceux-cy se seruiront des halebardes, pertuisanes, demy piques, espées courtes, & pistolets; pour soustenir ceux-là, il y en aura deux cens autres qui suiuront auec mousquets & piques, conduits par deux Capitaines, deux Lieutenans, & quatre Sergens. Aucuns au lieu de mousquets à mesche, porteront des arquebuses ou mousquets à roüet, ou à fusil, & s'il pleut tous en porteront, car alors les mesches ne pourront seruir de rien : en ces occasions on verra l'aduantage qu'il y a d'auoir quelque bon nombre de ces mousquets à fusil ou à roüet.

Feux d'artifice.

D'autres porteront des grenades, pots, lances à feu, feux gluans, & autres feux d'artifice ; l'arriere-garde sera de deux ou trois cens hommes, conduits par deux Capitaines, deux Lieutenans, quatre Sergens : ceux-cy outre leurs armes, porteront cloux d'acier, marteaux, pics, pelles, sacs, fagots, barriques, planches, cordes, pour les vsages que nous dirons apres : outre tous ces soldats, si les sorties se font au delà des dehors, on fera tenir dans les plus proches places deux ou trois cens hommes tous prests en armes, & ce qui restera dans la place se mettra en bataille dans les places d'armes.

Par où on doit attaquer.

S'il y a de la Caualerie, il faudra qu'elle prenne à droit ou à gauche, selon que les tranchées sont disposées, afin de prendre par derriere ceux qui y sont en garde; on la separera par esquadrons, qui donneront en diuers lieux, afin de mettre l'espouuante & le desordre par tout; & si quelque gros vouloit s'opposer à ceux qui font la sortie, la Caualerie se meslera parmy eux, & les chassera : c'est seulement à cette heure que la Caualerie peut agir; car lors que l'ennemy est maistre de la contr'escarpe, les cheuaux ne peuuent plus seruir, les Caualiers doiuent faire leurs factions à pied.

Fausses alarmes.

Auant que partir on receura l'ordre de ce qu'on aura à faire; si c'est pour molester seulement l'ennemy & le destourner du trauail, il faut que quelques soldats conduits par vn ou deux Sergens, s'en aillent donner l'alarme, & s'auancent comme s'ils vouloient donner à bon escient, & apres qu'ils auront mis le desordre se retireront.

Si c'est pour rompre quelque trauail, on aura le nombre des soldats que nous auons cy-deuant dit, & les instrumens necessaires, & on tiendra l'ordre qui s'ensuit.

Ceux qui doiuent faire la fortie, receuront premierement l'ordre qu'ils doiuent tenir, le mot, & vne marque apparente que tous auront, afin de se pouuoir connoiftre, laquelle sera, ou qu'ils porteront la chemise dehors, ou quelque croix de papier au chapeau, ou vn mouchoir blanc, ou quelque chose semblable qui puisse parestre, & estre veuë la nuit. *Auant que de partir doiuent receuoir le mot, ordre, & vne marque.*

Auparauant qu'on vueille faire la fortie, on pointera quelques canons chargez de chaisnes & ferailles, vis à vis du lieu qu'on a dessein d'attaquer; comme aussi vers l'endroit par où on doit faire la retraitte; les feux d'artifice tant pour esclairer comme pour nuire, doiuent estre aussi tous prests pour s'en seruir, comme nous dirons, & les moufquetaires qui sont dans la place & dans les dehors, se tiendront en estat derriere les parapets, pour tirer lors qu'il en sera temps. *On doit tenir le canon tout presl dans la place.*

Ceux qui seront deputez à cette action, s'assembleront à la place d'armes, ou dans le fossé s'il est sec, ou dans le chemin couuert, ou dans les dehors les plus proches de l'ennemy, le plus doucement qu'il se pourra, approchans sans bruit; s'ils peuuent ils surprendront les sentinelles auancées : que si l'on peut surprendre l'ennemy par le fonds des tranchées, comme aux places qui ne sont pas tout à fait bouclées, ou que les premieres tranchées sont en desordre, & sans garde, alors vne partie fera le tour; & à mesme temps qu'ils commenceront à charger par derriere, les autres donneront par le front, & ceux qui seront commandez des autres quartiers donneront des fausses alarmes : tandis que ceux-cy donneront à bon escient, la Caualerie fera aussi son jeu par dedans les tranchées, & tous ensemble tuëront tous ceux qu'ils rencontreront, & en s'auançant on s'en ira au poste, duquel on a resolu se rendre maiftre; ceux de l'auant-garde s'en saifiront, & tiendront bon dedans, tandis que les autres en toute diligence gasteront, rompront, & combleront les lieux fortifiez, & les tranchées mesmes selon le project qu'on aura fait auant que faire la fortie. *Ce qu'on doit faire en l'action.*

S'il auoit esté resolu d'aller aux batteries, les premiers les forceront; abbatront les gabions, & enclouëront le Canon, ce qui se fait auec des cloux d'acier trempez, qu'on cogne à grands coups de marteau dans la lumiere, & quand ils n'entrent plus, on donne vn coup par le costé qui les casse comme verre, s'ils sont bien trempez, là dessus on donne encore deux ou trois coups, afin qu'il n'y ait point de prise pour les arracher; il faut tirer le canon auant qu'y planter le clou, parce qu'en cognant il pren- *Comme on encloue le canon.*

droit feu. Il faut auoir des cloux de toute grosseur, parce qu'à force
de tirer, la lumiere s'ouure si fort que le pouce y entreroit, & quel-
fois dauantage: d'autres poussent dedans vne bale vn peu grosse: aucuns mettent du feutre autour de la bale, mais tous ces enclouëmens
ne sont pas fort asseurez, car bien tost apres on se sert du canon. On
peut aussi au lieu de cloux, mettre dans la lumiere de petits cailloux
de riuiere, comme pois, lesquels on fera entrer par force; ceux-cy
ne peuuent estre ny destrempez ny foretez: que si on ne peut pas
rendre inutils les canons en bouchant la lumiere, pour estre trop
ouuerte, on aura de gros tapons de bois, qui soient iustement du
calibre du canon, ce qu'on peut sçauoir par les bales qu'ils tirent,
desquelles on aura que trop dans la place pour en prendre la mesure; à ces tapons il y aura des pointes d'acier de la grosseur d'vn
pouce, qui soient mises de telle façon, qu'elles cedent en entrant;
mais si on veut sortir le tapon qu'elles entrent dans le metail: on
les pourra faire longs d'vn pied & demy, ou deux, & on les fera
entrer par force, difficilement les pourra-t'on faire sortir apres, &
par consequent l'ennemy ne pourra se seruir de la piece. Ie donneray vne inuention pour rendre inutils les canons lors qu'ils tomberont entre les mains de l'ennemy, de façon qu'il ne s'en sçauroit aucunement seruir, & si les nostres les peuuent recouurer ils
s'en seruiront à l'instant: cecy peut estre vtile en campagne, & à
vne bataille, où quelquefois on perd & reprend le canon diuerses fois dans vn mesme iour.

Inuention pour vendre inutile les canons.

    Si l'on peut, au lieu d'enclouër le canon, on l'amenera dans la
place, ce qui arriue par fois lors que l'ennemy loge des petites
pieces sur la contr'escarpe, ou bien prés d'icelle, lesquelles on lie
auec des cordes qu'on a apporté à ce dessein, & les entraisne dans
le fossé pour le retirer de là à loisir; encore qu'il soit plein d'eau
on ne laissera pas de les tirer dans la place apres que l'ennemy aura
leué le siege.

On peut amener le canon.

    Il faut que le Lecteur me permette d'escrire vn caprice, que ie
voudrois faire si i'en treuuois l'occasion, lors que l'ennemy a des
batteries sur la contr'escarpe; ce qu'il fait ordinairement pour
battre le flanc du bastion; auant que faire la sortie, ie voudrois
sur le bastion au lieu plus proche d'icelles batteries preparer trois
ou quatre tours ou capestans, auec de gros cables, dont vn bout
pendroit dans le fossé, duquel il y auroit quelques toises qui seroient de chaisnes de fer, afin qu'on ne peust les coupper, au
bout desquelles il y auroit vn crochet, qui estant fermé ne se peut
pas ouurir facilement; à cela ie destineroi aucuns soldats qui se

Caprice pour tirer les canons de l'ennemy dans la place.

tiendroient

tiendroient dans le foſſé pour porter ces cordes ou chaiſnes, lors
que ceux de la ſortie auroient forcé les batteries & renuerſé les
gabions ; ie voudrois que ceux-cy allaſſent accrocher les canons,
tout auſſi toſt ceux de la place tourneroient les capeſtans, & par
ainſi entraiſneroient facilement le canon dans les foſſez, qu'on
pourroit retirer apres à loiſir, ou pour le moins l'ennemy ne s'en
ſeruiroit plus ; encore que cela ne ſe ſoit iamais fait, au moins que
i'aye veu, ny leu : i'eſtime fort faiſable toutes les fois qu'on auroit
chaſſé ceux qui ſont à la deffence des batteries.

Ie retourne à ce qu'on doit faire aux ſorties ; aucuns mettront *Ce qu'on doit*
le feu aux poudres qui ſe treuueront dans les batteries, ſi on ne *faire à la ſortie.*
peut les emporter ; comme auſſi aux affuſts des canons, les oi-
gnant premierement de matieres gluantes propres à bien bruſler,
& iettant par deſſus quelques fagots guederonez ; on fera de meſme aux gabions, ou bien on les renuerſera ; & on mettra auſſi le
feu aux plate-formes ; aux logemens couuerts, & à tout ce qui ſe
treuuera propre à bruſler ; on abbatra & comblera les tranchées :
bref on ruinera tout ce qui peut eſtre aduantageux à eux, & nui-
ſible à la place : tout cecy ou ce qu'on peut, ſe doit executer le *Faut executer*
plus promptement qu'il eſt poſſible, de peur que cependant *promptement.*
l'ennemy ne ſe renforce par ceux qui ſont hors de garde, & qu'il
ne vienne enuelopper de tous coſtez ceux qui font la ſortie, &
par ainſi il y auroit plus à perdre qu'à gagner.

Cette action ne doit eſtre trop obſtinément opiniaſtrée, de *On ne doit opi-*
crainte, de perdre grand nombre de ſoldats, leſquels ſont plus *niaſtrer les ſor-*
chers à ceux de la place, qu'à ceux de dehors ; & l'effect doit *ties.*
eſtre pluſtoſt par ſurpriſe, que de viue force, ſi ce n'eſt qu'on euſt
autant de ſecours qu'on voudroit ; comme dans les places maritimes lors qu'on a l'entrée du port libre, ou dans les places de terre ; lors que l'ennemy ne tient qu'vn coſté d'aſſiegé, & que l'armée de nos confederez tient l'autre coſté libre pour enuoyer dans
la place ceux, & autant qu'il luy plaiſt.

Si ceux qui font la ſortie voyent le moyen de pouuoir faire *Faut donner*
quelque execution plus aduantageuſe qu'on n'auoit pas prémedi- *aduis au Gou-*
té, ils en donneront promptement aduis au Gouuerneur, afin *uerneur.*
qu'il enuoye nouueaux ſoldats, inſtrumens & munitions, pour
aider & rafraiſchir les premiers, & continuer l'action s'il le treuue
à propos, ſur le rapport qu'on luy aura fait de ce qui ſe paſſe.

Or parce qu'on ne doit iamais tenir ces poſtes, on fera la re- *Comme il faut*
traitte auec le moins de confuſion qu'il ſera poſſible, ce qui ſe *faire la retrait-*
fera comme nous dirons apres. *te.*

Ff

Si c'eſt pour chaſſer l'ennemy qui auroit pris quelque piece, comme demy-lune, tenaille, ou autre dehors; apres auoir fait l'effort comme nous auons dit, & repouſſé les ennemis, il faudra combler les logemens qu'il aura fait, & tout auſſi toſt reparer ce qui ſera rompu, & auec les ſacs, barriques, & gabions, refaire le trauail le mieux qu'il ſera poſſible; car pour ſi peu qu'on le raccommode, il faudra que l'ennemy face vne nouuelle attaque pour le reprendre, & cependant c'eſt autant de temps de gagné.

Quand on ne veut pas tenir le poſte qu'on a pris, & qu'il faut ſe retirer, on tiendra l'ordre ſuiuant.

Ceux de l'auant-garde armez comme nous auons dit, ſe tenans dans le poſte qu'ils ont pris au commencement, le deffendront iuſques à ce que les autres ſe ſoient retirez; & eux apres ſe laiſſans couler dans les foſſez, donneront ſignal de leur retraitte à ceux de la place: alors les canons qui eſtoient pointez, & les mouſquetaires preſts ſur les rampars, tireront inceſſamment ſur le lieu qu'on aura laiſſé, pour fauoriſer la retraitte, & ſur les ennemis s'ils les vouloient pourſuiure: on ne manquera pas d'en tirer pluſieurs, parce que tout auſſi toſt ils voudroient retourner au lieu perdu, & raccommoder ce qui aura eſté gaſté; ſi c'eſt de nuit, on iettera des feux d'artifice qui eſclairent; afin qu'on puiſſe deſcouurir l'ennemy, & pour pointer derechef les canons, & faire tirer continuellement les mouſquetaires, les grenades, bombes, & autres tels artifices pour nuire à l'ennemy, ne ceſſeront point tant qu'on verra paroiſtre quelqu'vn, & qu'on pourra les atteindre.

On doit faire dire le mot à ceux qui ſe retirent.

Ceux de dedans, auant que laiſſer entrer les Chefs qui ſe retirent, doiuent leur faire dire le mot, & contre-mot; le dernier qui aura eſté donné, principalement lors que la ſortie ſe fait de nuit, & qu'on ne peut reconnoiſtre les perſonnes, afin que l'ennemy n'entre deuant ou auec eux, ainſi qu'il eſt quelquefois arriué.

Ordre pour empeſcher qu'aucuns des ennemis n'entre.

L'ordre ſuiuant ſeroit tres-bon pour empeſcher qu'aucuns des ennemis ne peuſt entrer dans la place auec les noſtres; le Colonel ou Gouuerneur de la place prendra par exemple dix ſoldats de chacune des Compagnies qu'il luy plaira; il commandera aux Capitaines ou autres Officiers de ces Compagnies de ſe tenir à la porte de la retraitte, pour reconnoiſtre leurs ſoldats, à meſure qu'ils entreront; par ainſi ſi quelque eſpion ou autre penſoit parmy la confuſion entrer dans la place, par ce bon ordre il ſera tout auſſi toſt connu.

Si quelques vns se vouloient retirer auant que l'action fust fi-
nie, ou sous pretexte de porter les blessez, ou les morts, on les
fera retourner au combat iusques à ce que tout soit acheué, &
principalement de iour; car la nuit ceux qui n'ont pas enuie de bien
faire, se cacheront, & ne combattront pas.

Il faut estre aduerty que lors qu'on fait ces grandes sorties qu'il *faut garnir*
ne faut pas desgarnir les autres costez de la ville, afin qu'on ne *tous les lieux.*
soit surpris par iceux ; car bien souuent l'ennemy fait semblant
de donner furieusement d'vn costé pour y attirer tous les deffenseurs, & cependant fait donner sans bruit d'vn autre ; & par ainsi
emporte la place sans treuuer beaucoup de resistance.

Ces sorties se font pour nuire à l'ennemy & gaster leurs tra- *Sorties pour*
uaux ; les autres se font pour les destourner, donnant des fausses *destourner les*
alarmes, faisant sortir vn Sergent auec quelques soldats qui fe- *trauaux.*
ront force bruit, & lors qu'ils verront les ennemis en armes se retireront comme nous auons cy-deuant dit ; ces sorties seruent
pour les incommoder, car ainsi on leur fait interrompre à tout
moment le trauail ; & auant qu'ils y soient retournez, beaucoup
de temps se perd, & sont tousiours en crainte, ou s'ils negli-
gent, on les attrappera en desordre lors qu'on donnera à bon escient.

Aucunefois on fait des sorties de desespoir où l'on iouë à tout
perdre, ou se sauuer ; en ces actions desesperées on ne peut donner
ordre, que furieusement combattre, car chacun fait du pis qu'il
peut contre l'ennemy sans consideration aucune.

Des Contre-mines.

CHAPITRE XLIII.

'ENNEMY pour s'auancer plus prés de la place, il faut
qu'il prenne les dehors ; or pour en venir à bout, il faut
qu'il fasse des mines, & ceux de dedans pour s'en deffendre, doiuent aussi faire les contre-mines ; c'est pourquoy nous
en parlerons dans ce Chapitre, auant que rien dire de la deffence
des dehors.

Anciennement on faisoit les mines auec beaucoup plus de diffi- *Mines de pre-*
culté, & d'imperfections qu'on ne fait pas à present ; depuis peu *sent differentes*
de temps on les a reduites à des grandes facilitez, & on a osté tous *des anciennes.*

Ff ij

les deffauts que l'experience a fait connoiftre : auffi les contre-mines doiuent eftre faites diuerfement des anciennes, car les remedes doiuent eftre proportionnez au mal.

Comme on fai-foit les mines il y a quelque temps.

On auoit accouftumé de commencer les mines au delà du foffé, & s'enfoncer bien auant dans terre iufques à trente ou quarante pieds, mais la plufpart reüffiffoient fort mal, & bien fouuent au defauantage de celuy qui les faifoit, alors les contre-mines eftoient comme nous les auons defcrites. il y auoit comme vn puits dans la piece qu'on vouloit contre-miner, & vne allée qui paffoit au deffous du foffé, au bout de laquelle on faifoit vne taillade parallele à la face, ou à la tefte du trauail ; l'ennemy ne pouuoit s'approcher par deffous terre qu'on ne l'entendift, & qu'on ne l'empefchaft de s'auancer.

Autre forte de contre-mine.

D'autres faifoient vne voûte dans l'efpaiffeur de la muraille, qui alloit tout autour de la place, le fonds de laquelle eftoit à mefme hauteur que le fonds du foffé, haute de fix pieds, large de trois pieds ; en des endroits il y auoit des trous qui alloient iufques au fonds des fondemens, & d'autres qui eftoient dans la voûte vis à vis de ceux-là qui fortoient au haut de la muraille, qui feruoient de foufpiraux ; ils croyoient qu'encore qu'on fift vne mine fous la muraille, ces voûtes & ces foufpiraux empefcheroient l'effet, ce que i'ay veu par experience reüffir tout au contraire, comme à Moncal dans le Mont-ferrat, on chargea la mine dans cette voûte, & fit tel

Contre-mines ne feruent de rien.

effect, que l'efbranlement & la fecouffe qui fe communiqua par là fit tomber toute la face du baftion : & fraifchement au Caftelet il y en auoit vne femblable, apres l'auoir veuë, i'affeuray fon Eminence qu'en la chargeant felon l'aduis que i'en donnay elle reüffiroit fort bien, comme elle fit, car la plufpart de la face fut emportée ; nous y entrafmes dedans de force, & prifmes la place, tellement que cette forte de contre-mine ne vaut rien.

Grand foffé & profond fert de contre-mine.

On a tenu long temps que le moyen le plus affeuré pour fe garder des mines, eftoit de faire dans le grand foffé vn autre, fort profond & eftroit, iufques à ce qu'on treuuaft l'eau, ou bien le rocher dur, afin que l'ennemy ne peuft paffer fous terre fans eftre defcouuert au paffage de ce foffé ; mais cela de prefent ne feruiroit de rien fi les ennemis faifoient les mines comme nous dirons apres : & quand bien il feroit veu à ce paffage cela ne l'empefcheroit pas de paffer outre iufques au pied de la muraille.

Foffé plein d'eau auffi.

De mefme auffi on a creu, & plufieurs croyent encore que le foffé plein d'eau empefche la mine, ce qu'il ne fait pas pourtant

non plus que l'autre, ainſi qu'on pourra iuger par ce que nous dirons cy-apres.

Il y a quelques autres inuentions, deſquelles les Anciens ſe ſeruoient, comme d'vne canne fichée en terre, d'vn tambour auec
des dez deſſus, d'vn vaſe plein d'eau, auec quelques pailles dedans,
d'vn bouclier d'airain, ou d'vn grand baſſin auec des pois dedans,
des clochettes ſuſpenduës, & pluſieurs autres telles inuentions qui
ſeruoient ſeulement pour connoiſtre que l'ennemy faiſoit la
mine, & en quel endroit, mais tout cela n'y remedioit pas; &
lors qu'on le connoiſſoit par ces indices, il n'eſtoit plus temps de
trauailler à la contre-mine, à cauſe que le trauail de l'ennemy eſtoit
fort aduancé, & preſt à faire ſon effect.

Inuention des Anciens pour deſcouurir les mines.

Tous ces moyens ne ſeruent plus de rien ; c'eſt pourquoy il
en a falu inuenter d'autres, parce que l'ennemy paſſe le foſſé auec
la galerie, ſoit-il ſec, ſoit-il plein d'eau en le comblant, & s'eſtant
attaché à la face du baſtion, il fait ſa mine ſans s'enfoncer ſi auant
dans terre, tellement que ny ces voûtes, ny ces foſſez, ny ces
eaux, ny toutes ces autres inuentions ne peuuent aucunement empeſcher ſon effect.

Tous ces mo-yens ſont aſſu-rement inuti-les.

Les plus modernes ont eſtimé que le vray & ſeul moyen eſtoit
de faire les baſtions vuides ; car par ce moyen on eſtoit tout auſſi
toſt à l'ennemy, & qu'en meſme temps que l'ennemy faiſoit la
mine, on pouuoit percer le rampart, pour aller à luy, & pour cette cauſe ils ont eſtimé les baſtions vuides beaucoup meilleurs que
les pleins, ſurquoy ie diray mon ſentiment en paſſant ; que veritablement l'aduantage eſt grand de pouuoir empeſcher l'ennemy de faire ſa mine ; mais qu'auſſi pour pluſieurs autres raiſons le
baſtion vuide eſt plus foible comme nous auons monſtré dans nos
Fortifications : outre qu'il faut abſolument remplir le baſtion ſi
on veut auoir vn foſſé raiſonnablement large & profond autour
de la place ; car il faut porter la terre dans les baſtions, & ie ne ſçay
point de lieu où on la puiſſe mettre autre part, ſi ce n'eſt qu'on
fiſt quelque grand trou, & qu'on l'apportaſt dedans, tellement
que c'eſt folie de diſputer ſi on doit faire vne choſe qu'il faut neceſſairement faire. On me dira qu'en Hollande, la pluſpart des
baſtions ſont inutiles, il eſt vray qu'ils ſont ainſi ; mais ceux-là deuroient conſiderer qu'ils ne ſçauroient les faire autrement, n'a-
yant point de terre pour les remplir, car tout auſſi toſt qu'ils ont
creuſé deux pieds ils treuuent l'eau, & ne ſçauroient creuſer en
tout plus de huict pieds, tellement que pour auoir de la terre pour
faire vn ſimple rampart, il faut qu'ils faſſent les foſſez extraordi-

Baſtions vui-des ne ſont ſi bons que les pleins.

nairement larges : puis donc qu'on ne doit ny on ne peut par tout auoir les baftions vuides , il faut chercher le moyen d'empef-cher la mine dans les pleins , & par ainfi auoir les deux aduanta-ges enfemble, d'auoir la terre dans le baftion, & la contre-mine affeurée.

Si on veut contre-miner vn baftion, ou vne demie-lune ou te-naille, ou quelque autre ouurage femblable, on fera dans le corps d'iceluy vn trou comme vn grand puits , dans lequel on puiffe commodément defcendre , mefme charrier la terre auec des fel-lettes ou broüettes , ou bien on le fera à cafcanes d'enuiron cinq ou fix pieds de hauteur chacune , afin qu'on fe puiffe donner la terre dans des paniers de l'vn à l'autre : ce puits fera auffi profond que le foffé, tellement que le fonds d'iceluy , foit de cinq ou de fix pieds plus bas que le niueau du fonds du foffé s'il eft fec ; que s'il eft plein d'eau il n'ira que iufques au niueau de l'eau ; au fonds de ce puits on creufera quelques allées qui s'en iront les vnes aux fa-ces du baftion, vne autre à la pointe K : on en pourra faire deux ou trois G H D F, à chaque face. Ie ferois d'auis qu'en faifant le ba-ftion , on fift en mefme temps ces puits & ces voûtes, & qu'on les reueftift, afin que par la longueur du temps tout cela ne vinft à eftre efboulé : ces allées iront iufques à fix ou huiɛt pieds prés de l'efpaiffeur de la muraille, & par ainfi on aura la contre-mine prefte de quel cofté que l'ennemy vueille faire fa mine.

Pour s'en feruir à l'occafion, il faudra fçauoir le lieu où l'enne-my fait la mine, ce qui eft fort aifé ; parce que du flanc oppofé on voit où il paffe la galerie , c'eft indubitablement le lieu où il la veut faire , ou s'en ira dans le puits & dans l'allée qui va refpon-dre au plus prés du lieu où eft la galerie, & où l'ennemy trauail-le : on fera là dedans vne trauerfe, c'eft à dire vne voûte large de deux ou trois pieds , haute de cinq , parallele à la face attaquée : dés cette allée on defcouurira l'endroit où l'ennemy trauaille , & on s'en ira droit à luy pour le rencontrer ; à cét effeɛt on mettra des perfonnes qui efcouteront attentiuement de quel cofté il vient , & tout auffi toft on fondera de ce cofté-là pour fçauoir fi on eft proche , ce qui fe fait auec vne tarelle d'acier, marquée A , lon-gue de huiɛt ou dix pieds , ou bien vn autre inftrument quafi femblable , qui a la pointe comme vn grain d'orge d'où on luy donne le nom, marqué B , il doit eftre amanché par l'autre bout comme la tarelle : on perce la terre auec cét inftrument de diuers coftez, comme deuant nous, deffus, deffous, & aux coftez, le bruit nous donnera quelque connoiffance de l'endroit où ils feront ; fi par tout on treuue le maſſif, on aduancera ſon allée en ſondant touſiours iuſques à ce qu'on ne ſentira plus de reſiſtance au bout de ladite tarelle, c'eſt ſigne que vous auez rencontré la mine: meſme par fois on peut voir la clarté de la chandelle au trauers du trou. Quand vous eſtes certain du lieu où l'ennemy fait ſa mine, & que vous en eſtes bien proche à la diſtance de cinq ou ſix pieds, vous ouurirez la mine auec le petard, c'eſt le moyen le plus prompt. Or pour l'appliquer il faut aduiſer ſi les fourneaux de l'ennemy ſont plus bas que vous; que s'ils le ſont, on mettra la bouche du petard contre terre auec ſon madrier, chargeant la culaſſe du petard de groſſes pierres, ou autre choſe, iuſques à la voûte de la mine, ou bien on mettra vne forte piece de bois toute droite ſur la culaſſe du petard, qui s'appuyera contre vne autre, miſe au long de la voûte, comme on voit en la figure; que ſi l'ennemy eſtoit par deſſus, il faudra appliquer le petard auec ſon madrier la bouche en haut, & la piece de bois ſera au deſſous, comme en M; s'il eſt directement deuant, il faudra au fonds de voſtre caueau à coſté, faire vne place pour mettre le petard, & qu'il y entre à force auec ſon madrier; il ſera encore à propos, que derriere la culaſſe il y ait vne forte piece de bois pour arreſter mieux le recul, comme en la figure O; & s'il eſt au deſſous, on fera comme en N.

Ce qu'on doit faire quand on l'a deſcouuerte.

Pour l'eſuenter auec le petard.

En quelle façon qu'on applique le petard, il faut bien prendre garde que la terre que vous voulez petarder ne ſoit pas trop eſpaiſſe, & qu'elle ne paſſe pas cinq ou ſix pieds, car autrement il ne feroit aucun effect.

La terre ne doit eſtre trop eſpaiſſe.

Si la mine eſtoit proche de la ſuperficie de la terre, on pourra l'eſuenter, faiſant par deſſus vne taillade ou foſſé iuſques à ce qu'on l'ait deſcouuerte, comme P. Mais cecy ne peut ſeruir que lors que l'ennemy paſſe la mine par deſſous le foſſé, faiſant ladite taillade dans le foſſé, car dans le corps du baſtion il faudroit la faire au bout de vos allées où vous entendriez l'ennemy.

Taillade.

Lors qu'ils ſont par deſſus, & qu'on les a deſcouuerts, il y en a qui croyent les pouuoir deſloger auec la fumée; Pour moy ie ne voudrois pas me fier à vn ſi leger remede, i'aimerois mieux auec le petard ou auec quelque baril de poudre; mais il faudroit bien prendre garde de n'y en mettre pas trop, & faire vous meſme ce que l'ennemy auroit projetté contre vous.

Lors que l'ennemy eſt par deſſus.

Quand vous auez petardé la mine, il faut ou la combler, ou mettre des ſentinelles pour prendre garde ſi l'ennemy la veut continuer, ce qu'il faut empeſcher auec les feux d'artifice, gre-

Ce qu'il faut faire apres que la mine eſt eſuentée.

nades , & auec toute forte d'armes, & les chaſſer par force s'ils vouloient s'opiniaſtrer à l'acheuer, ce qui ſeroit toutefois fort difficile ; car on ne leur laiſſeroit pas charger, ou bien ſçachant où ſont leurs fourneaux, & eſtans bien proches on leur oſteroit tandis qu'ils boucheroient leur mine : ſi on la deſcouuroit apres qu'elle ſeroit chargée, il faudroit tout auſſi toſt coupper la traiſnée ou ſauciſſe auant que faire autre choſe.

Faut eſcouter par tout.   Encore qu'on ait deſcouuert la mine à vn endroit, il ne faut pas laiſſer d'eſtre touſiours aux eſcoutes dans les autres allées ; car l'ennemy ayant connu qu'il ſeroit deſcouuert, pourroit aller à droit ou à gauche faire ce qu'il n'auroit pû en cét endroit.

I'eſtime que c'eſt le moyen le plus aſſeuré qu'on puiſſe auoir pour deſcouurir & empeſcher la mine ; car ſi on a les voûtes que nous auons dit toutes preparées, lors que l'ennemy commencera ſon trauail nous aurons le noſtre preſque tout fait, & ſeront plutoſt à luy qu'il ne ſera à nous.

Ce qu'on doit faire aux baſtions pleins.   Aux lieux où les baſtions ſont pleins de terre , difficilement peut-on empeſcher que l'ennemy faſſe la mine, ny la deſcouurir, ſi on n'y a fait ce que nous auons dit auant qu'eſtre attaqué : à ceux-là on ne peut faire autre choſe que d'empeſcher l'ennemy qu'il ne paſſe le foſſé auec ſa galerie ; mais de celle-là nous en parlerons amplement cy-apres.

Faut contreminer les dehors.   Tout ce que nous auons dit deuoir eſtre fait aux baſtions, peut eſtre auſſi fait aux dehors; mais à ceux-cy il n'eſt pas ſi neceſſaire, parce que les rampars ſont peu eſpais : toutefois i'y voudrois faire quelques puits prés des rempars, auſſi profonds que le fonds du foſſé, meſme quelque allée , car on doit autant deffendre ces ouurages que les baſtions; & s'ils ſont bien faits, difficilement l'ennemy les peut prendre s'il ne les rompt auec la mine. On fera ces puits ſeulement au derriere des faces; car à la courtine d'vne tenaille , ils ſeroient inutiles, parce qu'on eſt bien aſſeuré que l'ennemy n'attaquera pas cét endroit : du reſte on pourra faire les meſmes choſes , & tenir le meſme ordre que nous auons dit.

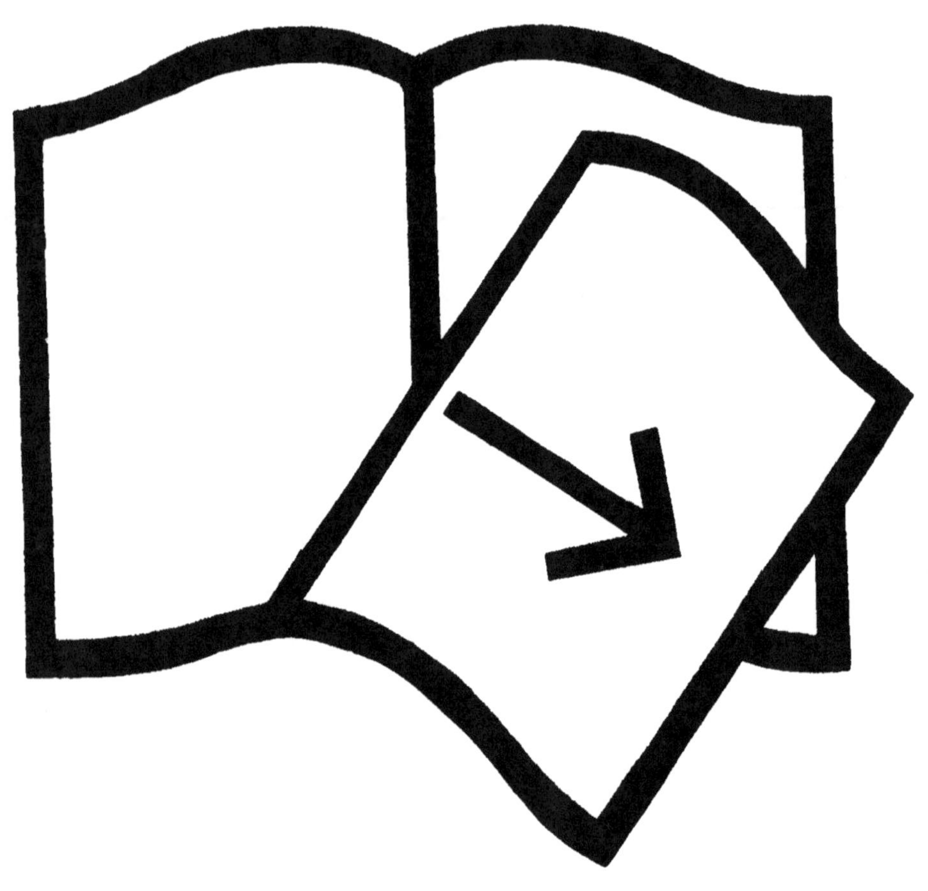

Documents manquants (pages, cahiers...)

NF Z 43-120-13

profond de huict ou dix pieds; là dedans vous mettrez quelques
facs ou barils pleins de poudre , tenans chacun cent liures ; ou
bien i'aimerois mieux mettre plus de facs, & que chacun ne tinft
que quarante ou cinquante liures, afin de les eftendre dauantage;
ces facs doiuent eftre guederonez par deffus, où on mettra des
aix au deffous ou aux coftez afin d'empefcher l'humidité; d'vn fac
à autre vous ferez aller vne fauciffe qui donnera feu à tous ; par
deffus ces facs ou barils vous ferez mettre des pieces de bois tra-
uerfées , des quartiers de pierre , des briques & autres chofes qui
peuuent faire des efclats iufques à ce que le creux foit prefque plein,
lequel vous acheuerez de remplir de terre bien ajancée, que l'ennemy ne puiffe s'en apperceuoir lors qu'il y feroit entré. On conduira la fauciffe par deffous terre iufques à ce qu'elle aille au plus
proche retranchement ou trauail qui fuit , pour y donner feu
quand on voudra ; lors que l'ennemy y fera entré , & qu'on verra qu'il y aura quantité de foldats , on y donnera le feu , & les fera
fauter & brufler auec grandiffime dommage. On dira que l'ennemy pourroit fe feruir de cette mine ou fougade , mais cela n'eft
pas , parce qu'elle fe fait dans le corps de la piece , & la mine de
l'ennemy doit eftre faite fous les rampars , afin de fe faire ouuerture & entrée , tellement que l'vne fera fort efloignée de l'autre.

Tout à l'inftant il faut faire fortie, pour rompre ce qui reftera de ce que l'ennemy aura fait , pour chaffer ceux qui n'auront
pas fauté à la mine, & acheuer ceux qui auront efté bleffez ou in-
commodez de la terre ou des efclats. *Faut faire for-*
tie.

Auant que faire cét effect , il faudra auoir preparé les retranchemens aux lieux qui feront oppofez à l'attaque de l'ennemy, &
afin de l'arrefter, & pour l'empefcher de fe loger dans la brefche, il ne faut pas faire ces retranchemens trop prés du lieu attaqué, afin que la mine ne les emporte ; leur figure doit toufiours
eftre en angle rentrant , afin que les deux faces foient flanquées,
ou bien en tenaille, ou de telle autre figure qu'on pourra , pourueu qu'elle fe flanque. Il ne faut pas que ces retranchemens foient
fi hauts qu'ils empefchent que ceux de la place ne puiffent defcouurir le lieu pris par l'ennemy. Il faut auffi faire quelques chemins couuerts, ou portes cachées par où on puiffe fe retirer dans le
foffé, ou dans les retranchemens qui feront plus arriere, apres auoir
fouftenu les premiers. *Faut auoir pre-*
paré les retran-
chemens.

Dans vne demy-lune on ne peut faire qu'vn retranchement , lequel fera en angle rentrant , comme nous auons dit. A vne te- *Ces retranche-*
mens côme doi-
uent eftre faits.

naſlle on peut ſe retrancher à la gorge du demy baſtion attaqué,
& faire apres cela vn grand retranchement auſſi large que tout
l'ouurage, lequel ſera fait en angle rentrant, ou en tenaille : ſi
voſtre ouurage s'auance fort dans la campagne, vous pourrez faire encore vn retranchement plus arriere, pour mal qu'ils ſoient
faits, ce ſont autant de retardemens pour l'ennemy, & perte
d'hommes : il ne faut point, s'il eſt poſſible, laiſſer perdre le terrain
ſans qu'il en couſte quelque choſe.

On doit taſcher à reprendre les poſtes perdus. Encore que les ennemis ayent forcé la demy-lune, ou autre piece, auant qu'ils ayent acheué leurs logemens en toute perfection,
on fera la nuit vne ſortie ſur eux, & on taſchera de les chaſſer hors
de là : & à cét effect on ſe ſeruira des feux d'artifice, & on ſera ſe-
condé de ceux de la place. Il faudra abbattre les logemens que
l'ennemy aura commencé, & raccommoder le trauail le mieux
qu'il ſera poſſible ; ſi on va reſolument contr'eux, aſſeurément on
les deſlogera ; car n'eſtans que demy couuerts, & en vn lieu eſtroit,
ils ſont touſiours en crainte, & ne ſçauroient faire bonne deffence, ny reſiſtance contre des gens hardis qui viennent reſolument
de tous coſtez, bien armez à l'eſpreuue du mouſquet, & auec toute ſorte d'armes aduantageuſes, & des artifices, & auec l'aſſiſtance de ceux de la place, qui tireront continuellement deuant l'attaque, le canon, & la mouſqueterie pour les deſcouurir & mettre en deſordre auant que donner : ſi le lieu eſt commode, on
pourra faire vne mine, paſſant au deſſous de nos retranchemens,
qui aille ſous leurs logemens, & lors qu'on l'aura fait ioüer, on
fera la ſortie, pour reprendre & raccommoder le lieu pris par l'ennemy.

*Armes pro-
pres à deffen-
dre ces lieux.* Les armes propres à deffendre ces lieux outre les ordinaires, qui
ſont les mouſquets, les piques, les halebardes ; il faut auoir quelques fortes piques, & longues, auec crochets ; comme auſſi des
fourches de fer, pour renuerſer les eſchelles, & ponts volans
qu'on applique d'ordinaire. Les petits pierriers qu'on a ſur les
*Pierriers ex-
cellens.* vaiſſeaux dont aucuns ſont de fer, & d'autres de fonte qui ſe chargent à boëte par derriere, ie les tiens pour les meilleures armes
qu'on puiſſe auoir pour la deffence des dehors ; parce qu'ils ſont
tres-commodes pour tirer ſouuent, manier, retirer, & faire tres-
grand dommage à l'ennemy : ſi on eſt forcé, on peut les tranſ-
porter de là facilement. On les charge viſte, car il n'y a qu'à mettre la boëte & vn coin derriere ; on les charge de bales de mouſquet, & de ferrailles ; & encore qu'ils ne portent pas fort loin, ils
ne laiſſent pas d'eſtre tres-vtiles ; parce qu'en ces lieux on n'a affai-

re de tirer que de prés, parce que les deffences sont fort courtes.
On les met où on veut, & si on les tire bien à propos, ils nuiront beaucoup; si on en descharge trois ou quatre à la fois lors
que l'ennemy vient auec furie, asseurément on arrestera les premiers qui sont les plus hardis: & bien que tous les coups ne tuënt
pas, ils les blessent infailliblement, & les sortent hors de combat,
& tandis qu'on tire les vns, on peut charger promptement les autres, & faire vne perpetuelle scopeterie de ces pieces.

l'ay l'inuention d'vn canon de bois qui tire six liures de bales *Inuention d'vn*
de mousquet d'vne once, il se charge aussi à boëte; i'en ay fait *canon de bois.*
faire & espreuuer fort souuent, il reüssit parfaitement bien, & on
a cét aduantage qu'il est fort leger, & qu'on en peut faire facilement tant qu'on veut dans les places. I'en donneray autre part la
description de celuy-là, & de plusieurs autres.

Ces pieces doiuent estre placées aux lieux qui flanquent l'en- *Où on doit*
droit attaqué, auant que l'ennemy y entre: & pour l'en chasser *mettre ses*
lors qu'il y est entré, on les logera dans les retranchemens. On *pieces.*
pourra encore pointer quelques pieces de la place qui puissent tirer dans ces dehors sans endommager les nostres, qui sont plus
arriere à la deffence dans les retranchemens; on tiendra prestes
ces pieces pour les tirer lors que l'ennemy s'y voudra loger; car il
n'a pas moins de peine & de difficulte de se loger en ces lieux, que
de les prendre, à cause des diuers endroits desquels ils sont veus,
flanquez, & commandez; & bien souuent apres y estre entrez, s'ils
ne se couurent promptement, on les contraint d'en desloger auec
beaucoup de perte.

Les contr'escarpes sont dans le nombre des dehors; pour les *Comme il faut*
deffendre il faut necessairement les palissader, & auoir prouision *deffendre les*
de pieux pour remettre au lieu de ceux que le canon emportera; *contr'escarpes.*
on les doit faire de telle forme qu'elles se flanquent par tout, ce
qui se fait auec les redens qu'on fait en diuers endroits; la deffence des contr'escarpes dépend de ceux qui sont dans le chemin couuert, & comme aussi de ceux qui sont dans les redens qui flanquent, & encore plus de ceux qui sont dans la place. Les feux
d'artifice sont generallement bons pour toutes les deffences, &
pour celles-cy ils seruent pour brusler les logemens que l'ennemy
fait prés d'icelles, dans lesquels il faut tirer sans cesse, tant de ces
lieux comme de la place: si les contr'escarpes ont au deuant vn
fossé plein d'eau, il faut que l'ennemy le passe auec la galerie, ce
qu'on empeschera par quelqu'vn des moyens que nous dirons
apres, parlant des deffences qu'on doit faire dans le fossé: Tou-

tes les choſes, ou au moins la pluſpart que nous eſcrirons cy-aprés
pour la deffence des baſtions, peuuent auſſi ſeruir pour les dehors.

Deſauantage
des foſſez pleins
d'eau. En la deffence des dehors ſe connoiſt le deſauantage qu'on a,
les foſſez eſtans pleins d'eau; car on ne ſçauroit ſe ſeruir de la Ca-
ualerie pour faire les ſorties, à cauſe qu'on ſeroit deſcouuert de
l'ennemy, ou il faudroit qu'il y euſt des portes ou des ponts par
tout, & encore ne ſçay-ie ſi on pourroit les garantir d'eſtre rompus.
Par apres toutes les retraittes ſeroient fort dangereuſes, & ceux
qui ſont à la deffence des chemins couuerts ſeroient touſiours en
crainte d'eſtre ſurpris, & ne pouuoir pas ſe retirer; c'eſt pourquoy
dés qu'ils ſont attaquez ils penſent pluſtoſt par où ils ſe ſauueront
qu'à ſe deffendre. Dans la ſuitte du diſcours on verra comme
dans le foſſé ſec, on fait bien plus de reſiſtance qu'eſtant plein
d'eau.

l'aduertiray que l'ennemy approchant ſes trauaux & ſes tranchées pour les arreſter & deſtourner, il faut toute la nuit eſclairer la campagne auec des feux d'artifice, & tirer ſur ceux qui trauaillent continuellement, car il n'y a rien qui incommode tant
les aſſaillans que d'eſtre veus nuit & iour, & qu'on tire ſans ceſſe
ſur eux.

Des Secours.

CHAPITRE XLV.

Les ſecours ne
ſont pas propre-
ment de la
charge d'vn
Gouuerneur. E pouuois laiſſer ce Chapitre, parce que ce n'eſt
pas de la Charge d'vn Gouuerneur de ſecourir les
places, & particulierement la ſienne, ce qu'il ne
peut pas y eſtant dedans: neantmoins parce que
c'eſt vne choſe neceſſaire pour la deffence, & qu'il
peut eſtre employé pour en ſecourir d'autres; & parce qu'il eſt
bien ſeant qu'il ſçache tout ce qu'on peut faire pour la conſeruation d'vne place, i'en parleray icy, rapportant ſuccinctement la
pluſpart de ce que i'en ay dit autre part.

Places qui ne
ſont ſecouruës
ſont bien toſt
perduës. Les places qui ne ſont pas ſecouruës, ſont ſans doute à la fin
priſes; car quelles prouiſions qu'on puiſſe auoir de viures & de
munitions, & encore que le nombre des ſoldats ſoit au commencement aſſez grand pour ſe deffendre, peu à peu ſe diminuë

par les incommoditez, maladies, & blesseures. C'est pourquoy le Gouuerneur voyant qu'il commence à manquer, ou qu'il manquera bien tost de quelque chose, il doit tascher de donner aduis au Prince de l'estat de la place, & de tout ce qui est dedans, & du temps qu'il croit pouuóir tenir encore; & le supplier de pouuoir promptement aux choses qui manquent, dont il en donnera vn memoire, ou par escrit, ou de bouche à celuy qu'il enuoyera, en quoy il doit auoir grande discretion de ne se hazarder pas legerement de faire sçauoir à l'ennemy ses deffauts. Il faut que la personne qu'il enuoyera soit bien affidée, s'il luy confie son secret, ou que les lettres soient bien cachetées, ou escrites de telle façon qu'on ne puisse pas descouurir le chiffre, ou que les passages par où il les enuoye soient fort asseurez, ce qui est pourtant tousiours douteux dans vne place assiegée. Pour moy i'aimerois mieux l'enuoyer dire de bouche que par lettre; par ce moyen on peut le descouurir, & non par l'autre, si le messager est fidelle.

Les secours se donnent en plusieurs façons, sçauoir par diuer- *Diuerses sortes* sion, en empeschant qu'on n'apporte des viures au Camp de l'en- *de secours.* nemy, en rauageant le païs, attaquant d'autres places, & en secourant effectiuement la place de ce qu'elle a besoin. Or elle peut auoir besoin de trois choses en general, de munitions de bouche, qui sont le bled ou farine, ou pain; & celles de guerre qui sont la poudre de mousquet, ou de canon, ou bien des soldats; on y peut adiouster les vestemens & outils, & autres choses indifferentes.

Lors que l'ennemy est tellement retranché dans son Camp & *Empescher* son armée si forte, qu'il y a peu d'apparence de pouuoir forcer au- *qu'on n'appor-* cun quartier pour entrer dans la place; alors il faudra empescher *te des viures* qu'on apporte des viures à l'armée assaillante, s'opposant aux *au Camp.* conuois; pour quoy faire auantageusement, on enuoyera des espions dans les lieux où on les prepare, pour sçauoir le nombre du monde qui les accompagne; combien de Caualerie, & d'Infanterie; quand ils partent; par où ils passent; les lieux qu'ils ont de retraitte; qui les peut secourir, afin qu'on prenne ses mesures sur ce rapport, pour enuoyer des forces plus fortes qui soient capables de les deffaire asseurément; & pour les destourner dauantage, on rompra les ponts, gastera les chemins, couppant quantité d'arbres qu'on trauersera dans iceux: si l'on peut on surprendra quelque lieu qui soit sur le passage, lequel on fortifiera, tenant dedans bon nombre de soldats, tant de Caualerie que d'Infanterie: s'il y a quelque passage aduantageux, on s'en saisira & le fortifiera, s'em-

buſquant dans les lieux où l'on pourra les ſurprendre & enuelopper, aux paſſages des riuieres où le plus ſouuent il y a du deſordre, & les forces ſont deſvnies, lors qu'vne partie a paſſé il faudra la charger; s'ils paſſent ſur vn pont, on taſchera d'en faire
de meſme, & le rompre, ou bien on l'aura auparauant fortifié,
& de meſme des quais qu'on aura fortifiez ou rompus; les ordres
qu'on doit tenir en ces occaſions ne ſont pas de mon ſujet, c'eſt
pourquoy ie remets d'en parler autre part.

Gaſter le païs de l'ennemy. S'ils ſont ſi forts qu'on ne puiſſe pas les rompre, ou ſi auiſez qu'il
ſoit impoſſible de les ſurprendre, & s'ils ont quelque place voiſi-
ne d'où ils prennent les choſes neceſſaires, ou la mer, ou quelque
grande riuiere, ou quelque autre ſemblable paſſage, par lequel
leurs conuois paſſent aſſeurément; il faudra rauager tout leur païs,
faiſant marcher la Caualerie de tous coſtez par la campagne, qui
aille par les villages, bourgs, hameaux, maiſons, piller tout ce qu'ils
pourront emporter ou emmener, & mettront le feu à ce qu'ils
laiſſeront; gaſteront les bleds, s'il y en a ſur terre, les faiſant fau-
cher, paſſant les cheuaux par deſſus, emmenant priſonniers tous
les hommes qu'ils pourront prendre, & faiſant tous les actes d'ho-
ſtilité qu'on a accouſtumé de faire: toutefois reſeruant trois cho-
Trois choſes qu'on doit re-ſeruer dans la guerre. ſes, les lieux ſacrez, & les perſonnes, & tout ce qui en dépend;
le violement des femmes; la tuërie de ceux qui ne ſe deffendent
pas; les cruautez & les bourrelemens enuers ceux qu'on prend;
car ce ſont des meſchancetez qui crient vangeance deuant Dieu,
& tout ceux qui les font, comme ceux qui les permettent periſſent
miſerablement, comme on voit iournellement par experience. Il
faut abhorrer les gens qui commettront ces forfaits comme ennemis de Dieu, & des hommes. Pour mieux executer ce deſſein, ie
Ordre qu'il faut tenir pour gaſter le païs. voudrois mener touſiours de l'Infanterie & quelque piece courte,
& des petards; car lors que la Caualerie eſt ſeule, vn foſſé, vne
haye, vne barriere l'arreſte, & peu de gens qui ſeront dedans ſe
moqueront d'vn grand nombre de Caualerie: auſſi quand l'Infanterie rencontre quelque maiſon ou village fermé & barricadé,
il faut qu'elle s'en retourne ſans rien faire. Mais ſi l'on a quelqu'vn
de ces inſtrumens, on les fait parler, ou on les force, ce qui eſt
toute l'importance de l'affaire; que ſert-il de ſe promener par la
campagne, où on ne treuuera rien ſi les païſans ont retiré tout ce
qu'ils ont de bon dans les villages, & bonnes maiſons, qu'ils auront retranchées, il faut entrer dedans & n'y laiſſer rien. On me
dira qu'on ira lentement par le païs, ayant Infanterie & des pieces montées ſur affuſts, à cela ie reſponds qu'il faut diuiſer tous

vos gens en petites troupes qui se separent par tous les villages voisins, qui sont d'ordinaire à la veuë les vns des autres, & par consequent se peuuent facilement r'allier & promptement; suffira qu'à chaque troupe il y ait trois ou quatre cens cheuaux, & autant de gens à pied, car ce nombre est capable de forcer quel village que ce soit. Mais en cecy on doit auoir esgard si l'ennemy n'a pas quelques troupes en campagne, & si on peut estre surpris ou enueloppé, c'est de la science de celuy qui conduit le party; nous en dirons quelque chose parlant des partis de guerre: cette sorte de diuersion a fait quelquefois resoudre l'ennemy à leuer le siege de deuant des places qu'il esperoit prendre, parce qu'on fait des courses iusques aux portes des villes; on y prend des prisonniers, & on empesche toute sorte de commerce & trafic; fait crier les peuples, & ruine les païs. *Comme on doit ordonner les troupes.*

L'autre sorte de diuersion est lors qu'ayant assez de force, on attaque quelque place de l'ennemy; cecy se pratique ordinairement quand on ne peut secourir la place, ny empescher les conuois. Mais il faut prendre garde qu'on ne nous puisse faire ce que nous tascherons de faire aux autres, c'est de forcer nos retranchemens, ou nous empescher les viures, ou nous faire les dommages que nous voudrions leur auoir faits; on aura toutes les considerations que nous auons escrites dans l'attaque des places. *Attaquer les places de l'ennemy.*

Quand on veut secourir effectiuement la place, on procedera comme nous dirons; mais premierement il faut sçauoir si c'est de soldats, de munitions de guerre ou de bouche; qu'il est necessaire de la secourir, car à chacun il faut tenir different ordre.

Le plus facile secours qu'on peut donner à vne place, sont les soldats: premierement on preparera & choisira le nombre qu'on veut qui entrent dans la place, lesquels doiuent estre gens d'eslite, & particulierement les Officiers; car il ne faut point enuoyer là dedans des personnes qui n'ayent enuie de bien faire, & se deffendre iusques à l'extremité, & ceux aussi qui leur doiuent faire escorte iusques à quelque lieu destiné, & les fauoriser à leur entrée, ou pour les asseurer s'il falloit faire retraitte; il faudra auoir des guides qui sçachent bien le païs & les destours; il faut esquiuer tous les quartiers de Caualerie, & les logemens d'Infanterie, & tous les villages, maisons & lieux où l'ennemy peut loger; on choisira particulierement les bois, les lieux couuerts où il y a quantité de hayes, de buissons, des fossez, des vignes; on ne tiendra pas les grands chemins, au contraire on choisira les lieux les plus difficiles, où la Caualerie ne peut point agir; & tant plus on s'ap- *Le plus facile secours est de soldats.*

prochera du Camp, tant plus on s'eſcartera des endroits où l'ennemy fait garde ; on marchera le plus coy qu'il ſe pourra ; ſur tout
il faut auoir grand ſoin de ne perdre pas les guides, & en auoir
pluſieurs en diuers endroits du corps, & de ne perdre iamais la
file, & ne faire point de bruit, car l'vne de ces choſes peut gaſter
toute l'entrepriſe : on choiſira auſſi vne nuit la plus obſcure qu'on
pourra, qu'il faſſe grand vent, parce qu'alors on eſt moins reconnu & oüy. Il faudra auparauant auoir fait reconnoiſtre le lieu par
où ils paſſeront eſtans au Camp ; on choiſira le plus propre, comme celuy qui ſera le plus couuert, ou celuy qui n'eſt pas gardé, ou
celuy qui l'eſt moins que les autres ; comme s'il y a quelque riuiere qu'on puiſſe gayer, quelques marais, quelques lieux par où
on puiſſe monter, que l'ennemy croit inacceſſible, ou quelque
lieu qui n'eſt pas retranché. En fin le lieu le plus propre eſt celuy
par où on peut paſſer ſans eſtre deſcouuert, ou auec peu de reſiſtance ; eſtant au lieu on filera par petites troupes iuſques à ce
que tous ſoient paſſez s'ils peuuent ſans eſtre apperceuz ; que ſi l'ennemy les deſcouure ils doiuent faire vn prompt effort, & paſſer
au trauers de ceux qui ſe voudroient oppoſer : Cependant ceux
de dedans donneront l'alarme en diuers endroits, faiſant feinte de
ſortir de toutes parts ; mais ſortiront à bon eſcient du coſté que
vient le ſecours, & eux donnans de leur coſté, les autres de l'autre, ſe feront faire place pour ſe ioindre enſemble, & s'en aller
dans la ville ; s'il y a de la Caualerie qui leur faſſe eſcorte, elle ſou-
ſtiendra ceux qui voudroient venir au ſecours ; donnera l'alarme
en diuers endroits ; mettra le trouble & l'eſtonnement par tout,
afin que dans cette confuſion le ſecours puiſſe entrer par le lieu pre-
medité, il faut aller fort doucement auant qu'arriuer prés de l'ennemy ; & lors qu'on y eſt proche, il faut paſſer la teſte baiſſée le
plus promptement qu'on peut. Il ne ſuffit pas de donner les ordres pour entrer, il faut encore ſçauoir ce qu'on aura à faire ſi on eſt
repouſſé : ceux qui ſeront venus pour faire eſcorte, ſe retireront en
quelque lieu couuert proche du Camp de l'ennemy, auquel ſera
le rendez-vous de tous ceux qui ne pourront pas entrer, ou ils ſe
r'allieront ; & là ils s'attendront pour ſe retirer enſemble ; il faudra
que le lieu ſoit aiſé à treuuer, & qu'on le faſſe bien reconnoiſtre
aux troupes, & les chemins par où ils y pourront venir ; que ſi
le lieu eſt eſcarté, on laiſſera quelques vns par toutes les aduenuës,
qui rameneront ceux qui ſeroient eſgarez, & quelques Caualiers
battront les contours pour r'allier ceux qu'ils rencontreront ; la
retraitte ſera aiſée, car l'ennemy de nuit ne pourſuiura pas fort

loing de crainte des embuscades, & parce qu'on ne peut donner
la chasse auec ordre n'y voyant rien, & à peine peut-on sçauoir *Precautions à*
de quel costé l'ennemy se retire : si le secours passe, ou tout, ou *receuoir le se-*
vne partie, ils'en ira aux contr'escarpes de la ville : ceux qui seront *cours.*
en garde, & qui receuront le secours, auant que les laisser entrer
leur feront dire le mot, & le signe qu'ils se sont donnez auparauant, afin qu'ils ne reçoiuent l'ennemy au lieu du secours : mesme il seroit fort à propos de mettre aux lieux par où ils entrent,
quelques vns qui conneussent les Officiers ; car vn traistre qui
sçauroit le mot & le signe, pourroit faire perdre vne place. Il seroit
aussi à propos que ceux qui entrent se fissent donner aussi le contre-mot de ceux de la place, afin qu'il ne leur arriuast comme i'ay
veu quelquefois, que tandis qu'ils auroient esté en chemin la place se fust renduë, & qu'au lieu d'aller chez leurs amis, ils ne treuuassentl'ennemy.

S'il faut secourir la place de poudres, on obseruera le mesme *Comme il faut*
ordre que nous auons dit pour le marcher, & pour s'approcher, *secourir la place*
la Caualerie qui sert pour escorte portera la poudre iusques à ce *de poudres.*
qu'on soit proche de l'ennemy, afin que les soldats ne soient pas fatiguez lors qu'ils arriuent là ; cette poudre sera départie en des
sacs de quinze à vingt, ou trente liures chacun ; ils doiuent estre
de cuir, afin que le feu n'y puisse prendre, comme il feroit à la
toile ; lors qu'on sera proche on le donnera à porter aux soldats,
qui doiuent estre tous piquiers, lesquels on mettra tous ensemble : si dans la place on a affaire d'autre munition, comme des
balles, mesche, ou autres instrumens, les mousquetaires les porteront : A ce secours il faut que l'escorte soit plus forte qu'à celuy des soldats, parce qu'il faut que ceux qui sont chargez, &
principalement de poudre, entrent sans combat, outre qu'estans
chargez ils ne peuuent pas marcher si promptement ny faire vn effort si on s'oppose à eux.

Lors que la place a faute de viures, il est plus mal-aisé de l'en se- *Plus difficile à*
courir que de soldats, ou d'autres munitions, parce qu'ils sont plus *secourir de*
incommodes à porter pour la grande quantité qu'il en faut, & si *viures.*
ceux qui les portent restent dans la place, ils en mangent la plus
grande partie.

Pour ce secours on tiendra le mesme ordre que nous auons dit *Quel ordre il*
pour s'approcher ; les farines seront mises dans des sacs de toile, *faut tenir pour*
du mesme poids que ceux de la poudre, mais plus grands, parce *secourir de*
qu'elle tient plus de place : on la portera sur des chariots iusques à *viures.*
ce qu'on sera proche des ennemis, alors on les baillera aux soldats,

H h ij

chacun en portera vn fac. Ceux de la place doiuent eſtre aduertis auparauant, du temps que le ſecours doit arriuer, ils prepareront auſſi ce qui eſt neceſſaire pour les receuoir ; ſçauoir des hommes ou des cheuaux qui viendront prendre les munitions qu'on leur aura portées ; parce qu'on ne doit point faire entrer de ſoldats dans la place, car ils mangeroient eux meſmes les munitions qu'ils porteroient, & ainſi ne la ſecoureroient aucunement. Au contraire s'il eſt poſſible en meſme temps qu'on deſchargera les munitions, on fera ſortir les bouches inutiles qui ſont dans la place, à la faueur de l'eſcorte, & tandis que le combat ſe fera, ceux qui ne pourront pas cheminer, comme les femmes, enfans, vieillards, bleſſez & malades, ſeront mis dans les chariots auec leſquels on aura porté les viures.

A cette ſorte de ſecours, il faut beaucoup plus de monde pour les conuoyer qu'à tous les autres, à cauſe qu'ayant du chariage on ne peut aller ny ſe retirer que bien doucement, cependant l'ennemy a temps d'aſſembler ſes forces pour le rompre ; c'eſt pourquoy il faudra plus de Caualerie & d'Infanterie pour combattre & forcer les lieux par où on veut paſſer, meſme pour ſe retirer aſſeurément ; il faut laiſſer quelques troupes ſur les paſſages plus importans ; & s'il eſt poſſible on doit auoir quelque lieu de retraitte qui ne ſoit pas beaucoup eſloigné, ou quelque chemin different de celuy par où l'on eſt venu, afin que l'ennemy n'aille pas attendre aux paſſages lors qu'on s'en retournera.

La Caualerie ſe tiendra ſur les aiſles & ſur l'arriere-garde, vne partie de l'Infanterie marchera deuant le charroy, lequel filera apres, & le reſte de l'Infanterie, & eſcarmouchera, ſouſtenuë de la Caualerie, & tous enſemble ſe retireront en bon ordre.

A tous ces ſecours des places on doit particulierement obſeruer les choſes ſuiuantes. Qu'on prepare le conuoy fort ſecrettement. Qu'on parte ſans que l'ennemy le ſçache. Qu'on ait de bons guides. Que les corps ne ſe ſeparent pas, tellement qu'vne partie perde le chemin. Qu'on choiſiſſe les lieux les plus couuerts, & les plus difficiles pour l'ennemy. Qu'on s'eſcarte de tous les quartiers où il loge. Qu'on choiſiſſe ſon temps bien à propos. Qu'on marche bien coyement lors qu'on s'approche du Camp, & qu'on pouſſe promptement lors qu'on eſt deſcouuert. Qu'on ait bien reconnu le lieu par où on doit paſſer. Qu'on ne s'eſtonne pas, & qu'on ne ſe mette pas en deſordre dans l'action ; & que ceux de la place ſoient aduertis preciſément de l'arriuée, & que tous d'vn mesme temps donnent chacun de son costé.

Iusques icy nous auons supposé qu'il y auoit quelque endroit *En ces secours on suppose vn passage assez facile.* commode pour passer, qui estoit à couuert, sans fortification & sans garde, ou qu'il y en auoit si peu, qu'il y auoit grande apparence qu'on la pouuoit forcer. Mais lors que la circonuallation est bien faite tout autour de la place, & bien gardée, il faut tenir d'autres moyens que nous deduirons.

On tient que les trois actions les plus difficiles de la guerre, & *Trois actions les plus difficiles de la guerre.* ausquelles vn Chef doit plus monstrer son intelligence & son experience, sont de se retirer auec peu de monde & sans desordre deuant l'ennemy qui est fort & puissant : la seconde, de passer vne riuiere à la veuë de l'ennemy qui attend de l'autre costé, & la troisiesme, de secourir vne place qui est bien bouclée : i'estime pour moy cette derniere la plus difficile de toutes ; car quelle apparence y a-t'il de forcer vne circonuallation bien faite, qui aura vn fossé large de vingt-quatre pieds, quelquefois double, auec vne palissade au deuant, & vn rampart à l'espreuue du canon, des fortes redoutes aux distances des tirs, & des grands forts aux lieux plus aduantageux, & vne armée derriere pour deffendre tout cela, quand on aura rompu par vn endroit, il faut défiler pour y passer, *Difficultez de secourir les places bien bouclées.* & les autres cependant seront en bataille qui les attendront à couuert : ie ne conte rien le peril qu'il y a de venir iusques-là à descouuert, ou si on veut faire des tranchées le temps & la difficulté, ou plustost l'impossibilité de soustenir les efforts & sorties d'vne armée. Mais parce qu'il se rencontre quelquefois que la circonuallation n'est pas si parfaite par tout, ou que l'armée qui est derriere n'est pas assez forte, ou que les quartiers ne se communiquent pas, ou quelques autres deffauts qu'on peut auoir remarquez : nous dirons l'ordre qu'il faut tenir lors qu'on voit quelque apparence d'en pouuoir executer son dessein, m'arrestant sur les experiences que i'ay veuës, & sur l'exemple des grands Capitaines, & de ce qu'ils ont fait en de semblables actions.

Premierement il faut auoir fait reconnoistre les retranchemens *Faut auoir reconnu les retranchemens.* de l'ennemy ; l'estat de leur armée ; les lieux circonuoisins ; les chemins par où on passera ; d'où on aura des viures & rafraischissemens en marchant ; quels lieux pourront seruir pour les logemens, pour le secours, & pour la retraitte ; quel temps on doit prendre, quel nombre de soldats ; quelles choses on doit porter pour secourir la place. Car en cette sorte de secours il faut la fournir de toutes *Ce qu'on doit preparer.* les choses necessaires, tout ainsi qu'on se prepare auant que l'ennemy commence le siege ; c'est pourquoy on y fait entrer soldats,

viures , munitions de guerre, inſtrumens , habits , & generalement tout ce qui manque dans la place. Outre toutes les choſes
qu'on prepare pour la place, il faut auoir vne armée , Caualerie,
Infanterie , & canon, proportionnée à l'effort qu'on veut faire,
& à la reſiſtance qu'on doit auoir de l'ennemy : cette armée doit
eſtre pourueuë de tout ce qui luy eſt neceſſaire , ſans toucher à ce
qui luy eſt deſtiné pour la place, tant viures, que munitions; comme auſſi inſtrumens, & artifices neceſſaires pour aller par païs;
comme ponts, batteaux, clayes, gens pour faire les chemins, &
les raccommoder, affuſts pour le charroy, mantelets pour les attaques, & mille autres choſes neceſſaires pour le train d'vne armée.

Ie ne mettray point icy l'ordre que l'armée doit tenir en marchant, & les preuoyances qu'on doit auoir pour la ſeureté, parce
que ce n'eſt pas de mon ſujet ; & parce qu'il y a diuers moyens,
pour leſquels eſcrire, il faudroit vn trop long diſcours ; il faut
s'accommoder particulierement aux lieux par où on paſſe, & ſelon les forces de l'ennemy.

S'il y a des forts par les chemins où on doit paſſer, que l'ennemy ait fait baſtir , & qu'il les garde pour empeſcher les ſecours ; il
faut les prendre par force , ou par ſurpriſe, & apres les auoir pris
on les raſera, ou on les gardera , y mettant garniſon ſelon qu'on
treuuera eſtre plus à propos ; s'il faut paſſer quelque riuiere; ſi c'eſt
vn gay, ou vn pont qu'on ait fait pour paſſer, il faut fortifier
l'vn & l'autre, afin d'auoir la retraitte aſſeurée; de meſme fera-t'on
aux paſſages importans & eſtroits , auſquels l'ennemy eſtant logé
pourroit empeſcher le retour ; on y fera quelque redoute ; on
changera d'ordonnance à l'armée, ſelon les lieux par où on paſſera.

Il faudra choiſir quelque lieu pour faire quartier, ou place d'armes, le plus commode & le plus proche qu'il ſe pourra du Camp
de l'ennemy, lequel on retranchera s'il ne l'eſt pas : Dans iceluy on
s'aſſemblera, & apres auoir tenu conſeil de ce qu'on aura à faire,
on donnera les ordres neceſſaires : cependant les eſpions marcheront, qui feront ſçauoir l'eſtat auquel ſe treuue l'ennemy ; s'il ſe
reſout de les attendre; quelle eſt la diſpoſition de ſon armée, & de
ſon camp, afin de deliberer meurement là deſſus: Dans ce lieu on
laiſſera tout ce qui ne peut pas ſeruir pour l'execution, comme le
bagage , & toutes les perſonnes inutiles, y mettant force conue-
nable pour la garde; le reſte marchera en bon ordre , en s'approchant toutes les nuits on tirera quelque coup de canon pour faire

entendre à ceux de la place qu'on s'approche pour les secourir, &
pour leur donner courage de tenir, & de se mettre en estat pour
les receuoir, & les assister lors qu'ils seront au combat.

Lors quon sera arriué à la portée du canon des tranchées de *Comme on peut*
l'ennemy, on se campera pour de là partir & aller donner. Ie *forcer vn quar-*
tiens que cette action doit plustost estre faite de iour que de nuit, *tier.*
si ce n'est qu'on vueille surprendre quelque quartier, car en ce
cas il faudroit donner l'alarme de nuit en diuers lieux, & en mesme temps appliquer les ponts aux endroits des retranchemens que
l'on voudroit forcer, desquels ponts il en faudroit bonne quantité, afin de faire vn grand front en entrant, & pour faire vn corps
estans entrez, capable de resister & de passer outre, mesme pour
donner temps au charroy de passer. Or estans entrez par quelque
endroit ils doiuent r'allier en ce lieu la plus grand part des forces,
& promptement combler les tranchées, & abbatre les retranchemens, afin que le passage en soit libre. On doit remarquer qu'il est
bon d'attaquer les quartiers qui n'ont point de communication
auec les autres, & qui ne peuuent pas estre secourus du reste de l'armée, ou à cause de quelque riuiere qui sera entre deux, ou de quelque
grand marais, ou tel autre semblable empeschement : il faut aussi que de là le chemin soit libre & commode pour aller dans la place, cependant qu'on fera l'effort du costé des retranchemens ;
ceux de la place feront vne puissante sortie de leur costé, & tan- *Ceux de la pla-*
dis que tous ensemble soustiendront l'ennemy, on fera filer les *ce doiuent fai-*
chariots, & ceux qui doiuent entrer dans la place ; on ne sçauroit *re sortie.*
dire tous les accidens qui arriuent, tant pour arrester que pour
faciliter l'entreprise, les ordres qu'il faut changer selon l'occurren-
ce, qui dependent de la prudence d'vn Chef, lequel sur le champ
doit remedier à tout.

Quand on veut de force ouuerte entrer dans les retranche- *Quand on veut*
mens, on met du canon en batterie en diuers lieux pour rompre *rompre les re-*
les deffences, & faire ouuerture, laquelle estant faite on donne *tranchemens.*
l'assaut, & fait son effort pour entrer. Ie voudrois aprés auoir ouuert les retranchemens en diuers lieux faire semblant de donner
par ces lieux-là, & cependant à vn autre assez esloigné faire auancer bon nombre de soldats armez, qui porteroient des fagots
pour combler les fossez, & passer par dessus, ou auec des ponts ;
car en cecy il faut principalement diuertir l'ennemy, & le prendre
là où il a moins de force, & executer promptement son dessein
auant qu'il r'allie ses forces, & s'oppose au passage.

S'il y a quelque lieu eminent qui commande dans le Camp, &

d'où on puisse descouurir ceux qui se doiuent mettre en bataille pour la deffence de la circonuallation ; il faut mettre du canon
là dessus , & tirer continuellement sur ceux qui doiuent s'opposer à l'entrée, tandis que les nostres trauailleront à faire ouuerture aux lignes, & entrer dedans.

Le plus dangereux moyen & le moins faisable, est d'attaquer
vn des forts du retranchement auec les tranchées ; & le battre
auec le canon ainsi qu'on fait ordinairement à vn siege, y iettant
dedans quantité de bombes, afin d'en estre promptement maistres; car en cette action il faut estre peu de iours, à cause qu'on
n'a pas la commodité de porter si grande quantité de viures &
de munitions: si on peut forcer vn de ces forts, on s'en seruira
de passage, parce que de là on chassera ceux qui seront à la deffence des retranchemens proches : Cecy se peut commodément
faire lors que ces forts sont dans quelque aduenuë destachée du
corps de l'armée, & particulierement lors qu'on se peut mettre entre deux pour empescher le secours, & la communication
du reste de l'armée. Les petits forts sont aussi fort propres à estre
attaquez, parce que si on leur tire quantité des artifices dedans ils ne sçauent où se mettre, & sont contraints de les abandonner.

Apres que ceux qui doiuent entrer, & tout le chariage sera
dans la place, on se r'alliera & se mettra en ordre de bataille, & se
retirera à son Camp, ou au lieu qu'on auoit laissé & preparé pour
place d'armes. Ie ne parleray point icy des ordres qu'on peut tenir
à ces occasions ; i'espere d'en traitter au discours que i'ay desia promis concernant les ordres de la guerre.

Ie ne parle pas non plus des secours qui se donnent par mer,
parce que c'est vne science particuliere, & les ordres differents de
ceux de terre; car s'il n'y a point d'armée nauale qui s'oppose, il
est bien aisé d'y entrer; que s'il y en a vne qu'il faille combattre,
il faut s'y preparer & disposer tout ce qui est necessaire. Ie laisse
aussi de parler des secours qu'on fait passer par les riuieres & marais: pour tout cela il faudroit faire vn nouueau discours, & gros-
sir par trop ce Traitté.

Pour conclusion, ie diray que les lieux plus commodes pour
passer, sont ceux où la circonuallation est peu haute & peu espaisse; le fossé estroit; ou les lignes ne sont point flanquées ; ou il n'y
a ny fort ny redoute, ou qu'ils sont fort esloignez ; les quartiers qui
n'ont pas communication auec le reste de l'armée; s'il y a quelque
lieu fort estroit du costé du Camp, où les deffenseurs puissent faire

moins

moins de front que les assaillans, les lieux où on peut aller à couuert iusques aux lignes ; les lieux où ceux qui y sont pour les deffendre, sont veus de quelque eminence : les lieux les moins gardez & que l'ennemy soupçonne le moins ; en fin les plus foibles en la force des trauaux ou en la deffence des hommes ; mais
il fait que tous soient commodes pour pouuoir de là aller iusques à la place, & les hommes & le charroy.

*De la deffence qu'on peut faire pour empescher l'ouuerture
de la contr'escarpe, & le passage du fossé pour
rompre les galeries.*

CHAPITRE XLVI.

IL y en a qui croyent qu'apres que les dehors sont
pris la place est perduë, & sur cette imagination il
leur semble qu'ils ne peuuent faire aucune bonne
deffence, comme ceux qui sont si estroittement
serrez qu'ils ne peuuent prendre leur haleine, ils
ne sçauent quelle resolution prendre : cette maxime est venuë
d'Hollande, où veritablement on a reconnu par experience que
les dehors estans pris la place est perduë, & de là on en a fait vne
consequence, & vn axiome general à toutes les places, lequel
est pourtant faux aux places qui sont bien fortifiées. Car en Hollande on sçait bien que la plus grande force consiste aux dehors,
& que la pluspart des corps des places ne valent pas beaucoup ;
c'est pourquoy ayant perdu le plus fort, il est bien aisé d'emporter
le plus foible. Mais lors que les corps sont parfaitement bien faits,
auec quantité de flancs, & la pluspart couuerts, encore qu'on ait
pris les dehors, on ne prend pas la place, quelque grand effort
qu'on puisse faire, particulierement lors qu'elles sont bien deffenduës. Pour toute raison, il ne faut que l'experience que tout le
monde a veu en ces guerres, apres auoir pris dans peu de iours
tous les dehors : neantmoins les places n'ont iamais pû estre prises ; parce qu'elles estoient tres-bien fortifiées & deffenduës.

Le Gouuerneur doit se proposer que tout ce qu'il a fait iusques
à present n'est rien, & que c'est à cette heure qu'il commence à
bon escient à deffendre la place ; c'est pourquoy il ne doit rien oublier de toute la resistance qui se peut faire. Il ne faut aucunement

*Fausse maxi-
me que les de-
hors estans pris
la place est per-
duë.*

*C'est le com-
mencement de
la bonne def-
fence.*

eſpargner la poudre, mais iour & nuit on doit continuellement
tirer ſur les trauaux, & aux tranchées de l'ennemy, & pour cét
effect les feux d'artifice bruſleront continuellement de tous coſtez
où l'ennemy trauaille, tant pour eſclairer comme pour leur nuire. Aux places qui ſont munies ainſi que nous auons dit au
commencement, lors que l'ennemy eſt proche, il ne faut iamais
diſcontinuer de tirer; mais parce que les mouſquetaires ſe laſſent
à force de tirer, & quelquefois ils ont les eſpaules ſi meurtries
qu'ils ne peuuent plus tirer, ie voudrois auoir quantité de cheualets pour les mouſquets, faits de telle façon qu'on peuſt oſter

le mouſquet de deſſus le cheualet tout auſſi toſt qu'il auroit tiré,
& qu'auec des trous & des cheuilles on les peuſt hauſſer & baiſſer:
il eſt fort aiſé de faire de ces cheualets qui ſeront de tres-bon vſage ſi on en a de toutes grandeurs pour les pouuoir mettre en tous
lieux : l'ennemy pour paſſer le foſſé, il faut neceſſairement qu'il
rompe les flancs, ce qu'il ne ſçauroit faire ſans mettre ſes batteries ſur le bord du foſſé à la pointe de la contr'eſcarpe qui regarde ce flanc : on pourra faire vne mine au deſſous de ces batteries,
ce qui ſera fort aiſé auant que l'ennemy ſoit maiſtre du foſſé : il ne
faut pas la faire fort profonde, parce que ce n'eſt que pour faire
ſauter ce peu de terre, & les canons qui ſeront au deſſus : ſi on peut
faire cela à temps, ſans doute ce ſera vn grand retardement pour
l'ennemy : Nous auons dit cy-deuant comme on doit rompre ces
batteries, & emmener les canons dans le foſſé; on peut faire le
meſme au deſſous de quelque logement proche, lors qu'ils ſont
aſſemblez là dedans on peut les faire ſauter auec la mine.

Quand les tranchées ſont auancées iuſques au pied du foſſé,
il faut que l'ennemy ouure la contr'eſcarpe; le Gouuerneur doit
s'oppoſer à cét effort, ainſi qu'il a fait à tous les autres, & s'il ne
peut pas l'empeſcher il doit le retarder.

I'eſtime que les fauſſe-brayes ſeruent grandement pour empeſcher l'ouuerture des contr'eſcarpes : ie voudrois loger des pieces
courtes vis à vis du lieu où l'ennemy les veut ouurir; ces pieces
n'ont autre affuſt qu'vne piece de bois toute droite, plantée contre
terre, & le canon eſt ſuſpendu ſur vn piuot; de façon qu'au lieu
de reculer il tourne là deſſus : Les Italiens appellent ces pieces
Saltamartini, elles ont le calibre de quatre ou cinq pouces, &
n'ont que trois ou quatre pieds de long; on les charge de ferrailles, il faudroit les tirer continuellement contre l'endroit où ils
ouurent la contr'eſcarpe, & s'ils changent il faudroit auſſi changer les pieces : on peut ſe ſeruir des bombes qu'on iettera dans la-

dite ouuerture, ou bien des grenades, parce qu'on ne sçauroit tirer les bombes de pointe en blanc, ny aussi aux lieux proches que difficilement: de la façon qu'on les tire on ne peut s'en seruir que contre les villes; car en ces lieux à cause de la grande estenduë, ils ne peuuent manquer de les faire tomber sur quelque bastiment, & la grande hauteur qu'on les fait monter sert pour faire plus d'effort en retombant, dequoy on n'a pas affaire pour tirer de la place contre le Camp: C'est pourquoy i'ay pensé comme on pourroit faire d'alentir & augmenter la force du mortier ainsi qu'on voudroit, comme aussi lors que dans vne place on n'a pas des mortiers comme on pourroit faire pour tirer les bombes: tout cela ie l'escriray amplement au Traitté des Machines de guerre & des feux d'artifice. *Bombes & grenades pour empescher l'ouuerture des contr'escarpes.*

I'ay veu plusieurs places qui auoient vne allée dans l'espaisseur de la muraille qui seruoient autrefois de contre-mine: le fonds de cette allée est au mesme niueau du fossé, haute de six pieds, large de quatre ou cinq: lors que l'ennemy ouuriroit la contr'escarpe, ie voudrois ouurir des canonieres vis à vis de l'ouuerture, & de là deffendre qu'il n'auançast les trauaux: on luy feroit grand dommage de ces lieux sans en receuoir, parce que le canon de l'ennemy ne sçauroit tirer si bas: là dedans on pourroit mettre de ces pieces courtes que nous auons dit, & tirer les feux d'artifice, grenades, bombes & autres. *Contre-mine ancienne.*

Quand il n'y a ny fausse-braye ny de ces galeries, vn coffre au long de la face du bastion feroit la mesme deffence; on iroit dans ce coffre par le flanc, faisant vne petite allée couuerte, ou vn petit fossé couuert dans le grand, le reste du coffre seroit fait comme nous dirons cy-apres. *Coffres au long des faces des bastions.*

Les sorties sont vn remede general contre tous les trauaux qui se font prés de la place. Nous auons dit l'ordre qu'il faut tenir, lequel ne doit pas estre different en cét endroit: ie ne voudrois pas pourtant faire la sortie iusques à ce que l'ennemy auroit ouuert la contr'escarpe, & qu'il voudroit commencer à passer sa galerie; parce qu'on ne sçauroit l'empescher qu'il ne passe le chemin couuert par dessous terre, & qu'il n'ouure le fossé aux lieux où aboutissent ses tranchées. *Sorties, remede general.*

Depuis qu'on commence à voir par quel endroit l'ennemy veut ouurir la contr'escarpe, on est bien certain du lieu par lequel on doit estre attaqué; c'est pourquoy il faut se preparer pour s'y opposer. Or puis qu'il est certain que la vraye deffence d'vne place consiste aux flancs, on doit tascher d'accommoder cette partie le plus aduantageufement qu'il fe pourra : fans doute l'ennemy aura tafché de les rompre ; on les raccommodera la nuit pour s'en feruir lors qu'il paffera la gallerie ; s'il n'y auoit point de flanc bas en forme de fauffe-braye, il faudra y en auoir fait tandis que l'ennemy approchera fes tranchées, & ouurira la contr'efcarpe ; car durant tout ce temps on peut trauailler en affeurance dans le foffé : Ce flanc fe fera depuis la pointe de l'efpaule iufques à la courtine, haut feulement de huiƈt pieds par deuant, & par deffus le plan du foffé, efpais de vingt pieds pour le moins, auec fes embrafeures ; on prendra la terre du foffé qu'on fera au deuant : cette forte de flanc difficilement peut eftre rompuë, & nuit grandement à l'ennemy lors qu'il veut paffer le foffé ; mais ie ne voy pas qu'on la puiffe faire qu'aux places où les flancs font couuerts ; parce qu'aux autres on n'a pas aucun paffage pour y aller, outre qu'ils feroient veûs & enfilez de la contr'efcarpe qui feroit à cofté : on eft auffi priué de cette deffence dans les foffez pleins d'eau, comme femblablement de toutes les autres qui fe peuuent faire dans le foffé.

Outre cette deffence on en peut faire vne autre qu'on appelle coffres, lefquels on peut faire auant que la place foit attaquee, ou lors qu'on veut paffer le foffé. Ces coffres font vn petit foffé qu'on fait dans le grand, tout en trauers, ayant quinze ou vingt pieds de large, profond de fix à huiƈt pieds, couuert par deffus auec des planches & de la terre ; la couuerture doit eftre plus haute que le plan du foffé pour le moins de deux pieds, & en cét entre-deux on y fait plufieurs canonieres. Aucuns tiennent qu'ils font fort bien placez à la pointe du baftion ; mais pour moy ie ne voy point de raifon pourquoy on les doiue mettre là, car ie ne fçay par où on y pourroit aller ; il faudroit percer tout le baftion, ou bien faire vne allée tout au long du flanc & de la face ; & par ainfi l'ennemy paffant le foffé couperoit ce chemin, & le coffre feroit inutile ; outre que l'ennemy ayant fait retirer ceux qui feroient dedans, pourroit s'en feruir pour paffage comme d'vne gallerie. C'eft pourquoy ie n'appreuue point de faire ces coffres aux lieux par lefquels l'ennemy peut attaquer la place, comme à la pointe, & aux faces des baftions : D'autres les ont mis plus à propos au milieu des courtines, parce que c'eft vn endroit par où l'ennemy ne peut attaquer la place qu'auec defauantage : on y peut auffi aller plus commodément, & vn coffre fert pour deftendre deux faces : ils font auffi bien, & encore mieux au deuant des flancs bas ; car de là tout le coffre fait deffence à la face du baftion oppofée, &

de ceux qui font aux courtines il n'y a qu'vne partie qui la defcouure, fi ce n'eft aux places aufquelles la deffence commence au
milieu de la courtine ou plus auant : on peut auffi aller facilement
là dedans par la porte qui eft derriere l'orillon, qui fait paffage au
flanc bas,& de là à la fauffe-braye, & au coffre, en paffant du cofté
de la courtine.

Les coffres ont ce deffaut, que la moindre chofe qu'on mette *Deffauts des coffres.*
deuant eux comme mantelet ou terre , quand il n'y auroit que
deux pieds de hauteur on en empefche l'vfage, parce qu'ils demeurent bouchez.

On remarquera qu'aux foffez pleins d'eau on ne peut faire aucun de ces flancs, & qu'il faut fe deffendre auec ceux qui font preparez de longue-main , & faits lors qu'on a bafty la place ; auffi
a t'on vn aduantage que nous dirons apres.

Quelquefois l'ennemy pour paffer le foffé apres auoir rompu *Ce qu'il faut*
les flancs ne fait qu'vne tranchee auec vn fimple parapet à l'ef- *faire lors que*
preuue du moufquet, ou auec des barriques qui couurent du co- *l'ennemy paffe*
fté du flanc rompu ; fi les flancs font defcouuerts & entierement *le foffé auec vne*
rompus, on ne fçauroit fe feruir que de la moufqueterie ; & fi la *tranchée def-*
gallerie n'eft pas couuerte, ie voudrois faire vn foffé dans le ram- *couuerte.*
part, vis à vis de cette gallerie, qui feruiroit pour tenir des foldats
à couuert, au deffaut du parapet rompu par l'ennemy : Ces foldats
ne feront autre chofe que ietter continuellement des pierres, &
des briques, & toute forte de débris pour offencer ceux qui feroient dedans, ou en fin combler toute cette tranchée ; s'ils fe couurent auec des aix , il faudra ietter par deffus des fagots ardens
guederonez, des cercles, & autres telles inuentions : & encore que
les aix foient couuerts de fer blanc comme i'ay veu quelquefois
faire; le feu ne laiffera pas d'y prendre : & tout auffi toft que la
couuerture aura bruflé il faudra y ietter continuellement des pierres, & autres matieres propres pour combler : il eft fort aifé d'empefcher & rendre inutiles ces fortes de trauaux.

Les plus auifez font vne gallerie, laquelle eft couuerte de terre, *Gallerie com-*
principalement du cofté du flanc, & encore par deffus , tout le *me faite.*
dedans eft de bois, & celle-cy fe fait haut efleuée aux foffez pleins
d'eau : C'eft ainfi qu'on la fait par toute la Hollande à caufe que
les foffez font pleins d'eau : pour la rompre on fe feruira des canons du flanc haut & du flanc bas, & de la fauffe-braye , qui font
couuerts par l'orillon, lefquels l'ennemy ne fçauroit voir ny démonter, & c'eft en cecy qu'on a vn grand aduantage d'auoir *Pour rompre*
les flancs couuerts : ie m'affeure que fi ceux qui reprouuent les *la galerie.*

orillons s'eftoient treuuez au fiege de quelque place ainfi fortifiée, qu'ils changeroient d'opinion s'ils n'en ont iamais veu ; au moins s'en deuroient-ils rapporter à ceux qui s'y font treuuez, ou bien il faut qu'ils aduoüent que c'eft vne pure opiniaftreté ; car au bout du conte en ces chofes il n'y a point de meilleure raifon que l'experience : auec ces canons on rompra cette gallerie, on ne fçauroit la faire fi forte qu'elle refifte à vne batterie de gros canons ; lors qu'elle fera commencée d'eftre defgarnie de terre, on chargera les canons de barres de fer, de gros quarreaux, de chaifnes, & autre ferraille qui emporteront tout ce qui reftera ; on commencera à faire ce jeu dés qu'on commencera à defcouurir la gallerie, & on ne difcontinuëra aucunement iufques à ce qu'on aura tout rompu : encore que ces canons ne puiffent pas voir toute la gallerie, ils en defcouurent la meilleure partie, fçauoir celle qui eft proche de la muraille : ces canons, comme nous auons dit, ne peuuent eftre démontez par l'ennemy, ce qui femble eftrange, parce que tirans en droite ligne il faut qu'ils foient autant veûs comme ils voyent. Il eft vray ; mais il y a cette difference qu'aux lieux qu'ils defcouurent, l'ennemy ne fçauroit y placer du canon.

Ces galleries fe pofent ordinairement la nuit, c'eft pourquoy il faudra continuellement ietter des feux à efclairer, & tirer fur ceux qui y trauaillent, tant la moufqueterie que le canon, fans doute par ce moyen on les empefchera ou retardera longuement.

Trauerfes dif-
ficiles à rompre.   Les trauerfes qui fe font dans le foffé fec font bien plus difficiles à rompre, parce que l'ennemy dans le grand foffé en fait vn autre profond de fix ou de huit pieds, couuert par deffus auec des aix & de la terre. On ne fçauroit rompre cette trauerfe auec les canons des flancs, à caufe que l'ennemy eft enfoncé dans terre, tellement qu'on eft contraint de faire toute la deffence par deffus, & les canons ne peuuent feruir que pour effleurer les couuertures ; il faut s'en aider tant qu'on peut, & tant qu'on voye qu'ils faffent quelque effect, apres cela il faut auoir recours à d'autres moyens.

Pour rompre
cette trauerfe.   Les feux d'artifice feuls ne peuuent auffi gafter cette trauerfe, parce qu'eftant couuerte de terre ils ne peuuent pas brufler le bois qui eft au deffous ; ny les grenades n'ont pas affez de force pour percer : Les bombes ne fçauroient eftre iettées auec les mortiers ainfi qu'on a accouftumé de les ietter fi iufte ny fi prés ; pour moy ie voudrois auoir des gros quartiers de pierre, de deux pieds

ou plus de quarrure ; de six pieds de long ou plus , lesquels ie
mettrois sur des petites sellettes à quatre roües , & i’estendrois
deux grosses poûtres sur les parapets, allant en panchant vers les
dehors, qui sortissent hors de la muraille , bien affermies de l’autre bout, afin qu’elles ne culbutassent en bas lors que la pierre seroit au bout ; ie ferois rouler là dessus la sellette , & la pierre , qui
tombant sans doute escraseroit la gallerie : vne colomne ou des
pieces feront le mesme effect, comme la figure A, represente : vne
pierre de moulin seroit encore meilleure ; car il ne faudroit pas de
sellette, parce qu’elle rouleroit d’elle mesme , mais il faudroit re-
border les poûtres, afin qu’elles n’allassent ny d’vn costé ny d’autre , comme la figure B : cecy se doit apprester & faire la nuit le
plus doucement qu’on peut ; mais de iour on doit auoir remarqué le lieu iustement, afin de ne manquer pas. On me demandera comme on pourroit manier & monter là dessus de si gros
fardeaux , ie leur diray que cela est fort aisé à ceux qui l’entendent
tant soit peu.

 Apres qu’on aura rompu la gallerie auec ces inuentions qu’on Faut ietter des
bombes.
fera ioüer plusieurs fois, iusques à ce que quelqu’vne rencôtre : on
iettera les feux d’artifice, comme des bombes qu’on pourra rouler par mesme moyen, & au mesme endroit ; ou bien on pourra
auoir vne espece de gruë, comme C, fort basse ; sçauoir de cinq
ou six pieds de hauteur, longüe de quinze ou vingt pieds, qu’elle
tourne sur son piuot ; on la mettra dans le chemin des rondes,
& au bout on attachera la bombe estans à couuert , y ayant mis
le feu on fera tourner la gruë de bien loin auec vne corde , afin
qu’on ne soit tué de la mousqueterie de l’ennemy iusques à ce
qu’elle soit toute tournée dehors à plomb sur la gallerie ; alors on
coupera ou laschera la corde qui la tient, & tombant dedans, la fera
sauter en pieces : & si vne ou deux ne rencontrent pas, il en faut
tirer plusieurs iusques à ce que quelqu’vne fasse l’effect desiré. On
peut par ce mesme moyen laisser descendre vn petard sur la gallerie, comme D ; mais il faudroit au lieu d’y mettre le feu auant
que le descendre , luy donner apres qu’il sera reposé dessus auec
vne saucisse qui viendroit d’enhaut ; parce que celuy-cy doit se poser doucement, mais la bombe doit tomber de coup : & à celuy-
cy il ne faut pas rompre la corde ou la chaisne qui le tient , afin
de le pouuoir retirer (ce que pourtant ie ne croy pas) si on le met
bien à propos , sans doute il rompra tout : Apres qu’il aura ioüé
il ne faudra pas manquer à ietter toute sorte de feux d’artifice, Barils fou-
droyans.
afin de brusler ce qui restera. Ie treuue que les barils foudroyans

est vne inuention tres-bonne pour chasser l'ennemy de tous les logemens, où on les peut ietter ou rouler, parce qu'ils bruslent
lentement, & attachent le feu à tout ce qui peut brusler, & on
ne peut approcher pour les esteindre, à cause des balles & grenades qu'ils tirent continuellement : de ces barils on en pourra laisser aller sur la gallerie, si elle n'est pas couuerte de terre, & quand
bien elle le seroit, vne bombe tombant dessus, à tout le moins
fera esbouler la terre, & le baril bruslera apres le bois ; outre que
si on iette continuellement des feux d'artifice, la terre se consom-
me, & à la fin le feu prend à la gallerie.

Faut dès le commencement faire ces deffences.

On ne doit pas attendre que la gallerie soit acheuée pour faire
toutes ces deffences ; mais d'abord qu'on la voit commencer il faut
tourmenter continuellement ceux qui y trauaillent, car empeschant ce passage on sauue la place : il ne faut pas se lasser, ains continuer iusques à ce qu'on aura tout rompu, car on gagne beaucoup de temps, parce que l'ennemy ne peut refaire vne autre gallerie qu'auec longueur ; outre que bien souuent on manque des
choses necessaires, comme du bois, ferreures, & ouuriers qui se
rebutent principalement à la poser : & lors qu'on voit vne deffence si asseurée & si obstinée on pert courage de pouuoir rien
faire : En fin c'est autant d'incommodité qu'on donne à l'ennemy,
& vn Gouuerneur ne doit rien obmettre de tout ce qui se peut faire pour luy nuire s'il ne veut estre blasmé.

Faut faire sor-
ties au deffaut
des artifices.

Que si tous ces artifices ne reüssissent pas, ou qu'on n'ait pas
dequoy les faire, il faut auoir recours à la force des bras, & aux
sorties, ausquelles on tiendra l'ordre que nous auons dit en leur
Chapitre : on sortira par la porte de l'orillon plus proche, passant
par la fausse-braye. Ie voudrois tout aussi tost trauerser le fossé
pour me couler au long de la contr'escarpe, parce qu'on est plus
à couuert par là que du costé de la face du bastion ; car si l'ennemy est
bien auisé il tiendra la contr'escarpe bordée de mousquetaires, qui
peuuent bien tirer contre la face du bastion, mais non pas au pied
de la contr'escarpe où ils sont : ceux qui font la sortie doiuent auoir
toute sorte d'instrumens necessaires pour rompre & brusler les logemens, & particulierement quelques gros petards pour rompre
la gallerie. Ie ne dis rien des armes, parce que i'en ay parlé amplement audit Chapitre.

Sortie auec
batteaux.

Si le fossé est plein d'eau, il faut necessairement faire la sortie
auec des batteaux, lesquels on tiendra à couuert derriere l'orillon ;
ces batteaux doiuent estre couuerts à l'espreuue du mousquet : i'en
ay veu qui estoient couuerts de cables clouez contre les aix, se

touchans

touchans les vns les autres, ils reſiſtent au mouſquet, & ne peuuent pas eſtre facilement bruſlez : là dedans on pourra mettre des
pieces courtes qu'on ira tirer à bout portant contre la galerie ; les
petards ſeront auſſi fort commodément portez là dedans ; les
bombes & feux d'artifice n'y doiuent pas manquer, & tous les outils neceſſaires pour faire l'execution qu'on s'eſt propoſé : dans ces
batteaux on eſt aſſeuré qu'on ne ſera pas ſuiuy par l'ennemy à la
retraitte, qui ne ſçauroit nuire qu'auec le canon, puis qu'on eſt
couuert à l'eſpreuue du mouſquet.

T out auſſi toſt qu'on aura fait l'execution & qu'on ſera retiré, *Feux à eſclai-*
il faut ietter des feux à eſclairer, afin de tirer auec certitude : de- *rer doiuent*
puis que l'ennemy commence à ſe loger prés des contr'eſcarpes, on *eſtre tirez apres*
en deuroit faire bruſler toute la nuit, afin de voir ceux qui trauail- *la ſortie.*
lent, & leur tirer continuellement deſſus ; c'eſt à cette heure qu'il
faut faire ſes plus grands efforts pour empeſcher les deſſeins de
l'ennemy ; car à la fin ils ſe laſſent, le nombre s'en amoindrit,
la ſaiſon s'auance, & le ſecours a loiſir de s'aſſembler, & de venir : le Gouuerneur doit cependant aſſeurer ceux de la place, les
perſuader à tenir, & leur repreſenter ce que nous auons amplement eſcrit autre part.

l'acheueray ce Chapitre par vne inuention qui eſt fort facile, *Inuention pour*
& qui incommode extremément les ennemis. Il faut faire vn ton- *incommoder*
neau ayant la forme d'vn ſeau, comme ſont les brindes de Pied- *l'ennemy.*
mont, dans leſquels on porte le vin ; par bas ils ſeront larges d'enuiron quinze pouces, & par haut de deux pieds, haut de quatre
pieds, ils auront vn fonds par le bas qui ſoit plusfort que celuy des
ſeaux ; ils ſeront faits de douues eſpaiſſes d'enuiron vn pouce, &
cerclez autour comme E : on met ces tonneaux dans terre faiſant
vn trou dans le rampart qui ſoit iuſtement de leur groſſeur qui
aille vn peu en panchant vers le dehors : on met la charge de la
poudre au fonds, & par deſſus quantité de pierres, briques, & autre débris, iuſques à ce qu'ils ſoient pleins : on y met le feu par
vn tuyau qui va iuſques à la lumiere, cela fait tomber vne pluye
de pierres qui fait grand dommage à ceux qui ſont dans les tranchées, & logemens deſcouuerts : ils ne peuuent ſeruir qu'vne fois,
mais on en peut auoir pluſieurs, parce qu'ils ſont fort faciles à
faire, & n'y a point de place où on ne treuue du bois, & des ouuriers qui les ſçachent faire : les petites inuentions ſeruent grandement ; i'ay mis celle-cy, parce que i'en ay veu l'experience, &
que cela reüſſit fort bien.

Kk

I'en mettrois encore plufieurs autres fi ie ne me referuois d'en traitter autre part, afin de ne groffir plus ce Liure, lequel à mon gré me femble defia trop grand. I'aduertiray feulement icy que les machines qui font fort difficiles à faire, foit pour la matiere ou pour la conftruction, ne doiuent pas eftre propofées en ces occafions, il faut les auoir appreftées de longue-main : comme auffi celles qui font mal-aifées à manier, & faciles à rompre, eftans compofées de diuerfes pieces ne font aucunement bonnes ; car le plus fouuent les voulant mettre en œuure elles fe rompent d'elles-mefmes, ou par les tirs des ennemis : il faut auoir la facilité en l'inuention, & auoir cette adreffe de fe feruir de tout ce qu'on a dans la place qui peut nuire à l'ennemy : c'eft pourquoy il eft bon d'auoir trauaillé en temps de paix & à loifir, à faire plufieurs experiences, & ne fe tromper pas, s'affeurant fur ce qu'on treuue par efcrit, ny mefme de l'efpreuuer en modelle ou en petit; car il eft tres-affeuré que plufieurs machines, & particulierement celles qui font grande force reüffiffent en petit qui ne valent rien en grand, ou par deffaut de la matiere qui ne peut fouffrir l'effort de la puiffance de la machine, ou par deffaut de l'art qui ne connoift point en quelle proportion fe doiuent multiplier les groffeurs des pieces qui compofent la machine, comparées à la multiplication de toute la machine, & aux diuerfitez des qualitez des matieres, dequoy nous n'auons aucune connoiffance que bien groffiere : & ie n'eftime pas que nous en puiffions auoir de precife, quoy que puiffent dire ceux qui ont efcrit au contraire: & c'eft bien encore pis en celles qui agiffent par le feu qui n'ont aucune regle ny raifon determinée, & on n'a connu fes effects que par vne tres-longue experience, & de ce mefme qu'on a fi fouuent efpreuué on n'en a point vne affeurance parfaite : ie m'arrefte trop fur ce fujet, ie conclus qu'il faut efpreuuer les machines de guerre, fi on veut eftre affeuré de leur effect.

A
D
E
C
B

Des Retranchemens.

CHAPITRE XLVII.

Es retranchemens font les dernieres deffences qu'on fait dans vne place, & celles qu'on peut veritablement appeller les deffences d'honneur ; car il y a peu de places deuant lefquelles on ait leué le fiege apres auoir pris les dehors & les baftions, feulement à caufe de la refiftance qu'on a faite aux retranchemens : neantmoins vn Gouuerneur fera blafmé d'auoir rendu la place, s'il ne s'eft deffendu iufques aux derniers refiftances, il faut toufiours efperer : & bien que ces ouurages foient foibles ils retardent toufiours l'ennemy ; cependant on peut auoir du fecours, ou quelque accident extraordinaire arriuera dans le Camp, ou dans l'eftat de l'ennemy, & ce qu'on n'aura pû gagner par la force, on l'aura par la patience. Il eft glorieux de s'eftre deffendu iufques aux dernieres pieces, l'ennemy mefme eft forcé de loüer & eftimer ces actions genereufes : on a affez de temps de capituler lors qu'on ne peut plus fe deffendre : iamais vn affaillant n'a refufé compofition à ceux qui fe font vaillamment deffendus : vn Gouuerneur doit donc fçauoir le moyen de fe retrancher, & de fe deffendre dans les retranchemens.

Retranche-mens font les dernieres deffences.

Apres auoir fait tous les efforts poffibles pour empefcher la gallerie & la mine, ne pouuant plus y refifter on doit fe retirer dans les retranchemens, aufquels on doit commencer à trauailler dés qu'on voit que l'ennemy paffe le foffé, & s'approche de la muraille, car on fçait bien là où il doit attaquer, & là où il faut fe deffendre.

Quand on doit commencer les retranchemens.

Les retranchemens font particuliers ou generaux, les particuliers fe font aux lieux qui font attaquez, aufquels on donne diuerfes formes, felon le lieu qu'on a : les retranchemens doiuent eftre efloignez du lieu attaqué, laiffant tout autant d'efpace qu'on iuge que la mine en peut emporter : & pour mieux faire il en faudroit deux l'vn apres l'autre ; parce que fi le premier n'eft pas emporté, on peut le deffendre, & s'il l'eft on a celuy qui eft apres tout preft pour refifter. La forme de ces retranchemens doit eftre en angle rentrant, ou bien en tenaille, ou en quelque autre figure quelle qu'elle foit, pourueu qu'elle fe flanque, & que de là on defcoure la brefche.

Diuerfes fortes de retranche-mens.

Leur forme.

Ils doiuent estre si espais qu'ils resistent au canon ; sçauoir de Comme doi-uent estre faits les retranche-mens. vingt ou vingt-cinq pieds, parce qu'estans fraischement faits, ils resistent moins que ceux qui sont rassis : au deuant d'iceux il y doit auoir vn fossé, mais lors qu'on est pressé on fait vn fossé dans le rampart, & de la terre qu'on en oste on en fait vn parapet, qui sert de retranchement : ceux qui le doiuent deffendre se tiennent dans ce fossé : ceux-cy sont plustost faits, & resistent plus que les autres, car on est comme enterré dans le vieux rampart ; mais aussi n'estans pas esleuez ils commandent & descouurent peu dans la bresche : la meilleure matiere dequoy on les peut faire est la ter-re ; mais afin qu'elle tienne, & pour auoir plustost fait, on y mesle quantité de fagots : toutefois si on a de la terre à commo-dité ie n'en voudrois pas mettre que ce qu'il en faut simplement pour la soustenir : quelquefois on les fait auec des gabions, ou des bariques, ou des sacs, mais tout cela doit estre remply de terre : on les peut aussi faire de grosses pieces de bois entre-lassées ; ceux-cy sont fort dangereux lors que le canon de l'ennemy les peut des-couurir, & bien plus encore s'ils sont faits de pierre, ou d'autres choses qui fassent esclats.

Iamais on ne doit auoir vn retranchement seul, il faut qu'il y Faut tousiours double retran-chement. en ait tousiours vn autre plus arriere, afin que si on est forcé on ait vn lieu de retraitte pour pouuoir capituler, autrement on se-roit exposé à la discretion de l'ennemy, & de là on peut deffen-dre & empescher le logement qu'il pourroit faire.

Les retranchemens qui sont plus reculez doiuent comman- Ce qu'on doit obseruer aux retranchemens. der s'il se peut à ceux qui sont plus auancez, afin que de là on puisse descouurir l'ennemy, & deffendre les premiers s'il les auoit forcez.

A tous les retranchemens il y doit auoir vne porte de retrait-te, bien couuerte & en lieu commode par où on se puisse reti-rer pour aller à l'autre retranchement sans estre veu ny offencé de l'ennemy.

Tous ces retranchemens ne peuuent pas estre faits dans les ba- Retranchemens ne peuuent estre bien faits dans les bastiens vuides. stions vuides ; car dés qu'on a fait sauter l'espaisseur du rampart, il n'y reste plus rien, il faut necessairement faire ces retranchemens en bas, qui seront veus & commandez du haut ; car l'ennemy sans doute se rendra maistre de ce qui restera esleué à droit & à gauche, outre qu'estans derriere ces retranchemens bas on ne pourra pas descouurir la bresche qui sera plus haute, tellement que l'ennemy s'y pourra loger sans receuoir dommage.

Si l'ennemy attaque le bastion par la pointe, on peut faire Pourquoy bien plus de retranchemens les vns apres les autres que dans la face. Il est vray qu'on ne voit guere deffendre plus d'vn retranchement dans vn bastion, ce n'est pas qu'on ne le puisse, mais c'est qu'on n'y préuoit pas assez à temps, ou que la garnison s'est affoiblie en deffendant toutes les autres pieces, ou qu'on craint que l'ennemy n'emporte tous ces retranchemens, & qu'on soit forcé sans pouuoir capituler : ce sont les causes pourquoy le plus souuent on se rend apres que l'ennemy est logé dans le bastion ; ce que toutefois on ne doit faire qu'au dernier retranchement. Les Gouuerneurs auant qu'entrer dans les places s'obligent au Roy de ne les iamais rendre qu'apres auoir soustenu trois assauts, en quoy on ne doit point entendre les attaques que l'ennemy fait aux dehors, & aux contr'escarpes : mais trois assauts donnez contre la place, il ne faut point s'arrester à cela, mais se deffendre tout autant qu'il est possible, & n'auoir autre but que d'acquerir de l'honneur, & se faire estimer par dessus tous ceux qui ont iamais deffendu place.

Les retranchemens generaux se font dans la place à l'endroit du lieu attaqué, où on fera vne nouuelle fortification, la plus forte, & la plus reguliere qu'il sera possible, selon le temps & les commoditez qu'on aura : s'il y a des maisons il faudra les abbatre, & se seruir des débris ; leur forme sera en angles rentrans, & saillans, ou en tenaille, ou auec des bastions qui sont les meilleurs. Il faut faire vn fossé au deuant, large de huict toises ; on se seruira de la terre pour faire le rampart & parapet, qui doit estre espais pour le moins de vingt pieds, haut de quatre pieds par dessus la banquette, qui sera haute de deux pieds, large de quatre pieds, & le reste du rampart sera de dix ou douze pieds de large, la hauteur de tout cét ouurage sera de douze ou quinze pieds ; si on pouuoit faire vn chemin couuert sur la contr'escarpe, il n'en seroit que meilleur ; le porfil mis cy-deuant au Chapitre des dehors, seruira pour ceux-cy.

Ces retranchemens doiuent estre commencez de bonne heure, afin de les auoir faits à temps ; car estans de grands ouurages, & la garnison, & les habitans fatiguez, on ne peut pas trauailler si promptement : dés qu'on voit approcher l'ennemy de la muraille, il faut commencer à remuer la terre, & cependant qu'on deffend les particuliers plus aduancez, on acheue ceux-cy qui sont plus arriere.

Anciennement on auoit plus de soin des retranchemens qu'on n'a pas à present ; car mesme bastissant la place, ils pensoient aux

lieux où on les pourroit faire ; on estimoit aussi les places meilleures ausquelles on pourroit faire des plus forts retranchemens;
la raison estoit parce qu'ils n'auoient point l'inuention des dehors
qui sont comme des retranchemens exterieurs , lesquels estant
bien faits ; tandis qu'on les deffend on a loisir de faire les autres
dans le corps de la place : ceux qui pensent le plus à deffendre
les retranchemens que les dehors , sont comme ceux qui se pro-
posent comme ils se deffendront à la retraitte auant que parler du
combat : à cét effect ils ont basty des voûtes dans les bastions ; ont
fait les demy gorges & arches pour les pouuoir separer ; toutes
lesquelles inuentions l'experience nous a fait connoistre qu'elles
ne valent pas beaucoup.

Comme on doit soustenir les assauts, & deffendre les retranchemens.

CHAPITRE XLVIII.

EST à present qu'il faut desployer tout ce qu'on a d'inuention, mettre en œuure toute sorte d'artifices , & ex- *C'est aux as-*
poser toute la force & le courage; car tout ce que l'en- *sauts qu'on doit*
nemy a fait n'est que pour venir à l'assaut, & entrer dans *faire la plus grande resistan-*
la place : & toutes les preparations qu'on fait dans vne place, tant *ce.*
des fortifications exterieures, que du corps mesme , & toutes les
resistances , ne sont que pour l'empescher d'entrer en estant si proche : il ne faut rien espargner puis qu'on a destiné le tout à cét
effect.

Les machines & les artifices seruent beaucoup en cette action; *On doit chastier*
mais plus que toute autre chose la force & le courage des soldats; *ceux qui par-*
c'est en cette occasion qu'on connoist ceux qui sont braues gens; *lent de se ren-*
car sans doute s'il y a des poltrons ils commenceront à murmurer *dre.*
& à parler de se rendre; ce que le Gouuerneur ne doit aucunement
permettre , ains chastier exemplairement ceux qui en diront le
moindre mot.

Pour bien faire , au commencement du siege le Gouuerneur *Ce que le Gou-*
doit faire assembler toute la garnison , & leur faire entendre com- *uerneur doit*
me l'ennemy les vient assieger auec vne puissante armée, & que *dire au com-*
sans doute il fera des grands efforts pour prendre la place ; mais *mencement du siege.*
qu'il a pourueu à tout ce qui est necessaire pour se bien deffendre.

Que la place eſt bien fortifiée. Qu'il y a des munitions de bouche, & de guerre plus qu'il n'en eſt de beſoin, & s'aſſeure entierement du courage de tant de braues gens qui ſont là preſens. Qu'ils ne ſont venus dans cette place que pour voir de telles occaſions, & pour ſe faire ſignaler par leur courage. Qu'il croit qu'il n'y en a pas vn qui ne ſoit bien aiſe de faire voir au Prince ſa fidelité & ſa valeur. Que pour luy il leur aſſeure qu'il veut tenir iuſques à l'extremité, & qu'il ne ſe rendra iamais que lors que tous les moyens de ſe deffendre luy manqueront ; & qu'il les exhorte tous de prendre cette reſolution. Que s'il y en a quelqu'vn qui ſe ſente foible pour pouuoir reſiſter, ou qui ne vueille point ſe mettre à ce hazard, qu'il ait à ſe declarer, & ſortir hors de la place, qu'il luy donnera congé tres-volontiers : Et quant aux autres, il les prie de vouloir faire ſerment ſolemnel de ne parler iamais de ſe rendre, & que celuy qui commencera ſe ſoubmet à eſtre puny de mort : aux Chefs principaux il leur fera ſigner cette deliberation ; il diſcourra de cette ſorte lors qu'il eſt aſſeuré de ſa garniſon, & qu'elle eſt bien affectionnée à ſeruir ; que s'il doutoit d'aucuns, que ſur cette offre ils ne ſortiſſent, il leur fera entendre qu'il veut que tous faſſent ce ſerment, & les Chefs ſignent cette reſolution, & que ceux qui contreuiendront, il les fera mourir comme laſches & traiſtres : lors qu'on ſera à ces dernieres deffences des murailles, & des retranchèmens, il aura l'œil, & fera eſpier s'il n'y a pas quelques vns qui faſſent des diſcours de ſe rendre, & qui ſuſcitent les autres à ce faire, s'il y en a il les fera pendre tout à l'inſtant.

A quels il ne doit faire ces diſcours.

Exemple notable.

Ie diray vne exemple remarquable faite par vn tres-vaillant Gouuerneur, il auoit fait ces proteſtations à toute la garniſon: comme on vint aux deffences perilleuſes, il demanda aux Capitaines, & autres Officiers, en particulier à chacun ce qu'ils croyoient qu'on deuſt faire, il en treuua qui dirent qu'il falloit ſe rendre, il leur fit repliquer deuant pluſieurs perſonnes : la nuit il enuoye chez eux des gens qui les pendirent à leurs feneſtres auec vn eſcriteau, pour auoir propoſé de ſe rendre : le lendemain on veid ce ſpectacle, il n'y en eut plus pas vn qui diſt iamais vn mot approchant de cela, au contraire voyans qu'ils n'oſoient plus en parler, ils ſe reſolurent à ſe deffendre deſeſperément.

Le Gouuerneur doit preparer toutes choſes.

Tous eſtans en cette reſolution, il faut qu'on cherche tous les moyens les plus aduantageux qu'on peut, mettant bon ordre à toutes choſes, diſpoſant les lieux pour couurir les ſoldats, preparant les artifices neceſſaires, & diſtribuant les gardes par tous les

quartiers

quartiers proportionnément à leur force ou foiblesse, en mettant beaucoup plus aux lieux qui sont attaquez, & qui sont rompus, qu'aux autres qui sont entiers, & que l'ennemy ne sçauroit rompre, n'y ayant point disposé ses trauaux.

Nous dirons premierement l'ordre pour les gardes, afin que tousiours les mesmes ne soient pas exposez aux lieux perilleux; on pourra faire comme nous auons dit autre part dans la deffence des places.

Le Gouuerneur de la place aura le nombre des Regimens & *Ordre pour les gardes.* des Compagnies, & les soldats de chacun en particulier, desquels il en fera vn memoire nouueau toutes les sepmaines, à cause des morts, blessez, & malades qui en diminuent le nombre. Apres il auisera exactement combien d'hommes sont necessaires pour la garde de la place, ajustant le nombre qu'il aura treuué qu'il puisse fournir trois iours; l'vn pour faction, & deux pour le repos; ou lors que le nombre est petit, vn pour la faction, & vn pour le repos. Cela fait, il distribuera chacune de ces parties en autant de postes qu'il faut garder dans la place, où il mettra les Capitaines, logeant le premier à vn costé, & faisant filer le reste qui suit tout autour de la place; comme par exemple s'il y a six mil hommes dans la place, les partageant en trois, il y en a deux mille par iournée. Ie donne à ces deux mille hommes premiers, comme aussi aux autres le rang deu à chaque Capitaine, ce qui est desia fait à chaque Regiment: estans à la place d'armes prests d'entrer en garde, apres les auoir mis en ordre, le Sergent Major à leur teste fera marcher le premier Capitaine, & apres luy les autres, lesquels prendront garde à la distance que le Major leur marquera, & ainsi de suitte fournissant à tout le tour de la place. Le troisiesme iour qu'ils viendront à entrer en garde, le Capitaine qui auoit le premier poste sur cette main, aura le second, & le dernier aura le premier, roulant ainsi autour il arriuera à chacun le bon & le mauuais endroit.

Cét ordre est bon lors qu'on est asseuré de la fidelité de tous les *Quand on* Capitaines; que si on veut vser plus de precaution, & qu'on crai- *peut faire cét* gne que quelqu'vn sçachant l'endroit où il se doit treuuer de là à *ordre.* quelques iours, ne face vn mauuais tour au Gouuerneur; on disposera les gardes au sort comme nous auons cy-deuant dit; & par ainsi on n'aura à accuser que la fortune, si on se treuue souuent aux bresches & lieux fascheux.

On peut aussi lors que la moitié entre en garde vn iour, l'autre *Autre ordre.* moitié l'autre iour, partager la moitié qui entre en garde en deux,

L l

& faire qu'vne partie garde les lieux attaquez, & l'autre le reste de la place; & l'autre iour qu'ils viendront en garde, la moitié qui gardoit les lieux attaquez, gardera le reste du tour de la place, & ceux qui gardoient le tour, garderont les lieux attaquez.

Tous ces ordres seruent lors qu'on fait entrer en garde le mesme nombre de Compagnies & de soldats; mais lors qu'on fait des gardes extraordinaires, & qu'on les augmente & diminuë selon le besoin, il est plus difficile d'ajuster l'affaire qu'il n'y ait personne qui se plaigne, & c'est vn rompement de teste incroyable au Sergent Major des plaintes que chaque Capitaine fait que ses soldats entrent trop souuent en garde, ou qu'il y en entre plus de leur Compagnie que de celles des autres, on pourra se seruir des deux ordres suiuans; on sçaura le nombre des Regimens & des Compagnies qui sont dans la place; qu'il y ait par exemple quatre Regimens, qui fassent en tout trente, & vne Compagnie, ie diuise le tout par quatre en reuient huit moins vn; ie fais quatre carreaux, dans lesquels ie mets les noms des Regimens; par exemple Picardie, Champagne, Brie, Normandie, & sous chaque nom ie fais vne colomne de huict carreaux, horsmis sous Normandie où ie n'en fais que sept seulement, afin qu'en tout il y en ait trente & vn; apres ie regarde combien chaque Regiment a de Compagnies; comme par exemple si Picardie en a dix, les huict carreaux seront pour Picardie, & les deux Compagnies qui restent on les mettra dans les carreaux du Regiment, qui en au-

Autres ordres fort bons.

10	9	7	5
Picardie.	Champag.	Brie.	Normand.
1	1	1	2
2	2	2	2
3	3	3	3
3	3	3	3
3	4	4	4
4	4	4	P 4
4			P
		C	

ra moins de huict, comme en Normandie qui n'en a que cinq, les marquant du nom de Picardie, & Champagne; en ayant neuf, il remplira ses huict carreaux, & l'autre qui reste se mettra dans les carreaux de Brie qui n'en a que sept. Le premier iour on veut faire entrer trois Compagnies, ie mets vn qui veut dire le premier iour en trois carreaux, qui eschet aux Regimens de Picardie, Champagne & Brie à chacun vne : Le second iour on veut faire entrer cinq Compagnies, ie mets deux en cinq carreaux qui suiuent, dont il en eschet deux pour Normandie, & vne pour chacun des autres : Le troisiesme iour on veut neuf Compagnies, i'en escris trois en neuf carreaux suiuans, il en eschet trois pour

Picardie, & deux pour chacun des autres : Si le quatriesme iour il en falloit huit, il en escherra trois pour Picardie, à cause qu'il se rencontre qu'il a vne Compagnie dans les carreaux de Normandie, & ainsi suiuant iusques à ce que le tour soit acheué, apres on recommencera, & ainsi tous les Regimens entreront en garde à proportion de leurs Compagnies.

On peut faire la mesme chose encore facilement, faisant sous Picardie autant de carreaux qu'il a de Compagnies, sçauoir dix ; sous Champagne neuf, sous Brie sept, & sous Normandie cinq, & puis marquer comme deuant ceux qui doiuent entrer en garde, comme si le premier iour il faut trois Compagnies, ie marque vne dans Picardie, Champagne & Brie : le second iour on en fait entrer cinq, i'en mets deux en cinq carreaux suiuans, Normandie en a deux, & les autres vn : le troisiesme iour on en fait entrer neuf, i'en escris trois en neuf carreaux, Picardie en a trois, & les autres deux : le quatriesme en entre six, Picardie

10	9	7	5	
Pic.	Chau.	Brie.	Norm.	*Autrement le*
6,1	1	1	2	*mesme ordre.*
2	2	2	2	
3	3	3	3	
3	3	3	3	
3	4	4	4	
4	4	4		
5	5	5		
5	6			
6	6			
6				

& Normandie n'en ont qu'vne, les autres deux : le cinquiesme iour on n'en veut que quatre ; Picardie en a deux, Normandie n'en a point, les autres en ont vne chacun : le sixiesme iour on en veut cinq, Picardie ny Normandie n'en ont point, mais Champagne en a deux, & Picardie trois, & ainsi on retournera à continuer : on treuuera que les Compagnies ont autant de relasche & de garde les vnes que les autres.

A cecy il y a encore deux difficultez, sçauoir qu'il y aura des Compagnies si fortes qu'vne en vaudra trois d'vn autre Regiment ; & l'autre, lors qu'on veut faire entrer la garde par esquadres : on peut encore accommoder tout cecy auec le mesme ordre, c'est qu'au lieu d'escrire en haut le nom des Regimens, on mettra le nom des Compagnies, & au lieu du nombre des carreaux qu'on met sous chaque Regiment pour autant de Compagnies qu'il a, on mettra autant de carreaux qu'il y a de squadres dans chaque Compagnie ; du reste on fera de mesme que nous auons dit, & par ainsi on aura des soldats de chaque Compagnie comme on en auoit de chaque Regiment, auec le mesme ordre sans que personne soit chargé ; nous auons encore plusieurs

Difficultez comme on peut les accommoder.

autres moyens pour faire la mefme chofe, que nous dirons autre part, i'ay mis ceux-cy par occafion.

Auant que l'ennemy vienne à l'affaut, il faut qu'il ait fait bref-che, ou auec le canon, ou auec la mine, telle que la montée en foit aifée ; pour fçauoir fi elle eft raifonnable il enuoyera quel-qu'vn pour la reconnoiftre, il faut tafcher qu'il n'en rapporte pas la nouuelle ; car on doit auoir aux coftez de la brefche des mouf-quets à croc, ou des pieces courtes pour tirer contre ceux-là ; car les canons feront alors démontez fi l'ennemy a fait fon deuoir, ou bien on aura ruiné les lieux où on les peut mettre ; & quand mefme on en auroit quelqu'vn en eftat, il faut le garder pour deffendre la brefche ; parce que fi on le tire auant l'affaut, l'ennemy fera en forte de le démonter, c'eft pourquoy il faut le conferuer pour vne meilleure occafion.

Si l'ennemy fait la brefche auec le canon, il ne peut tirer que de iour ; de nuit quelle inuention qu'on fçache auoir, les coups font prefque tous perdus, on tafchera à la reparer de nuit, re-faifant ce qui fera rompu, ou auec de la terre, ou auec des pieces de bois, ou bien fi on peut on mettra en diuers endroits de la montée de la brefche des palliffades de cinq ou fix pieds de hau-teur, plantées bien ferme en terre, ayant des pointes de fer pliées

en bas, cela arrefte l'ennemy lors qu'il veut monter, ou s'il les veut rompre à coups de canon il luy faudra beaucoup de temps, & la nuit enfuiuant on en peut remettre d'autres.

Que s'il bat fi furieufement qu'il ne donne aucun relafche, on difpofera en haut le lieu de telle façon qu'on le puiffe deffendre à couuert ; car outre les retranchemens qu'on doit auoir defia faits plus arriere ; fur le bord de la brefche, on eſleuera quelque petit parapet de facs, de papiers, ou de gabions, ou d'autre chofe, fi toutefois l'ennemy en donne le loifir ; s'il bat toufiours on fe mettra à cofté, de façon qu'on flanque & defcouure la montée, & qu'on foit à couuert de la batterie.

Au haut de la brefche où il faut que l'ennemy fe loge eftant monté, ou aux premiers retranchemens lors qu'on voit ne pouuoir plus reparer ces lieux, on fera de nuit quelque fougade, à laquel-le on puiffe donner le feu quand on voudra, des lieux qui font plus arriere : on parfemera fur la brefche plufieurs cloux à qua-tre pointes, qu'on appelle chauffe-trapes, ce font autant d'em-pefchemens pour l'ennemy ; des planches toutes pleines de cloux pointus qui fortent dehors quatre doigts, font excellemment bonnes pour mettre fur la brefche ; mais il faut qu'elles foient efpaisses , & de bois pesant , & qu'elles soient attachées auec des chaisnes de fer , afin que l'ennemy ne puisse ny les oster ny renuerser ; les cheuaux de Frise , seront aussi vn grand obstacle à ceux qui voudront monter.

A costé de la bresche on rangera quantité de mousquets à croc, pour tirer contre les premiers qui viendront armez à l'espreuue du mousquet, des pieces courtes chargées de ferrailles , & particulierement de ces pierriers que nous auons cy-deuant dit qui se chargent à boëte , les canons de reserue seront aussi en estat. On tiendra prest toute sorte de feux d'artifice, comme bombes qu'on peut faire rouler par dessus des aix qui auront vn rebord de chaque costé qui les conduisent bien auant dans la bresche , afin que les nostres ne soient endommagez, des grenades, des barrils foudroyans, des soliues roulantes armées & chargées de feux d'artifice, des mortiers pour ietter plusieurs autres inuentions , des espinars, des bruslons, des sautereaux, des flames, des taupes, & plusieurs autres que nous descrirons autre part. On aura aussi des chaudieres pleines d'huile boüillante qu'on iettera auec des grosses cuillieres amanchées d'vne longue perche , quantité de pierres pour ietter à la main, & tout ce qu'on croit pouuoir nuire à l'ennemy.

Quand l'ennemy fait la bresche auec la mine , parce que c'est vn prompt effort, & qu'il donne bien tost apres ; on n'a pas loisir ny de reparer la bresche , ny d'y mettre les obstacles que nous auons dit. Il faudra auoir preparé deux ou trois retranchemens à l'endroit où on voit faire la mine, afin que s'il en emporte vn, il y en reste vn autre, ou deux tous entiers, ou afin de ne perdre point de terre sans disputer , n'en faisant qu'vn fort arriere. Du reste on preparera toutes les machines, armes, & artifices , ainsi que nous auons dit, les tenant toutefois vn peu esloignées du lieu où la mine doit ioüer, afin qu'elles ne soient emportées par sa violence.

Puisque l'ennemy fait vne mine, on est bien asseuré qu'il ne montera pas au haut de la muraille qu'elle n'ait ioüé ; c'est pourquoy il ne faut pas tenir des soldats là dessus , ny autour de ce lieu, au moins de iour, parce que de loin on peut descouurir s'il vouloit faire quelque surprise : de nuit on y tiendra seulement vne sentinelle, le Corps de garde sera vn peu à l'escart du lieu où se fait la mine.

On est aussi asseuré d'estre attaqué par les endroits ausquels on voit que l'ennemy s'est approché pied à pied, de telle façon qu'auec

ſes tranchées, trauerſés & galleries, il s'eſt logé au pied de la fortí-
fication, & qu'il a rompu ou ſapé, ou miné; c'eſt l'endroit par où
ſans doute il taſchera d'entrer, ou pour le moins s'y loger. Il y a
auſſi des indices par leſquels on peut connoiſtre quand l'ennemy
veut donner : quelquefois auant que mettre le feu à la mine, il fait
ſommer ceux de la place à ſe rendre, & c'eſt afin de ne gaſter pas
la place, de laquelle il eſpere bien toſt eſtre maiſtre, ce qui pourtant ne ſe doit faire qu'aux lieux qu'on eſt aſſeuré de prendre; parce
qu'à vn lieu fort de monde ce ſeroit les aduertir de ſe mettre en
deffence. L'ennemy fera auſſi des efforts extraordinaires tout le
iour & toute la nuit precedente, pour rompre les deffences, ne
donnant aucun relaſche aux ennemis, ny temps de les reparer:
on verra auſſi que plus de ſoldats, qu'ils n'auoient accouſtumé,
entrent ce iour dans les tranchées ; ſi on ne peut pas les voir, on
le iugera par le bruit & par les piques qu'on verra ſortir hors des
tranchées en plus grande quátité que les autres iours: tout le monde ſera en action ; l'armée ſe preparera , & tout le camp ſe mou-
ura extraordinairement : ceux qui ne combattent pas & qui viennent par curioſité s'aſſembleront en troupes ſur les lieux hauts
pour voir le combat : bref on voit des mouuemens qui donnent
aſſez à connoiſtre que l'ennemy ſe prepare à cette action ; les eſpions ne doiuent pas manquer de faire leur deuoir d'aduertir ceux
de la place, des lieux que l'ennemy veut attaquer ; du nombre ;
de la qualité des ſoldats, qui ſont deſtinez à cét effet ; des armes,
machines, & artifices, deſquels il ſe veut ſeruir ; l'ordre qu'il doit
tenir , & toutes les autres particularitez qu'ils pourront d'eſcou-
urir , & qu'ils iugeront ſeruir à la deffence des aſſaillis.

Ce ſont les choſes qu'on doit preparer, reſte à dire du nombre des ſoldats ; de leurs armes ; de l'ordre qu'on doit tenir , tant
en la diſtribution des ſoldats ; du ieu des artifices ; du temps qu'il
faut pour les faire agir, & toutes les autres circonſtances neceſſaires d'eſtre obſeruées dans vne action ſi importante.

Ie voudrois diſtribuer mes ſoldats en la façon ſuiuante, i'en ferois trois parties, dont l'vne feroit vn gros que ie tiendrois dans
la grande place d'armes, en eſtat d'aller aux lieux où il ſeroit neceſſaire pour la deffence : du reſte i'en ferois quatre parties, les trois
me ſeruiroient pour deffendre les trois attaques, que ie ſuppoſe
que l'ennemy peut faire, & l'autre quart ſeroit diſperſé au reſte de
la place, par les lieux qui ne ſeroient pas attaquez; comme par
exemple, ſi i'auois trois mil hommes, ie mettrois vn gros de mil
hommes dans la place d'armes ; cinq cens hommes à chacune des

trois attaques, & cinq cens au reste de la place : les cinq cens qui
seront aux attaques , ie voudrois les partager ainsi ; cent qui
seroient à la bresche pour tirer, & deffendre : cent cinquante seroient plus arriere pour soustenir, & rafraischir ceux-cy ; autres
cent cinquante seroient en bas du bastion en bataille, ou à costé
sur les rampars, à couuert des parapets : les cent restans se mer-
troient aux flancs, ou lieux qui pourroient flanquer & descouurir la bresche : les Bourgeois seroient dispersez en mesme proportion, que ceux qui seroient destinez pour deffendre les postes
attaquez, parce que difficilement ils se veulent exposer aux perils
qu'ils voyent deuant eux, ils seruiroient pour ietter des feux d'artifice, ruer continuellement des pierres, apporter des munitions,
& autres rafraischissemens : les autres feroient des Corps de garde par les places, & ruës, bien que i'estime cela fort peu necessaire, & se mettroient en garde tout autour du reste de la place,
meslez auec les soldats ; parce que dans vne place assiegée ie ne
voudrois iamais fier à garder vn poste, fust-il attaqué ou non,
à des Bourgeois seuls, car d'eux-mesmes ils sont craintifs ; il faut
necessairement quelques vns hardis, meslez parmy eux pour les
encourager, & cela les fait quelquefois esuertuer : Il faut garnir
tout le contour de la place de soldats, c'est à dire qu'il y ait garde
par tout, encore que l'ennemy n'y fasse point d'attaque, si on en
abandonnoit quelque partie sans y laisser personne, l'ennemy en
pourroit estre aduerty, l'attaquer & l'emporter, mesme les lieux
qu'on croit forts de nature, & difficilement accessibles, il faut les
garder, de peur d'estre pris par là, comme plusieurs autres l'ont
esté ; il est vray qu'il y faut moins de monde, comme nous auons
dit cy-deuant au Chapitre des Gardes.

On ne doit fier
aucun poste
aux Bourgeois
seuls.

Les soldats doiuent estre ainsi armez à chaque corps, il y en
doit auoir vn nombre d'armez à l'espreuue du mousquet ; comme
par exemple, au premier cent ie voudrois qu'il y en eust vingt
ainsi armez, & aux autres qui soustiendroient, autant à chaque corps, y en ayant tout autant à chaque attaque ; il y en faudroit pour trois, cent octante, si on en auoit de reste on les bailleroit au corps de reserue. Il seroit necessaire qu'il y eust tout autant de rondaches, qui seroient portez par ceux qui ne seroient
pas armez ; au deffaut d'iceux on pourroit porter des mantelets à
l'espreuue du mousquet, pour en faire à vn instant vn parapet tout
autour de la bresce : or parce qu'il faut qu'ils soient fort espais pour
estre à l'espreuue, & par consequent difficiles à manier ; ie voudrois les faire for estroits de six ou huit pouces, hauts de quatre

Comme doi-
uent estre ar-
mez les soldats.

Rondaches ne-
cessaires.

pieds, auec des trous pour tirer ; on les mettroit lés vns contre les
autres, afin de tenir à couuert tous ceux qui seroient à la deffence;
les soldats outre leurs espées, ils auront des piques fortes, & quelques vnes auec des crochets pour ietter par terre, ou attirer à soy
ceux qu'on pourroit accrocher des ennemis ; les pertuisanes &
halebardes seroient aussi fort bonnes.

Mousquets
courts.

On entre-meslera vn piquier & vn mousquetaire, & en quelques endroits on mettra les mousquets à croc, & les deux tiers des
mousquets qui seront autour de la bresche, ie voudrois qu'ils fussent fort courts, sçauoir de deux pieds, ou deux pieds & demy,
ayant vn pouce ou dauantage de calibre, chargez de plusieurs
balles ; & la raison est, parce que les tirs sont fort courts, & tirant
dans vne meslée cette quantité de balles endommageroit grandement les assaillans. Les autres mousquets, les mousquets à croc
& pieces courtes seruiroient pour nuire à ceux qui seroient armez à
l'espreuue des mousquets ordinaires ; parce que i'entens que les
mousquets des garnisons soient plus forts que ceux qu'on porte à
la campagne, tellement qu'il n'y ait point d'armes, ou bien peu
à l'espreuue de ces mousquets.

Où on doit met-
tre les pieces.

Les pieces courtes que nous auons dit, & les pierriers qui se
chargent à boëte seront logez à costé de la bresche, aux lieux où
ils ne pourront estre ny vûs ny rompus par les canons des ennemis : les mortiers à ietter les feux d'artifice seront aussi en lieux
couuerts, & toutes les autres inuentions qu'on aura preparées pour
deffendre la bresche seront mises aux endroits qui ne sont point
descouuerts, desquels on se seruira comme nous dirons cy-
apres.

Aduantage des
flancs couuerts.

En cette occasion on peut voir clairement combien sont necessaires & vtiles les orillons ; car outre les aduantages des flancs
couuerts pour rompre les galleries auec les trois pieces de reserue
que l'ennemy ne sçauroit démonter ; sçauoir l'vne au flanc haut,
l'autre au flanc bas, & l'autre à la fausse-braye, encore qu'elles ne
descouurent que la face du bastion, aussi ne peut-on les gaster si
on ne loge les batteries là dessus ; & lors que l'ennemy vient à l'assaut pour se loger dans la bresche, il n'y a personne qui ne voye
comme on peut faire passer le temps aux assaillans auec ces trois
pieces : on les tiendra donc toutes prestes, & quantité de cartou-
ches pour les recharger promptement ; au lieu de balle seule on
y mettra des chaisnes, ferrailles, barres de fer, & autre blo-
caille.

Ce qu'on doit

Tout estant disposé en bon estat, & tous les lieux attaquez
garnis

garnis également, & le reste de la place gardé par le nombre des faire attendant
soldats necessaires ; lors qu'on verra que l'ennemy veut faire ioüer que la mine
la mine, ce qu'on connoistra par les indices que nous auons dit ; ioüe.
on fera retirer tous les soldats qu'il n'y ait personne sur le bastion,
se tenans vn peu à l'escart ; lors qu'elle aura ioüé on s'approchera,
se couurant sur le bord de la bresche auec des sacs, ou hottes, ou
barriques, ou mantelets ; mais il ne faut pas se haster de se presenter, parce que les ennemis auront sans doute pointé tous leurs canons pour tirer sans cesse contre la bresche, afin qu'on n'y vienne à la deffence ; c'est pourquoy on se tiendra aux costez ou aux
retranchemens qui descouuriront dans icelle ; cependant il faut
que l'ennemy passe le fossé à descouuert, à cause que la gallerie
sera rompuë, & couuerte du débris de la muraille ; c'est lors que
ceux des flancs doiuent faire leur deuoir à force de tirer des coups
de mousquets, & de canons dés qu'ils commenceront à les descouurir : comme ils s'approcheront, ceux qui seront à la deffence Ce qu'on doit
de la bresche les saluëront de leurs mortiers, pierriers, canons faire quand
courts, mousquets, & autres armes qu'ils auront preparées : à l'ennemy approche.
mesure qu'ils s'approcheront & qu'ils tascheront à monter, on iettera les feux d'artifice, grenades, bombes, & tels autres que nous
auons dit cy-dessus : les pierres voleront continuellement, iettées
par ceux qui seront plus arriere à couuert, s'ils s'efforcent à monter plus haut, on opposera les mantelets, les rondaches, les piques, & toute sorte d'autres armes, les huilles boüillantes, les artifices, & la recharge des boëtes continuëra tousiours, tellement que
tout le lieu soit continuellement en feu ; les mousquetaires tout aussi
tost qu'ils auront tiré se retireront pour recharger, & feront place aux autres qui seront tous prests : Si l'ennemy opiniastre le combat, il faudra rafraischir ceux-cy, & faire aduancer les autres frais, Rafraischir les
qui sont plus arriere, qui s'opposeront à ceux que l'ennemy en- soldats.
uoyera de nouueau. Quand on a soustenu le premier choc, il faut
bien esperer du reste ; car il faut croire que ce sont les plus hardis, & les mieux armez ; lors qu'on sera dans l'effort du combat,
on fera ioüer quelque baril foudroyant, ou bien si on auoit pû
apprester quelque fougade, comme lors que la bresche se fait
auec le canon, on y donnera le feu : les bombes, & autres artifices qu'on fera rouler dans la foule, feront vn tres-grand effect :
on fera tout agir sans cesse ; si l'ennemy se retire pour reuenir &
donner lieu au canon de tirer contre les nostres, ils se mettront
aussi à couuert, à costé ou dans les plus proches retranchemens,

& s'ils reuiennent on les receura en la mesme façon qu'on aura fait la premiere fois.

Les ennemis rencontrant vne si asseurée resistance se contenteront pour cette fois de se loger sur la bresche, se couurans auec les gabions & planches; alors les canons qui seront aux flancs tireront continuellement là dessus, & du haut de la bresche on fera rouler ou descendre les mesmes artifices que nous auons dit pour rompre la gallerie, iusques à ce qu'on les aura fait desloger; & en mesme temps la nuit on reparera la bresche le mieux qu'on pourra, en escarpant la montée, & y faisant plusieurs pallissades,

& vn fossé au haut, laissant autant de terre qu'il faut pour estre à couuert à l'espreuue du canon, lequel sera sans doute en angle rentrant comme est tousiours la bresche, afin que tout soit flanqué : on mettra aussi en bon estat les retranchemens qui seront plus arriere, y faisant des pallissades au deuant, & toutes les deffences qui peuuent empescher l'approche à l'ennemy, & arrester ses efforts. Icy on remarquera que les flancs fichans ont vn grand aduantage, parce qu'ils descouurent dans les logemens que l'ennemy fait dans la bresche, ce que les rasans ne sçauroient faire.

Parce que les feux d'artifice sont vne des principales pieces & des plus necessaires pour la deffence d'vne bresche, ie diray le moyen de s'en seruir, sans tomber aux accidens qui arriuent ordinairement : ceux qui auront charge de les garder se tiendront à couuert plus arriere, les mettant en des lieux couuerts ; & lors qu'on s'en voudra seruir, ceux qui les doiuent ietter les prendront des mains d'autres, qui les prendront de ceux qui les ont en garde, & qui leur porteront : pour les ietter, ils s'auanceront sur le bord de la bresche, & les ayant iettez se retireront tout aussi tost pour en aller prendre d'autres.

Les grenades dans les pots de terre acheuez de remplir de poudre, & des mesches allumées autour, sont bonnes pour ietter dans les bresches, parce qu'elles prennent immediatement, & les pots tombent à terre, & se cassent ; mais il faut estre bien adroit à les manier, car si on les laisse choir, elles feront autant de mal aux nostres, comme iettées à propos, en font aux ennemis. ie donneray dans mes artifices quelques inuentions pour faire prendre les grenades immediatement comme elles tombent.

Que si on est contraint d'abandonner la bresche on se retirera aux plus proches retranchemens pour faire nouuelle deffence;

cependant s'il eſt beſoin on enuoyera querir du ſecours de ceux *abandonne la* qui ſont dans la place d'armes, ce qui toutefois ne ſera pas pour *breſche.* lors neceſſaire ; car apres auoir fait vne bonne reſiſtance à la bré- che, & ayant vn retranchement fait à propos, l'ennemy ne ha- zardera pas le reſte de ſes ſoldats, & ne les fera pas donner à deſ- couuert contre vn lieu bien fortifié ; & quand il le feroit, aſſeuré- ment il n'y gagneroit rien, parce qu'il y aura palliſſade, foſſé, bons flancs, armes, & artifices de toute ſorte, & gens frais pour les deffendre.

Pour s'auancer, il ſe ſeruira de la mine ou de la ſape ; la nuit d'a- pres comme il preparera ſes logemens, & recommencera l'atta- que, il faudra faire vne ſortie, & porter les inſtrumens, & machi- nes neceſſaires, pour rompre & bruſler les logemens, deſquels nous auons parlé aux ſorties, & comme il faut rompre la galle- rie.

Lors que l'ennemy attaquera les retranchemens, on fera les *Aux retran-* meſmes reſiſtances qu'on a fait à la breſche, & aux dehors, à *chemens faut* quoy on aura beaucoup plus d'aduantage ; parce qu'aſſeurément *faire meſme re-* apres tant d'efforts faits, il faut que les plus courageux ayent eſté *ſiſtance qu'aux* tuez, & ſi les autres ſont rebutez ils ne voudront pas retourner *dehors.* aux attaques, ou ſi on les y contraint ils ne feront rien qui vaille; car veritablement dans vne armée ce n'eſt pas le nombre qui fait la force, mais c'eſt le nombre des gens de cœur, & lors qu'il n'y en a plus il ne faut rien craindre, on reſiſtera facilement aux au- tres.

Le Gouuerneur qui veut faire tout ce qu'vn homme de bien *Retranche-* peut faire, il doit ſe deffendre iuſques à ce qu'il n'aura plus dequoy *mens generaux* ſe couurir : cependant qu'il aura ſouſtenu ces lieux que nous auons *doiuent eſtre* dit, il aura eu loiſir de faire ſes retranchemens generaux, dans *deffendus.* leſquels il doit encore faire vne nouuelle deffence, encore que ces ouurages ne puiſſent pas eſtre ſi forts eſtans nouuellement faits ; auſſi les ennemis ſont plus foibles, leurs canons gaſtez, & eſuen- tez, à force de tirer ; les munitions conſommées, & toute l'armeé laſſee. La diſpoſition & l'ordre de la deffence ſera le meſme que nous auons dit. Vn Gouuerneur ne doit iamais parler de capitu- ler qu'alors que le Prince luy commande, ou qu'il manque de lieu, ou de terre pour ſe couurir, ou de ſoldats, ou de muni- tions.

Des Capitulations & Redditions des places.

Chapitre XLIX.

'Avois resolu de ne mettre point ce Chapitre, pour faire entendre aux Gouuerneurs qu'ils ne doiuent iamais capituler, & que c'est celuy auquel ils doiuent moins estudier ou sçauoir : toutefois parce qu'il peut arriuer qu'apres vne raisonnable resistance, le Prince veut qu'on rende la place pour plusieurs considerations qu'il peut auoir ; & parce qu'à la fin le lieu & la terre manque pour se retrancher, ou qu'on n'a plus de soldats pour se deffendre, ou des munitions pour tirer, ou des viures pour se nourrir, on est contraint de capituler : ie mettray l'ordre qu'on doit tenir auant que capituler, & dans la capitulation.

Iamais on ne doit rendre vne place qu'on n'en ait donné aduis au Prince, si ce n'est qu'il eust commandé au Gouuerneur de tenir seulement vn tel nombre de iours, pour auoir temps de fortifier quelque autre place, ou de retirer son armée, ou pour attendre quelque renfort, ou pour quelque autre cause : Lors qu'il aura soustenu ce terme, ce qu'il tiendra de plus sera pour monstrer son courage; car il peut se rendre dés le lendemain qu'il luy aura esté ordonné, mesme il deuroit le faire punctuellement ; car c'est autant faillir de tenir plus de temps, comme de tenir moins que l'ordre ne porte, ne sçachant pas les causes pourquoy on l'a ainsi commandé : Le Gouuerneur doit auoir l'ordre par escrit, signé de la main du Prince, & scellé de son sceau.

L'ordre qu'on donne ordinairement, est de soustenir trois assauts, mais on ne se doit point limiter à cela, mais soustenir tant qu'on peut : & lors qu'on est proche de l'extremité, on taschera d'enuoyer secrettement quelqu'vn vers le Prince pour luy faire sçauoir l'estat de la place : & pour receuoir ses commandemens; il faudra en enuoyer plusieurs, parce qu'vn seul pourroit estre pris, & par ainsi on auroit beau attendre la response : En cecy il faut vser de grande prudence; premierement de n'y enuoyer que des personnes tres-confidentes, & qui outre la fidelité, soient fort asseurées pour parler ainsi qu'on les aura embouchez, en cas qu'ils fussent pris; par apres de n'escrire rien qui puisse nuire estant sceu

par l'ennemy ; car encore qu'il foit efcrit auec des chiffres fort fe-
crets, neantmoins il y a des efprits fi habiles qui defcouurent ce
qui ne femble auoir aucune fignification , & qu'il eft impoffible
humainement d'expliquer. Ie voudrois efcrire vne lettre qui feroit
en chiffre facile à cognoiftre, dans laquelle ie mettrois ce que ie
ne me foucierois pas que l'ennemy fçeuft, & le refte ie le confierois
à celuy qui porteroit la lettre, luy faifant iurer que pour aucune
contrainte il ne diroit que ce qui feroit contenu dans la lettre, ou
approchant de cela ; car par ainfi l'ennemy voyant la conformité
de la lettre auec le rapport du porteur, pourroit plus facilement
croire l'vn & l'autre, & ne fçauroit pas ce qui feroit de plus important pour luy, & pour ceux de dedans. Il faut auffi eftre bien
aduifé qu'on ne foit trompé en la refponfe, parce que l'ennemy
pourroit contrefaire des lettres, & les faire tomber entre les mains
du Gouuerneur par quelque inuention , dans lefquelles il mettroit aucuns ordres & aduis pour faire coupper la gorge à vne partie de la garnifon , ou pour faire rendre la place : c'eft pourquoy
il feroit bon auant qu'eftre affiegé auoir concerté quelque marque fecrette, par laquelle on peuft connoiftre les vrayes lettres d'a-
uec les fauffes.

Ne faut fe fier
aux lettres ef-
crites auec
chiffres.

　　Soit que le Gouuerneur ait enuoyé au Prince, ou qu'il n'euft pas
pû, & qu'il foit reduit à l'extremité, il fera affembler le confeil de
tous les Chefs , mettant en auant la neceffité en laquelle ils fe treuuent ; l'eftat de leur place ; de leurs foldats & munitions, leur de-
clarant les deffauts qu'il a celez iufques à cette heure, lefquels prefentement il eft contraint leur defcouurir ; & que n'ayant aucun
moyen de fe deffendre , il leur propofe s'ils treuuent à propos
qu'il capitule, fans doute fe voyans forcez par l'extremité ils s'accorderont à receuoir compofition : le Gouuerneur en fera efcrire
vn acte qu'il fera figner à tous ; & de plus il fera mettre par efcrit
les deffences qui fe font faites ; les foldats qu'il y a perdus ; l'eftat
au vray & exactement auquel la place fe treuue ; les retranchemens qu'on a fouftenus ; combien on en a faits ; & ce qui leur
refte pour capituler. Il fera auffi vne reueuë au iufte des foldats
qui font en eftat de fe pouuoir deffendre ; des malades, & des bleffez ; femblablement vne inuentaire de toutes les munitions de
bouche & de guerre qui reftent dans la place ; & particulierement
il defcrira les deffauts qui le forcent à capituler ; il fera figner tout
cela à tous les Officiers, mefmes aux plus apparens des Bourgeois,
& à ceux qui ont charge.

Ce que doit
faire le Gou-
uerneur eftant
reduit à l'ex-
tremité.

Ce qu'il doit
faire mettre
par efcrit.

Mm iij

Ce qu'il doit dire aux habitans.

Il representera au peuple comme il n'a iamais espargné sa vie, ny ses soins ; ny celle de ses soldats, pour les conseruer sous le Gouuernement de leur Prince, duquel il leur remonstrera la bonté, & les vertus, les exhortant que pour changer de Maistre ils ne changent point d'affection, & que sans doute dans peu de temps ils retourneront sous l'obeïssance de leur Prince, vray & naturel.

Ce qu'on doit faire se voulant rendre.

Ayant donc resolu de se rendre, on fera battre la chamade, & le tambour demandera tréve pour pouuoir parlementer : Pendant ces tréves personne ne doit tirer ny d'vn costé ny d'autre, ny moins trauailler. Pour traitter on demande quelquefois des personnes qui ayent pouuoir de traitter, & que ce soient personnes de haut commandement, & conneus : & eux en enuoiront de ceux de la place pour ostages. Autrefois on demande qu'on leur permette d'enuoyer des Deputez de la place au Camp, pour traitter auec les Generaux, & qu'on leur donne des personnes correspondantes en dignité, pour asseurance de ceux qui seront sortis: i'en ay veû qui sont venus au Camp pour traitter sans demander ostages, sur la parole que les Generaux leur auoient donnée, de les laisser retourner dans la place librement, touesfois & quantes qu'il leur plairoit.

Quelquefois on demande terme.

Aucunefois on demande quelques iours de terme pour se rendre, durant lesquels s'il ne vient du secours ; & qu'il ne force les retranchemens, & entre dans la place, ils promettent de se rendre & sortir dehors au iour & à l'heure precise, aux conditions qu'ils accorderont ; & pour asseurance de leur promesse ils laisseront des ostages : cela s'vse ordinairement, & on l'accorde assez facilement aux places qui sont tres-bien bouclées, & qu'on est bien asseuré que l'ennemy ne sçauroit les secourir, ou bien que dans ce temps-là on ne pourroit pas prendre la place s'ils se vouloient deffendre.

Si on ne peut obtenir aucun terme, & qu'on n'ait pû enuoyer au Prince; on demandera qu'il leur soit permis auant que se rendre, de luy faire sçauoir l'estat de la place, & de receuoir l'ordre qu'il luy plaira donner pour la capitulation.

Vn Gouuerneur ne doit iamais sortir.

I'aduertiray que le Gouuerneur ne doit iamais sortir hors de la place pour quelque consideration que ce soit, ny pour capituler, ny pour aduertir le Prince, ny pour s'asseurer mieux des propositions qu'on luy fait; parce qu'il en sera blasmé, & puny s'il en arriue du mal à la place, comme il fera indubitablement : i'ay veu faire souuent cette faute dont i'en ay rapporté vne exemple autre

part : i'en diray encore vn autre que i'ay aussi veu, auquel l'ennemy fit entendre au Gouuerneur d'vne place qu'il auoit vne armée
si puissante, qu'il pouuoit forcer la place quand il luy plairoit,
& que neantmoins il aimoit mieux les prendre à composition;
afin que le Gouuerneur ne doutast aucunement de ce qu'on luy
faisoit sçauoir, qu'il luy permettoit de venir voir tout son camp,
& tout l'appareil; & que s'il y treuuoit quelque chose ou moins,
ou au contraire de ce qu'il disoit, qu'il le laisseroit retourner librement, à quoy le Gouuerneur consentit : & lors qu'il fut au
Camp, on le contraignit à faire rendre la place, ce qu'ils n'eussent pû faire de long-temps si on se fust deffendu.

Les conditions ordinaires qu'on demande dans les capitu- *Conditions*
lations, & celles qu'on peut esperer les plus aduantageuses *qu'on doit*
sont. *demander.*

Qu'ils auront tous les vies sauues, & la liberté, & ne leur sera
fait aucun tort ny violence, ny outrage à leur personne, tant des
soldats que des habitans.

Que tous ceux qui voudront, pourront sortir auec leurs armes,
tambour battant, enseigne desployée, mesche allumée des deux
bouts, balle en bouche, auec quelques pieces de canon qu'ils
pourront amener hors de la place, & les conduire auec eux iusques aux lieux de leur retraitte, ensemble quelques chariots de
munition pour l'artillerie.

Que ceux de dehors seront obligez de leur bailler cheuaux, chariots, ou barques à suffisance pour porter leur bagage, malades, & blessez, auec escorte pour les conduire iusques à ce qu'ils
soient en lieu de seureté, & pour l'asseurance de l'escorte; &
qu'ils renuoiront les chariots & cheuaux, & donneront des o-
stages.

Que la ville ne sera point pillée, & que ceux qui resteront
dedans ne seront point molestez, ou pourront se retirer quelque temps apres, & vendre leur bien, quand, & à qui bon leur
semblera.

Que les fautes de tous ceux qui sont dans la place, qu'ils pourroient auoir commises, deuant ou durant le siege, leur seront par-
données.

Que les prisonniers, pris durant le siege, tant d'vn costé que
d'autre, seront rendus reciproquement, sans payer aucune rançon.

Que s'ils sont de diuerses Religions; qu'ils pourront exercer
chacun la leur, & auoir Eglises ou Temples, Prestres ou Mini-

ſtres , ou autres perſonnes , & choſes neceſſaires pour l'inſtruction, maintien, & exercice de leur Religion.

Que ceux qui demeureront dans la place ſeront tenus pour vrais ſubiects du Prince conquerant , & qu'ils ioüiront , ou des priuileges qu'ils auoient auparauant , ou de ceux meſmes que les autres villes du Prince ioüiſſent.

Qu'on mettra entre les mains du Conquerant, les armes , munitions, canons, & tout ce qui ſe treuuera dans les magazins publics du reſte du ſiege ſans aucune fraude.

On peut mettre pluſieurs autres articles qu'on ne ſçauroit eſcrire ſans ſçauoir les ſujets pour leſquels on a commencé les ſieges, parce qu'à la reddition des places on conforme les capitulations aux cauſes qui ont meu la guerre.

On n'a pas accouſtumé aux capitulations de mettre ce mot de liberté qui eſt au premier article, ie l'ay adiouſté ; parce qu'à vne place où on ſe rendit, pour l'auoir obmis , tous les principaux furent enuoyez aux galeres.

On expliquera nettement les articles de la capitulation qu'il n'y reſte aucune amphibologie, & mettra toutes les circonſtances; car bien ſouuent ſous le nom de capitulation & de paix ſont les commencemens des guerres : C'eſt pourquoy on fera tellement le traitté, qu'il n'y reſte rien à l'aduenir qui puiſſe eſtre interpreté contraire à la volonté de ceux qui ſe rendent ; car par apres s'il y a quelque choſe de douteux il ne ſeruira de rien d'alleguer des raiſons, l'interpretation en eſt au plus fort , qui la prendra touſiours ſans doute à ſon aduantage ; on ſera bien aſſeuré de perdre tout ce qu'on aura oublié à mettre , ou declarer bien clairement. I'en ay eſcrit quelques exemples dans mon Liure des Fortifications, d'où on pourra apprendre comme pluſieurs ont eſté trompez, & comme on doit euiter ſemblables capitulations captieuſes.

Pendant qu'on ſera à parlementer & conclurre les capitulations , on doit ceſſer les trauaux de part & d'autre , mais il faut redoubler les gardes; car bien ſouuent on a ſurpris des places tandis qu'on parlementoit.

Dans les conditions, on demandera vn iour ou deux pour ſe preparer à ſortir; cependant le Gouuerneur diſtribuëra aux particuliers les munitions de bouche qui reſteront aux magazins, ou ſi on ſe rend par faute de viures, & qu'on ait des poudres de reſte, on les bruſlera peu à peu , ou on les iettera dans l'eau : mais i'aimerois mieux les auoir employées en tirant, afin d'acheuer toutes

les

les prouifions en mefme temps, & qu'il n'en reftaft rien à l'ennemy, que le mal qu'on luy auroit fait à force de tirer.

On pourroit auffi faire creuer les canons, ce qui toutefois n'eft
pas fi facile, & quand on le pourroit, il feroit dangereux ; que
fi l'ennemy apperceuoit qu'on l'euft fait depuis qu'on auroit com- *Ne faut faire*
mencé à parlementer, il pourroit s'en plaindre comme d'vne *fraude.*
fraude qu'on auroit commife apres le commencement du Traitté, & fans doute s'en reuancheroit en quelque chofe de plus
grande importance: mefme à ne tenir rien de ce qu'il auroit promis, difant pour fes raifons qu'on auroit commencé à manquer.

On tient que lors qu'on fe rend par faute de viures, qu'on en doit
auoir pour trois iours de refte, autrement que l'ennemy n'eft obligé à tenir la capitulation.

Le iour auparauant qu'on doiue fortir, on receura les cha- *Comme on doit*
riots qu'on aura accordez, & on commencera à charger le ba- *fe preparer*
gage, & ce qu'on doit emporter, afin de commencer à fortir le *pour fortir.*
lendemain de bonne heure: la Caualerie fortira la premiere; s'il
y en a beaucoup, on la partagera en deux, dont la moitié fortira à l'auant-garde, & le refte apres le bagage : il eft beaucoup
plus commode de faire fortir tous les chariots les premiers où feront les malades, les bleffez, les femmes, & tout le refte du bagage, que de les mettre au milieu; parce qu'on peut les faire filer tandis que les troupes s'appreftent, & les faire commencer à *Ordre qu'on*
fortir au point du iour, parce que d'ordinaire il n'y a qu'vne por- *doit tenir au*
te ouuerte; la file eftant fort longue, il faut beaucoup de temps: *fortir.*
quand ils feront en campagne, on pourra mettre le bagage au
milieu; les pieces qu'on leur permettra d'emmener feront dans le
corps des troupes : A l'arriere-garde feront les Chefs, & le refte de
la Caualerie, le Gouuerneur doit eftre le dernier à fortir de la place.

En marchant par la campagne, ils mettront à l'auant-garde *Ordre du*
partie de l'efcorte, & la moitié de ce qu'ils ont de Caualerie : la *marcher.*
moitié de l'Infanterie fuiura apres auec vne partie de l'efcorte: tout
le bagage & charroy marchera en fuitte : les autres troupes, & les
pieces de canon qu'on emmeine, auec le refte de la Caualerie & Officiers, marcheront à la queuë, où il y aura auffi le refte de l'efcorte.

Lors qu'ils feront proches des confins ou de la ville de leur *Renuoyer les*
retraitte, l'efcorte fera halte, & les laiffera aller, laquelle s'en *chariots.*
retournera ou attendra les chariots, & les cheuaux qu'on leur
auoit fournis; que fi ils ne veulent, ou ne peuuent pas attendre, il
faudra les leur renuoyer, & faire reuenir les oftages qu'on auoit
donnez pour leur affeurance.

N n

Se retirer dans les Chasteaux.

Si dans la ville il y a quelque Chasteau, apres auoir soustenu & deffendu toutes les fortifications & retranchemens, on pourra se retirer dans ledit Chasteau, pour faire là dedans sa composition, bien qu'il soit foible, & qu'il n'y ait point d'apparence de pouuoir soustenir l'effort de l'ennemy, il est tousiours assez bon pour capituler ; car c'est vne chose bien certaine que iamais on ne refuse composition lors qu'on la demande en quel estat qu'on soit, & que le Gouuerneur est bien plus estimé, & a plus d'honneur d'auoir mauuaise composition pour s'estre trop bien deffendu, que de se rendre trop tost pour auoir quelque aduantage : C'est en quoy plusieurs Gouuerneurs mal experimentez ont failly, & se sont rendus infames, eux & leur posterité, pour n'auoir pas soustenu autant qu'ils deuoient, de crainte que l'ennemy ne leur feroit point party s'ils se deffendoient iusques aux derniers trauaux : puis que nous auons veu plusieurs faire cette faute, ie pourray donner cét aduis, que l'ennemy quelque force qu'il aye ne peut prendre vne place mediocrement fortifiée, mais bien deffenduë; qu'il n'y vienne pied à pied auec le temps, & que l'attaque a tous ses ordres & sa suitte, comme nous auons cy-deuant escrit. Il faut que l'ennemy se campe, fasse ses batteries, & tranchées; force les dehors & contr'escarpes; rompe les deffences & flancs; passe le fossé; fasse ioüer la mine, ou fasse bresche auec le canon : & apres cela qu'il se loge là dedans, se rende Maistre des retranchemens, & qu'au dernier le Gouuerneur sera receu à composition tres-honorable; aura la gloire de s'estre deffendu vaillamment; sera loüé des ennemis, & estimé de son Prince.

Aucuns faits infames pour s'estre rendus trop tost.

Tout ce qu'il faut que l'ennemy face pour prendre vne place.

Quand l'ennemy leue le siege, ce qu'on doit faire.

Si l'ennemy leue le siege, & qu'il soit bien auisé, il le fera auec ordre, enuoyant premierement le canon, bagage, & charroy, & mettra toute son armée en bon estat de se deffendre, tellement qu'en ce cas là ie ne voudrois point faire sortie, parce qu'on n'y auroit que du dommage, d'autant que le Camp où se fait l'assemblée pour la retraitte est fort esloigné de la ville, & ceux qui sortiroient seroient enueloppez, & taillez en pieces : si la deffaite estoit grande, l'ennemy en pourroit prendre aduantage, & recommencer le siege : si on voyoit qu'il se retirast en confusion, & qu'il y eust quelques trouppes sur l'arriere-garde mal en ordre, & qu'on vist l'aduantage euident, on les pourroit poursuiure, mais il ne faudroit iamais tant s'engager qu'on ne peust se retirer quand on voudroit : le plus asseuré est de les laisser aller, car on doit estre assez content de les voir retirer, & laisser la place libre, si ce n'est que le secours vinst d'vn costé fort puissant qui

qui les contraignist à se retirer, alors il faudroit sortir du costé de
la ville en mesme temps que nos ennemis donneroient du costé du
Camp.

Il sera à propos d'aller immediatement aux tranchées, logemens, *Lorsque l'en-*
& batteries, & rompre & combler tout ce qu'il y aura d'entier, & *nemy est party*
qu'ils auoient fait pour approcher & nuire à la ville. Apres qu'ils *faut rompre ses*
auront abandonné le camp, on ira semblablement là dedans pour *tranchées.*
recueillir ce qu'ils auront laissé, comme armes, affusts, quelques-
fois des canons esuentez, des balles, & mille sorte d'vtencilles qu'ils
ne peuuent pas emporter, lors qu'ils leuent le siege en haste, ou
en temps d'Hyuer, & de pluye dans des païs gras, où le charroy
ne peut marcher que tres-difficilement.

S'ils ont laissé des malades & des blessez dans les huttes, il fau- *Aller dans le*
dra les guerir tout sur le champ, si ce n'est que par mal-heur quel- *Camp.*
que Officier ou autre personne considerable y fust restée qui eust
dequoy payer les medicamens, & la rançon, ce qui n'arriue guere,
si ce n'est que l'ennemy se retirast en grand haste, & grand desordre, comme lors qu'ils sont contraints de se retirer à cause du secours qui vient à la place.

Le Gouuerneur doit auoir vn soin particulier de faire enterrer *Enseuelir les*
les corps morts, comme aussi les cheuaux & autres charrognes, *corps & cha-*
& toutes les immondices qui restent dans le camp; parce que d'or- *rognes.*
dinaire ces puanteurs infectent l'air, & engendrent la peste, ou des
maladies contagieuses qui dépeuplent les villes apres qu'elles ont
soustenu vn siege, si on ne purifie la ville & nettoye la campagne.

Dés que l'ennemy s'est retiré, le Gouuerneur doit sans inter- *Raccommoder*
mission faire trauailler à raccommoder les lieux rompus par l'en- *ce qui est gasté.*
nemy; fortifier ceux qu'il aura connu estre les plus foibles, mu-
nitionera la ville de tout ce qu'il y manquera, tant de soldats, comme des armes, viures, munitions de guerre, & de tout ce qui sera
necessaire. Il disposera toute sa place, & ce qui sera dedans, tout
de mesme comme nous auons dit qu'il doit faire lors qu'il y entre,
& qu'il se prepare à soustenir vn siege.

Nn ij

Des Parties de guerre.

CHAPITRE L.

Les Gouuerneurs ne doiuent sortir hors de leurs places.

EN tous les païs hors de la France, il est deffendu aux Gouuerneurs de sortir hors de la place pour quelque occasion que ce soit, si ce n'est qu'ils ayent ordre exprés du Prince, ou de ceux qui le representent ; la raison est, parce que la perte d'vne place peut dependre de la personne du Gouuerneur, ce qui est beaucoup plus considerable que tout l'auantage ou profit qu'on peut auoir des parties de Guerre, lesquelles peuuent estre aussi bien faites par les Officiers, sans mettre au hazard ny la place, ny le Gouuerneur. Mais en France on ne peut les arrester enfermez sans rien faire, car ils croiroient faire tort à leur honneur, & à leur reputation, s'ils permettoient à leurs Officiers d'aller à ces parties si eux mesmes n'y alloient aussi. Il ne faut pas treuuer estrange que la France seule permette cela, puisque les François hazardent toutes choses auec moins de consideration que les autres Nations.

Quand on fait les parties de guerre.

Ce sont les Gouuerneurs qui font ordinairement des parties de guerre en temps d'Hyuer, lors que les troupes sont retirées dans les garnisons : & lors qu'on n'a affaire autre chose, on s'occupe aux moyens de donner quelque incommodité à l'ennemy, & en retirer quelque aduantage.

Pourquoy se font les parties de guerre.

Les parties de guerre se font pour plusieurs sujets : comme alors que l'ennemy entre dans nos confins pour l'attraper tandis qu'il est en campagne ; pour enleuer vn quartier ; pour forcer quelque vilage ou petit fort, dans lequel l'ennemy s'assemble & se retire pour faire ses courses ; pour faire du butin, tant dans les lieux fermez comme dans la campagne ; pour prendre des prisonniers, & auoir langue d'eux, afin de sçauoir ce que les ennemis font, & l'estat de leurs forces ; pour aller reconnoistre quelque place, & pour d'autres sujets qui viennent iournellement : nous parlerons comme on doit se gouuerner à chacun de ceux que nous auons alleguez, tant pour preparer les choses necessaires pour l'execution, comme aussi ce qu'on doit obseruer en l'action, & apres.

Lors que l'ennemy entre dans vn païs pour le rauager , c'est *Ce qu'il faut* sans doute auec la Caualerie qu'il fait ses courses : il faudra neces- *faire lors que* sairement qu'il passe quelque riuiere , ou des bois , car on ne peut *l'ennemy entre* pas faire beaucoup de chemin en France ny aux païs voisins sans *dans le païs.* rencontrer l'vn ou l'autre : lors que l'ennemy sera entré , il faudra l'aller attendre aux passages , & mettre l'Infanterie dans les bois , & la Caualerie à la sortie , afin de les prendre les vns apres les au- tres auant qu'ils ayent pû vnir leurs forces , & les mettre en or- dre : si on les attend au passage d'vne riuiere , il faut se tenir en embuscade derriere les hayes ou cauains plus proches , & lors qu'ils commenceront à passer on chargera sur ceux-là : il faudra aussi auoir preueu que ceux du païs les suiuent , afin de donner par le front , & par la queuë tout en mesme temps.

Que si l'ennemy auoit vn passage sur la riuiere , & qu'il fist *Quand l'enne-* des courses auec sa Caualerie dans le païs , alors ie voudrois te- *my tient vn* nir cét ordre : Tous les villages qui n'auroient ny fossé , ny fer- *passage.* meture , & qui ne pourroient arrester les gros de Caualerie , lors qu'ils se presenteroient , ie les ferois abandonner , & ferois reti- rer tous les païsans , & tout ce qu'ils pourroient emmener ou em- porter dans les lieux fermez qui auroient fossé autour , comme bourgades , chasteaux , & maisons fortes. Ie ferois armer tous les païsans & habitans ; qu'ils eussent chacun vn bon fusil : par tous les villages , & aux lieux hauts qui pourroient descouurir les aue- nuës , i'y ferois tenir des sentinelles au haut des pieces de bois plantées , ou aux clochers : lors qu'elles verroient venir des trou- pes de Caualerie , sonneroient vn cor pour aduertir tous les voi- sins , & s'il les voyoit aller en quelque lieu , ils en donneroient aduis aux autres qui seroient tous aux enuirons : Dans les lieux qui seroient vn peu forts , comme aux villes , forts , chasteaux fos- soyez , & par tous les lieux qui ont closture ou fossé , lesquels ne peuuent estre forcez par la Caualerie , ie voudrois distribuer la Caualerie , en mettant à chaque lieu à proportion de la grandeur d'iceluy , & de ce qu'on en auroit ; de mesme de l'Infanterie : tout aussi tost qu'on sera aduerty que l'ennemy est en campagne , & en quel nombre , on fera assembler les troupes de diuers lieux ius- ques à ce qu'on soit assez fort pour les attaquer. Il faudra pren- *Ordre qu'on* dre le chemin par les lieux plus couuerts , & plus aduantageux , *doit tenir.* qu'on sçaura certainement , estans conduits par les gens du païs : si on y est à temps on fera marcher la moitié des troupes à la queuë des ennemis , les suiuant hors de veuë , & l'autre moitié les ira attendre en quelque passage estroit , où il faut qu'ils defilent,

ou au paſſage d'vne riuiere ou d'vn bois : ſi c'eſt à vn lieu eſtroit, on
ſe tiendra caché dans quelque cauain proche : lors qu'vne partie
ſera paſſée on les chargera par front, cependant les autres qui les
ſuiuront viendront à temps pour les charger à la queuë : s'il y a
des bois, on mettra l'Infanterie en embuſcade prés de la ſortie du
bois , & la Caualerie hors du bois : lors qu'ils ſeront proches de
l'embuſcade , on fera la deſcharge : s'ils ſortent hors du bois, la
Caualerie les chargera à meſure qu'ils ſortiront, ou s'ils veulent
retourner ſur leurs pas , ils treuueront l'autre Caualerie en teſte à
la ſortie, & ceux de l'embuſcade qui eſtoient à l'autre coſté du
bois les ſuiuront, & chargeront en queuë : s'il y a quelque
lieu aduantageux où on ait pû mettre à couuert de l'Infanterie &
de la Caualerie , on fera marcher quelques auant-coureurs, qui
apres auoir tiré leur coup de piſtolet ſe retireront pour attirer les
autres à l'embuſcade, apres on les chargera de tous coſtez : aux riuieres on les prendra comme nous auons dit lors qu'ils paſſeront;
que ſi on n'y peut pas eſtre à temps auant qu'ils ſoient au lieu
qu'ils veulent forcer, il ſera fort à propos de les prendre tandis qu'ils
ſeront au pillage, parce qu'alors ils ſont grandement en deſordre,
& hors d'eſtat de combattre.

Si on ne peut les prendre ny en l'vn ny en l'autre temps , on
enuoyera par tous les lieux voiſins, qu'ils ayent à ſuiure les ennemis, en prenant les aduantages du païs, & ceux qui ſeront
deſia aſſemblez s'en iront les attendre en quelque lieu où il faut
qu'ils paſſent, qui ſoit aduantageux ; tous les lieux où il faut que
l'ennemy des-vniſſe ſes forces, & qu'vne partie ne peut pas ſecourir l'autre , & au contraire les noſtres ſont en pleine campagne, ſont bons pour attaquer l'ennemy : tous les lieux auſſi d'où

on peut combattre à couuert, ayant de l'infanterie , les lieux auſquels où on la peut placer ſans que l'ennemy y puiſſe venir , &
que ce ſoit ſur le paſſage, ſont auſſi fort bons : mais il faut que
la Caualerie faſſe l'effort à la faueur de l'Infanterie , car par ce
moyen on peut faire les retraittes aſſeurées , ſi on n'eſt pas aſſez
fort : & tous les lieux que nous auons dit ſeront ſuffiſans de nous
mettre en ſeureté , outre qu'on n'attaquera pas l'ennemy qu'on
ne ſoit le plus fort ; parce qu'auparauauant que d'y aller, on en
ſçaura le nombre; on a la connoiſſance du païs, & de tous les deſtours & aſſiettes aduantageuſes, & toutes les places & villages à
noſtre faueur : tellement que ſi on tient cét ordre, ou on affoi-
blira peu à peu l'armée ennemie, ou bien on les contraindra à venir en groſſes troupes, ce qui leur ſera tres-incommode , & ne

pourront fubfifter à caufe du manquement de fourrage ; car ce qui fait viure vne armée c'eft la facilité de pouuoir s'efcarter par tout à petites troupes : C'eft pourquoy toutes les fois qu'ils fortiront en campagne, il faudra tafcher de les harceler, & incommoder, par tous les lieux où on pourra les attaquer, & fe retirer à couuert.

Il n'y a rien qui donne plus d'auantage que les efpions, parce qu'ils aduertiffent auparauant, donnent aduis du nombre, & quelquefois du lieu où on veut aller, & par ainfi on fe difpofe à tout, & on a le temps de faire affemblerles troupes; parce que fi l'ennemy fait fa marche la nuit, pour eftre au point du iour au lieu qu'il veut forcer, on ne le fçaura que lors qu'il aura fait fon coup, & on ne pourra pas l'attaquer fi à propos comme on euft fait, fi on auoit efté aduerty auparauant. *Efpions donnent vn grand aduantage.*

Lors qu'on veut enleuer vn quartier, il faut eftre tres-bien aduerty comme eft fait le lieu; combien il y a d'auenuës; comme elles font barricadées; comme eft fermé le refte du contour; & quelle garde on y fait; & en quel eftat fe tiennent ordinairement les Caualiers : tant plus on vient de loin pour faire ces parties, on attrappe tant plus facilement l'ennemy à caufe qu'il fe défie moins. *Ce qu'on doit fçauoir pour enleuer vn quartier.*

Le Chef des trouppes, ou celuy qui conduit la partie ne dira iamais ce qu'il veut faire que lors qu'il fera preft à partir : fi c'eft le Gouuerneur d'vne place, lors que toutes les portes feront fermées, il fera venir les Capitaines de Caualerie qu'il veut qui viennent auec luy, & leur dira qu'il veut aller à la guerre, & qu'ils aduertiffent leurs camarades, ce qu'ils feront fans fonner trompette ny fourdine. Il aura des bons guides pour les mener aux lieux où ils veulent aller; qu'ils fçachent tres-bien le chemin, auffi bien de nuit que de iour, & faudra en auoir plufieurs; qu'on diftribuëra en diuers lieux des corps : on fera marcher quelques auant-coureurs auec vn guide de deux ou de trois cens pas au deuant du grofs on diftribuëra fes troupes en trois ou quatre efcadrons, ou plus felon qu'on en aura : en marchant ils fe tiendront fi prés les vns des autres qu'ils s'entendent, afin de ne fe feparer pas, & c'eft vn defordre qui arriue quafi d'ordinaire : on fera faire quelquefois halte, & principalement aux mauuais paffages; mais il faudra que le Chef faffe aduancer quelqu'vn pour aduertir les auant-coureurs qu'ils s'arreftent, & il leur commandera d'aller vifiter ces lieux, & reuenir apres à luy pour de rechef pourfuiure le chemin en mefme ordre. Il s'efloignera de tous les villages, & maifons habitées, tant des noftres que des ennemis, afin qu'ils ne donnent pas *L'ordre qu'on doit tenir pour affembler fes gens.* *Guides neceffaires.* *Ce qu'on doit faire en chemin.*

l'alarme : lors qu'il fera à demy quart de lieuë des ennemis, il fera
halte pour donner l'ordre qu'il voudra, & feparera fes troupes en
autant d'attaques qu'il veut faire, ordonnant à vn chacun fon
pofte, & ce qu'il aura à faire pour entrer, & lors qu'il fera entré,
ou en cas qu'on foit repouffé : le lieu où ils fe retourneront affembler, il leur baillera vn ou deux guides à chaque corps, qui les
meneront faifant le tour à cette diftance, afin qu'ils ne foient point
ny veûs ny oüis des vedetes, iufques à ce qu'ils feront vis à vis du
pofte qu'ils doiuent attaquer ; lors qu'on iugera que tous feront
à leurs lieux, on marchera vers le quartier, & aux premieres vedetes qu'on rencontrera qui fe retireront, on pouffera auec eux
afin qu'on y foit en mefme temps, & qu'ils ne puiffent pas donner aduis aux autres de monter à cheual.

Ces parties fe font d'ordinaire auec la Caualerie.

On fait ces parties d'ordinaire auec la Caualerie feule, parce
qu'il faut faire des grandes traittes, & l'Infanterie ne pourroit pas
fuiure, neantmoins on en voit manquer plufieurs, parce qu'on
eft arrefté de quelque haye, clofture de jardin ou palliffade, ou
de quelque autre femblable leger empefchement, qui ne peut
eftre forcé par la Caualerie feule. I'eftime qu'il feroit bon d'auoir
toufiours quelques dragons ou moufquetaires à cheual pour mettre pied à terre, & rompre & paffer au trauers de ces obftacles :
outre cela ie voudrois amener quatre chariots fort legers traifnez
chacun par vn cheual pour porter les outils fuiuans, auec lefquels
on fe feroit ouuerture ; à l'vn ie porterois trois ou quatre petards
bien chargez & appreftez auec leurs madriers, & ce qu'il faut pour
les appliquer ; vn autre porteroit vn petit pont que nous defcri-
rons après, qui feruiroit de mantalet, & les deux autres pour porter des pieces de bois pour abbatre les murailles & cloftures, &
pour porter quelques outils, comme ferpes, haches, pics, houyaux, pelles, fcies, marteaux, & tous ces chariots pourroient feruir de mantelets : tous ces outils feruiroient extremément pour
couper promptement les hayes, faire vn paffage à vn foffé, & ouurir vne muraille. Les pieces de bois pour abbatre les murailles de
clofture feroient de groffeur de huit ou dix pouces, longues enuiron de quinze pieds ; il y auroit trois ou quatre baftons ronds
paffez au trauers, qui feruiroient pour y mettre huiċt hommes ou
plus pour pouffer cette piece de bois contre ces murailles, lefquelles eftant peu efpaiffes, dans peu de coups feroient par terre, &
l'aduantage en feroit tant plus grand qu'il feroit moins preueu
par l'ennemy, & on entreroit par là fans treuuer aucune refiftance.

L'ordre

L'ordre qu'on doit tenir en cette action, est que tous les es- *L'ordre qu'on*
quadrons donnent à vn mesme temps en diuers costez, & lors *doit tenir en*
qu'on est dans le quartier il faut tuer tous ceux qui font resistan- *cette action.*
ce, & empescher que les autres ne se r'allient en corps : on leur
fera rendre les armes, & se saisira de leurs cheuaux : il faudra se
rendre Maistre de toutes les ruës & places, & mettre garde aux
sorties, afin qu'ils ne s'eschpapent : il ne faudra pas se desban-
der tous, mais aucuns seulement s'en iront par les logemens, faire
rendre prisonniers ceux qui y seront, cependant les escadrons marcheront par les ruës & places : sur tout il se faut saisir de celuy qui
commande, & des Officiers, c'est par là qu'il faut commencer : il
faut semblablement s'asseurer de l'Eglise, & des autres lieux où ils
pourroient s'assembler, & tenir bon, y mettant d'abord bonne
garde : sur tout il faut vser de diligence, car en toutes les entreprises la prompte execution est celle qui les fait reüssir ; tandis
qu'on est en l'action, il faut qu'il y ait des vedetes auancées sur toutes les aduenuës, afin de n'estre pas surpris en desordre si l'ennemy nous vouloit charger.

Quand on aura fait ce qu'on veut, on r'alliera les troupes, & *Ce qu'on doit*
les prisonniers, lesquels s'ils font beaucoup en nombre on les se- *faire pour se*
parera en trois ou quatre, & on les mettra entre les escadrons, sans *retirer,*
aucunes armes ; à ceux ausquels on donnera des cheuaux, il faut
que ce soient des plus mauuais, & s'ils ont des esperons, leur faire
quitter, & vn Caualier des nostres bien monté suiura chaque pri-
sonnier, prenant bien garde à luy, & tenant ses pistolets en estat :
le reste du butin se mettra entre les troupes, marchant en bon ordre : si on craint d'estre poursuiuy, il faut prendre les aduantages du chemin, & tascher d'auoir des aduis de quel costé l'ennemy marche, afin de faire sa retraitte par vn autre endroit, car
estans embarassez, il faut euiter le combat.

S'il falloit combattre, on fera mettre le butin à l'escart, & *Ce qu'on doit*
les prisonniers aussi dans quelque lieu couuert, gardez par vn es- *faire quand il*
cadron proportionné au nombre des prisonniers : tandis que les *faut combattre.*
autres seront au combat, ceux-cy auront le pistolet à la main,
pour tuer ceux qui voudront bransler : si on pouuoit, il seroit
bon de faire marcher les prisonniers & le butin en grande diligence, tandis que les autres soustiendroient l'effort de l'ennemy,
& c'est en cette occasion que l'Infanterie seroit tres-necessaire ;
car difficilement peut-on faire vne longue retraitte en ordre auec *La Caualerie*
Caualerie contre Caualerie, lors qu'on est embarrassé d'autres *ne peut faire*
choses qui marchent lentement, & qu'on ne veut pas abandon- *vne longue re-*
traitte en ord:

ner, parce qu'il faut que l'vn ou l'autre aye l'aduantage, & le combat ne se peut faire qu'auec vne entiere déroute ; mais l'Infanterie souſtient & se retire peu à peu, prenant les aduantages des lieux, & donne cependant temps au reſte d'aller en lieu de seureté, & si l'on rencontre vn bois ou quelque paſſage difficile, on arreſte l'ennemy tout court : la Caualerie ne ſçauroit prendre ces temps ny ces aduantages, à cauſe qu'elle ne peut combattre qu'auec impetuoſité, & promptitude.

Si l'entreprise ne reüſſit pas, il faut auoir donné le rendez-vous, où tous se deuront raſſembler, en cas qu'on ſoit repouſſé, ou on r'alliera ſes troupes, pour se retirer en bon ordre par le meſme chemin, ou par autre, ainſi qu'on treuuera à propos ; ſur tout il faut auoir conſerué les guides, car c'eſt vne des plus principales & neceſſaires pieces pour ne tomber pas en deſordre, car vn guide qui ſçaura bien les chemins pourra ſauuer beaucoup de monde, lors qu'on eſt pourſuiuy par vne grande force, en prenant les plus courts, & les plus aduantageux. Il conduira par quelque paſſage fort eſtroit & difficile, à l'emboucheure duquel on laiſſera aucuns des mieux montez, qui la deffendront autant qu'ils pourront ; cependant que le gros gagnera païs, & treuuera quelque autre lieu où on puiſſe de meſme arreſter l'ennemy ; lors que ceux-cy auront fait leur deuoir ils se retireront pour ioindre le gros, & iront viſte à proportion qu'ils ſeront pourſuiuis ; mais ils ſont bien aſſeurez qu'ils ne le ſeront pas par vn grand nombre, parce que cela ne ſe peut ſans mettre toutes les troupes en deſordre en quoy ils auront grand deſauantage, parce qu'ils ſeront tous deſbandez & hors d'haleine, lors qu'ils ſeroient ioints aux noſtres qu'ils treuueroient en bon ordre.

On sera aduerty en general que toutes les fois qu'on a l'ennemy en queuë, il faut mettre les priſonniers & le butin à la teſte : s'il faut paſſer par quelque lieu où on craigne le rencontrer, il faut les mettre au milieu : l'on fera reconnoiſtre tous les paſſages par les auantcoureurs, & ſi on eſt aduerty du lieu où il eſt, & qu'il faille neceſſairement combattre, on tiendra l'ordre que nous auons dit.

Aux entrepriſes qu'on fait pour forcer les villages retranchez, ou petits forts, Egliſes, ou maiſons de cette ſorte : il faut auoir quelques preparatifs, ſans leſquels ie ne croy pas qu'on puiſſe reüſſir ſi ce n'eſt par hazard, ou que l'effroy prenne ceux qui ſont dedans, ce qui n'arriue guere ſouuent ; au contraire i'ay veu la pluſpart des parties faites à ce deſſein ne reüſſir aucunement, & les entreprenans eſtre repouſſez, & battus auec honte, ce qui donnoit plus d'aſſeurance aux ennemis qu'ils n'auoient auparauant, & oſtoit la volonté aux noſtres d'y retourner vne autrefois, ou d'aller à d'autres, faute d'auoir amené quant & eux ce que nous dirons qui ne couſte preſque rien, & qui ſe peut faire par tout, & conduire ſans difficul-té, aſſeure & ſauue les ſoldats, & oſte les obſtacles que les enne-mis ont preparez pour empeſcher l'entrée : Auant que parler de ces preparatifs, nous dirons de l'ordre qu'on doit tenir.

Premierement il faut, s'il eſt poſſible, auoir bien reconnu le lieu *Faut auoir re-* par les coureurs qu'on aura enuoyez autour de ces lieux quelques *connu le lieu.* iours auparauant, ou par les eſpions qu'on aura parmy ceux-là meſme, qui donneront aduis de l'eſtat du lieu; de leurs gardes; de l'ordre qu'ils tiennent; combien ils ſont, & quelles gens, & du temps le plus propre pour les attaquer.

Nous auons deſia dit que celuy qui commande l'entrepriſe n'en *Le temps le* doit iamais faire rien ſçauoir que lors qu'il veut partir, ou que les *plus propre.* portes de la ville ne ſoient fermées, afin que l'ennemy n'en ſoit aduerty : il partira de iour ou de nuit ſelon que le lieu eſt proche ou eſloigné, & ſelon le temps qu'il veut executer ſon deſſein : il me ſemble qu'vn peu auant le iour c'eſt vne heure fort commode; car ce qui reſte de nuit donne temps pour faire l'execution de tous coſtez, & le iour venant eſt fort propre pour le pillage, & pour empeſcher le deſordre.

En cette action il doit abſolument auoir de l'Infanterie auec ſa *Il faut de* Caualerie ; car pour moy ie n'ay pû iamais comprendre comme *l'Infanterie.* quoy pretendoient de forcer des retranchemens, ceux que i'ay vû faire ces parties auec la Caualerie ſeule, pour moy ie treuue cela hors de raiſon; c'eſt pourquoy ie voudrois auoir autant d'Infante-rie que de Caualerie, ou pour le moins la moitié, & s'il ſe pouuoit ie voudrois qu'ils portaſſent tous des fuſils, parce que les meſches ſont incommodes, & particulieremét de nuit & en temps de pluye.

Le nombre de ceux qu'on doit employer ne peut eſtre deter- *Comme on doit* miné, car il faut le proportionner à l'execution qu'on veut faire, *marcher.* & à la reſiſtance qu'on doit treuuer ; l'ordre qu'on doit tenir au marcher, c'eſt d'auoir les guides, & auant-coureurs, ainſi que nous auons dit; la Caualerie marchera à la teſte, & à la queuë, l'in-fanterie au milieu ; & ſi le païs eſt large, la Caualerie marchera aux aiſles, ou ira vn peu plus doucement, afin que l'Infanterie puiſſe ſuiure, & que les troupes ne ſe ſeparent pas, & perdent le gros.

Les choſes qui peuuent empeſcher l'entrée, ſont ou quelque *Ce qui peut* foſſé auec vn parapet derriere, vne muraille, vne barricade, quel- *empeſcher* que palliſſade, ou barriere, & vne porte : c'eſt tout ce que les en- *l'entrée.* nemis font d'ordinaire en ces lieux : ſi on n'a aucune inuention

pour les forcer que celle des hommes, on en viendra mal-aisément
à bout, & on n'en receura que de la perte, ce qui ne se peut autrement, ayant à faire à des gens qui sont derriere leurs parapets, & ceux
qui attaquent faut qu'ils viennent de loin & à découuert, tellement
qu'on les choisit & canarde sans leur pouuoir faire aucun mal, le remede à cela est fort facile si on se sert de ce que nous dirons cy-apres.

Chariots legers.　　Ie voudrois premierement auoir des chariots fort legers, tant
des roües que du reste, qui puissent estre tirez par vn cheual
sans beaucoup de peine, & qui peussent marcher aussi viste que la
Caualerie lors qu'il sera besoin.

Petards neces-　　Il faudroit auoir quelques petards bien chargez, en estat d'estre
saires. appliquez auec leurs madriers, fourchettes, marteaux, & autres choses necessaires à cét effect, dont nous auons amplement
parlé en nos Fortifications, c'est vn instrument duquel on doit
estre pourueu en toutes les entrepreprises où on sçait qu'il y a quelque chose à rompre.

Pieces de bois　　Les pieces de bois que nous auons dites pour faire tomber
à rompre les les clostures des iardins, soit de muraille, de terre, ou de bri-
murailles. que, à l'imitation des beliers anciens, sont aussi tres-bonnes; car
vous pouuez passer par ce moyen par des endroits par où ceux de
dedans ne se doutent pas.

Autres outils.　　Les serpes, haches, houyaux, pics & pelles, sont tout autant necessaires pour abbatre les retranchemens, lors qu'on y
sera entré; car il pourra arriuer qu'on surprendra auec l'Infanterie quelque endroit par où tout à l'instant on fera ouuerture, &
passage pour faire entrer par ce lieu la Caualerie, & le reste des
troupes qui prendroient les deffendans par le derriere; quelquefois aussi vne haye ou des arbres trauersez, empescheront de
passer outre; auec les haches & serpes on ostera promptement
tous ces obstacles; des gros marteaux sont necessaires pour rompre
les portes: il se peut rencontrer quelque porte qu'on pourra facilement ouurir, arrachant la serrure ou le verroüil, à cét effect les
tenailles seruiroient tres-bien estans longues de trois pieds, & bien
fortes: il en faudroit aussi de moindres pour s'en seruir où on auroit à faire moins de force; quelque scie ne seroit pas inutile; on
me dira que ce seroit vn grand embarras de porter tout cela: ie
respons que tous ces outils ne pesent pas beaucoup, & ne sont aucunement incommodes à porter; outre que si on a bien reconnu,
on ne portera que ceux qui sont necessaires à l'entreprise.

Chariots ser-　　Outre cela ie voudrois auoir deux chariots qui seruiroient cha-
uans de pont. cun d'vn pont, lequel seroit fait ainsi: les roües seroient fort le-

geres, & le timon pour mettre vn cheual : les pieces de bois qui feruiroient pour faire le pont seroient longues de vingt ou vingt-cinq
pieds, lesquelles on feroit de sapin de quatre pouces, afin d'estre
plus legeres, couuertes par dessus, ou des aix fort deliez, ou de
fortes sangles : cecy se plieroit sur le chariot lors qu'on marche-
roit en campagne : lors qu'on en auroit affaire on le hausseroit,
& ietteroit sur le lieu qu'on voudroit attaquer : on pourroit faire
les trois premiers pieds à l'espreuue du mousquet, comme aussi
ce qui couuriroit les hommes : on le tiendra haussé auec vn crochet iusques au besoin : on se seruira de ce pont en cette sorte :
lors qu'on sera proche du lieu qu'on veut attaquer, on le fera
hausser par ceux qui seront derriere prest à l'abbatre quand on
voudra, ce qui couurira ceux qui pousseront le chariot, & qui seront destinez pour l'attaque : quand on sera au lieu on l'abbatra,
& passera par dessus, il en faudra deux ou trois selon la grandeur
& les abords du lieu qu'on veut attaquer ; vn seul cheual peut
traisner cela, & on est à couuert iusques à ce qu'on entre, tellement qu'on a le mesme aduantage que ceux de dedans, parce
qu'on se mesle auec eux.

Les mantelets sont plus que necessaires à ces entreprises, ie *Mantelets.*
voudrois les faire auec deux ou trois petites roües, auec deux manches, & des montans pour les tenir en estat : on les fera hauts de
cinq pieds en tout, ou quatre pieds & demy ; par dessus ce qui est
à l'espreuue du mousquet i'y voudrois encore quatre ou cinq pieds
de hauteur, fait de planches legeres : on fera des canonieres pour
pouuoir tirer. De la partie qui est à l'espreuue du mousquet, il faut
en auoir espreuué les planches auant que faire les mantelets ; car
c'est selon le bois, mais il n'y en a point qui resiste à moins de trois
pouces d'espaisseur, encore faut-il que ce soit de bois fort dur,
l'espreuue nous en rendra fort certains, autrement on y sera
trompé comme i'ay souuent veu : leur largeur sera de trois à quatre
pieds, il en faudra auoir plusieurs : vn de ces chariots en portera
trois, pour s'en seruir on en mettra plusieurs de front qui mar- *Comme on doit*
cheront esgalement ; les soldats qui seront derriere les pousseront *s'en seruir.*
deuant eux ; lors qu'ils seront aux barricades, ils abbatront le
mantelet contre icelles en haussant les manches, tellement que cela
couurira les endroits par où les ennemis iront, & on montera par
dessus pour entrer dans le retranchement, cecy est bon où il n'y a
point de fossé : dans mes Fortifications i'ay donné diuers moyens
de faire les mantelets à l'espreuue du mousquet.

I'ay veu quelquefois que les païsans se retirent dans des Eglises, *Pour entrer à conuert dans les Eglises.*

où ils resistent tant qu'ils peuuent, puis montent au haut de la voûte, & tirent l'eschelle apres eux; la voûte est percée en plusieurs endroits d'où ils choisissent ceux qui veulent entrer pour prendre le butin qu'ils y ont retiré, encore qu'on doiue porter toute sorte de respect à ces lieux sacrez : neantmoins puis qu'eux l'ont profané s'en seruant de retraitte & de fort, se tenans armez là dedans, il semble que pourueu qu'on ne touche pas à ce qui est dedié à Dieu, que le droit de la guerre permet de prendre ce qu'on y trouue des particuliers, comme aux autres lieux : pour ce faire on aura des mantelets qui seront haut esleuez, & portez sur l'essieu de deux rouës par des pieds droits, & soustenus en estat par les soldats qui seront dessous; auec ces mantelets on ira à couuert par tout, sans pouuoir receuoir aucun dommage ; en marchant par la campagne on les laisse porter sur l'essieu, & les pieds droits tournent autour dudit essieu, pour les esleuer quand on veut.

Ces inuentions ne sont prises que pour exemple, chacun en pourra treuuer d'autres.

Ces façons que ie donne de mantelets & de ponts, ne sont que pour vne exemple simplement ; car là dessus, & de son inuention vn chacun en pourra faire plusieurs autres sortes, & moy ie me suis imaginé ceux-là en escriuant : dans mes Machines lors que i'y penseray, i'en treuueray quantité d'autres que ie mettray.

Pieces courtes.

A toutes ces entreprises, ie voudrois tousiours faire marcher deux pieces de douze ou quinze liures de balle, mais fort courtes de deux pieds & demy, ou trois pieds, auec vn affust fort leger; vn bon cheual, ou au plus deux, traisneroient cela par tout, & sans doute le païsan s'espouuanteroit d'oüir ce bruit, mesme s'il vouloit faire resistance, tirant de prés on emporteroit ses parapets; car quelquefois vne meschante barricade ou retranchement fera perdre des braues gens, & encore est-on quelquefois repoussé, ce qu'on pourroit euiter dénichant premierement les ennemis de ces deffences auec ces pieces : pour chaque piece il faudroit vn chariot de munitions, balles & poudre ; pour m'en seruir ie couurirois mes batteries auec les mantelets escrits cy-deuant, & mettrois mes pieces entre deux, que i'yrois loger bien prés du lieu que ie voudrois attaquer pour faire plus d'effet. Ils seront bien asseurez si dans des meschans lieux comme nous supposons, ils tiennent contre de tels efforts ; il faut aduoüer qu'encore que le nombre des soldats & le courage soit la principale piece pour mettre en effect ces entreprises, que les inuentions & les aduantages qu'on prend de l'art seruent aussi grandement, & lors que l'vn est accompagné de l'autre, qu'on reüssit auec plus de facilité : c'est pourquoy quand ie mettrois vne douzaine de cheuaux à tous ces affustages, & que

Les inuentions aident grandement le courage.

i’aurois douze Caualiers moins dans mes troupes, ie penserois y
auoir grand aduantage; car i’estime que ces inuentions nuiront
plus à l’ennemy que cinquante Caualiers ne sçauroient faire: pour
ce qui est de la quantité de ces choses on en doit mettre plus ou
moins selon la qualité de l’entreprise; comme aussi on amenera
auec soy seulement les choses qui pourront seruir à ce lieu: si l’on
doit passer par des mauuais chemins, ou si l’on craint d’estre chargé d’vn grand nombre d’ennemis, à la retraitte on ne menera
point de ces pieces, ny autre equipage qui puisse embarasser: il
faut que celuy qui agit, prepare & proportionne les machines aux
choses à quoy il les veut appliquer, parce que les choses ne s’ap-
proprient pas aux machines: l’inuention & l’esprit seul est celuy
qui peut nous donner la connoissance de tout ce qui est propre
& necessaire.

Quand on est entré il faut que quelques soldats se tiennent aux *Garder les aue-*
lieux par où on peut sortir, & sur toutes les auenuës on mettra des *nuës.*
vedettes ou sentinelles auancées pour donner l’alarme, en cas que
l’ennemy vinst pour secourir les siens: la moitié des autres se tiendra en armes dans les lieux où on se peut assembler, se diuisant en
plusieurs troupes par les ruës & places: l’autre moitié pillera & prendra prisonniers ceux qui auront mis les armes bas. Ie treuue insupportable & maudite la coustume qu’on a de present, de mettre le *Coustume de-*
feu par tous les lieux où on entre; car premierement, c’est contre *testable de met-*
les loix de la guerre, si ce n’est en cas de necessité, & pour quel- *tre le feu.*
que raison considerable; par apres quel aduantage en tire-t’on, il
est bien asseuré que les autres en feront autant aux nostres; car il
n’y a rien de plus aisé que de mettre le feu par les villages, c’est irriter l’ennemy, & l’inciter à nous faire ce que nous luy faisons;
bien souuent on s’en repend apres, & l’on est incommodé de l’incommodité qu’on a voulu donner à l’ennemy, & le mal que nous
luy auons voulu faire retombe sur nous; c’est pourquoy ie reprou-
ue fort le bruslement comme vne coustume brutale, & contre les
sentimens naturels.

Apres auoir pris tout ce qu’on aura pû, on r’assemblera ses trou- *Pour se retirer*
pes, puis on les mettra en ordre pour marcher, obseruant ce que *ce qu’il faut*
nous auons cy-deuant dit; lors qu’on a forcé vn quartier, en cette *faire.*
action on doit vser des mesmes precautions qu’en l’autre, & choisir
sur tout les chemins dans lesquels on est plus à couuert, & moins
en danger d’estre attaquez, ou bien qui sont plus aduantageux à se
deffendre si on l’est; ayant vne bonne partie de ses troupes d’Infanterie, les lieux couuerts seront fort propres pour se retirer.

O o iiij

Comme il faut
distribuer le
butin.

Puisque i'ay dit comme il faut faire le butin , ie diray l'ordre qu'il
faut tenir pour le distribuer : premierement, c'est qu'il faut mettre
tout en commun , mesme les prisonniers à mesure qu'ils payeront
leur rançon : on le mettra dans le gros pour le distribuer ainsi que
le reste. Il est vray que s'il y a quelque personne de consideration,
le Gouuerneur donne vne somme d'argent, & le prend pour luy,
& traitte apres de sa rançon , ainsi qu'il treuue à propos. Tous ceux
qui ont esté de la partie y doiuent participer selon leur deuë portion,
autant ceux qui se treuuent en armes , comme ceux qui ont pillé ;
s'il y auoit quelques cheuaux de tuez, ie voudrois qu'on en donnast
d'autres du butin , ou la valeur ; s'il y auoit quelqu'vn de blessé, ie
voudrois qu'il fust pensé aussi aux despens du butin, car cela donneroit courage aux autres d'y aller plus franchement : estans dans
la place de retraitte , le Major en fera vn memoire, tant des prisonniers & animaux, comme du mort butin, & au premier iour , luy
ou ses aiutans le feront vendre en place publique au plus offrant
& dernier encherisseur : & vn Officier ou Greffier de la ville, ou
du corps à ce deputé, mettra en escrit chaque chose comme elle
se vendra, & à qui, & personne ne pourra rien achepter qui ne soit
mis à l'enchere; le Sergent Major receura tout l'argent & se rendra
responsable de ceux qui ne payeront pas sur l'heure.

Distribution de
l'argent.

La distribution de l'argent se fait diuersement selon les coustumes de diuerses garnisons, & selon la liberalité du Gouuerneur; car
c'est luy qui ordonne premierement de sa part,& de celle de ses Officiers ; les plus honnestes ne prennent que la dixiesme partie du
butin, d'autres la huictiesme, les plus interessez prennent la sixiesme
partie , & c'est tousiours, soient qu'ils y aillent ou qu'ils n'y aillent
pas, le Sergent Major prend vn sol pour liure du tout, mais il est
obligé de vendre le butin, & faire bon ce qui est vendu, & donner
quelque chose à ses aides, le reste se distribuë par parts ou testes. Il
faut conter chaque Caualier pour vne part , le Mareschal des logis
deux, le Cornette trois, le Lieutenant quatre, & le Capitaine six,&
celuy qui conduit la partie a tousiours deux parts par dessus ce qui
luy est deub, à cause de sa charge : on a accoustumé de le faire marcher tousiours en teste, lorsqu'il y a de l'Infanterie: aucuns preten-

Quand il y a
Caualerie &
Infanterie.

dent qu'ils doiuent auoir la moitié de ce qu'a la Caualerie, & que
les soldats ayent chacun demy part, & les Officiers à proportion
des autres ; mais cela ne se fait pas, parce que le Caualier a sa personne, & son cheual, & doit auoir encore vn valet ; & tout ainsi
qu'ils ont plus haute paye proportionnellement, ils doiuent auoir
plus grosse part ; l'Infanterie se doit contenter du tiers de ce qu'a

la Caualerie, tellement qu'à trois soldats on donne vne part, & ainsi des Officiers à proportion, & ils n'auront pas sujet de se plaindre ny les vns ny les autres, encore qu'ils disent que le fantassin, comme le Caualier expose sa vie, qui est ce qu'on a de plus cher : on respond que la difference qu'on en fait est seulement à cause des qualitez, comme le Caualier expose aussi bien sa vie que l'Officier, neantmoins à cause de son rang & de sa charge il a plus grand paye.

Ce que nous auons dit cy-dessus, sert tant pour forcer les villages & leurs retranchemens, comme aussi pour faire du butin, & emporter ce qui est dedans.

Lors que nous voulons prendre du butin, ou des prisonniers *Quand on* dans la campagne pour auoir langue, ou pour auoir simplement *veut butiner* leur rançon, il faut prendre le temps lors qu'on sçaura qu'il se fait *ou prendre* ou foire ou marché dans quelque lieu voisin, ou qu'il y doit abor-*prisonniers* der ou en sortir pour quelque autre occasion plus de personnes ou *dans la cam-* du bestial qu'il n'est accoustumé : ou si on veut aller à tout hazard, *pagne.* on partira comme nous auons ja dit apres que toutes les portes seront fermées : on marchera la nuit iusques à ce qu'on soit proche de la ville, bourg ou village où on veut aller : on choisira aux enuirons quelque lieu fort couuert, comme bois, cauains, ou masures, qui puissent couurir les troupes : là dedans on se tiendra coy iusques au iour, on mettra cependant les vedetes aux auenuës qu'on retirera au point du iour, & au lieu d'icelles on mettra des sentinelles sur *L'ordre qu'on* des arbres ou autres lieux d'où ils puissent descouurir loin, & qu'el-*doit tenir.* les ne puissent pas estre descouuertes : auant qu'il soit iour on enuoyera quelques Caualiers qui s'en iront cacher aux auenuës des grands chemins, se mettans en diuers lieux bien à couuert ; qu'ils soient huit ou dix à chaque endroit, lesquels tiendront tousiours vn des leurs en sentinelle qui descouure les auenuës : il ne faut pas qu'ils s'escartent tellement, qu'ils ne puissent estre promptement secourus du gros qui est en embuscade : ils attendront là iusques à ce que quelqu'vn passe, ils les arresteront tous, & les prendront prisonniers, comme aussi les cheuaux & bestial qu'ils ameneront ; s'ils voyét d'autre bestial au pasturage ils l'iront prendre, & tout ce qu'ils pourront saisir & emmener : lors qu'ils verront qu'ils seront descouuerts, ils s'en iront treuuer le gros, & tous ensemble se mettront en ordre, & verront s'il manque quelqu'vn des leurs, qu'ils attendront, ou bien on leur enuoira dire qu'ils se retirent : on marchera en bon ordre pour se retirer, ainsi que nous auons dit cy-deuant : quelquefois on laisse passer plusieurs personnes sans leur rien dire, lors qu'on sçait que quelqu'vn de consideration doit passer par là, & pour lequel on a fait la partie : de mesme lors qu'on sçait qu'on transporte de l'argent, ou d'autres marchandises d'vn lieu à autre.

En fin on fait bien souuent les parties de guerre pour reconnoi-stre les places, ce qui se peut faire de nuit ou de iour; en toutes deux il faut partir de nuit apres les portes fermées, c'est vn ordre general pour toutes les entreprises, si ce n'est que le lieu fust si esloigné qu'ó n'y peust pas aller dans vne nuit, alors il faudroit partir de iour, & prendre tous ceux qu'on rencontreroit, afin qu'ils n'en donnassent aduis; pour reconnoistre vne place de nuit, il faut, si on peut, choisir vne nuit qui ne soit pas extremément claire, comme il est en temps serain,& en pleine Lune, parce qu'alors on est trop vû; ny aussi si obscure qu'on n'y voye rien, comme quand il pleut ou qu'il fait grand broüillard: estans proches d'vn quart de lieuë ou enuiron de la place, le gros fera halte dans le lieu qu'il treuuera à propos, n'im-porte pas qu'à ces heures-là on soit à couuert dans les bois, tout à l'instant on mettra les vedetes auancées, on prendra vingt-cinq ou trente Caualiers, qui s'auanceront vn peu plus, mais non pas si prés qu'ils puissent estre oüis de la place : si ceux de la place ne font pas garde ou patroüille à cheual par dehors, celuy qui doit reconnoi-stre, mettra pied à terre auec vn autre, ou deux au plus : il laissera ce qu'il porte de blanc qui se peut voir, comme colet escharpe, plume, & ses esperons, à cause de l'incommodité & du bruit : ie treuue qu'à porter des armes, cela incommode quand on veut des-cendre dans les fossez, ou entrer dans les dehors, on portera seule-ment l'espée & vn pistolet, & si on veut on laissera ses armes auec son cheual : il s'en ira le plus doucement qu'il pourra, & lors qu'il sera prés de la contr'escarpe, il escoutera passer quelque ronde pour sçauoir où sont les sentinelles, afin qu'il s'escarte vn peu, & se tienne plus à couuert, lors qu'il sera vis à vis de ces lieux : il s'en ira tout le long des contr'escarpes, regardant à loisir le contour de la place, les fossez, & ce qu'il faut reconnoistre, ce que ie ne pretens pas escrire, l'ayant dit ailleurs, mon dessein n'estant que d'escrire des parties de guerre: si dans lesdehors on ne fait point de garde, il y entrera s'il se peut, pour en voir l'estat & les espaisseurs, & ainsi faisant le tour, re-cónoistra la place. Ceux qui n'ont pas accoustumé ce mestier, il leur semble que s'approchans si prés de la place ils sont perdus, & qu'ils seront engloutis des murailles, mais ie les aduertis qu'on se peut promener en toute asseurance, & que le pis qui puisse arriuer, c'est que la sentinelle les descouurant tirera, & donnera l'alarme, & ce-luy qui reconnoist peut se mettre à couuert, & prendre vne bonne demy heure de passe-temps à oüir le bruit qu'on fera dans la place,&

Pour recon-noistre les pla-ces.

L'ordre que le gros doit tenir.

Aduis pour ceux qui n'ont iamais recon-nu place.

puis quand il luy semblera se retirer aux siens, car il ne faut pas craindre que tout à l'instant ils sortent pour le venir prendre, cela ne
se doit, ny ne se peut ; car ceux qui sont en garde quand ils voudroient sortir ils n'ont pas les clefs, & le Gouuerneur ne laissera
pas ouurir les portes à ces heures, que toute la force de sa place ne
soit en estat, & apres tout cela le plus qu'il peut faire c'est d'enuoyer
quelques vns aux contr'escarpes & dehors, par les portes secrettes,
& faire ietter des feux d'artifice pour voir ce qu'il y a dans le fossé, & dans la campagne, & iusques alors on aura eu beau loisir
de se retirer : ie donne cet aduis à ceux qui n'ont iamais fait cet
exercice, afin qu'ils y aillent auec asseurance.

Si ceux de la place font patroüille dehors, il faudra que ces vingt- *Ce qu'on doit*
cinq ou trente Caualiers, & ceux qui doiuent reconnoistre se met- *faire lors que*
tent en estat, ils feront auancer quelqu'vn qui s'en ira à pied vers la *l'ennemy fait*
place, escoutant quand la patroüille viendra, tout aussi tost qu'il *patroüille aux*
l'entendra il en doit donner aduis, & du costé qu'elle vient, les no- *dehors.*
stres pousseront droit à eux, les repoussant dans leurs postes ou contr'escarpes : cependant celuy qui doit reconnoistre s'approchera &
regardera, faisant le tour de la place ou de la partie qu'il pourra auec
quelques vns des Caualiers; car l'alarme se donnera, & dans la premiere confusion ils ne sçauent à qui ils en ont, tellement qu'ils ne
pourront pas si tost sçauoir si ceux qui rodent sur la contr'escarpe
sont ceux de leur patroüille ou de leurs ennemis, & auant qu'ils en
soient certains, & qu'ils soient venus sur les murailles, & qu'ils ayent
iettez les feux d'artifice pour y voir, on pourra reconnoistre la plus
grande partie de la place : en cette occasion il est bon d'estre armé,
parce qu'on ne descéd pas de cheual, & sans douté ils tireront quelque mousquetade : apres qu'on verra qu'ils commenceront de tirer
à bon escient, on se retirera vers le gros, par les lieux les plus couuerts, afin d'estre asseuré du canon qu'ils tireront sans doute apres *Quelles per-*
auoir esclairé les fossez & contr'escarpes de la place, bien que ces *sonnes il faut*
coups soient fort incertains estant tirez sans voir clairement à quoy *pour reconnoi-*
on tire : à cette façon de reconnoistre, il faut vne personne qui ait *stre.*
l'esprit & l'imagination prompte, afin de pouuoir se souuenir de ce
qu'il aura vû, & particulierement qu'il ait l'habitude & facilité naturelle à reconnoistre les places, & qu'il soit fort intelligent aux
fortifications.

S'il faut reconnoistre de iour, on tiendra le mesme ordre que nous *Quand il faut*
auons dit, celuy qui doit reconnoistre auec deux ou trois Caualiers *reconnoistre*
bien montez s'en ira sur les lieux hauts d'où on peut bien descouurir *de iour.*
la place, il faudra choisir vn iour qui soit bien clair & serain : si les

ennemiſſ ſortent on ſe retirera vers le gros, & afin d'en eſtre aduertis à temps on tiendra des ſentinelles aux lieux qui deſcouurent les
ſorties de la place ; les indices des iours & des ombres donnent des
grandes connoiſſances des parties de la fortification à ceux qui s'en
ſçauent ſeruir.

Ie voudrois demander à ces Mathematiciens qui enſeignent à
prendre les plans, & recognoiſtre les places auec des bouſſoles, des
compas de proportion, & autres tels embarras ; comme ils affuſte-
roient leurs inſtrumens eſtans employez à reconnoiſtre vne place
de l'ennemy en plein iour (car de nuit il ne ſe peut) ie ne ſçay s'ils auroient la patience de laiſſer repoſer l'aiguille de la bouſſole ſur ſon
Nort ou degré en entendant ſiffler les mouſquetades autour de leurs
oreilles : toute perſonne bien ſenſée ſans auoir eſté à la guerre, par
ſon ſens naturel, connoiſtra bien que tout cela n'eſt qu'amuſemens
qui ne ſeruent de rien ; car aux lieux où on permettra que ces gens
ajuſtent à la veuë de la place toutes ces inuentions, ils permettront
encore auſſi facilement qu'on aille meſurer leurs murailles, & alors
il n'eſt beſoin que d'vne toiſe ou quelques cordeaux ſans aller chercher ſi loin ce qu'on peut faire de prés, & vne choſe incertaine pour
vne autre fort aſſeurée : i'ay monſtré ailleurs la vanité de toutes ces
reſveries, que ie redis icy pour dóner aduis que la pluſpart des choſes
qu'on apprend pour s'en ſeruir à la guerre ne valent rien pour cét
effet, parce que ce ſont pieces de cabinet, & qu'il y a bien difference de l'eſtude & ſpeculation à l'exercice & à la pratique.

Ie laiſſe à parler de tous les ſtratagemes qu'on peut faire aux partis de guerre pour attiter l'ennemy, & pour l'attraper ; pour faire les
embuſcades ; les moyens d'y faire venir l'ennemy ; comme on doit
ordonner & diuiſer ſes troupes ; quels ordres il faut tenir lors qu'on
doit combattre ; de quelles ruſes on ſe peut ſeruir pour euiter le
combat, & ſe retirer, & mille ſortes d'adreſſes & d'habilitez qu'on
peut auoir en ces occaſions pour prendre aduantage ſur l'ennemy.
I'auois auſſi reſolu de parler des conuois, mais ie voy qu'au lieu de
faire vn petit Traitté ou Abbregé de cette Charge, i'en ay fait vn Liure : & que ſi ie voulois deduire au long toutes ces propoſitions,
peut-eſtre ie me rendrois ennuyeux aux Lecteurs : s'ils agréent ce
que i'ay fait, ie leur promets d'eſcrire ce qui reſte, & des autres
Charges ; cependant ie finiray de celle-cy.

F I N.

TABLE
DES MATIERES
CONTENVÉS EN
CE LIVRE.

A

B

PPp ij

DES MATIERES.

TABLE

TABLE DES MATIERES.

FIN.

www.ingramcontent.com/pod-product-compliance
Lightning Source LLC
LaVergne TN
LVHW021939030726
842523LV00001B/207